화학으로 이루어진 세상

Chemie rund um die Uhr

옮긴이 권세훈

고려대학교 독어독문학과와 대학원을 졸업한 뒤 독일 함부르크 대학교에서 카프카와 포스트모더니즘에
관한 논문으로 박사학위를 받았다. 옮긴 책으로는 《할아버지가 들려주는 물리의 세계 1, 2》 《확률게임》
《변신》 《영혼의 수레바퀴》 《펠리체에게 보내는 카프카의 편지》 《혁명의 역사》 《부엌의 철학》 《남성과 여
성의 착각에 관한 잡학 사전》 등이 있다. 현재 한국문학번역원에 근무하고 있다.

감수 유국현

독일 함부르크 대학교에서 석사와 박사학위를 받았다. 현재 동국대학교 화학과 교수로 재직중이다.

CHEMIE RUND UM DIE UHR

by K. Mädefessel-Herrmann, F. Hammar, H.-J. Quadbeck-Seeger

Original published in the German language by Wiley-VCH Verlag GmbH & Co. KGaA,
Boschstraße 12, D-69469 Weinheim, Federal Republic of Germany,
under the Mädefessel-Herrmann, Hammer, Quadbeck-Seeger: Cheie rund um die Uhr
Copyright © 2004 by Wiley-VCH Verlag GmbH & Co. KGaA.

화학으로 이루어진 세상

초판 1쇄 발행일 2007년 3월 15일   **초판 11쇄 발행일** 2017년 5월 25일

지은이 K. 메데페셀헤르만 · F. 하마어 · H.-J. 크바드베크제거 | **옮긴이** 권세훈 | **감수** 유국현
펴낸이 박재환 | **편집** 유은재 | **관리** 조영란
펴낸곳 에코리브르 | **주소** 서울시 마포구 동교로 15길 34 3층(04003) | **전화** 702-2530 | **팩스** 702-2532
이메일 ecolivres@hanmail.net | **블로그** http://blog.naver.com/ecolivres
출판등록 2001년 5월 7일 제10-2147호
종이 세종페이퍼 | **인쇄·제본** 상지사 P&B

ISBN 978-89-90048-82-0 03430

책값은 뒤표지에 있습니다.   잘못된 책은 바꿔드립니다.

화학으로
이루어진 세상

K. 메데페셀헤르만 · F. 하마어 · H.-J. 크바드베크제거 지음

권세훈 옮김 | 유국현 감수

에코리브르

우리 생활과 밀접한 화학

화학이 없는 세계에 살게 되면 과연 어떻게 될까? 화학은 이제 우리 삶의 일부이다. 목숨을 구하는 의약품, 액정으로 이루어진 평면 텔레비전, 미래의 수소로만 움직이는 자동차를 생각해보라. 엄밀히 말해서 화학 없이는 인간 자체도 존재하지 못한다. 우리 신체는 수많은 화학 공정이 진행되는 복잡한 실험실이기도 하다. 호흡과 음식 섭취, 사고와 느낌조차도 그 일환이다. 화학은 우리에게 정말 '24시간' 중요한 구실을 한다.

그런 이유로 연방 교육연구부는 독일의 시민모임 '과학과의 대화'를 비롯하여 여러 화학 단체들과 공동으로 '2003 화학의 해' 행사들을 주최했다. 한해 동안 화학자들이 기차역, 광장, 배, 학교, 백화점, 대도시 중심가 등지에서 연구 결과들을 선보였다. 사람들은 이 매력적인 학문에 대해 스스로 판단하면서 질문을 하고 자신의 생각을 드러낼 수 있었다. 특히 청소년들에게는 다양한 직업 교육과 화학 관련 학과 진학을 알아보는 기회가 되었다. 독일에서 약 50만 명을 고용하고 있는 화학 산업은 일자리 창출이라는 측면에서도 주도적인 구실을 하고 있다.

화학의 해를 맞이하여 우리는 연구를 사회에 중계하는 일을 돕고자 했다. 이와 동시에 과학의 길과 목적에 관한 공적인 대화의 기반을 마련하고자 했다. 과학자들이 실험실과 연구실에서 어떤 일을 하는지 일반인들과 함께 이야기하는 것이 중요하다. 독일에서 연구와 고안 과정을 거쳐 개발된 것이 우리 모두와 관계되기 때문이다. '화학의 해'에 여러분이 깊은 관심을 보여주어 더할 나위 없이 기쁘다. 우리나라의 연구에 대한 개방적인 태도야말로 혁신의 밑바탕이다.

　'화학의 해'를 기념하여 출간된 이 책은 우리 생활과 밀접한 연구 주제들을 다루고 있다. 이 책은 현대 화학의 수많은 측면들을 보여준다. 그중에서도 적포도주, 초콜릿, 차에 관한 부분은 흥미로운 읽을거리를 제공해준다.

연방 교육연구부 장관
에델가르트 불만

"화학은 도처에 깔려 있다"

"화학은 도처에 깔려 있다"는 말은 1970~1980년대에 환경문제 토론에서는 욕이나 다름없었다. 이때 '반자연적인 화학'은 좋은 의미의 '자연 친화적인 삶'과 대극을 이루었다. 하지만 자세히 살펴보면 그 의미는 정반대가 된다. 바로 화학 덕분에 우리는 복지 혜택을 받고 일상의 편리함을 누리고 있다. 효능이 좋은 의약품, 효율적인 비료, 규격에 맞는 특성을 지닌 물질들, 새로운 형태의 에너지 생산 및 저장 등은 인간의 행복을 위한 화학적 연구 성과 중 일부이다. '화학의 해'를 맞이하여 혁신 엔진이자 일상생활의 중요한 부분인 화학을 대중에게 더욱 가까이 다가가게 만들고 이에 대한 대화를 활성화시키고자 했다. '화학의 해'는 2003년 연방 교육연구부, 시민모임 '과학과의 대화', 독일화학자협회를 비롯하여 여러 화학 단체들이 공동으로 주관했으며 1000개 이상의 행사에 100만여 명이 참가했다.

이러한 성공적인 행사의 일환으로 이 책이 출간되었다. 하룻동안 일어나는 다양한 사건들을 통해 화학 제품의 의미를 알아볼 뿐만 아니라 인간과 자연의 관계를 이해하기 쉬운 언어로 소개하고 있다. 또한 이 책은 화학과 자연 사이에 있을 법한 모순을 해결해주고 현대 화학의 성과들을 재미있으면서도 효과적으로 보여주는 한편, 화학의 위험성에 대해서도 침묵하지 않는다.

이 책의 출판에 지원을 아끼지 않은 연방 교육연구부에 감사드린

다. 이 프로젝트에 열과 성의를 나한 저자들과 와일리-VCH 출판사
의 모든 관계자에게도 고마움을 전한다.

독일화학자협회 회장

볼프람 코흐

머리말
세계와 사물을 이해하는 방법으로서 화학

머리말을 꼭 써야 할까? 이 머리말은 독자들에게 이 책이 만들어지기까지의 추가적인 정보를 제공하기 위해서이다.

우리는 독자가 이 책을 뒤적이다가 다양한 그림들에 주목하고 한두 쪽 읽어볼 기분이 들기만 해도 기뻐할 것이다. 예를 들어 독자는 화학이 오늘날 어느 분야에서 어떤 구실을 하며 미래에는 어떤 과제를 수행하게 될지 알고 싶어할지도 모르겠다.

지난 몇 년 사이에 읽어볼 만한 책들이 나온 것도 사실이다. '화학의 해'를 기념하는 '공인 도서'가 별다른 것을 제공할 수 있을까? 독일화학자협회 회장인 코흐 교수가 초대한 자리에서 의견을 나누다가 전문가—화학자—의 시각을 선택하지 말고 시선을 돌려보자는 아이디어가 나왔다. 우리는 의식적으로 생각하거나 알아차리지 못한 상태에서 언제 어디에서 화학을 접하게 되는 것일까?

일상적인 하루 일과가 화학의 모든 '숨겨진 혁신들'을 조망하는 좋은 소재를 제공하리라는 것과 심지어는 흥미로운 모든 주제와 예들을 그러한 책에 담아낼 수 있으리라는 것에 금방 의견을 같이했다. 일반인들은 '화학'에 대해 양립적인 판단을 내린다. 화학과 그 제품이 우리의 일상생활에 얼마나 기여하는지 잘못 알려져 있거나 완전히 과소평가되고 있기 때문이다. 따라서 출판에 경험이 많은 동료들의 도움을 얻기로 했다. 그 결과 과학저널리스트인 악셀 피셔가

이 책에 관한 아이디어를 냈고 산업계의 화학 전문가이자 저자인 한스위르겐 크바드베크제거가 기본 개념을 제시했다.

생각보다 더 복잡해진 이 프로젝트를 실행에 옮기는 데 전문 저자인 크리스틴 메데페셀헤르만과 프리데리케 하마어의 역할을 빼놓을 수 없다. 그들은 기본 개념에 대한 상세한 작업을 거쳐 이에 걸맞은 텍스트를 작성했다. 이 텍스트를 다시 한스위르겐 크바드베크제거가 보완하는 과정을 거쳤다. 그는 직접 몇 개의 장을 집필하기도 했다.

처음에 조사 작업에 대한 특별한 집중력을 과소평가한 측면이 있으나 그 덕분에 짧은 시간 내에 일을 끝마칠 수 있었다. 미국에서 나온 책이라면 이 자리에 헌사(감동적인 팀워크, 열정, 성공에 대한 확신)가 놓일 것이다. 하지만 우리는 유럽의 방식을 취하면서 소박하게 "여기에 우리의 저작물이 있다"고 말하고 싶다. 그리고 "이 책은 우리에게 일뿐만 아니라 많은 즐거움을 안겨주었다"는 말을 덧붙이고 싶다.

당연히 이 프로젝트는 다방면의 도움이 없었다면 실현될 수 없었을 것이다. 와일리-VCH 출판사 편집장인 구드룬 발터 박사에게 특별한 감사를 전한다. 그녀는 우리 저자들에게 수시로 용기를 북돋아주었으며 출판사의 많은 인력을 동원해주었다. 그래픽 전문가인 군터 슐츠는 미학과 과학을 조화시킬 줄 알았으며 텍스트 수정을 요청할 때마다 기꺼이 들어주었다.

수많은 통계 조사는 BASF의 전문가들이 도와주었다. BASF 홍보실의 마티아스 바크베는 그림들을 선정하는 데 많은 도움을 주었다. 삽화들의 저작권자들이 보여준 아량도 우리에게 큰 힘이 되었다. 이 책의 출판을 지원해준 연방 교육연구부에도 감사를 전한다.

그러나 우리 모두를 애쓰게 만든 동기는 어디에서 나온 것일까? 그 대답은 간단하다. 우리 모두를 하나로 합치게 만든 것은 화학에 대한 열정과 이 열정을 다른 사람들에게도 전하고 싶다는 소망이다. 무엇보다도 우리 시대의 기술적인 교활함과 함께 성장한 젊은이들이 사물의 뒤편을 바라볼 수 있는 계기가 되기를 바란다. 화학 없이는 세계와 삶을 이해할 수 없을 뿐만 아니라 늘어나는 세계 인구를 위한 삶의 토대를 인간적이고 지속 가능한 방식으로 마련할 수도 없다. 우리는 일상의 예들을 통해 독자 스스로 탐색의 길을 계속 걸어갈 수 있도록 만들어주고 싶다.

크리스틴 메데페셀헤르만
프리데리케 하마어
한스위르겐 크바드베크제거

차례

화학이 없는 세계

기이한 꿈 이야기를 해보자. 즉 나는 화학이 없는 세계에 살고 있다. 그러면 시멘트 거푸집이나 고압전류가 흐르는 전신주도 찾아보기 힘들다. 아스팔트 도로와 자동차도 없기 때문에 교통사고도 일어나지 않는다. 공기 오염도 낯선 용어가 된다. 하늘에는 비행기가 날아다니지 않으며 건축 기계의 소음도 들리지 않을 뿐만 아니라 공장도 없다. 그야말로 천상의 고요함이 지배하게 된다. 식료품에는 응고제, 유화제, 방부제, 색소 등이 첨가되지 않는다. 빈 병이나 버려진 비닐포장지가 환경을 오염시키지도 않는다.

마주 오는 저 사람은 대체 누구인가? 그는 내가 소녀 때 좋아한 남자이다. 벌써 오래 전의 일이다. 당시 나는 겨우 열일곱 살이었다. 그러나 이제 그는 늙어버렸다. 30대 초반이 아니라 40대 후반처럼 보인다. 태양에 그을려 주름진 피부 때문일까? 자외선 차단 크림이 없는 상태에서는 이상한 일도 아니다. 게다가 그는 늙은 이처럼 꾸부정하다. 당연한 일이다. 비타민D 알약이 없어, 어렸을 때 구루병을 앓았기 때문이다.

뭐라고? 우리가 결혼했다고? 아이가 다섯 명이란다. 아이들은 진 흙탕 속에서 놀고 있다. 이 아이들이 내 자식이라니. 나는 아이 둘을 원했다. 첫 아이는 빨라야 서른 살에 갖고 싶었다. 하지만 피임약이나 콘돔 없이는 가족계획을 세울 수 없다. 원래는 아이를 여섯 명 낳 았다. 그러나 한 아이는 두 살 때 홍역을 앓다가 죽었다. 올바른 항 생제가 있었다면 이런 일은 없었을 것이다. 막내아이는 아직 어린데 엉덩이를 드러낸 채 땅바닥에 앉아 있다. 엉덩이를 뽀송뽀송하게 해 주는 기저귀가 없기 때문이다. 아이들은 엉성하게 깎은 통나무나,

쓰고 남은 재료로 조립한 인형을 갖고 논다. 벨벳 동물 인형, 레고, 플라스틱 인형(다행히 바비 인형도)은 합성수지가 없는 세계에서는 찾아볼 수 없다. 어른들이 좋아하는 CD, 컴퓨터, 이동전화 역시 마찬가지다.

집 안은 그리 깨끗하지 않다. 하지만 비누도 없이 어떻게 난방과 조리용 장작불의 그을음을 닦아낼 수 있겠는가? 옷가지에서는 상큼한 냄새가 아니라 마구간 냄새가 난다. 깨끗한 물에 세차게 비벼 빨아도 세제를 사용할 때 만큼 효과적이지 않다. 내 손도 이와 비슷한 꼴이다. 거칠고 피부가 갈라져 있다. 좋은 향기가 나는 크림을 얻을 수만 있다면 모든 것을 내주고 싶은 심정이다. 그 밖에도 내가 입고 있는 모직 재킷은 뻣뻣하고 피부에 상처를 낸다. 미세섬유나 인조견이 없으니 당연한 일이다.

그러나 음식은 먹을 만할지도 모른다. 화학에서 자유로운 음식은 특별히 맛있어야 할 테니까! 냉장고와 냉동고가 없기 때문에 음식을 보관하는 일은 힘들겠지만 갈색의 시든 사과는 먹을 수 있나. 그 중 절반은 벌레 먹은 것이다. 물에 곡식을 넣어 끓인 죽으로 끼니를 때운다. 하지만 끼니를 준비하기 전에 곰팡이의 일종인 맥각(麥角)에 오염된 모든 곡식 알갱이를 골라내야 한다. 맥각은 호밀에 기생하며 위험한 독소를 만들어낸다. 맥각 알칼로이드에 중독되면 혈액순환장애로 관절 마비, 두통, 현기증, 경련 등을 일으킨다. 곰팡이 증식을 막을 수 있는 식물 보호제가 없기 때문에 일어나는 일이다.

딱딱한 빵을 씹지 않는 것만도 다행이다. 벌써 치아 몇 개가 빠지고 없다. 치약과 칫솔이 없을 뿐만 아니라 화학의 힘을 빌려 만드는 재료나 장비가 없는 상태에서 썩은 이를 뽑는 유일한 도구는 펜치이다. 하지만 이마저도 없다.

나의 꿈은 악몽인 듯하다.

다행히 자명종 시계가 나를 깨운다.
화학과 함께 새로운 날이 시작된다.

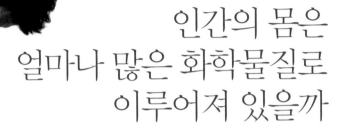

인간의 몸은 얼마나 많은 화학물질로 이루어져 있을까

인간은 빵만으로 살 수 없다. 그러나 가장 아름다운 영혼과 최고의 정신도 외형으로서 몸이 필요하다. 이 몸이 호흡과 생각을 하고 영양분을 섭취하며 움직이는 동안 수많은 화학 반응이 일어난다.

산소 56.1퍼센트, 탄소 28퍼센트, 수소 9.3퍼센트, 질소 2퍼센트, 칼슘 1.5퍼센트, 염소 1퍼센트, 인 1퍼센트, 그리고 나머

🕖 **07:00 기상**

아침 7시에 세상은 아직 고요하다. 이것을 진심으로 주장하는 사람이 있을까?

그 사람은 분명히 내 자명종 시계가 일마따 신경에 거슬리는 소음을 내는지 모르고 있다. 나는 꺼림칙한 악몽을 꾸다가 자명종 시계 덕분에 잠을 깼다. 그 꿈속에서 나는 화학이 없는 세상에 살고 있었다. 뻣뻣한 털옷, 나막신, 난방이 잘 되지 않는 우중충한 오두막, 보는 순간 벌써 썩기 시작하는 벌레 먹은 과일만 있을 뿐 샴푸, 립스틱, 이동전화, 두통약을 비롯한 의약품은 전혀 찾아낼 수 없었다.

그러다 심사숙고해보면 나는 화학 없이 존재할 수 있을까?

피부, 조직, 뼈는 무엇으로 이루어져 있을까? 숨쉬기를 할 때나 먹고 마실 때 과연 어떤 일이 일어나는가? 화학과 어떤 관계가 있는 것은 아닐까?

지 1.1퍼센트는 황, 철, 아연, 아이오딘(요오드), 플루오린(불소), 구리, 마그네슘, 칼륨(포타슘), 나트륨(소듐), 셀레늄(셀렌), 코발트 등이 차지한다. 이처럼 몇 개의 숫자만으로 인간의 몸을 화학적으로 나타낼 수 있다. 이와 같은 간단한 기본 구성 성분을 토대로 다양하고 부분적으로는 고도로 복합적인 화학결합이 이루어진다. 이를 바탕으로 우리 몸의 골격이 형성되고 한편으로는 삶에 필수적인 화학 반응이 일어난다.

이때 간단히고 작은 물 분사가 중심적인 구실을 수행한다. 성인의 몸은 약 60퍼센트가 물로 이루어져 있다. 물 분자는 몸의 모든 개별 세포에서 일어나는 화학 작용의 용매로 이용되며 피의 구성 성분들을 온몸에 실어 나른다. 입 속의 타액과 위의 염산은 음식물을 소화시키고 그 안에 담긴 영양소들을 흡수하는 데 기여한다. 오줌 속의 물은 신진대사의 노폐물과 독소들을 몸 밖으로 배출한다. 땀은 몸을 식혀주고 체온을 조절해준다. 유일한 용매인 물과 함께 인간 몸에서 일어나는 화학 작용은 아주 특별하다. 모든 반응은 섭씨 37도와 정상적인 대기압에서 이루어진다. 이와 반대로 화학 산업에서는 대부분의 반응이 높은 온도와 압력에서 이루어지며, 톨루엔이나 에테르 같은 특이한 용매가 필요하다.

단백질, 지방, 당

우리 몸속의 또 다른 특별함은 화학적 변환이 세포 환경에서 원래 진행되지 않거나 끝없이 천천히 진행된다는 데 있다. 몸은 '반응 보조제'로서 특별한 생화학 분자, 즉 효소를 이용한다. 효소는 단백질의 일종으로서 주로 탄소, 수소, 산소, 질소로 이루어져 있다. 그 밖에 황과 인을 함유하고 있다. 효소는 생화학적 촉매 작용을 한다. 다시 말해서 생화학 반응에 관계하며 이것을 더 빨리 진행시킨다. 또한 이른바 조효소들의 도움이 필요하다. 예를 들어 철, 아연, 셀레늄, 마그네슘과 같은 금속 성분과 비타민 등이다. 수만 개의 효소가 우리 몸속에서 늘 활동하고 있다. 이때 하나의 효소가 모든 임의의 반응에 촉매 작용을 하는 것이 아니라 특정한 물질을 특정한 생산물로 변환시킨다. 매우 특수한 효소는 심지어 단 하나의 화학적 결합에 관계한다. 따라서 복잡한 연쇄 반응은 여러 개의 효소가 촉매로 작용한 것이다.

삶에 필수적인 수많은 화학 반응에는 에너지가 필요하다. 몸은 이를 위해 특수한 '에너지 보존' 방법인 아데노신삼인산(adenosine triphosphate, ATP)을 사용한다. ATP는 차례로 분리 가능한 세 개의 인산기를 포함하고 있다. 분리할 때마다 특정한 에너지를 발산한다. 각각의 인산기는 약 30kJ/mol의 에너지를 지니고 있다. ATP는 영양소가 연소할 때 발생하는 에너지를 이용해 생성된다. 이를 위해 몸은 공기를 호흡하면서 받아들이는 산소를 이용한다.

ATP 형태로 계속 순환하는 에너지 이외에도 몸은 지속적인 에너지 창고를 지니고 있다. 당은 에너지 획득과 저장에 중요한 구실을

모험적 삶을 위한 진화를 요구한 것은 단지 25개의 원소이다.

H	=수소	C	=탄소
N	=질소	O	=산소
F	=플루오린	Na	=나트륨
Mg	=마그네슘	P	=인
S	=황	Cl	=염소
K	=칼륨	Ca	=칼슘
V	=바나듐	Cr	=크로뮴(크롬)
Mn	=망가니즈	Fe	=철
Co	=코발트	Ni	=니켈
Cu	=구리	Zn	=아연
Se	=셀레늄	Br	=브로민
Mo	=몰리브데넘	I	=아이오딘
W	=텅스텐		

한다. 각각의 당 단위는 사슬 형태의 기다란 분자, 즉 글리코겐으로 합성된다. 그중 3분의 2는 근육이 사용하고 3분의 1은 간에 저장된다. 간은 이것을 적당한 혈당치를 유지하는 데 이용한다. 포도당이 물과 이산화탄소로 분해되는 것은 몸이 ATP 형태의 에너지를 얻는 가장 중요한 방법이다. 포도당이 가장 많이 필요한 곳은 뇌다. 뇌는 우리가 잠을 자든 깨어 있든 늘 활동하며 이때 포도당을 소모한다. 간세포가 포도당을 소진한 다음에는 급속히 보충한다. 이때 간은 상당한 에너지를 소모하며 긴급히 필요한 포도당을 합성한다.

신체의 에너지 보존: 아데노신삼인산 비교적 작은 분자이지만 우리 몸의 신진대사에서 엄청난 의미를 지닌다. 이 분자는 고리 모양의 단위들(오른쪽과 가운데 분자)과 세 개의 인산기(왼쪽 분자)로 이루어진 사슬로 구성되어 있다. 보라색은 질소원자, 빨강은 산소원자, 회색은 탄소원자, 하양은 수소원자, 주황은 인원자에 해당한다. 인산염 사슬의 영역에서 산소가 떨어져 나갔다.

지방 역시 피하지방의 형태로 존재하는 중요한 에너지원이다. 어떤 사람은 이 피하지방이 두툼하여 엉덩이와 배 가운데가 도드라지기도 한다. 피하지방은 산소가 공급되면 물과 이산화탄소로 변환되며 이때 ATP 형태의 에너지를 제공한다. 지방의 결합은 모든 세포

배고픔이 젊음을 유지해준다

쥐를 대상으로 노화 과정을 연구한 과학자들은 스트레스 반응에 관여한 분자들이 나이가 들면서 점점 강화됨을 발견했다. 이와 반대로 에너지 신진대사를 위한 효소의 생산은 현격하게 줄어들었다. 칼로리를 줄이는 다이어트가 이러한 노화 현상을 막아주는 것이다. 영양 공급을 76퍼센트로 줄인 쥐들은 노화와 관련해 별로 변화를 보이지 않았다. 영양 공급을 줄이면 신진대사가 활발하게 일어나 노화를 억제하는 것이다.

당이 노화를 촉진한다

당과 단백질 분자도 신체의 노화에 직접적으로 관여한다. 이 성분들은 서로 반응하여 커다랗고 안정적인 복합물이 되어 신체의 모든 세포에 축적된다. 예를 들어 이런 방식으로 노인의 피부에 검버섯이 생겨난다. 이러한 복합물은 다시 분해되지 않고 신체의 곳곳에서 늘어나며 점차 삶에 중요한 기관들의 기능을 저해한다.

를 감싸고 주변과 차단하는 외피인 세포막을 형성한다. 더 나아가 어떤 지방산은 세포 내에서 중요한 과정을 조절하는 특정한 전달물질의 전 단계로서 기능한다.

널리 알려진 콜레스테롤은 세포막의 중요한 요소인 동시에 에스트로겐, 게스타겐, 테스토스테론, 코티솔 등 중요한 호르몬의 합성에 필요하다. 건강한 사람의 경우에는 콜레스테롤 합성, 이용, 운반 사이의 복잡한 균형이 유지된다. 이러한 균형이 깨지면 혈관에 콜레스테롤이 쌓여 가장 흔한 사망 원인인 심장병과 동맥경화증을 유발한다.

산소: 두 개의 얼굴을 지닌 물질

산소가 우리 삶에 필수적임은 논란의 여지가 없다. 숨쉬기를 멈추면 몇 분 안에 죽는다. 산소는 음식물과 함께 섭취한 당과 지방을 연소하고 뇌와 근육의 활동, 신진대사에 필요한 에너지를 얻는 데 이용된다. 이와 동시에 산소는 치명적인 독이 될 수도 있다. 19세기 말

다이아몬드도 영원하지는 않다

산소의 강한 반응력은 18세기 프랑스혁명 직전 프랑스의 유명한 화학자 앙투안 라부아지에(Antoine Levoisier)가 실시한 실험이 입증해주고 있다. 그는 순수한 탄소로 이루어진 다이아몬드를 순수한 산소를 이용해 가열하면 '없어짐'을 보여주었다. 즉 색깔도 없고 보이지도 않는 이산화탄소 가스로 변화된다.

잠수부들은 물속에서 순수한 산소를 호흡할 수 있는 장비를 사용했다. 그런데 압력이 높아지는 8미터 깊이의 물속에서 그들은 경련을 일으키며 의식을 잃었다. (잠수부가 물속에서 너무 빨리 바깥으로 나올 때 생기는 잠수병은 그 원인이 다른 데 있다. 압력이 급속히 낮아짐에 따라 혈관 속에 녹아 있는 질소가 기포 형태로 빠져나오는 것이다. 이로 인해 공기색전과 조직 손상이 일어난다.)

정상적이 대기압이 유지되는 물 위에서도 산소는 대부분 독성을 지니고 있다. 순수한 신소나 산소가 첨가된 공기 혼합물을 여러 날 들이마시면 생명을 위협하는 폐렴에 걸릴 수 있다. 이러한 역설은 손상된 폐 조직이 더 이상 충분히 산소를 받아들이지 못해, 결국 몸이 산소 결핍에 빠지게 된다는 데 있다.

산소는 사람이 나이를 먹는 데 핵심적인 구실을 한다. 그 주범은 이른바 '자유라디칼(free radical, 자유기 또는 유리기)'이다. 산소의 반응 형태에 따라 포도당이나 핵산과 같은 생물학적 분자들이 공격당하고 파괴된다. 그러나 자유라디칼은 해로울 뿐만 아니라 삶에 필수적이다. 우리는 영양소에서 에너지를 얻기 위해 산소를 이용하기 때문이다. 이를 위해 우리 몸은 반응적인 중간 단계로서 자유라디칼을 영속적으로 만들어낸다. 그래서 우리 몸은 자유라디칼을 제어하고 해롭지 않게 만드는 특수한 보호 메커니즘을 보유하고 있다. 그러나 유감스럽게도 이러한 시스템이 완전하지는 않다. 수시로 일어나는 세포와 조직 손상이 쌓이게 되면, 처음에는 '노화 현상'으로 나타나다가 결국에는 몸 전체의 기능이 붕괴하게 된다. 따라서 많은 건강 상담원들은 활성산소를 제어하고 해로운 영향으로부터 몸을 보호해주는 '산화 방지제'의 섭취를 권장한다. 카로틴과 비타민E, 그 밖에 많은 과일과 채소에 들어 있는 비타민C가 이에 해당한다. 더 나아가서 수많은 과일은 자유라디칼을 해롭지 않게 만드는 다른 물질

헤모글로빈은 피를 빨갛게 만드는 색소이다. 헤모글로빈의 주성분은 철이다.

사람에게는 많은 물이 필요하다

사람은 하루 평균 140리터의 물을 소비한다. 그중 약 2.5리터는 몸속에서 직접 변환된 것이다.

- 1리터는 마시는 물이다.
- 1.2리터는 음식으로 섭취한다.
- 0.3리터는 몸속에서 일어나는 화학 반응의 결과물로 생성된다.

우리는 이 물을 다시 배출한다.

- 1.5리터는 오줌과 함께 배출된다.
- 0.1리터는 배설물에 섞여 있다.
- 0.3리터는 호흡을 통해 배출된다.
- 0.6리터는 피부를 통해 땀으로 증발된다.

뇌는 대부분 물로 이루어져 있다. 뇌의 무게는 몸무게의 50분의 1에 지나지 않지만 몸을 순환하는 피의 5분의 1이 뇌에 있다.

사람이 소비하는 나머지 물은 몸을 씻거나 빨래와 식료품 생산에 쓰인다. 예를 들어 농업 분야에 필요한 물의 양은 다음과 같다.

- 밀 1톤을 수확하기 위해서는 500톤의 물이 필요하다.
- 달걀 한 알을 얻기 위해서는 480리터의 물이 필요하다.
- 쇠고기 1킬로그램을 얻기 위해서는 3만 1000리터의 물이 필요하다.
- 채식주의자의 하루 먹을거리를 감당하기 위해서는 몇백 리터의 물이 필요하다.

들을 함유하고 있다. "하루에 사과 한 알이면 의사가 필요 없다"는 속담도 화학적으로 증명된다.

철과 미량 성분들

철, 칼슘, 아연, 아이오딘, 플루오린, 구리, 마그네슘, 칼륨, 나트륨, 셀레늄, 코발트 역시 우리 삶에 필수적이다. 하지만 미량 성분만 필요하다. 그중 대표 격인 철은 피의 색소인 헤모글로빈의 구성 요소이며 호흡을 통해 들어온 산소를 세포까지 운반하고 세포 호흡의 찌꺼기인 이산화탄소를 몸 밖으로 배출하는 데 기여한다. 칼슘과 플루오린은 뼈와 치아의 형성에 관계한다. 아이오딘은 갑상선의 기능에 중요하다. 아이오딘 결핍은 육체적·정신적으로 발달장애를 일으킬 뿐 아니라 신진대사도 더디게 한다. 아연, 셀레늄, 코발트와 같은 미량 성분은 효소의 구성 성분으로서 절대적으로 필요하다.

족의 문제

동족성은 어느 분야에나 존재하는 현상으로 이를 가장 쉽게 찾아볼 수 있는 분야가 생물학이다. 그러면 화학의 경우는 어떠한가? 이러한 비교는 간접적으로만 옳다. 그럼에도 화학의 발전에 중요한 구실을 하고 있다. 주기율표 원소의 발견에서 동족성의 메타포는 결정적인 발견 원리였다. 과학사와 관련한 주요 저서에는 이와 같은 내용이 등장한다. 다시 말해 선조 화학자들은 당시에 이미 알려진 특정 원소들이 다른 일정한 원소들과 여러 화학적 공통점을 갖는다는 사실을 발견했다. 러시아의 화학자 멘델레예프는 1869년 발표한 논문에서 이 원소들을 족으로 간주했다. 1년 후 독일의 화학자 마이어도 이와 매우 유사한 내용을 제안했다. 멘델레예프는 주기율표에 빈자리를 만들어놓고 그 자리는 아직 발견되지 않은 원소로 채워질 것이라고 예언했다. 이 예측은 매우 탁월했음이 입증되었다.

그러나 자연계에 존재하는 92개의 원소가 주기율표에 모두 갖추어지기까지는 그로부터 약 60년이 흘러야 했다. 주기율표에서 세로줄은 족(family, 현재는 group)이라고 한다. 플루오린, 염소, 브로민(브롬), 아이오딘을 포함하는 할로젠족을 모르는 사람은 없을 것이다. 이 원소들은 다른 원소들의 전자껍질에서 전자 한 개를 강하게 끌어당기는 공통적인 속성을 지니고 있다. 할로젠족 원소 중 화학공업에 매우 중요한 의미를 지닌 원소는 염소이다. 이를테면 플라스틱이나 염료,

드미트리 J. 멘델레예프(Dmitrii J. Mendeleev 1834~1907: 왼쪽)가 그때까지 알려진 원소들을 화학적 유사성에 따라 족으로 통합할 것을 최초로 제안했다. 율리우스 L. 마이어 (Julius L. Meyer 1830~1895: 오른쪽)도 똑같은 생각을 했다. 그러나 멘델레예프는 당시에 알려지지 않은 원소들의 존재를 예측하는 탁월함을 보여주었다.

또는 살충제·소독제·표백제 등 여러 상이한 제품 생산 공정에 사용된다. 반면 비활성기체들은 희소성으로 인해 사람들의 주목을 끈다. 이 기체들은 화학적으로 활발하지 못하기 때문에 '비활성기체'라는 명칭이 붙었으며, 그래서 상대적으로 늦게 발견되었다. 비활성기체에 속하는 모든 원소는 특히 광기술공학에서 형광등이나 전구 충전제로 쓰이고 자석 냉각제로도 이용된다. 이와 같이 모든 족은 각각 주목할 만한 공통점을 지니고 있다.

그러면 유기화학의 경우는 어떠한가? 유기화학의 경우에도 동족성의 개념이 채택되었다. 모든 알코올은 '화학 반응'에 필요한 OH기를 포함하고 있다. 이외에도 탄소 골격에 따라 매우 독특한 속성을 지닌다. 현대의 명명법에 따르면 에탄올이라고 하는 에틸알코올은 지명도가 높고 인기도 많다. 반면에 에틸알코올의 동생인 메틸알코올 또는 메탄올은 한 개의 탄소원자만을 지니고 있으며, 알다시피 많이 마시면 실명을 초래할 수 있는 위험한 물질이다. 에탄올의 두 번째 탄소원자에 또 다른 OH기가 붙을 경우 글라이콜이 된다. 부동액인 글라이콜은 에탄올을 약간 변화시켜 만든 화합물이다(그러나 글라이콜은 에탄올에 속하지 않는다). 분자에서 일어나는 작은 변화가 물리적 속성을 극적으로 변화시키는 이러한 진기한 현상은 의약품과 다른 작용물질을 찾는 데에서 즐거움이면서 괴로움이기도 하다.

이제 좀더 상위 영역을 살펴보면, 명예를 중시하는 가문은 기나긴 족보를 꺼내 보여주면서 자랑스러워한다. 이제 족보에 만족을 느끼지 못하는 사람은 컴퓨터를 기초로 족보를 만들 수도 있다. 그뿐만 아니라 이 취미 생활이 크게 유행하고 있다고도 한다. 족보 또는 계보에 대한 관심은 인간 고유의 특성이다.

화학에서 계보라고 하면 사람들은 놀랄 것이다. 물론 생물학에서는 당연하다고 할 수 있다. 그러나 분자와 관계 있는 화학에서 계보

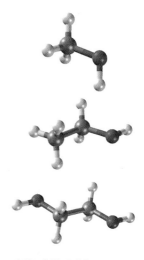

메탄올, 에탄올, 글라이콜
알코올족의 맨 앞에 위치하는 이 세 원소는 가장 중요한 원소이기도 하다. 분자의 유사성에도 불구하고 이들의 물리적 속성은 아주 다르다(하양: 수소원자, 회색: 탄소원자, 빨강: 산소원자).

메탄올 생산 시설
알코올의 일종인 메탄올은 기초 화학 물질에 속한다. 그러나 많이 마시면 실명을 초래할 수 있기 때문에 입에 대서는 안 된다.

가 무슨 의미가 있는가? 항의는 정당하며 이 용어의 선택은 완전히 부당하지는 않더라도 적절하지 못하다. 여기에서 문제가 되는 것은 이른바 '생산물 계보'로서 이것은 화학 공업에서 매우 중요한 구실을 한다. 19세기 중반 타르를 기반으로 화학 공업이 시작되었음을 상기하자. 타르 염료는 경제적인 성공과 발전의 기초를 이루었다. 그 뒤 미래는 두 종류의 근본적인 혁신으로 결정되었다. 석탄 기화를 통해 일산화탄소(CO)를 사용할 수 있게 되었고, 이 기본 생산물을 토대로 C_1 화학의 이력이 성장했다. 이것은 현재에도 여전히 중요한 구실을 하고 있다. 앞으로 언젠가 석유가 고갈되는 날이 오면 이러한 종류의 화학이 활기를 되찾을 게 틀림없다. 두 번째 혁신은 아크 용광로에서 탄소화칼슘을 생산한 것이다. 이를 통해 아세틸렌을 얻게 되었고, 두 개의 탄소가 포함된 이 화합물을 시작으로 많은 화합물이 합성되었다.

20세기 중반에 화학 공업에서 가장 큰 패러다임의 변화, 즉 석탄에서 석유로 원료 전환이 일어났다. 석유는 원래 무엇인가? 화학적으로 볼 때 무수한 탄화수소로 이루어진 거친 화합물이다. 황화물과 질소 화합물에 의한 오염은 모든 것을 훨씬 더 복잡하게 만들 뿐이므로 여기에서는 무시하도록 한다. 이 화합물에서 더 깨끗한 개별 화합물을 따로 떼어내기는 불가능하다. 따라서 다른 방법이 선택되었다. 첫 번째로 증류를 통해 원유를 분리하는 방법이다. 증류 장치에서 가장 먼저 생기는 것은 엔진에 적합하지 않지만 화학에는 매우 유용한, 끓는점이 낮은 석유 유분이다. 그 다음에 온도를 높이면 증류탑 꼭대기에서 가솔린, 경질유, 난방유, 중질유 등이 나온다. 맨 마지막에는 찌꺼기로 도로 포장에 쓰이는 타르가 남는다.

끓는점이 낮은 유분을 '나프타'라고도 하는데 이 혼합물은 화학에 곧바로 사용할 수 없다. 그러나 이것을 증발시켜 가스를 수증기와 함께 섭씨 약 900도로 가열하면 혼합물이 흐르는 뜨거운 관에서 다수의 탄화수소가 쪼개지고(crack) 이 조각들은 다시 작은 분자로 합쳐진다. 따라서 이러한 공정을 '크래킹(cracking)'이라고 한다. 이 공정의 결과물은 절반이 에틸렌, 3분의 1이 프로필렌, 10퍼센

석탄에서 석유로 원료가 전환됨과 더불어 1950년대에 화학 산업에서 가장 큰 '패러다임'의 변화가 일어났다. 가솔린과 난방유에 대한 수요가 급증하고 그 때문에 끓는점이 낮은 유분(섭씨 70~120도)들이 화학에 좋은 원료로 사용되었다. '나프타'라는 이 혼합물은 열과 촉매로 분해된다(크래킹). 석탄은 현재 더 이상 화학 원료로 사용되지 않는다.

이른바 '증류탑 숲'은 석유화학 시설의 전형적인 모습이다. 석유화학 제품은 대량생산에도 불구하고 순도에 대한 요구가 매우 높다. 따라서 약간의 오염도 중합 작용에 큰 장애가 된다. 덩치가 큰 몇몇 석유화학 제품의 순도는 99.99퍼센트이다. 이것들은 대부분의 의약품보다도 순도가 더 높다.

트 정도가 뷰타다이엔으로 구성된 혼합물이다. 나머지는 탄소(최대 일곱 개까지)를 포함한 다수의 화합물이다.

이러한 아주 기초적인 공정을 거친 후 혼합물은 비용이 많이 들기는 하지만 매우 효과적으로 분리된다. 여기에서 화학이 시작될 수 있다. 각각의 주 생산물은 이중결합을 지니고 있어서 화학적 이용 가능성이 매우 다양하다. 따라서 그때 그때의 생산물을 토대로 해당 생산 계보가 성장한다. 계보가 다른 생산물이 서로 반응하여 결합된 경우도 있고, 반응의 부산물이 다른 생산물을 생산하는 데 사용되는 경우도 자주 있다. 생산물 흐름의 이러한 네트워크화한 시스템을 '화학 결합(chemical bond)'이라고 한다. BASF에서 만든 이 용어는 영어 전문어로 채택되었다.

이제 화학적인 관계와 놀랍도록 유사한 족의 관계를 비교한 후 원래의 화학으로 되돌아가서 이를 하나의 전체 시스템으로 살펴보고

자 한다. 이용 가능한 물질의 수는 그리 많지 않다. 석유, 천연가스, 때때로 석탄, 광석, 공기, 물 등이 이에 속한다. 이를 비탕으로 이른바 기본 화학약품이 생산되고 이 기본 화학약품에서 다수의 중간 생산물과 최종 생산물이 합성된다. 최종 생산물 또는 판매품은 개선을 통해 지속적으로 변화한다. 여기에서 소비자는 혁신을 경험하게 된다(소비자가 이에 주의를 기울일 경우). 한 상품이 시장에서 높은 인지도를 획득·유지하는 이유는 그 상품이 끊임없이 변화하기 때문이다. 즉 화학에서는 다수의 '숨어 있는 혁신(hidden innovation)'을 알리는 것이 문제다.

기본 생산물의 경우는 이에 훨씬 더 잘 부합한다. 문명 생활의 기초를 형성하는 화학약품 300여 가지가 있다. 몇 가지 예를 들면 에틸렌, 암모니아, 프로필렌, 황산, 벤젠, 아크릴산 등이다. 이 생산물들은 계속해서 사용되고 있으며 제조 과정에서 끊임없이 개선된다.

화학 나무

최종 소비자를 위한 제품(10만여 종)

예: 정유 제품, 일반 플라스틱 제품, 특수 플라스틱 제품, 스펀지, 섬유 제품, 분 사용품, 아교, 용매, 플라스틱 연화제, 섬유 보조제, 물감, 염료, 약품, 농약, 페인트, 도료, 비료 등

중간 규모 생산물과 중간 생산물(300여 종)

예: 암모니아, 프로필렌, 황산, 에틸렌, 벤젠, 아크릴산 등

원료

암염, 석탄, 석유, 인산염, 황, 구리, 물, 천연가스, 공기

그러나 최종 소비자는 이를 전혀 깨닫지 못한다. 1990년대 초 '화학 나무(chemical tree)'라는 아름다운 메타포가 등장했다. 전체 뿌리는 원료 저장소에 묻혀 있다. 화학자들이 '불멸의 것'이라고 일컫는 기 본 화학약품 300여 가지가 줄기를 형성한다. 너비가 넓고 가지가 촘 촘한 수관은 최종 소비자를 위한 10만 가지 이상의 생산물을 형성한 다. 그러나 이러한 관계를 아는 사람은 별로 많지 않다. 수년 전에 흥미로운 이미지 표현이 한번 있었다. 그곳에는 실험실에 있는 한 화학자의 모습이 그려져 있었는데 그 아래에 "그는 당신을 위해 일

하지만 당신은 그를 알지 못한다"는 문구가 새겨져 있었다. 이것은 현재에도 마찬가지일 수 있다. 그러나 문제를 해결히는 데 기쁨을 느끼는 사람에게는 박수갈채보다 기발한 착상이 훨씬 더 중요할 것이다.

아름다움을
위한 화학

고대 이집트의 노프레테테 여왕은 안티모니(안티몬)를 갈아 눈꺼풀에 검게 칠했고, 로마의 미인들은 눈에 벨라도나 즙을 떨어뜨렸다. 이 즙에 들어 있는 아트로핀이라는 물질은 동공을 크게 만들며 눈을 맑고 깊게 보이게 한다. 하렘의 여인들은 헤나로 피부와 머리카락을 물들였으며, 바로크 시대의 군주들은 당시 미의 기준을 따르면서 몸에서 나는 악취를 감추기 위해 분을 바르고 향수를 뿌렸다. 당시에는 몸을 씻지 않는 것이 유행이어서 몸에서 심한 악취가 났기 때문이다. 이제 유사 이래로 아름답고 탐낼 만한 대상이 되기 위한 여러 화학적 비법들을 알아보자.

태양에 노출되다

200년 전에는 햇빛에 그을리지 않은 하얀 피부로 '상류층'과 평민이 구별되었다. 평민은 생계비를 벌기 위해 늘 야외에서 일을 해야 했

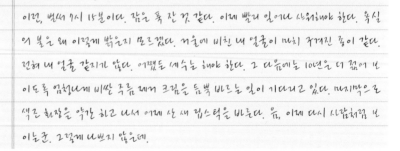

07:15 힘차게 출발

이런, 벌써 7시 15분이다. 잠을 푹 잔 것 같다. 이제 빨리 일어나 샤워해야 한다. 욕실의 불은 왜 이렇게 밝은지 모르겠다. 거울에 비친 내 얼굴이 마치 구겨진 종이 같다. 전혀 내 얼굴 같지가 않다. 어쨌든 세수는 해야 한다. 그 다음에는 10년은 더 젊어 보이도록 엄청나게 비싼 주름 제거 크림을 듬뿍 바르는 일이 기다리고 있다. 마지막으로 색조 화장을 약간 하고 나서 어제 산 새 립스틱을 바른다. 음, 이제 다시 사람처럼 보이는군. 그렇게 나쁘지 않은데.

고 그리하여 건강한 피부색을 갖고 있었다. 상류층의 창백함은 일은 다른 사람들에게 시키고 자신들은 아무 일도 하지 않거나 세련되고 품위 있는 사무실에서 일함을 뜻했다. 오늘날에는 정반대로 바뀌었다. 성공한 사람은 신선한 공기를 마시며 스포츠를 즐기거나 남쪽의 태양 아래에서 달콤한 무위도식에 빠질 수 있는 충분한 여가 시간을 갖고 있다. 이 두 가지 형태의 여가 생활은 결과적으로 햇빛에 그을린 피부를 갖게 하고, 따라서 햇빛에 그을린 검은 피부는 성공과 매력, 생기발랄함의 상징이 되었다. 그러나 햇빛의 부정적인 측면도 알고 있다. 태양의 자외선은 피부에 화상을 입히고 세포 유전자를 손상시켜 피부암까지도 유발할 수 있다. 피부의 조기 노화도 과도한 일광욕 때문에 초래된다.

그러나 우리는 화학 제품, 즉 선크림의 도움으로 햇빛을 적당히 즐길 수 있다. 선크림의 원료는 모든 영양크림처럼 오일과 지방, 물의 혼합물이다. 물은 크림을 쉽게 바를 수 있게 만들며, 크림을 바를 때 피부에 수분 침투를 막는 너무 두꺼운 지방층이 생기는 것을 방지한다. 대부분의 크림은 60~75퍼센트가 물로 이루어져 있다. 따라서 이들은 박테리아와 균의 이상적인 온상이다. 거의 모든 크림에 방부제가 들어 있는 이유이다. 크림의 지방은 바셀린(길고 짧은 사슬의 파라핀 혼합물)과 양털 기름(라놀린), 식물성 기름으로 이루어져 있다. 이러한 지방질은 피부 표면을 부드럽고 매끄럽게 하며 상피세포층에 더러운 물질이 침투하는 것을 방지한다. 지방과 물은 곧바로 섞이지 않기 때문에(고깃국물의 표면에 떠 있는 기름방울을 생각해보라) 유화제가 필요하다.

유화제는 물을 좋아하는(친수성) 부분과 지방을 좋아하는(소수성) 부분으로 이루어진 분자이다(예: 콜레스테롤, 세틸알코올, 16개의 탄소로 구성된 긴 사슬의 알코올, 스테아린산 나트륨염). 유화제는 물과 기름

의 경계면을 안정시키고 기름방울이 미세하게 나뉘어 물에 용해되도록 한다. 또한 여러 성분의 고유한 악취를 감추고 크림에서 좋은 향기가 나도록 하기 위해 향수 원료가 첨가된다. 그러나 크림에 자외선 차단 물질을 첨가해야만 직사광 차단용 피부 보호제가 될 수 있다. 태양광선은 두 가지 종류의 자외선, UV-A와 UV-B로 구성된다. 피부 화상은 에너지가 더 풍부한 UV-B에 의해 초래된다. 장파인 UV-A는 피부 깊숙이 침투해 피부 노화와 주름 생성에 영향을 미친다. UV 스펙트럼의 이 두 부분 모두 피부암의 원인이 될 수 있다. 따라서 현대의 직사광 차단용 피부 보호제에는 두 유형의 자외선, UV-A와 UV-B 산란제가 들어 있다. 산란제는 유기 화합물이나 또는 산화아연과 이산화타이타늄 같은 무기물일 수 있다.

이산화타이타늄은 백색 안료로서 다수의 도료에도 포함되어 있다. 선크림은 벽에 칠하는 도료보다 입자가 더 작다는 점이 중요한 차이다(즉 2~3마이크로미터와 비교해 약 200나노미터). 1마이크로미터는 1밀리미터의 1000분의 1에 해당한다. 1나노미터는 1밀리미터의

100만분의 1로서 머리카락의 지름보다 약 5만 배
더 작다. 크기가 이 정도인 미립자는 400~800나
노미터인 가시광선의 파장보다 더 작기 때문에
사람의 육안으로는 볼 수 없다. 따라서 크림은
투명하며 선크림을 바를 경우 백색 안료를 칠한
것과 다르게 보인다. 또한 입자가 작을수록 부피
에 비례하여 표면적은 더 커지므로 미립자는 크
기가 큰 입자보다 훨씬 더 많은 자외선을 흡수한
다. 이러한 현상은 큰 정6면체를 계속 잘라서 작
은 정6면체로 만들어보면 쉽게 이해할 수 있다.
모서리 길이가 30센티미터인 정6면체의 표면적
은 0.5제곱미터 이상, 더 정확히 말해서 0.54제곱
미터이다. 이 정6면체를 모서리 길이가 1밀리미
터인 정6면체로 자를 경우 이 작은 정6면체의 면
을 모두 합치면 약 130제곱미터 정도가 된다. 1나
노미터인 정6면체로 자를 경우 총 면적은 13제
곱킬로미터 이상이 된다. 즉 면은 아주 작은
미립자로 나눌 경우 엄청나게 커짐을, 즉
초기 상태보다 2000만 배 이상 커짐을
알 수 있다.

　주름 방지 크림에는 나노 미립자

입자 크기가 중요하다!
이산화타이타늄은 다양한 용도로 쓰일 수 있다. 우선 도료
와 페인트의 백색 안료로 사용된다. 맛과 독성이 전혀 없
어서 살라미 소시지를 둘러싸는 막이나 단 음식, 설탕을
입힌 과일, 젤라틴 캡슐, 립스틱, 몸에 바르는 파우더, 치
약, 선크림의 여광 물질로도 사용된다. 그 밖에도 포장재
를 조색하고 담배의 하얀 재를 만드는 데도 쓰인다.

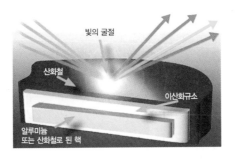

모래(이산화규소)와 녹(산화철)은 아른거리는 화려한 색채의 염료를 생산하는 데 기초가 되는 기본 구성 요소이다. 알루미늄 또는 산화철로 된 매우 작은 판은 이산화규소로 된 얇은 막과 산화철 층으로 둘러싸여 있다. 핵은 이 두 층에서 서로 다르게 굴절되는 빛을 반사한다. 위에서 볼 때와 옆에서 볼 때 색이 서로 다른 느낌이 드는 것은 바로 이 때문이다.

의 산란을 이용한 비법도 숨어 있다. 크림에는 산화철을 덧입힌 미세한 이산화규소 나노 구(球)가 들어 있다. 이 구들은 피부의 주름에 달라붙어 그곳에서 빛을 산란한다. 그 결과 피부가 더 매끄럽게 보이게 된다.

염료를 다루는 방법

아름답게 치장하기 위한 화장술에서 사람들은 화려한 느낌뿐만 아니라 금속성의 빛이 나는, 또는 여러 가지 색조로 아른거리는 효과를 원했다. 이를 위해서는 투명한 미립자는 아무 쓸모가 없으며, 반대로 효과가 큰 여러 색깔의 염료가 필요하다. 염료는 가시성 영역의 빛을 반사해야 한다. 따라서 이들은 크기가 2~3마이크로미터이다. 염료는 이산화타이타늄, 산화아연, 알루미늄과 같은 무기물이거나 유기 화합물일 수 있다. 유기 염료에는 아미노안트라퀴논 염료 또는 아조 염료 등이 있다. 유기 염료는 물에 잘 녹지 않아 유기체에 영향을 미치지 않으며 변화 없이 제거된다. 그 밖에 화장품, 그림물감, 어린이용 손가락 그림물감, 장난감 도장, 식료품 포장재 제조와 같은 특수 응용 분야에서는 용제나 생산 과정에서 생겨난 부산물의 오염 한계치를 준수해야 한다.

다수의 매니큐어에는 보는 위치에 따라 색깔이 다르게 보이는 매우 특별한 염료가 포함되어 있다. 이 염료의 핵은 지름이 약 20마이크로미터인 미세한 산화알루미늄과 산화철 판으로 이루어져 있다. 이 원판은 들어오는 빛을 반사한다. 이들은 두께가 200~600나노미터인 얇은 이산화규소 층으로 덮여 있다. 이 층 때문에 위치에 따라

색깔이 다르게 보이는 것이다. 층 두께가 약 370나노미터일 경우 위에서 내려다보면 적자색으로 보이며, 옆에서 보면 황금색의 느낌이 난다. 산화철로 이루어진 세 번째 층은 빛의 광채를 증가시키며 그 주위를 산화철 고유의 적갈색으로 둘러싼다.

매니큐어와 자동차 도료는 첫눈에 보기에는 공통점이 별로 없는 것처럼 보인다. 그러나 자동차 도료도 아름답게 치장하기 위한 화장술처럼 미학, 양식, 채색이 중요하다. 따라서 자동차 산업에서도 아른거리는 효과를 내는 염료를 높이 평가한다고 해서 그리 놀랄 필요는 없다. 그러나 효과가 큰 장식용 색채는 여러 관점 중 일부일 뿐이다. 그 밖에도 도장은 중요한 기능을 갖고 있다. 즉 이것은 자동차 차체의 금속을 보호해준다. 날씨가 좋든 흐리든 자동차는 매일 먼지로 뒤덮인 거리를 달리기 때문이다. 따라서 자동차 도료의 경우에는 멋진 외관뿐만 아니라 다른 많은 것과 연관되어 있다.

도장의 고전적인 구조는 네 개의 층으로 이루어져 있다. 가장 아래는 부식 방지층으로서, 대개 전착 도료에 담그는 공정을 통해 도

애용품
매니큐어에는 여러 가지 화학물질, 즉 응고제, 수지, 연화제, 용제 등이 들어 있다. 여기에 영롱하고 화려한 색채의 염료가 추가된다. 염료의 색채는 백묵처럼 하얀색에서 빨강, 진주 내지는 금속성의 빛을 내는 색까지 매우 다양하다.

고전적인 **자동차 도장**에는 상이한 기능을 가진 네 가지 도료가 사용된다. 이것은 녹, 햇빛, 날씨, 돌멩이 등으로부터 차체를 보호한다. 고의로 흠집을 내지 않는 한 도장은 손상되지 않는다.

투명 도료 45μm

기조 노료/페인트 15μm

탄성적인 보호층 25μm

부식 방지층 18μm

강판

장된다. 금속 부품을 도료 용액에 담그고 직류전압계를 가하면 물에 용해된 도료 입자들이 방전되어 균일한 도막으로 금속 면에 석출된다. 섭씨 120~180도에서 구우면 이 도막이 경화된다. 그 다음은 바닥 면의 빈곳을 커버하고 돌에 의한 차체 손상을 방지하는 이른바 충전제가 뒤따른다. 따라서 충전제는 단단하면서도 동시에 충격에 강해야 한다. 이러한 요구에 부합하는 재료로는 폴리우레탄 화합물이 있다. 그 다음 충전제 위에 기호에 따라 단색이나 금속성 또는 위에 기술한 색채 효과를 지닌 색을 칠한다.

마지막으로 최상위층의 투명 도료는 방어벽의 구실을 한다. 예를 들어 햇빛, 새똥, 염화칼슘, 도로 보수용 자갈, 산성비, 극단적인 온도 변화와 같은 수많은 환경의 영향을 견뎌내는 기능을 갖고 있다. 그러나 자동차 소유자의 관리 방법은 도료에 흔적을 남긴다. 자동차 세척 장치의 솔 때문에 생기는 원형의 가느다란 홈에 대해서는 누구나 다 알고 있을 것이다.

도료를 점점 더 단단하게 만들려면 도료의 화학 구조와 이와 관련된 물리적 성질을 변화시켜야 한다. 도료는 유동 상태에서 이른바 작용기를 포함하고 있다. 화학자들은 이 작용기를 화학 반응이 일어날 수 있는 분자 내 특별한 장소라고 생각한다. 도료의 굳기를 높일 때 바로 이러한 현상이 일어나는데, 그것들이 서로 결합하여 3차원의 망상 조직을 형성한다.

도장의 가장 바깥층을 이루는 투명 도료에는 태양의 자외선을 차단하는 보호제가 들어 있다. 보호제는 자외선 흡수제와 이른바 라디칼 포착제의 결합물로 이루어져 있다. 올바른 자외선 보호제의 선택과 혼합은 도료의 내구성에 중요하다. 그동안 개발된 고품질의 도료 덕분에 자동차 제조회사는 오늘날 도장의 영구적인 수명을 보장할 수 있게 되었다.

도장 시 도료의 구성 성분들은 아직 개별 성분으로 존재한다. 안정되고 단단한 망상 조직을 생성하기 위해서는 도료가 경화되어야 한다. 즉 도료 구성 성분의 반응기들이 함께 반응해야 한다. 보통 이것은 최대 섭씨 140도에서 일어난다. 에너지를 절약하기 위한 방안으로 도료 경화에 자외선을 사용하기도 한다. 가구 산업에서는 이미 책상판과 작업대에 이 방법을 이용하고 있다. 책상판과 작업대 같은 매끄러운 표면에서는 매우 성공적이라고 할 수 있다. 그러나 자동차

자외선 차단 기능을 지닌 티셔츠

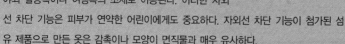

폴리아마이드 섬유 제품도 '자외선 차단제'로 사용될 수 있다. 세밀히 분포된 이산화타이타늄에 자외선 흡수제를 첨가하면 태양광선 차단 계수 80 이상에 도달한다. 주로 야외 활동복이나 여행복의 소재로 이용된다. 이러한 자외선 차단 기능은 피부가 연약한 어린이에게도 중요하다. 자외선 차단 기능이 첨가된 섬유 제품으로 만든 옷은 감촉이나 모양이 면직물과 매우 유사하다.

분체 도료는 용매가 필요 없기 때문에 환경 친화적이다. 보통 접착제, 망상 결합제(경화제), 안료 등 세 가지 성분이 들어 있는데, 채색에 쓰일 뿐만 아니라 돌에 긁히는 것을 방지하는 효과도 있다. 그림은 분체 도료를 70~150마이크로미터 두께로 칠하는 차체 도장 과정을 보여준다.

차체처럼 불규칙적인 3차원 형태에서는 그리 쉬운 일이 아니다. 가장 끝에 있는 모서리까지 도료를 경화시키기 위해서는 빛이 그곳까지 닿아야 하기 때문이다. 그뿐만 아니라 혼합 반응을 보이는 자외선 보호제도 개발해야 한다. 이 보호제는 화학적 망상 결합이 이루어지기 전까지 자외선의 작용을 방해해서는 안 되고, 결합 후에는 에너지가 많은 태양 광선으로부터 도료를 보호해야 한다.

비용이 많이 들지만 굳기를 향상시키는 매우 세련된 방법은 도료에 나노 미립자를 사용하는 것이다. 지름이 10억분의 1밀리미터 정도밖에 되지 않는 이 미세한 구는 유리나 세라믹과 똑같은 화학적 기초를 가졌고, 따라서 매우 단단하다. 이 미세한 구는 접착제에서 균일한 간격으로 매우 촘촘히 분포할 수 있으며 이러한 과정을 통해 도료에 굳기를 부여한다. 날카로운 물건이나 나뭇가지 등을 이용해 고의로 흠집을 내는 경우가 아니면 자동차 세척 장치로 인한 자국은 거의 완전히 방지할 수 있다. 일류 자동차 제조회사들은 이미 나노 도료를 사용하기 시작했다

도료란 무엇인가

정의에 따르면 도료는 고체 성분, 즉 안료가 미세하게 분포(분산)되어 있는 유동 물질이다. 얇게 바른 후 건조하면 도료가 단단한 박막으로 바뀐다. 도료의 주성분은 안료, 수지, 용매, 첨가제이다.

안료 꼭 필요한 채색 및 상황에 따라 희망하는 특수 효과를 내는 데 사용되며 바닥을 덮는다.

수지 개별 구성 성분을 결합해 막을 형성하는 수지는, 대개 굳기를

높이면 단단하고 깨지기 쉬운 고체 원료가 되는 비휘발성의 진한 액체다. 칠에 필요한 용매를 제기했을 때 믹을 형성하는데, 용매의 난순 기화(예: 열가소성 아크릴 도료)와 화학 반응을 이용한 변화(예: 2성분 아크릴 도료) 등 두 가지 방법으로 건조할 수 있다. 건조된 도료에 빛과 광택을 제공한다.

용매 뿌리기, 붓으로 칠하기, 담그기 등의 방법으로 표면에 바를 수 있도록 도료를 희석시킨다. 건조된 도료 막에는 보통 용매가 들어 있어서는 안 된다. 모든 용매는 건조 시 증발하기 때문이다. 용매의 증발력과 증발 속도는 도료 칠의 외관과 내구성에 매우 중요하다. 초기에는 항상 유기 휘발성 액체였으나, 오늘날에는 물로 희석 가능한 도료가 점점 더 많이 생산되고 있다.

첨가제 도료의 품질과 속성을 향상시키는 첨가제는 양이 아주 적다. 첨가제에는 합성수지 도료의 화학적 망상 결합을 촉진하기 위한 촉매, 얇은 막의 형성이나 젤리화를 방지하기 위한 항산화제, 도료의 보호 성질을 향상시키기 위한 녹 방지 첨가제 등이 있다.

색소가 없는 색

어린이들은 무색의 비눗물에서 무지개 색으로 아른거리는 비눗방울이 생긴다는 사실을 알고 있다. 비눗물에서 두께가 수백 나노미터밖에 되지 않는 매우 얇은 막이 생성되면 비눗물의 시각적 속성들을 변화시킨다. 이런 방식으로 색소가 없는 색이 생성된다.

가지각색의 나비 날개에도 색소가 없다. 색에 대한 느낌은 날개의 정렬과 구조화한 표면에 의해 생겨난 것일 뿐이다. 구조화한 표면은 빛의 분산을 초래하는 가시광선 범위 내에 놓여 있다. 손가락으로 나비를 만지면 날개 표면에 붙어 있는 암갈색의 가루가 느껴진다. 이것은 부서지기 쉬운 나노 구조가 파괴되었음을 보여주는 명확한 증거이다. 빛이 아름답게 반짝거리는 단백석(오팔)도 색소를 포함하고 있지 않다. 이 보석의 매혹적인 색도 마찬가지로 나노 구조에 기인한다. 나노 구(球)들이 나란히 배열된 보석의 얇은 층에 빛이 반사되어 여러 가지 색의 혼합 효과가 나타난다.

이와 동일한 효과는 특수 크리스털 유리 제품에서도 찾아볼 수 있다. 특히 이러한 색의 효과는 장식용 종이, 포장지, 인쇄용 잉크처럼 크기가 큰 상품에 두드러지게 나타난다.

점점 더 중요한 위치를 차지하는 후속 개발품은 이른바 분체 도료이다. 분체 도료는 보통 세 가지 성분, 즉 접착제, 경화제(망상 결합제라고도 함), 안료로 이루어져 있다. 이 도료에는 용매가 들어 있지 않아 매우 환경 친화적이다. 보통 분체 도료는 열로 경화되지만 자외선으로 경화된 제품도 이미 출시되었다. 사용 범위가 넓어서 가구 및 자동차 산업에서 자주 사용되며 금속 장식품을 생산하거나 기기를 도장하는 데도 애용된다. 폴리우레탄 분체 도료는 고품질의 표면, 빛과 날씨, 화학 제품에 대한 뛰어난 내구성, 우수한 물리적 성질을 갖고 있다.

전화, 컴퓨터, 프린터, 팩시밀리 등 폴리우레탄을 원료로 한 다양한 도장 방식이 기기의 케이스에 최종적인 세련미를 부여한다. 금속 빛을 띠는 외관이나 이른바 소프트 필(Soft-feel) 도장 방식으로 매우 세련된 느낌을 줄 수 있다. 이 도장 방식은 표면을 따뜻하고 부드럽게 만들어, 예를 들면 이동전화를 만질 때 감촉이 좋고 편안한 느낌이 들게 한다. 폴리우레탄 도료 시스템에는 소프트 필 효과가 있는, 물을 원료로 한 시스템과 재래 시스템이 있다. 칠의 굳기와 탄력성은

미터 (m)	10	1	0.1	0.01	0.001	
밀리미터 (mm = 10^{-3}m)	1,000	100	10	1	0.1	
마이크로미터 (µm = 10^{-6}m)	1,000,000	100,000	10,000	1,000	100	
나노미터 (nm = 10^{-9}m)				1,000,000	100,000	

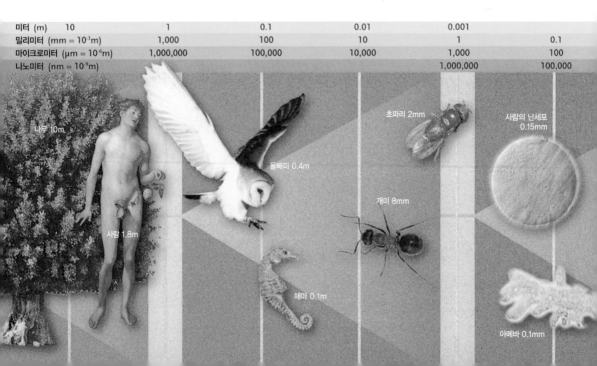

나무 10m

사람 1.8m

올빼미 0.4m

해마 0.1m

초파리 2mm

개미 8mm

사람의 난세포 0.15mm

아메바 0.1mm

구성 성분을 적절하게 선택함으로써 개별적으로 조정 가능하다. 특수 목적에 적합한 도료 시스템을 선택하면 함께 처리한 합성수지의 물리적 성질이 그대로 보존된다. 일반적으로 이것은 자동차 산업뿐만 아니라 공업용으로도 중요한 사항이다. 특히 소프트 필 도료는 자동차 산업에서 차의 실내 설비를 꾸미는 데 적합함을 보여주었다. 따라서 이미 다수의 차량 모델에서 편안하고 부드러운 촉감을 위해 센터 콘솔이나 문 손잡이의 오목한 부분에 이 도료를 사용하고 있다.

매크로 – 마이크로 – 나노

우리가 일상적으로 생산하고 사용하는 물건들은 거의 모두 육안으로 볼 수 있을 정도의 크기다. 즉 미터, 센티미터, 밀리미터의 범위 내에 있다. 이것은 매크로 세계에 속한다.

단세포 생물에서 마이크로 칩의 회로에 이르기까지 크기가 훨씬 더 작은 사물들은 경우가 다르다. 일반적으로 이 마이크로 세계를 이해하기 위해서는 보조 수단, 예를 들어 현미경이나 사진 석판화를 이용한 복잡한 기술이 필요하다.

나노 세계, 즉 수백 나노미터의 영역으로 들어가면 단백질, 합성중합체와 같은 큰 분자 또는 의약품 작용물질과 같은 작은 분자의 세계를 만나게 된다. 매크로 세계에서 나노 세계로 넘어가면 물질의 속성이 급격히 바뀜과 동시에 그것을 기초로 생산된 제품의 성질도 바뀐다.

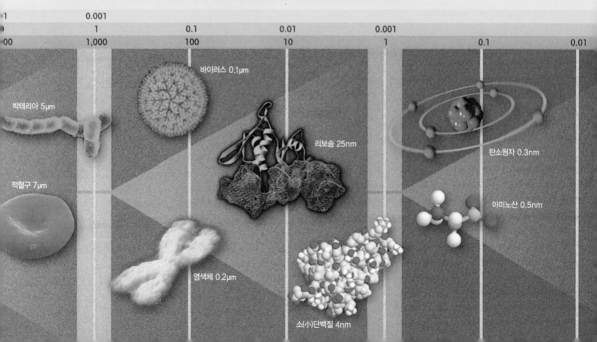

1	0.001								
1		1	0.1		0.01		0.001		
00		1,000	100		10		1	0.1	0.01

바이러스 0.1μm

박테리아 5μm

리보솜 25nm

탄소원자 0.3nm

적혈구 7μm

아미노산 0.5nm

염색체 0.2μm

소(小)단백질 4nm

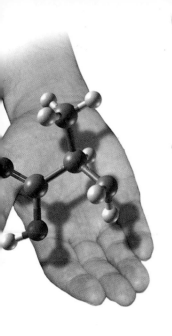

거울 속의 분자

한 요구르트 광고가 나온 후 우리는 적어도 수많은 생체 분자 중에는 '오른손' 분자와 '왼손' 분자가 있음을 알고 있다. 생명체의 필수적인 구성 요소는 거의 모두 이 두 형태, 좀 더 정확히 말하면 L-아미노산과 D-당(라틴어로 laevus: 왼쪽, dexter: 오른쪽) 중 하나로 존재한다. 물질의 L형과 D형이 완전히 다른 속성과 결과를 가질 수 있음은, 유감스럽게도 신경안정제의 일종인 콘테르간의 비극적인 결과로 알려지게 되었다.

우리의 양손을 한번 살펴보자. 양손은 상(像)과 거울상 같다. 오른쪽 장갑은 왼손에 맞지 않고 왼쪽 장갑은 오른손에 맞지 않는다. 양 장갑을 돌리거나 뒤집더라도 완전히 하나로 포개는 것은 불가능하다. 유일한 기하학적 행위, 즉 투영만이 이를 가능하게 하지만 이것은 머릿속의 실험일 뿐이다.

07:30 간편한 아침식사

오늘은 정말 늦었다. 그렇다고 아침식사를 거를 수는 없다. 빨리 먹고 나갈 수 있는 게 뭘까? 차 끓이는 건 큰 줌방이고 콘플레이크도 시간을 절약하는 데는 그만이다. 곡물, 호두, 말린 과일 등을 섞어놓은 콘플레이크에는 몸에 필요한 비타민과 미량 원소들이 들어 있다. 이것을 봉지에서 꺼내 요구르트에 섞어 먹기만 하면 된다. 요구르트에는 물론 우회전성 젖산이 함유되어 있어야 한다. 나의 하루를 이렇게 건강하게 시작한다면 나중에 어쩔 수 없이 저지르게 되는 바보 같은 짓들이 조금은 상쇄될 것이다.

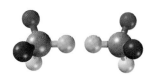

분자도 상과 거울상처럼 구성되어 있을 수 있다. 화학에서는 이러한 현상을 그리스어로 손을 의미하는 단어 '키랄(Chiral)'을 사용하여 '키랄성'이라고 한다. 자연계에서는 특히 키랄 유기 화합물, 즉 탄소 구성물을 가진 화합물이 중요한 구실을 한다. 그 밖에도 질소 화합물, 인 화합물, 금속 유기 화합물 및 다수의 무기 화합물에서도 찾아볼 수 있다. 여기에서는 유기탄화물의 키랄성만을 살펴보고자 한다.

유기 화합물이 키랄인 경우는 언제인가? 탄소는 네 개의 '연결 가지'를 갖고 있다. 이 네 개의 연결 지점은 공간적으로 4면체의 네 꼭짓점을 가리키도록 배열되어 있다. 탄소에 네 개의 파트너 분자단이 결합될 경우, 이 파트너는 두 가지 방식으로 배열될 수 있다. 가능한 두 산물을 살펴보면 상과 거울상 같다. 즉 생성되는 분자의 두 4면체는 서로 일치하지 않는다. 이들은 상과 거울상이기 때문에 실제로도 두 개의 화합물, 즉 화학자들에 따르면 두 개의 거울상이성질체(enantiomer)이다. 이 용어는 반대라는 뜻의 그리스어 에난티오스(enantios)에서 유래했다.

그러나 이것은 매우 이론적인 것처럼 보인다. 이러한 상 분자와 거울상 분자가 실제로 자연계에서 그렇게 큰 의미를 지니는 것일까?

탄소원자가 네 개의 단순 결합으로 네 개의 결합 파트너와 결합하면 결합 가지는 4면체의 각 꼭짓점을 가리킨다. 이 결합 파트너는 두 가지 방식으로 배열될 수 있으며 둘의 관계는 상과 거울상의 관계와 같다.

오른쪽 또는 왼쪽?

프로테인이라고도 하는 단백질은 아미노산으로 이루어져 있다. 아미노산은 바닷가의 모래와 같이 많은 종류가 존재할 수 있지만 어머니인 자연은 20가지의 아미노산 구성물(천연 아미노산)만을 사용한다. 모든 아미노산은 첫 번째 탄소원자, 이른바 알파-탄소원자에 매우 특정한 연결 파트너, 즉 아미노기(NH_2)와 탄산기(카복시기, COOH), 수소원자(H)를 가진다. 이 탄소원자의 네 번째 연결 가지에는 여러 아미노산에서 상이한 구조를 갖는 분자단이 연결되어 있다. 이렇듯 알파-탄소가 4면체에 네 개의 연결 파트너를 가지므로 알파-아미노산은 키랄이다(분자단이 또 다른 수소원자로만 구성되어 있으며 알파-탄소원자가 두 개의 동일한 연결 파트너를 가진 가장 단순한 아미노산인 글리신은 예외이다). 통계적으로 볼 때 원래는 동일한 양의 상과 거울상이 존재해야 하지만 몇 가지 예외적인 경우를 제외하면 자연은 전문화되었다. 더 정확히 말하면 L-아미노산('왼쪽-아미노산')만을 전문적으로 취급한다.

생명체는 좌편향적인가? 아니다. 키랄 분자 유형에 사용되는 '왼쪽'과 '오른쪽'은 불변의 자연법칙의 토대가 되지 못한다. 우리가 D와 L이라고 일컫는 것은 정의에 따라 명칭을 붙인 것일 뿐이다. '왼쪽'에 아미노산이 있다면 '오른쪽'에는 탄수화물(당)이 있다. 당의 경우에도 자연은 두 가지의 변화를 주기로 결정했기 때문이다. 이 두 가지 형태 중 어느 것을 선호하느냐 하는 문제는 다른 생체 분자(biomolecule)에서도 찾아볼 수 있다.

요구르트에서는 무엇이 회전하고 있을까

천연 요구르트, 과일 요구르트, 크림 요구르트에서 '회전'하는 것은 그 안에 들어 있는 젖산이다. 회전이라는 용어는 직선 편광된 빛을 이용한 단순한 실험과 관계 있다. 빛은 모든 방향 또는 평면으로 전파되는 파동으로 나타낼 수 있다. 직선 편광된 빛은 수평으로만 전파된다. 수분이 있는 젖산 용액에 이 빛을 비출 경우 평면 광파는 용액 통과 시 일정한 각도로 회전하게 되고 순거울상이성질체의 젖산이 '광학 활성'된다. 또한 이것은 시계방향('우회전성')이거나 반시계방향('좌회전성')일 수 있다.

젖산도 상과 거울상으로 존재하며 이 두 키랄 분자는 서로 반대

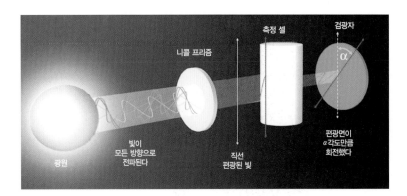

광회전도를 측정하는 데 사용하는 편광계. 측정 셀에 광학 활성 화합물이 존재한다.

방향의 광회전성을 가진다. 우유 발효 과정에서 어떤 종류의 젖산이 형성되는지는 우선 사용된 박테리아균주와 관계 있다. 그러나 분자 구조식으로 볼 때 좌회전하는 젖산의 '오른쪽' 형과 우회전하는 젖산의 '왼쪽' 형이 있음에 유의해야 한다! 광회전성에는 +와 −표시가 붙어 있다. 좌회전성 젖산의 정확한 표현, 즉 D(−)-젖산은 락토바실루스 불가리쿠스(*Lactobacillus bulgaricus*), 락토바실루스 락티스(*Lactobacillus lactis*), 류코노스톡(*Leuconostoc*) 종류에 의해 생성된다. L(+)-젖산 생성자(우회전성)는 스트렙토코쿠스 테르모필루스(*Streptococcus thermophilus*), 비피도박테리움 비피둠(*Bifidobacterium Bifidum*), 스트렙토코쿠스 락티스(*Streptococcus lactis*)이다. 대부분의 요구르트 제품에는 두 종류의 젖산이 들어 있다. 오늘날 광고에 자주 등장하는 것은 L(+)-우회전성 젖산이다. 이 젖산은 인간의 몸에서도 생성되는 것으로서 빠르게 완전히 분해되는 반면, D(−)-좌회전성 젖산은 불완전하게 매우 서서히 신진대사에 쓰인다. 어린이와 성인의 경우 신진대사에 사용되고 남은 젖산은 해가 되지 않는다. 그러나 아직 완전히 성숙하지 못한 아기의 소화기관은 많은 양의 좌회전성 젖산에 예민한 반응을 보일 수 있다.

락토바실루스 불가리쿠스는 좌회전성 젖산을 생성한다.

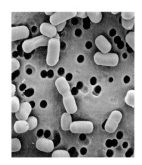

잘못 낀 장갑

우리 몸이 요구르트나 다른 식품의 이 두 가지 형 중 하나는 잘 사용할 수 있고 다른 하나는 잘 또는 전혀 사용할 수 없는 이유는 무엇인가? 우리의 소화 효소에는 영양소를 위한 결합 주머니가 있다. 영양소는 이 주머니 안에 정확히 들어맞을 때만 쪼개질 수 있다(또는 사용될 수 있다). 또한 왼손에 오른쪽 장갑이 맞지 않는 것처럼 '거울에 비친' 영양소는 효소 주머니에 맞지 않거나 맞아도 정확하지 않다. 만일 거울상으로 이루어진 우주에서 한 외계인이 지구로 온다면 이 외계인은 자신의 효소로 우리의 음식을 소화할 수 없기 때문에 굶어 죽을 게 틀림없다.

의약품의 작용물질에서 키랄 현상은 특별한 의미가 있다. 의약품의 상과 거울상 형의 작용이 얼마나 다를 수 있는지는 콘테르간의 '잘못된 거울상이성질체'에 의해 야기된 비극적인 결과를 통해 알 수 있다. 이 약에 들어 있는 탈리도마이드라는 작용물질은 임산부의 입덧에 효과가 뛰어난 수면제(안정제)이다. 그러나 이것은 두 거울상이성질체의 하나에만 적용된다. 다른 하나는 수천 명의 어린이에게 매우 심각한 성장장애를 가져다주었다. 탈리도마이드의 이러한 '잘못된' 형은 연골 형성과 관계 있는 효소의 수용체와 결합하여 이 효소를 억제한다. 임산부가 임신 20~35일 사이에 이 잘못된 거울상이성질체를 복용하게 되면 태아의 손발이 정상적으로 형성되지 않는다. 반면 '올바른' 형은 연골 효소 주머니에 맞지 않기 때문에 해를 끼치지 않으면서 동시에 산모의 입덧에도 도움이 된다. 이러한 경험을 토대로 현재 의약품은 승인을 받기 전에 이 두 가지 형의 작용을 입증하는, 또한 태아에게 부작용을 일으키지 않음을 증명하는 엄격한 테스트를 거쳐야 한다.

순종(순거울상이성질체)의 의약품이 해답이 될 수 있는가? 일반적

효소의 결합 주머니
리조푸스 오리재(Rhizopus oryzae)의 리파제 결합 장소를 나타낸 그림(열린 형태). C_{12}-트라이글리세라이드 기질을 갖고 있다.

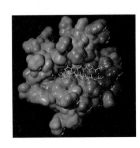

으로 그렇다고 할 수 있다. 그러나 콘테르간 사건에서는 그렇지가 않았다. 인체 내에서 이 두 가지 형이 서로 바뀌기 때문이다. 그러나 이러한 경우는 극히 드물다. 다행히도 '잘못된' 거울상이성질체는 대부분의 상/거울상 의약품에서 효과가 없으며 해가 되지 않는다. 특정한 경우를 살펴볼 때, 실제로 해답은 두 거울상이성질체의 하나만을 사용하는 데 있다. 예를 들어 페니실린으로 만든 제품인 페니실라민은 반드시 두 가지 형으로 분리되어야 한다. L-페니실라민은 독성이 있는 반면, D-페니실라민은 윌슨병(구리 신진대사장애)의 작용물질로서, 또한 특정한 류머티즘성 질환과 중금속 중독 치료제로 사용된다.

두 거울상이성질체 작용물질 형을 분리하는 일이 쉽지만은 않지만, 제약 산업의 추세는 효과가 없는 물질로 신체에 불필요한 부담을 주지 않기 위해 순거울상이성질체의 작용물질 쪽으로 나아가고 있다.

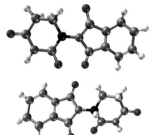

탈리도마이드
콘테르간 의약품의 작용물질. 거울상 지향적인 탄소에 의해 인체에 부담을 주지 않는 안정제(아래)가 태아를 위협하는 물질로 바뀌게 된다(위: 회색은 탄소, 하양은 수소, 빨강은 산소, 보라색은 질소. 키랄 탄소는 검정으로 강조되어 있다).

달콤한 또는 쓴: 레몬 또는 오렌지?

그러나 순거울상이성질체는 의약품일 뿐만 아니라 일련의 다른 물질일 수 있다. 인공감미료인 아스파탐은 두 개의 아미노산을 포함하고 있는 화합물이다. 아스파탐은 이 두 개의 아미노산이 자연 그대로의 왼쪽형으로 존재할 때만 단맛을 낸다. 오른쪽형이 0.5퍼센트 이상 들어 있어서는 안 된다. 그러면 '단맛'에서 점점 '쓴맛'이 된다.

흥미로운 것이 방향물질의 세계에도 존재한다. '레몬' 방향물질의 왼쪽형은 레몬향이 나고 오른쪽형은 오렌지향이 난다. 카본은 캐러웨이 향이 나거나 거울상 형인 경우 페퍼민트(스피어민트) 향이 난다. 캐러웨이 향은 캐러웨이 오일과 딜(dill) 오일, 귤 껍질 등에 존재하고 페퍼민트 향은 민트 오일에 존재한다. 반면 생강 오일에는 이 두 가지 형이 모두 들어 있다. 향이 늘 다른 것은 아니지만 두 분자 형태가 동일하게 작용하지는 않는다. 페퍼민트 식물에서 얻은 왼쪽 멘톨(menthol)은 시원한 느낌을 준다. 오른쪽 멘톨도 똑같은 향이 나기는 하지만 시원한 느낌은 없다.

양말 대신 장갑의 생산

유감스럽게도 화학적인 합성에서 두 거울상이성질체의 하나만을 겨냥해 생산하는 것은 그리 간단하지 않다. 보통 두 형의 혼합물을

자연의 결정

생명체가 생성될 때, 왜 자연은 상 또는 거울상에 대한 선호를 그렇게 명확히 표시했을까? 그 이유는 알 수 없지만 최근에 세워진 하나의 가설은 세린이라는 단순 아미노산이 호모키랄 생명체 생성 때 중요한 구실을 했을 것이라는 데서 출발한다. 특별한 속성을 지닌 세린은 다른 아미노산과 비교된다. 세린은 여덟 개의 세린 분자로 매우 안정된 화합물, 이른바 클러스터를 형성한다. 여기에서 특이한 점은 화합물이 D-세린 성분 또는 L-세린 성분만 포함한다는 것이다. 이 세린 클러스터는 다른 아미노산들도 함께 수용한다(마찬가지로 맞는 형태만). 특히 흥미로운 것은 가장 단순한 당인 글리세르알데하이드와 세린 간의 반응이다. 즉 L-세린과 D-당으로 이루어진 화합물만이 L-세린 클러스터에 포함된다. 그러나 사전 반응 없이도 세린 분자 여섯 개와 글리세르알데하이드 분자 여섯 개로 이루어진 공동의 클러스터가 형성될 수 있다. 이때 탄소 세 개를 가진 당인 글리세르알데하이드는 탄소 여섯 개로 이루어진 당으로 '배가'된다(아마도 생명체가 출연하기 이전 최초의 반응 중 하나일 것이다).

세린(위)과
글리세르알데하이드(아래)

세린은 온화한 반응 조건하에서 D형과 L형이 바뀔 수도 있다. 추측건대 키랄 무기물인 원형 편광된 빛과 아마도 선회 운동이나 자기마당의 영향으로 D형 또는 L형의 원래 동일한 분포 양식이 한 방향으로 바뀌었을 것으로 생각한다. 지구에서 생명체가 생성될 때 지배했던 조건하에서 이것은 L-세린에 유리한 결과를 가져왔을 것이다. 그 뒤 L-세린 클러스터는 농도가 짙은 방울로 형성되었을 수 있다. 또한 이 클러스터는 또 다른 L-아미노산과 D-당의 축적을 가져왔을 것이다(생명체가 출현하기 이전의 또 다른 중요한 반응을 위한 장소).

뜻하는 라세미 화합물이 생성된
다. 그러나 목표에 이르는 방법
은 여러 가지다. 예를 들어 화학
자들은 원하는 물질을 합성해내
기 위한 토대로 아미노산, 당, 알
칼로이드와 같은 순거울상이성
질체의 천연물질을 사용할 수 있
다. 일정한 목적을 갖고 한 형만

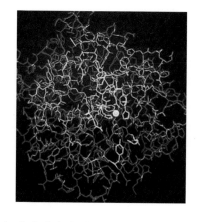

효소는 매우 선택적이고 고성능의 생
물학적 촉매이다. '오른쪽' 또는 '왼
쪽' 생산물만 생성된다.

을 토대로 하게 되면 대부분 이 거울상이성질체 형의 생산물만을 얻
게 된다. 특히 매력적인 것은 이른바 거울상이성질체를 선별하는 촉
매이다. 이 촉매가 있으면 두 가지 형 중 하나를 매우 순수한 상태로
많은 양을 생산할 수 있다. 집중적인 연구와 주목할 만한 발전에도
불구하고 실제로 산업에 투입할 수 있는 촉매 공정의 선택 폭은 소
규모 실험실에서 실행 가능한 많은 경우의 수와 비교할 때 여전히
제한적이다. 이 '키랄 촉매'는 어떤 모습이어야 하는가?

원리는 간단하다. 한쪽 양말이 양발에 맞는 것과 마찬가지로 아키
랄 촉매는 상 분자와 거울상 분자를 구별할 수 없다. 그러나 오른쪽
또는 왼쪽에만 맞는 장갑처럼 그 자체가 키랄인 촉매는 오른쪽과 왼
쪽을 구별할 수 있다.

우리 몸이 보여주듯이 효소는 거울상이성질체를 선별하는 고성능
키랄 촉매이다. 촉매는 두 거울상 생산물 중에서 한 가지 형만 생기
도록 화학 반응을 유도한다. 효소의 촉매 활성중심은 앞에서 설명한
결합 주머니에 있다. 영양소의 경우처럼 이 주머니에는 두 거울상이
성질체 분자 형 중 기본적으로 더 좋은 형이 들어맞는다. 이 결합 주
머니에서 키랄이 아닌 두 개의 원료가 결합되면, 이들은 후속 반응
에서 가능한 두 결합물 중 하나만이 생길 수 있도록 공간적으로 서

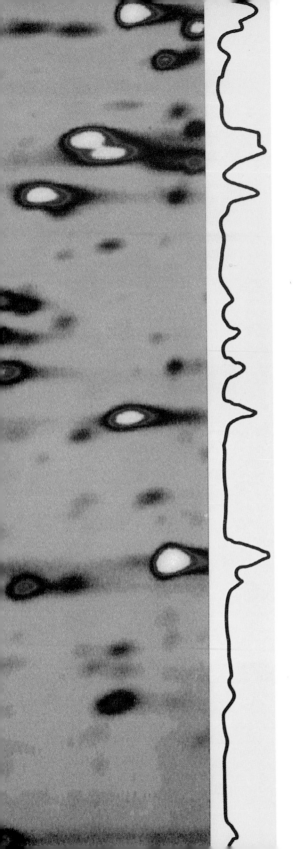

로 방향을 정한다. 효소는 이러한 임무를 훌륭하게 수행할 수 있으므로 대규모 기술 공정의 특정한 합성 단계에도 사용된다. 또 다른 방법으로는 훼손되지 않은 미생물이 화학 및 제약 산업의 생산 공정 가운데 한 반응 단계를 맡을 수도 있다. 이에 대한 대표적인 예는 다수의 반합성 페니실린이다.

현재는 거울상이성질체를 선별하는 합성 촉매도 개발되었다. 대부분은 키랄 금속복합체이며 단순한 원리에 근거하고 있다. 즉 그 자체가 키랄이기도 한 촉매의 금속 활성중심은 키랄 리간드(ligand)와 결합하여 키랄 반응 영역을 형성한다. L-도파민은 키랄 촉매 작용을 통해 기술적으로 생산된 최초의 물질이다. 어려움과 도전은 적합한 리간드를 찾는 데 있다.

장갑의 분류

상과 거울상 화합물의 생성이 간단하지 않은 것처럼 라세미 화합물의 분리도 그리 단순하지 않다. 이 두 형은 콘테르간에서처럼 상이하게 작용할 수 있지만, 물리적 성질은 대부분 동일하며 화학적 성질도 거의 같거나 매우 비슷하다. 라세미 화합물의 분리는 약 150년 전에 최

크로마토그래피
왼쪽은 혼합물 분리 후 서로 다른 색의 물질 얼룩들을 포함한 크로마트그래피 판을 나타낸 것이다. 오른쪽은 크로마토그램을 표현한 것으로서 이 선으로 혼합물에 어떤 물질이 들어 있는지를 판독할 수 있다.

초로 성공했다. 루이 파스퇴르가 현미
경으로 작은 결정들을 분류해냈다. 물
론 이 방법은 특별히 효과적이거나 보편적으로
응용 가능하지 않으며, 다행히 라세미 화합물을
분리할 수 있는 유일한 방법도 아니다. 가장 중요
한 분리 방법으로는 현재 이른바 크로마토그래피(색층
분석법)가 있다. 이 어려운 외래어는 잘 모른다 하더라도 학생
들은 이미 그 원리를 알 것이다. 종이 위에 잉크 한 방울을 떨어뜨
린 후 연속해서 물방울을 떨어뜨린다. 물이 퍼져 점점 더 큰 원이 생
기면서 잉크 성분들은 상이한 속도로 빠르게 이동한다. 여러 가지
색의 잉크를 혼합한 경우에는 가지각색의 아름다운 원을 얻을 수 있
다. 이러한 실험을 한번도 해본 적이 없는가? 그렇다면 빨리 한번
해보기를 바란다.

팔리톡신 산호독

　이를 학문적으로 살펴보면 크로마토그래피 분리는 다음과 같은 원
리, 즉 액체에 용해된 여러 화합물은 유리관을 채운 충전제(대부분 실
리카젤)에 흡착되는 속도가 각기 다르다는 점에 근거하고 있다. 충전
제가 든 관에 용액을 흐르게 한 뒤 용매를 흘러 넣으면 용액은 관을
따라 아래로 흐르면서 실리카젤에 얼마나 빨리 흡착되느냐에 따라,
또 용매에 얼마나 잘 용해되느냐에 따라 여러 성분으로 분리된다. 크
로마토그래피의 원리는 어디에나 적용된다. 그러나 상과 거울상 형
의 분리에서는 관의 충전제로 키랄 물질을 사용해야 한다. 이 물질만
이 흘러 지나가는 여러 거울상이성질체를 구분하기 때문이다.

실제 거울의 방

지금까지 우리는 키랄 탄소를 포함한 물질들에 관해서만 이야기했
다. 그러나 천연물질은 한 개 이상, 즉 다수의 키랄 탄소 중심을 포함

그 밖의 키랄성

달팽이집은 오른쪽 또는 왼쪽으로 빙빙 도는 나선형 구조체이다. 왼쪽으로 도는 달팽이집은 매우 드물다!

덩굴식물은 버팀목을 칭칭 감고 올라간다. 왼쪽으로 감는지, 오른쪽으로 감는지는 덩굴식물의 종류에 달려 있다.

돼지 꼬리는 거의 비슷한 횟수로 양쪽으로 감겨 있다.

머리의 가마는 약 80퍼센트가 왼쪽으로 도는 나선형에 해당한다.

이것들의 원인도 분자에서 찾을 수 있다.

하는 복잡한 구조의 화합물인 경우가 많다. 이러한 화합물을 생산할 경우에는 각 개별 중심에 대한 결합 파트너의 방향이 반드시 일치해야 한다. 즉 각 중심이 원하는 상으로, 또는 상응하는 거울상으로 존재해야 한다. 중심에 오류가 있으면 이 생산물은 이미 천연물질과 일치하지 않는다.

키랄 탄소를 포함한 분자는 두 가지 형을 낳는다. 두 개의 키랄 탄소를 포함한 하나의 형은 네 개의 변종으로 존재할 수 있다. 가능한 변이의 수는 2^n 공식(n=키랄 탄소 중심의 수)에 따라 빠르게 증가한다. 대부분의 키랄 중심을 포함한 분자(실험실에서 합성·생산되었음)는 팔리톡신(Palytoxin)이라는 산호독일 것이다. 이 물질은 매우 많은 64개의 키랄 중심을 갖고 있다. 이는 분자의 상과 거울상 변이가 약 180억 개임을 의미한다. 그러나 이 중에서 맞는 것은 딱 하나밖에 없다! 팔리톡신의 생산·분리·분석 과정에서 화학자들이 얼마나 자주 "거울아, 거울아, 이 세상에서 가장 예쁜 사람(올바른 화합물)은 누구니?"라고 외치고 싶었을지 쉽게 상상할 수 있다.

오른쪽형은 작은 항아리에, 왼쪽형은 모이주머니에 넣어라

19세기 중반 프랑스의 화학자 루이 파스퇴르는 최초로 두 거울상이성질체 혼합물을 뜻하는 라세미 화합물을 분리하는 데 성공했다. 이것은 당시 화학의 발전에서 획기적인 발견이었다.

현미경과 핀셋을 이용하여 파스퇴르는 작은 나트륨-암모늄-타르타르산 결정을 분리했다(타르타르산은 오래된 포도주 통에 주석(酒石)으로 침전되어 있기도 한 포도산의 결정질 염이다). 그는 결정들을 정확히 두 그룹으로 나눌 수 있을 만큼 꼼꼼하게 분리 작업을 실행했다. 분리 기준은 두 타르타르산 거울상이성질체뿐만 아니라 결정형들도 상와 거울상 같은 관계라는 것이었다.

1880년 실험실에 있는 루이 파스퇴르

그 뒤 파스퇴르는 페네실리움 글라우쿰(*Penecillium Glaucum*) 균을 이용하여 라세미산[포도산의 라세미 화합물(DL(±)-포도산)을 말함]에서 광학적으로 활성화한 두 형 중 하나를 따로 떼어내는 데 성공했다. 이 균이 L(+)형은 완전히 받아들이지만 D(−)형은 거부하기 때문이다. '라세미'는 라세미산을 뜻하는 라틴어 아시둠 라세뮴(*acidum racemium*)에서 유래한 용어이다. L(+)-포도산은 수많은 식물과 과일에 들어 있다. 그러나 D(−)형은 자연계에서 찾아보기 매우 힘들다. 라세미 화합물은 자연계에 존재하지 않지만 포도주를 생산할 때 L(+)-포도산을 가열하면 적은 양이 생성된다.

포도산에는 라세미산 외에도 메소(meso) 포도산이라는 형태가 있다. 라세미산과 메소 포도산의 차이는 포도산 분자의 두 키랄 탄소의 방향이 서로 어떻게 설정되어 있는가 하는 것이다. 라세미산의 경우에는 둘 다 입체화학적으로 등가이다. 즉 둘 다 '왼쪽'이거나 '오른쪽'이다. 그러나 포도산의 두 탄소 중심에는 정확히 동일한 결합 파트너가 결합되어 있으므로[카복시기(COOH), 알코올기(OH), 수소원자(H)가 이에 해당된다. 네 번째 연결 가지를 통해서는 두 키랄 탄소원자

나트륨-타르타르산 결정형은 서로 상과 거울상 같은 관계다.

가 서로 결합하게 된다] 이 둘은 구조적으로 동일하다. 이때 둘 중에 어떤 것이 '왼쪽'이고 어떤 것이 '오른쪽'인지는 중요하지 않다. 메소 포도산에는 거울상이성질체가 존재하지 않는다. 라세미산과 메소 포도산의 관계를 입체이성질체라고 한다.

직물

독일은 의복의 나라이다. 섬유 제품의 일인당 소비량이 세계적으로 선두 그룹에 속한다. 가공 원료와 관련하여 의복과 실내장식용 직물 분야에서 화학섬유가 천연섬유를 앞지른 지는 이미 오래다. 또한 현재는 세계적으로 면 섬유보다 화학섬유가 더 많이 생산되고 있다. 지금까지 모순으로 여겨지던 요구 사항들을 실현하는 최신의 섬유 제품(예: 통기성이 좋으면서도 방수 처리된 방수·방풍 재킷)은 결국 화학 덕분이라고 할 수 있다.

의복이 사람을 만든다. 그러면 어떤 사람이 의복을 만드는가? 화학자? 화학자는 치마와 바지를 만들지는 않지만 대부분의 섬유 제품 재료가 되는 실의 원료를 규격에 맞추어 만드는 사람이다. 또한 바로 이것이 화학섬유의 주 장점이기도 하다. 실제로 원

07:36 패션쇼

앗, 뜨거워. 치마가 왜 이렇게 뜨겁지. 치마가 식을 동안 옷을 입어야겠다. 아, 이런. 팬티스타킹에 올이 나갔네. 빨아놓은 게 없는데 하필 오늘 이럴 게 뭐람. 지금 빨래 나가 안 하는데 큰일이다. 머뭇거릴 시간이 없다. 옷장에서 맨 처음 눈에 띄는 바지를 끼낸 후 상의를 고른다. 앙모 스웨터는 땀이 많이 밸 테고, 실크 블라우스는 어떨까? 그건 너무 정장 차림이다. 티셔츠와 니트 재킷을 입는 게 낫겠다. 사무실이 너무 더우면 벗을 수도 있고. 청바지와 가벼운 스웨터가 어울리는 나이가 지났나 보다. 정말 속 타다.

료 및 제조 공정의 변화와 특정한 후속 처리를 통해 화학섬유를 다양한 용도에 맞추어 만들 수 있다. 즉 화학섬유에 원하는 특성을 부여할 수 있다. 우리 몸을 감싼 것이 무엇인지 정확하게 한번 살펴보자. 먼저 천연섬유와 화학섬유로 구분할 수 있다. 화학섬유에는 폴리에스터, 폴리아마이드(나일론) 같은 완전 합성섬유와 천연 셀룰로스를 원료로 하여 화학적으로 '보완'·개선한 비스코스와 같은 섬유가 있다.

면은 목화의 포자낭으로 만든다.

옷감용 식물: 면

천연섬유에는 기본적으로 식물섬유와 동물섬유가 있다. 식물의 경우에는 현재 의복 제작과 관련하여 거의 면과 아마만이 중요하다. 면과 아마의 주성분은 셀룰로스이다. 셀룰로스는 500~5000개의 글루코스 성분이 서로 연결된 긴 사슬 분자이다. 글루코스는 포도당이라고도 하는 원형의 당 분자이다.

면은 북아프리카, 아시아, 북아메리카에서 생장하는 목화에서 얻는다. 면은 수분을 매우 잘 흡수하지만 방습 능력을 빨리 상실하기 때문에 축축한 느낌을 준다. 면섬유는 착용감이 좋고 껄끄럽지 않으며 마찰에 강하고 정전기를 일으키지 않는다. 문지르거나 다림질하거나 삶아도 섬유가 상하지 않는다. 그러나 구김이 잘 생기고 모양이 변할 수 있으며 보온성이 낮다.

아마는 유럽의 아마식물의 줄기에서 얻으며 특히 여름옷에 자주 사용된다. 약간 거칠고 단단한 섬유 조직은 면처럼 수분을 잘 흡수하고 비교적 높은 온도도 견디며 열전도성이 좋아 시원한 느낌을 준다. 구조가 불규칙적이어서 몸에 잘 달라붙지 않지만, 모양이 쉽게 변하고 구김이 잘 생긴다는 것이 가장 큰 단점이다.

마는 아마의 줄기로 만든다.

다양한 후속 처리 공정(면을 쉽게 손질할 수 있도록 가공 처리)과 화

학섬유와 혼방을 통해 착용하기 편하고 손질이 쉬운 면직물을 생산한다.

동물성의 세련미: 모

동물섬유는 복잡한 구조의 단백질 섬유로서 태양, 비, 바람, 날씨 등으로부터 동물을 보호하기 위해 수백만 년에 걸쳐 진행된 진화 과정에서 발달한 섬유이다. 일반적으로 모(wool)란 양털만을 뜻한다. 낙타, 라마, 라마와 유사한 알파카, 야생 라마, 비쿠냐, 모헤어 염소, 캐시미어 염소, 앙고라 염소, 앙고라 토끼 같은 여러 동물의 털은 '털(hair)'이라고 한다. 모와 동물들의 털은 우리의 머리카락처럼 주로 케라틴으로 이루어져 있으며, 기본적으로 셀룰로스 섬유보다 더 탄력적이다. 따라서 이들은 최대 3만 번을 구부려도 손상되거나 끊어지지 않으며, 모양 변화 없이 길이의 3분의 1을 더 늘일 수 있다. 그것은 곱슬곱슬한 털의 구조와 특수한 구조, 즉 케라틴이 여러 개의 사슬형 분자가 나선형으로 서로 꼬여 있는 단백질이기 때문이다. 개별 가지들의 이황화 결합(disulphide bridge: -S-S-)은 섬유에 견고함을 부여한다.

모는 수분을 매우 잘 흡수하며 보온성이 높다(젖은 상태에서도). 무게가 1킬로그램인 모 스웨터는 축축한 느낌 없이 최대 0.3리터의 수분과 땀을 흡수할 수 있다. 구김이 덜 생기고 모양이 변하지 않으며 냄새를 중화시킨다. 그러나 비눗물과 같은 알칼리에 민감하고 높은 온도에 취약하며, 세탁기로 세탁할 경우 털이 엉클어진다. 또한 좀이 슬기 쉽다.

모섬유의 경우에도, 예를 들면 털이 엉클어지거나 수축하는 것을 방지하고 좀의 피해를 방지하기 위한 다양한 후속 처리 공정이 있다. 화학섬유와 혼방한 모직물도 있다.

양모는 동물섬유 중에서 가장 중요한 섬유이다.

껄끄러운 모

예민한 사람은 모섬유 제품이 맞지 않을 수 있다. 이런 사람이 스웨터를 입으면 가렵고 껄끄러워서 일초도 견디기가 힘들다. 피부의 이러한 거부 반응은 상상이 아니기 때문에 '괜히 그런 척하지 마'와 관계가 없다. 간지러움과 껄끄러움 외에도 피부가 빨개지거나 습진이 생길 수도 있다. 이에 대한 정확한 이유는 아직 밝혀지지 않았다. 그러나 모 내성 결핍 현상은 주로 신경 말단의 물리적 자극에 의해 촉발되는 것으로 보인다.

도난당한 고치: 견

견은 누에고치에서 얻은 방적섬유이다. 생사(生絲)는 두 가닥의 피브로인이 세리신(일종의 접착제 구실을 함)으로 덮여 있으며, 길이가 최대 3000미터 정도 된다. 세리신은 견사를 뻣뻣하고 거칠며 광택이 없게 만든다. 누에는 나방이 되어 고치에서 빠져나올 때 특정한 효소를 분비하여 세리신을 떼어낸다. 이와 마찬가지로 우아하고 부드러운 견섬유를 얻기 위해서는 이 접착제를 생사에서 제거하는 과정을 거쳐야 한다. 이 생산 단계를 정련이라고 하며, 일반적으로 '마르세유 비누(올리브 오일을 원료로 한 염석 비누)' 용액에서 잠시 동안 가열한다. 세리신을 제거한 후 견사의 무게 감소를 보충하기 위해 염화주석과 인산수소나트륨, 물유리(특수 규산염)를 사용하여 '증량' 작업을 실시할 수도 있다. 이 화합물은 금속염의 형태로 견사에 점착된다. 이를 위해 무두질 원료도 사용할 수 있다.

이러한 과정을 거치면 실은 우아하고 부드러운 광택과 탄력성을 지니게 된다. 부드러운 견섬유는 모섬유만큼 신축적이지는 않지만 화학섬유보다 강한 항장력과 내구성을 갖는다. 그러나 차가운 물로만 세탁해야 한다. 뜨거운 물로 세탁하면 광택과 강도를 잃게 된다.

유행을 위해 헌신하는 애벌레
누에가 고치를 짓고 있다.

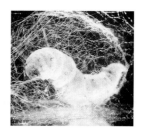

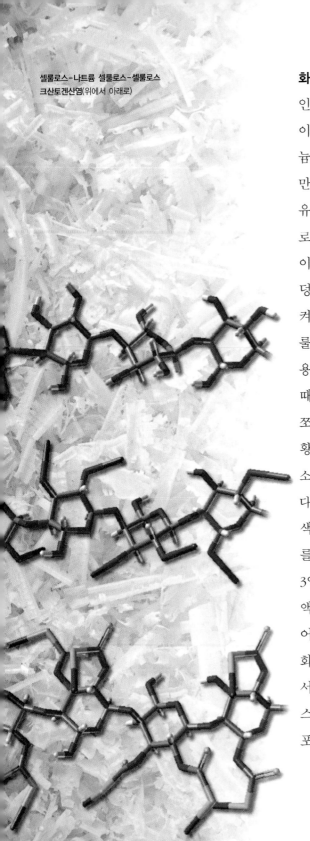

셀룰로스-나트륨 셀룰로스-셀룰로스
크산토겐산염(위에서 아래로)

화학 용액 속의 식물섬유: 비스코스

인조견이라고 하는 비스코스, 셀룰로스아세테
이트(아세테이트, 아세테이트레이온), 구리암모
늄레이온은 셀룰로스를 화학적으로 변화시켜
만든 섬유이다. 비스코스는 오늘날 셀룰로스
유형 중에서 가장 중요한 화학섬유이다. 셀룰
로스는 목새에서 얻으며 심유소라고도 한다.
이것으로 실을 만들기 위해서는 먼저 섬유소
덩어리를 액화한 다음 실 형태로 다시 응고시
켜야 한다. 따라서 비스코스 섬유를 '재생 셀
룰로스'라고도 한다. 섬유소를 수산화나트륨
용액으로 처리하면 액화 현상이 일어난다. 이
때 셀룰로스의 긴 사슬 분자가 작은 조각으로
쪼개진다. 이어서 이 '나트륨 셀룰로스'를 이
황화탄소(CS_2)를 이용하여 변환한다(이황화탄
소 분자를 첨가하면 조각들이 다시 새롭게 결합한
다). 셀룰로스 크산토겐산염이라고 하는 주황
색의 끈적끈적한 덩어리가 생긴다. 이 덩어리
를 다시 수산화나트륨 용액에 용해한 다음 2~
3일 동안 '숙성'한다. 비스코스(끈적끈적한) 용
액을 분사기의 노즐을 통해 황산과 소금이 들
어 있는 화학 용액에 압출한다. 그러면 황, 황
화수소, 이황화탄소, 황산나트륨이 분리되면
서 셀룰로스로만 이루어진 질긴 실, 즉 비스코
스 섬유가 생겨난다. 부산물로 이황화탄소를
포함한 독성 배기가스와 폐수가 발생한다. 배

기가스와 폐수 정화 장치를 반드시 설치해야 한다.

비스코스는 삼속이 면 또는 견과 유사하며, 염색하기 쉽고 내열성이 뛰어나다. 강도는 면의 60~70퍼센트 정도이며, 수분에 대한 저항력이 낮고 구김이 잘 생긴다. 또한 모양이 쉽게 변하고 가연성이 높다.

비스코스와 유사한 방법으로 생산되는 또 다른 섬유도 있다. 예를 들어 모달(Modal, 오스트리아 렝징 사에서 레이온의 단점을 최대한 보완하여 만든 소재—옮긴이)은 비스코스와 비교해서 강도가 높고 내구성이 더 강하다. 마찬가지로 가연성은 높지만 구김이 덜 생기고 수분에 매우 강하다. 모달 섬유는 겉옷과 속옷, 실내장식용 직물에 사용된다.

식초로 만든 견직물: 아세테이트레이온

'아세테이트' 또는 '아세테이트레이온'은 비스코스와 마찬가지로 셀룰로스를 원료로 한 화학섬유이다. 아세트산의 아세트산무수물 또는 염화메틸렌을 용매로 셀룰로스를 변환한다. 이때 촉매로 황산 같은 강한 산을 사용한다. 첫 번째 단계에서 셀룰로스 구성 요소당 세 개의 아세테이트기(아세테이트=아세트산에스터)를 포함하는 생성물이 생겨난다. 두 번째 단계에서 구성 요소당 아세테이트가 평균 두 개 내지 두 개 반 결합하도록 이 아세테이트기의 일부를 가열해 다시 제거한다.

아세테이트는 주로 안감의 소재로 사용하지만 겉옷이나 액세서리, 속옷에도 사용한다. 아세테이트 섬유는 수분을 잘 흡수하지 못하며 다른 셀룰로스 섬유보다 온도에 더 민감하다. 반면 손질이 쉽고 빨리 마르며 광택이 나고 부드럽다. 구김이 비교적 덜 생기고 좀이나 곰팡이에 강하며 보온성이 뛰어나다. 그러나 가연성이 높고 마찰에 대한 저항력이 그리 크지 않다.

함께 생각하는 옷

밀랍이 들어 있는 마이크로캡슐 셔츠는 너무 빨리 땀이 나거나 몸이 얼지 않도록 하는 데 사용된다. 이것은 어떻게 가능한가? 따뜻해지면 밀랍이 녹는다. 물질이 녹으면 이 물질은 주위에서 열을 빼앗고 이런 방법으로 주위를 식힌다. 추워지면 밀랍이 다시 응고된다. 응고 시 물질은 저장된 열을 다시 주위에 방출한다.

또 다른 아이디어 상품으로는 니켈-타이타늄(티탄) 합금을 실처럼 가는 철사로 만들어 지은 옷이 있다. 온도가 변화하면 합금의 형태가 바뀐다. 그래서 재킷이 더 불룩해진다. 조직의 층 사이에 있는 절연 공기층이 확장되어 추위와 더위를 더 잘 막아주게 된다. 이것은 합금의 구성 성분에 따라 다른 온도에서도 일어날 수 있다. 냉동실에서 일하는 사람이나 소방관을 위한 지능형 보호 복장으로 사용할 수 있다.

구리암모니아 용액 속의 식물섬유: 구리암모늄레이온

구리암모늄레이온(큐프라)을 생산하기 위해서는 가공하지 않은 셀룰로스를 암청색의 구리암모니아착염 용액[테트라암민구리(II) 수산화물]에 용해시켜야 한다. 그러면 점성이 매우 강한 액체가 생긴다. 이 용액을 분사기의 노즐을 통해 빠르게 흐르는 온수에 압출하면 셀룰로스가 다시 실로 침전된다. 황산을 이용한 후속 처리 과정에서 구리암모니아를 섬유에서 제거한다. 이 섬유는 겉옷과 안감, 액세서리, 속옷에 사용된다. 큐프라는 감촉이 부드럽고 광택이 나며 세탁하기 쉽다. 하지만 구리를 함유한 유해 폐수가 큰 문제다.

인조섬유의 방적

합성섬유의 진정한 승리는 전쟁 후부터 시작되었다. '나일론 스타킹'이 유럽을 점령했고 독일에서는 경제 기적의 상징이 되었다. 합성인조섬유는 초기에는 석탄을 원료로 하였으나 현재는 거의 석유와 천연가스만을 원료로 사용한다. 합성섬유는 손질이 쉽고 수분으

로 인해 팽창하는 일이 없으며 오랫동안 보존이 가능하고 미생물이
나 곤충에 대한 저항력이 높다. 흡습성이 좋지 않아 곧바로 죽죽한
느낌을 주지만 빨리 마른다. 정전기 발생이 쉽다는 것도 한 가지 단
점이다. 정전기 방지 처리와 천연섬유와 혼방을 통해 이러한 단점을
부분적으로 보완할 수 있다.

합성섬유는 세 가지 공정으로 생산된다. 용융 방사 공정에서는 원
료가 용해될 때까지 가열한 다음 용융된 원료를 분사기의 노즐을 통
해 압출한다. 이때 생성된 실을 냉각 · 응고시킨다. 이러한 방법으로
분당 최대 8000미터 정도의 실이 생산된다. 실에 오일을 발라 편 다
음 실패에 감는다. 응력에 의해 분자 사슬들이 평행하게 정렬하고
효과가 큰 평행한 사슬들 간의 중력으로 인해 실 펴기는 실의 길이
를 늘일 뿐만 아니라 강도도 향상시킨다. 이 섬유 배열을 가열하여
고정시킨다.

건식 방사 공정에서는 원료를 용매에 용
해시킨 다음 이 용액을 노즐을 통해 압출
한다. 노즐 뒤에서 실이 나오는 동안 열풍
기로 용매를 증발시킨다. 용융 방사에서와
마찬가지로 실에 오일을 발라 편 다음 감
는다. 분당 최대 1000미터를 감는다.

습식 방사 공정에서는 노즐을 통해 용액
을 다른 액체, 이른바 응고액에 압출한다.
응고된 실을 용액으로 깨끗하게 세척하여
편 다음 건조해 감는다. 분당 최대 150미
터의 실을 얻을 수 있다.

연사를 생산하려면 실을 짧은 조각으로
절단하여 꼬불꼬불하게 만든다. 이 실로

구매한 **나일론 스타킹**을 매우 자랑스
러운 표정으로 거리에서 곧바로 신고
있다.

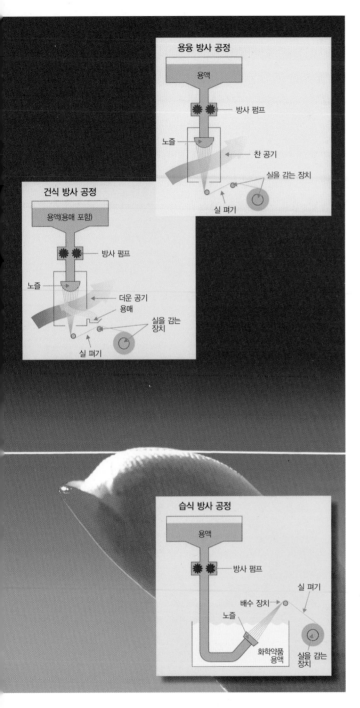

모 또는 면과 유사하게 연사를 만든다. 안전벨트나 밧줄 같은 섬유 제품에는 장섬유를 사용한다.

만능 선수: 폴리에스터 섬유

가장 광범위하게 사용되는 합성섬유 유형은 폴리에스터 섬유이다. 원료는 다이메틸테레프탈산(테레프탈산-다이메틸에스터) 또는 테레프탈산(두 개의 카복시기를 포함한 벤젠 고리)과 에틸렌글라이콜이다. 이때 에틸렌글라이콜의 알코올기(OH)와 테레프탈산의 산기가 서로 결합하여 에스터 결합이 일어난다. 두 분자는 각각 두 개의 작용기를 지니고 있어 긴 사슬 분자가 생성된다. 용융 방사 공정을 통해 폴리에스터 섬유가 생성된다. 폴리에스터는 섬유 외에도 중요한 합성수지계에 이용된다. 폴리에스터 섬유는 겉옷, 안감, 속옷, 실내장식용 직물, 재봉실 등에 이용하며 셀룰로스 섬유 또는 모와 혼방 제품도 있다. 마찰에 대한 저항력이 강하고 내구성과 신축성이 있으며 모양이 잘 변하지 않는다. 폴리에스

터 섬유는 구김이 거의 생기지 않
고 산에 강하며 빛이나 날씨 변화
에 민감하지 않지만 흡습성이 매우
낮다.

아름다운 다리를 위한 섬유: 폴리아
마이드 섬유

폴리아마이드는 오늘날 두 번째로
중요한 합성섬유이다. 1934년 미
국 듀폰의 W. H. 캐러더스(W. H.
Carothers)가 폴리아마이드 6,6이라
는 섬유 원료(아디핀산과 헥사메틸렌
다이아민의 중축합 반응으로 합성)를
발명했다. 1939년 나일론이라는 이
름으로 출시된 이후 이 완전 합성
섬유는 섬유 분야에서(특히 숙녀용
스타킹의 재료로서) 확고한 위치를
차지하고 있다. 나일론은 면보다
훨씬 더 질기면서 견처럼 부드럽
다. 캐러더스와 관계없이 1938년에
독일의 화학자인 파울 슐라크(Paul
Schlack)는 카프로락탐을 원료로 방
사 가능한 중합체를 개발했다. 페
를론(Perlon)이라는 상품명을 가진
이 폴리아마이드 6은 나일론에 필
적하는 섬유가 되었다. 페를론도

폴리아마이드
아름다운 다리를 보장하는 섬유의 향기.

6 또는 6.6?

폴리아마이드 6과 폴리아마이드 6.6은 어떤 차이가 있을까? 둘 다 모두 폴리아마이드, 즉 아마이드 결합으로 결합한 사슬 분자이다. 아마이드 결합은 이외에도 아미노산을 단백질로 연결한다. 아마이드 결합(-CO-NH-)은 아미노기(-NH₂)가 카복시기(-COOH)와 연결될 때 생성된다. 이때 물 분자가 방출되기 때문에 이를 중축합 반응이라고 한다. 아마이드 결합을 비롯해서 중합체에 이르는 방법은 두 가지가 있다. 한 가지 방법은 각 끝에 아미노기를 가진 분자(AA)를 각 끝에 산기를 가진 분자(SS)와 혼합한다. 이렇게 하면 AA-SS-AA-SS…… 형식에 따른 사슬이 생성된다. 두 번째는 한쪽 끝에는 아미노기가 있고 다른 쪽 끝에는 산기가 있는 유일한 분자 유형(AS)을 취한다. 그 뒤 이 분자는 이른바 그 다음 동성질자에 단단히 물리게 된다. AS-AS-AS…… 형식에 따른 사슬이 생성된다.

폴리아마이드 6.6은 첫 번째 방법에 따라, 즉 헥사메틸렌 다이아민(여섯 개의 탄소가 두 개의 아미노 기능을 분리하고 있는 다이아민)과 아디핀산(마찬가지로 여섯 개의 탄소로 구성되어 있는 다이카복시산)에서 생성된다. 폴리아마이드 6은 두 번째 방법에 따라 생성된다. 구성 성분은 형식적으로 볼 때 6-아미노헥산산에서 생성된 원형 분자인 ε-카프로락탐이다. 그러나 6-아미노헥산산은 한쪽 끝에는 아미노기가, 다른 쪽 끝에는 카복시기가 달린 여섯 개의 탄소로 이루어진 탄화수소일 뿐이다. ε-카프로락탐 사슬은 자신의 꼬리를 계속해서 무는 대신에 이웃과 반응하여 긴 중합체 사슬을 이루게, 즉 폴리아마이드 6이 되게 할 수 있다.

PA 6 또는 PA 6.6 중합체는 첫눈에 동일하게 보인다(여섯 개의 탄소, 아마이드 결합, 여섯 개의 탄소, 아마이드 결합 등). 그러나 완전히 일치하지는 않는다. PA 6의 경우 아마이드 결합이 사슬에서 언제나 동일한 형태를 취한다면, PA 6.6은 상과 거울상 같은 형태를 취한다.

PA 6.6 '나일론'

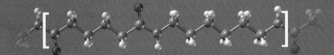

PA 6.6: ……(CH₂)₄-CO-NH-(CH₂)₆-NH-CO-(CH₂)₄-CO-NH-(CH₂)₆-NH-CO-(CH₂)₄……
PA 6: ……(CH₂)₅-CO-NH-(CH₂)₅-CO-NH-(CH₂)₅-CO-NH-(CH₂)₅……

PA 6 '페를론'

그러나 이 두 중합체와 중합섬유의 성질은 큰 차이가 없다. 상품명(페를론과 나일론)과 특허권이 다를 뿐이다.

나일론과 같이 용융 방사 공정을 통해 가공된다. 두 섬유가 매우 비슷하기 때문에 제조회사들은 특허권 교환과 사용 영역의 분할에 합의했다. 따라서 실이 가는 페를론은 더 이상 스타킹에 사용하지 않는다. 현재는 거의 낚싯줄, 지퍼, 그물, 배의 밧줄 등 이와 유사한 제품에 사용하고 있다.

그러나 나일론은 여성의 다리를 부드럽게 감싸는 데 사용할 뿐만 아니라 겉옷, 속옷, 양말, 코르셋 의류, 액세서리, 우산, 안감, 실내장식용 직물, 재봉실 등에 사용한다. 순수 나일론 제품과 모를 혼방한 제품도 있다. 폴리아마이드 섬유는 가볍고 내구성과 신축성이 뛰어나며 마찰에 대한 저항력이 강하고 모양이 변하지 않는다. 알칼리에는 비교적 강하지만 산에는 매우 민감하여 누렇게 변한다. 좀이 슬지 않고 땀에 잘 견딘다. 오염물질이 섬유 안으로 침투할 수 없기 때문에 비교적 낮은 온도에서 세탁이 가능하다. 높은 온도를 잘 견디지 못하는 것은 단점이다. 흡수성이 낮고 정전기가 발생할 수 있다.

수 킬로미터 길이의 실: 폴리아크릴로나이트릴 섬유

1949년 최초로 폴리아크릴 섬유의 연속적인 방사에 성공한 뒤 1954년에 드랄론(Dralon)이라는 상품명을 가진 아크릴 섬유가 시장에 출시되었다. 현재는 분사기의 노즐에서 분당 400미터의 속도로 4000킬로미터 길이의 실이 생산된다. 이때 실에 끊김이 있어서는 안 되며 균열이 있을 경우 방적기를 정지시켜야 한다. 섬유의 원료인 폴리아크릴로나이트릴은 아크릴로나이트릴의 중합 반응($H_2C=CH-CN$)으로 만들어진다. 섬유 속성의 다양화를 위해 아크릴로나이트릴에 또 다른 중합 가능한 단위체를 섞어 넣을 수 있다. 유리처럼 투명한 무색의 폴리아크릴로나이트릴을 용매에 용해시킨 뒤 액상 원료를 응고액에 분사한다(습식 방사 공정).

폴리아크릴로나이트릴 섬유는 편물, 겉옷, 인조 모피, 양말, 담요, 실내장식용 직물, 차일, 자수 실 등에 사용한다. 셀룰로스 섬유 또는 모와 혼방하기도 한다. 폴리아크릴로나이트릴 섬유는 볼륨이 있고 감촉이 좋으며 모와 유사하다. 가볍고 내구성과 보온성이 좋다. '손질이 쉬운' 이 섬유는 모양이 변하지 않으며 따뜻한 물로도 세탁이 가능하다. 그러나 알칼리에 약하다. 마찰에 대한 저항력이 적고 섭씨 40도 이상의 온도에서 구김이 생기는 단점이 있다. 후속 개발된 섬유들은 땀을 잘 흡수하고 습기로 인한 팽창이 없으며 빨리 마르고 가볍다. 따라서 운동복이나 레저복에 이상적이다. 화재 시 청산이 생성될 수 있기 때문에 극장이나 교통수단과 같은 공공시설에는 사용하지 않는다.

몸에 꼭 맞는 수영복: 탄성섬유

탄성섬유는 폴리우레탄, 폴리요소로 이루어진 인조섬유로서 코르셋 의류, 수영복, 운동복, 속옷과 양말의 신축성 있는 끝단에 사용한다. 예를 들어 라이크라와 돌라스탄(Dorlastan)이라는 상품명으로 잘 알려진 이 섬유는 고무처럼 신축적이지만 그렇게 쉽게 끊어지지는 않는다. 이 특별한 탄력성은 어디에서 유래하는 것일까? 탄성섬유에는 빳빳하고 느슨한, 고무와 같은 단면이 포함되어 있다. 빳빳한 단면은 종축으로 층을 이루고 있어 결정질과 같은 영역이 생성된다. 부드럽고 느슨한 단면은 각 알코올 구성 요소들이 수많은 에테르 결합(-C-O-C-)으로 결합된 폴리알코올, 즉 중합체로 이루어져 있다. 보통 이 단면들은 하나로 뭉쳐 있다. 실은 잡아당기면 늘어나고 놓으면 다시 수축한다.

탄성섬유는 땀이나 화장품, 세제에 강하지만 빨리 변색되며 염소 표백제와 섭씨 100도 이상의 온도에 약하다. 건식 또는 습식 방사 공정을 통해 생산된다. 또 다른 방법으로 중합체와 섬유 형성이 동시에 진행될 수도 있다. 이를 반응·방사 공정이라고 한다.

섬유의 아웃사이더: PVC와 폴리프로필렌 섬유

PVC 섬유는 위생복, 화염에 강한 특수복, 실내장식용 직물에 사용한다. 산, 알칼리 용액, 빛에 강하며 기후 변화에 영향을 받지 않는다. 불에 잘 타지는 않지만 섭씨 78도에서 연화된다. 흡습성이 적고 보온성이 높으며 낮은 온도에서는 빳빳한 느낌을 준다. 폴리프로필렌 섬유는 운동복, 기저귀, 실내장식용 직물과 같이 특수 목적에만 사용한다. 가볍고 내구성과 마찰에 대한 저항력이 강하며 때가 잘 타지 않는다. 습기를 전혀 흡수하지 않고 썩지 않는다. 하중을 잘 견디는 양탄자 바닥과 인조 잔디에 사용한다.

방수 재킷에 들어 있는 프라이팬 코팅: 고어텍스와 심파텍스

테프론(폴리테트라플루오르에틸렌)은 냄비나 프라이팬의 접착 방지용 코팅으로 잘 알려져 있다. 그러나 이 난공불락의 물질은 매우 얇은 비닐로 늘어날 수도 있다. 이 박막을 발명한 밥 고어(Bob Gore)의 이름을 따서 만든 고어텍스는 원래 저항력이 매우 큰 밀폐용 재료로 여겨졌다. 그러나 이 박막은 '아웃도어' 섬유에 꼭 맞는 경이로운 속성을 갖고 있다. 마치 땀이 나는 피부에서 김이 올라오는 것처럼 수증기는 통과시키지만 흐르는 물, 예를 들어 빗방울은 통과하지 못하게 막는다. 이것이 어떻게 가능할까? 고어텍스에는 매우 많은 양의 미세한 구멍이 있다. 표면장력에 의해 물방울의 통과는 불가능한 반면, 기체 형태의 물 분자는 통과할 수 있다. 이를 다른 섬유와 혼합해 방수·방풍복, 운동복, 기능성 의복에 사용한다.

심파텍스는 일종의 구멍이 없는 합성수지 박막이다. 구멍이 없기

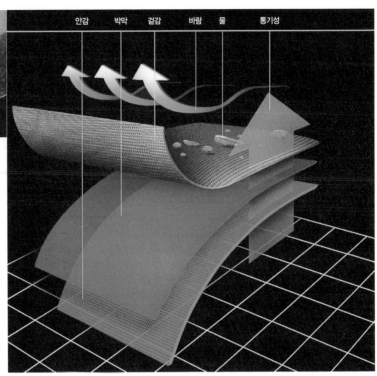

안감 박막 겉감 바람 물 통기성

심파텍스
구멍이 없는 박막은 재킷에 물이 스
며들거나 바람이 통과하지 못하게 하
지만 땀은 증발시킨다.

때문에 물이 스며들거나 바람이 통과할 수 없다. 그러면 이 재료의
통기성은 어떻게 생긴 것일까? 박막은 일종의 미세한 모자이크(방
수성 영역과 친수성 영역으로 구성됨)로 이루어져 있다. 그러나 친수성
영역이라고 해서 물이 통과할 수 있는 것은 아니다. 고어텍스의 미
세한 구멍에서처럼 표면장력은 물방울이 좁은 중합체 망을 뚫고 지
나가지 못하게 한다. 반면에 기체 형태의 물 분자는 통과할 수 있다.
더운 날씨에 재킷을 입고 땀을 흘리면 안쪽의 수증기 함량이 바깥쪽
보다 갑자기 더 높아진다. 이러한 농도 차이는 물 분자를 바깥쪽으
로 내보내는 작용을 한다.

견보다 더 부드러운 섬유: 마이크로 섬유

지금까지는 견이 가장 부드러운 섬유였다. 하지만 그 사이에 화학자들은 누에의 솜씨를 무색하게 만드는 데 성공했다. 마이크로 섬유는 지름이 견보다 더 작다. 굵기는 견보다 두 배, 면보다 세 배, 모보다 약 여섯 배, 인간의 머리카락보다는 60배 더 가늘다. 마이크로 섬유는 한데 묶어서 연사로 만들거나 또는 일정한 길이로 자른 뒤 방적하여 연사로 만든다. 일반적으로 섬유의 굵기는 견사를 기준으로 하는데 이를 1데시텍스(dtex)라고 한다. 1데시텍스는 1만 미터 길이의 견사 무게가 1그램임을 뜻한다. 보통 폴리에스터, 폴리아마이드, 폴리아크릴을 원료로 생산하는 마이크로 섬유의 굵기는 0.5~1.2데시텍스이다. 이것은 지구의 적도를 감는 데 마이크로 섬유 약 3킬로그램만 있으면 된다는 것을 의미한다.

섬유 제품에서 마이크로 섬유는 동일한 무게에서 부피 증가와 실의 고밀도 현상을 가져온다. 이것은 피부 호흡에 좋은 공기실과 구멍의 수가 몇 배 더 증가함을 뜻한다. 따라서 마이크로 섬유가 포함

된 섬유 제품은 방수성과 방풍
성이 뛰어나며 피부를 보호하고 통
기성이 좋다. 외관이 매력적이며 감
촉이 매우 부드럽다. 이와 동시에 사용
과 손질이 아주 간편하다.

마이크로 섬유의 생산은 방사중합체의 변
화 및 방사 공정과 기계 생산 기술의 변화를 요구하기 때문에 아직
은 조금씩 성공해 가고 있다. 그럼에도 불구하고 서서히, 그러나 끊
임없이 발전해 가고 있다. 몇 년 전부터 레저복과 운동복, 방수·방
풍복, 실내장식용 직물에 사용하고 있다. 마이크로 섬유의 성공 신
화의 서막은 아마도 플리스
(Fleece) 상품이 장식하게 될
것이다.

끝이 셋으로 갈라진 별 또는 원
마이크로 섬유 단면의 형태는 제한이 없다.

파랑: 색의 왕

빛나는 버찌색, 깊은 바다의 파랑, 옥수수의 노랑, 잔디의 초록. 며칠 동안 시나이 지방의 황량한 갈색 풍경만 바라보다가 홍해의 산호가 지닌 화려한 빛깔을 보게 된다면 매료되지 않을 수 있겠는가? 공원의 화사한 꽃이나 오리엔트에서 염료로 만든 다채로운 꽃은—자연산이든 합성에 의한 것이든—인간에게 매혹적인 영향을 끼친다.

내 청바지는 벌써 오래 전에 헌옷 수집상에게 넘겼어야 할 만큼 낡았지만 지금도 즐겨 입는다. "죽음을 선고받은 사람이 더 오래 산다"는 속담은 청바지에도 적용할 수 있다. 물론 청바지가 낡아 보이는 것도 사실이다. 인디고색이 특별히 바래지 않는 색은 아니라는 점은 이미 알려져 있다. 청바지의 특정한 부분에는 밝고 선명한 데님 조직이 드러난다. 물론 솔기는 순수한 청색을 띤다. 여기에 인디고 염료의 선명함이 돋보인다. 요즘에는 다양한 색상의 진바지가 유행하고 있다. 상점에서는 누구나 마음에 드는 색깔의 진바지를 살 수 있다. 내 청바지는 오래 입었지만 앞으로도 옷장에 걸려 있을 것이다.

과거 '색의 왕'이었던 인디고색에 대해 알아볼 이유가 더 있다. 색은 인간을 항상 매혹시켰다. 자연은 자유자재로 색을 만들어내지만 옷에 이와 비슷하게 아름답고 선명한 색을 내기는 어려운 일이었다. 식물의 즙으로 만들어내는 색은 일반적으로 혼합색이었다. 하지만 예외가 하나 있었다. 5000년 전 인더스 문명에서 획기적인 발견이

인디고페라 틴크토리아(Indigofera Tnctoria)
1765년의 채색 동판화. 아열대와 열대 지방에 서식하는 이 식물의 잎을 잘게 썰어 발효시키면 인디고가 추출된다.

이루어졌던 것이다. 인도에 흔한 식물인 인디고페라를 발효시켜 순수한 청색 염료를 얻었는데 이것이 인디고이다. 이 색은 오늘날까지도 독보적이며, 모직에도 잘 어울렸다. 양탄자를 만드는 데 이상적이었다. 그러나 면직물에는 적합하지 않았다.

여기에서 새로운 역사가 시작된다. 1850년 리바이 스트라우스는 바이에른에서 샌프란시스코로 이주했다. 그곳은 금광 개발이 한창이었고 힘든 일을 하는 노동자들에게는 질긴 옷이 필요했다. 스트라우스는 낡은 요트와 자동차 지붕을 이용해 옷을 만들려 했다(그야말로 혁신이었다). 색상으로는 내구성이 강한 인디고색을 선택했다. 단단한 천은 프랑스의 님(Nimes)이라는 마을에서 나왔다는 의미에서 데님으로 이름붙였다. 이렇게 해서 청바지가 탄생했다. 청바지는 미국에서 점점 더 애용되었다. 노동자의 옷에서 시작하여 일상복을 거쳐 여가용 옷으로 발전했다. 고급스러운 옷을 취급하는 파리나 밀라노의 의류점에서도 청바지를 찾아볼 수 있다. 청색에 대해 더 알아보기 전에 먼저 염료화학을 살펴보자.

19세기 중반까지만 해도 순수하고 선명한 염료는 두 가지밖에 없었다. 그중 하나는 빨강의 알리자린이었다. 꼭두서니 뿌리에서 추출

국기, 군기, 제복에는 퇴색하지 않는 색상을 애용한다. 이 분야에는 오랫동안 빨강 염료와 인디고색을 이용했다. 국기는 바람과 날씨에 견뎌야 한다. 두 염료는 모직에 사용해도 세탁 후 변색되지 않기 때문에 제복에 많이 사용했다.

하여 명반을 이용해 면직물 염색에 이용했다. 또 다른 염료는 인디고색이었다. 인디고는 발효 과정을 거쳐 무채색의 인돌릴(Indolyl)로 바뀌어야 했다. 이것은 조직에 스며들게 한 후 햇빛에 말리면 저절로 파랑의 염료가 생겨났다.

19세기 중반 염료에 관한 여러 가지 일이 일어났다. 1856년 화학을 공부하는 대학생이던 18세의 윌리엄 퍼킨(William Perkin)은 불순한 아닐린을 산화시켜 퀴논을 만들어내는 실험에서 우연히 비단과 면직물에 멋들어진 보라색을 내는 염료를 얻었다. 여성들이 경탄을 금치 못했고 남성들은 보라색 의상을 사는 데 돈을 아끼지 않았다. 퍼킨 가족은 아닐린 합성염료인 모브 제조 공장을 설립했다. 여기에서 기발함은 원재료가 가스 공장의 더러운 타르에서 나온다는 점이었다. 이러한 발견 이후, 당시 화학 제품에 대한 무신경을 반영하듯 염료 공장들이 마치 독버섯처럼 생겨났다. 2년 후인 1858년 독일의 화학자 페터 그리스(Peter Griess)는 아조 염료를 발견함으로써 그때까지 전혀 알려지지 않은 염료화학에 일대 전기를 마련했다. 화학 분야의 진정한 대가인 아돌프 베이어는 두 가지 천연염료인 알리자린과 인디고의 비밀을 밝혀내려는 목표를 세우고, 이것을 실험실에서 합성해내려 했다. 그의 제자인 카를 그레베(Carl Graebe)와 카를 리베르만(Carl Liebermann)은 그 구조를 밝혀냈을 뿐만 아니라 알리자린의 합성에 성공했다. 바덴 지방에서 아닐린과 소다를 만들던 공장은 이러한 발견을 기술적으로 활용, 염료를 제조하여 커다란 성공을 거두었다.

파랑 염색
16세기의 이 목판화는 한 염색공이 들통에서 직물을 끄집어내는 모습을 보여준다. 또 다른 염색공은 천을 바깥에 내걸고 있다. 이런 방식으로 산화를 통해 파랑이 생성된다.

아돌프 폰 베이어(Adolf von Baeyer)
인디고 구조를 밝혀내는 데 선구적 역할을 한 베이어는 자신의 모든 능력을 이 분야에 바쳤다.

그러나 인디고는 대가(大家) 자신을 요구했다. 이 물질은 오랫동안 그 구조를 밝혀내려는 모든 시도를 물거품으로 만들었다. 이 문제는 유기화학 전체와 관련된 것이었다. 나중에 귀족 칭호를 받은 아돌프 폰 베이어와 그 후계자인 뮌헨의 리비크스(Liebigs)는 오늘날까지도 유효한 공정을 개발했다. 즉 미지의 이 재료를 잘게 쪼개거나 분해해 얻은 조각들을 독립적으로 합성했다. 합성하여 얻은 결합이 자연 상태의 결합과 분명하게 일치할 때 그 구조를 확정할 수 있었다. 그 결과 1880년 아돌프 베이어가 인디고 제조 특허를 받았지만, 3년 후에야 구조를 최종적으로 증명하는 일이 벌어졌다. 1897년 BASF는 처음으로 합성 인디고를 시장에 내놓았다. 1905년 아돌프 폰 베이어는 이러한 업적으로 노벨상을 받았다.

염료 공장과 염료화학에 관한 이야기가 바로 화학 산업의 역사가 되었다. 염료화학 역시 한 번 더 르네상스를 맞이했다. 합성섬유가 시장에 나오자 나일론과 코발트 염료를 사용하는 완전히 새로운 제품이 개발되어야 했다. 그 다음에 합성 조직이 등장했고 새로운 염료 기술은 다시 새로운 종류의 염료를 요구했다. 이 모든 다양한 염료를 상세히 기술하기는 책 한 권으로도 엄두를 못 낼 일이다.

오히려 인디고로 다시 돌아가보자. 인디고는 세계사에서 전례가 없던 한 현상과 연결되어 있다. 1950년대에 인디고는 종말을 맞이하는 것처럼 보였다. 그것은 오리엔트의 양탄자 염료로 사용되던 불결한 제품

금을 캐는 광부는 우직한 젊은이들이었다
19세기 중반 바이에른에서 캘리포니아로 이주한 리바이 스트라우스는 광부들에게 요트 천을 기워 리벳을 박아 넣은 바지를 제공함으로써 금맥을 발견한 셈이 되었다. 염료로는 인디고를 사용했다. 이 청바지는 해질 때까지도 퇴색하지 않았으나 염료가 마찰에 약했다. 그러나 닳은 부분이 또 다른 행운을 안겨주었다. 바로 이러한 모습으로 인해 청바지는 100년 뒤에 '이단아들의 제복'이 되었다.

아조 염료

아조 염료는 염료 중에서 가장 많이 이용된다. 강렬한 색이 특징적이며, 모직물·면직물·비단·레이온·아마 직물·가죽 등에 사용된다. 개별 아조 염료는 식료품의 색소로 허가를 받았지만 사용 빈도는 줄어드는 추세다. 이러한 합성염료의 구조적 특징은 두 개의 방향족기를 결합한 아조기(-N=N-)이다. 일반적으로 아조 염료 자체는 독성이 없다. 그러나 몇몇 염료는 암을 유발하거나 독성이 있는 방향족 아민을 발산한다. 그것은 타액이나 땀을 통해 몸속으로 들어갈 수 있다. 독성이 입증되었을 뿐만 아니라 암을 유발하는 아조 염료는 독일에서 직물, 보석, 화장품 등에 사용이 금지되어 있다. 그러나 다른 나라에서 구입한 물건에는 그러한 종류의 염료가 함유되어 있을 가능성이 높다. 밝은 색의 직물에는 0.1~0.5퍼센트의 염료가 함유되어 있다. 검정의 직물에 함유된 염료는 2~5퍼센트에 이른다. 오늘날 염료는 일반적으로 세탁 후에도 비교적 변색되지 않는다. 따라서 위험성은 매우 작지만 알레르기 환자는 조심해야 한다.

이었다. 하지만 미국에서 그 수요가 폭발적으로 생겨났다. 그곳에서 반항적인 젊은이들이 모험적인 개척 시대의 전설적인 옷을 발견했다. 이를테면 제임스 딘이 출연한 영화들을 통해 청바지는 자신의 가치를 추구하는 젊은이의 상징이 되었다. 이에 편승한 수요가 전 세계로 퍼져나갔다. 청바지는 권위를 거부하는 젊은이들의 '제복'이 되었다. 인류 역사에서 처음으로 모든 대륙과 문화, 상반되는 정치 시스템을 망라하는 유행이 일어났다. 세계가 지구촌이 된 오늘날에 이것은 거의 자연스러운 것처럼 보인다. 하지만 당시로서는 괄목할 만한 일이었다. 인디고처럼 변화무쌍한 역사를 지닌 분자는 많지 않다. 내 청바지는? 나는 그것을 기억의 산물과 시대의 기록으로 계속 간직할 것이다.

마지막 광택

청바지와 티셔츠, 혼방 의류와 나일론 양말, 조깅복과 땀복 등 그 어떤 현대적인 옷감도 화학 없이는 생각할 수 없다. 이것은 단순히 합성섬유와 화학섬유에만 해당하지 않는다. 순수한 면직물로 만든 티셔츠도 세탁 후 후줄근하게 보이지 않으려면 화학적 가공을 거쳐야 한다.

스웨터가 닳거나 재킷이 늘어지지 않고, 티셔츠가 너덜거리거나 바지가 마치 입고 잔 것처럼 보이지 않고, 내의가 신축성을 잃지 않기 위해서는 섬유 원자재나 옷감을 특수 가공해야 한다. 이것은 화학섬유와 마찬가지로 천연섬유에도 해당한다. 이른바 섬유 가공은 사전 작업(예를 들어 섬유조제 제거를 위한 표백), 염색, 압착, 항균 처리 등을 포괄한다. 몇 가지 중요한 섬유 가공에 대해서는 다음과 같이 짧게 설명할 수 있다.

 07:43 밖으로!

물물 오늘 같은 날은 행군을 기대할 수 없다. 바깥에 비가 내리고 있다. 방수가 되는 옷은 어디 있더라? 옷장에 제대로 놓여 있다. 누가 그것을 생각이나 했겠는가! 이 옷이 무엇으로 만들어졌는지 알고 싶어진다. 특수 섬유일까, 아니면 일반 옷에 방수막을 덧입힌 것인가? 어쨌든 늘 그런 것처럼 비가 계속 내려도 빗방울은 옷 속으로 전혀 스며들지 않는다.

눈부신 하양: 표백

섬유는 원래 순수하게 하얗지 않다. 따라서 흰 옷감의 제조를 위해서는 탈색이 필수적이다. 염색 작업도 탈색 공정을 거쳐야 원활하게 이루어진다. 표백제로는 오늘날 무엇보다도 아염소산나트륨, 과산화수소, 과산화나트륨이 사용된다. 모든 표백제는 물질을 분해하는 산소가 중요한 구실을 한다.

다채로운 세계: 염색

의류와 옷감의 염색에 사용되는 염료는 매우 다양하다. 원칙적으로 모든 색상을 만들 수 있으며 유행의 세계는 끝없이 다채로워졌다. 면직물은 오늘날 대부분 반응 염료로 염색하거나 압착한다. 이 염료는 알코올기(OH)와 아미노기(NH$_2$)가 섬유에 화학적 결합을 만들어내는 반응기를 포함하고 있다. 염료로는 아조 염료, 안트라퀴논, 프탈로시아닌이 사용된다. 화학섬유에 어떤 염료를 선택할지는 섬유의 합성 정도에 달려 있다. 아세트산 섬유와 폴리에스터는 무엇보다도 분산 염료(중성 염료)로 염색하며, 아크릴 섬유는 양이온의 염기성 염료로 염색한다. 합성섬유는 방직 작업 전에 직접 염색할 수 있다. 이때 원자재 용해물에 염료와 안료를 넣어 섬유에 스며들게 한다.

하양보다 더 하얗게: 형광제

형광제는 유기발광안료로서 표백과 같은 효과를 낸다. 이것은 자외선을 흡수하여 푸르스름한 형광빛을 낸다. 이를 통해 섬유가 오래되어 잿빛이나 누렇게 변하는 것을 막아준다. 형광제로는 명도 유도체, 쿠마린/키놀론 화합물, 다이페닐피라졸론, 벤조자졸 등이 있다.

은도금 물질과 설탕을 함유한 물질: 하이테크 직물

은실로 만든 내의와 양말은 이미 모든 것을 지닌 부유한 속물들을 위한 선물일까? 그렇지 않다. 이것은 만성 무좀과 신경성 피부염을 앓는 사람들을 위한 것이다. 은은 미생물을 죽이고 상처 치료에 도움을 준다. 또한 땀 냄새가 나지 않도록 해준다. 은실은 땀을 분해하고 불쾌한 냄새를 불러일으키는 박테리아에 최후의 일격을 가한다.

고리 모양의 설탕 분자인 사이클로덱스트린 역시 직물에 첨가하면 몸에서 냄새가 나는 깃을 막아준다. 이것은 땀을 지체직으로 흡수함으로써 박테리아의 침투를 방지한다. 사이클로덱스트린은 음식 냄새와 담배 냄새도 흡수한다. 직물이 이러한 기능을 상실하지 않으려면 50회 이상 세탁을 해서는 안 된다. 물론 흡수된 물질들은 다시 천천히 배출되므로 너무 오랫동안 세탁을 미룰 필요는 없다. 땀에 젖은 티셔츠에는 엄청난 양의 니코틴이 함유되어 있다.

미생물과의 싸움: 항균 처리

전형적인 냄새가 나는 곰팡이나 무좀, 박테리아를 방지하기 위해 일부 섬유에는 항균 처리를 한다. 사용하는 화학물질로는 암모니아 화합물, 비스페놀, 이미다졸, 다이페닐에테르, 싸이오비스페놀, 유기주석 화합물, 황산네오마이신, 할로젠화 페놀 등이 있다.

무좀을 방지해주는 양말, 곰팡이가 슬지 않는 캠핑 장비, 땀 냄새가 나지 않는 운동복 등은 항균 처리의 결과이다. 물론 화학물질을 몸에 직접 닿는 섬유에 사용하면 피부 알레르기와 염증을 일으킬 수 있다.

얼룩과의 싸움: 얼룩 방지 처리

더 이상 얼룩진 옷은 원치 않는다! 밝은색 스웨터에 커피를 쏟은 사람이라면 이것을 꿈꿀 것이 분명하다. 이것은 희망 사항에 불과한 것처럼 보이지만 화학섬유를 특수 처리하면 최소한 쉽게 더러워지는 것을 방지하거나 얼룩이 더 잘 지워진다. 예를 들어 '스카치가드

(Scotchgard)'라는 섬유 오염 방지제는 플루오
르화탄화수소, 유기 규산염, 규소, 폴리아크릴
레이트와 같은 화학물질을 이용하여 만들 수
있다. 이러한 물질은 오염물이 섬유에 달라붙
는 것을 방지한다.

절연 효과: 정전기 방지 처리

건조한 날씨에 스웨터를 벗을 때 바스락거리
는 소리가 난다. 옷이 피부에 달라붙는가 하면
어두운 곳에서는 때때로 작은 불꽃이 튀는 것
을 볼 수 있다. 문 손잡이를 잡으면 작은 전기
충격이 일어나기도 한다. 화학섬유는 전기 절
연체로서 정전기를 만들어내기 때문이다. 정
전기 방지에는 팽창력이 높고 한계표면이 활
성화한 물질을 사용한다. 이것은 표면의 마찰
력을 높여주어 충전된 전기가 빨리 빠져나가
게 만든다. 물론 이러한 화합물은 금방 씻거나
가기 때문에 그 효과는 일시적이다. 최근에는
여러 가지 정전지 방지 폴리아마이드 섬유가
시장에 나와 있다. 이 섬유에는 탄소 섬유, 금
속 섬유, 섬유 표면에 구리를 입히는 것과 같
은 특수한 첨가물을 이용한 정전기 방지제가
함유되어 있다.

땀 배출과 정전기 방지 기능
최신 섬유에 적용되는 이 두 가지 요구 사항은 화학물질 처리로 충족된다.

자연 그대로?

'순수한' 면직물과 모직물을 이용함으로써 화학물질을 멀리할 수 있다고 믿는 사람은 착각에 빠져 있다. 앞에서 살펴본 것처럼 천연섬유를 가공할 때에도 여러 가지 화학물질을 첨가하여 옷이 후줄근해지는 것을 방지하고 좀이 슬지 않도록 히는가 히면 첫 세탁 후 크기가 줄어들지 않도록 만든다.

그러나 옷에서는 찾아볼 수 없는 또 다른 화학물질이 문제가 될 수 있다. 관목 종류의 농산물인 면화는 오늘날 대부분 대단위 경작지에서 재배된다. 이러한 방식으로 재배하는 식물은 특히 병충해에 약하기 때문에 무엇보다도 가난한 나라에서는 값싼 살충제를 이용한다. 이러한 화학물질은 재배 노동자와 환경에 해를 입힐 뿐만 아니라 부분적으로 면섬유에 남게 된다. 손으로 따는 면화는 일반적으로 품질이 좋고 살충제의 피해가 경미한 반면, 기계로 수확하는 면화는 추가적으로 화학물질이 첨가될 수 있다. 즉 기계로 수확하기 전에 잎을 떨어뜨리기 위해 화학물질을 살포하는 것이다. 또 다른 화학물질은 미성숙 상태의 포자낭이 균등하고 빨리 성숙하게 만들어준다. 양모의 경우에도 유해물질로부터 자유로울 수 없다. 경우에 따라서는 양모지(羊毛脂)에 많은 양의 살충제가 남아 있을 수도 있다. 제대로 세척하지 않은 양모지를 원료로 만든 값싼 저질 직물은 그만큼 위험 부담이 크다.

매듭과 보푸라기 방지

오래 입지 않았는데도 멋진 니트웨어에 매듭이 생기고 보푸라기가 일어날 수 있다. 특히 소매가 옆구리에 닿는 부분이 심하다. 모직과 방적용 합성섬유로 만든 옷의 경우 실밥 사이로 개별 섬유가 튀어나와 옷의 표면에 달라붙으면 그러한 매듭이 생길 수 있다. 개별 섬유에 주름이 잡히면서 생기는 매듭과 보푸라기뿐 아니라 실밥이 엉키는 것을 막기 위해 필링 방지 처리를 한다. 이를 위해 섬유에 아크릴 및 비닐중합체 처리를 한다.

솜털과의 싸움

스웨터를 세탁하면 소매가 4분의 3으로 줄고 솜털로 뒤범벅된다. 모직 섬유는 특히 세탁기로 세탁할 때 개별 섬유 사이에서 끌어당기고 밀어내는 힘이 생겨나 조직이 충돌함으로써 솜털이 일어나는 경향이 있다. 솜털 방지를 위해 플루오르화나 산화 작용을 이용해 표면을 매끄럽게 만든다. 〔솜털 방지를 위해 지속적으로 세게 비비는 방식은 로덴(loden) 천을 만드는 방법이기도 하다.〕

부드럽게 만들기

감촉을 부드럽게 만들고 섬유에 주름이 잡히는 것을 방지하기 위해 천에 동식물 기름과 지방, 멜라민(melamine) 수지, 실록산(siloxane), 암모니아염, 지방산 응축물 등을 첨가한다.

주름 방지 처리

셀룰로스 섬유로 만든 침대보처럼 주름이 잡히기 쉬운 천에는 규산과 인공수지 처리를 한다.

세탁 후 수축 방지 처리: 샌퍼라이징 가공

셀룰로스 천연섬유 및 화학섬유는 수축하는 경향이 있다. 이것을 방지하기 위해 천을 증기 속에서 고온 처리하여 압착한다. 이러한 과정을 샌퍼라이징 가공(sanforizing)이라고 한다. 수지 가공 방법도 있다.

다림질에 의한 손상 방지: 손질이 쉽도록 하기 위한 가공

다림질을 했을 때 오그라드는 면내의를 취미로 입는 사람이 아니라면 셀룰로스 계열의 천을 손질이 쉽도록 하는 가공을 높이 평가할 줄 안다.

왜 면섬유에는 구김이 생기는 것일까? 세탁하는 동안 섬유는 부풀어올라 자신의 상태를 변화시킨 후 건조될 때 원상태로 되돌아오지 않는다. 따라서 손질이 쉽도록 하는 가공 처리가 안 된 옷은 다림질하기가 매우 어렵다. 침대보는 주름을 펴기 위해 압착 롤러에 걸었음에도 더 이상 매끈하지 않다. 천을 가공할 때 망상 구조로 만들면 조직이 수분을 흡수하여 주름이 잡히는 현상을 완화시켜준다. 또한 옷의 형태를 유지시켜주고 수축을 방지하며 색상을 더 선명하게 해줄 뿐만 아니라 다림질을 용이하게 해준다. 섬유가 망상 구조를 이루면서 세탁 후 원상태로 돌아가려는 반동력이 더 높아지기 때문이다. 망상 구조 가공을 위해 요소-폼알데하이드 및 멜라민-폼알데하이드 화합물을 이용한다. 주름 천 역시 이러한 종류의 가공을 거쳐 세탁이 용이해진다.

수축 방지와 다림질 가능 처리
우아한 옷이 그 상태를 유지하고, 손질이 괴로움으로 바뀌지 않기 위해서는 여러 가지 가공 처리가 필요하다.

친수 · 방수 처리
아크릴아마이드 및 폴리아마이드 화합물을 이용하여 친수 처리를 하면 섬유가 습기를 흡수하는 능력이 향상된다. 이것은 무엇보다도 내의처럼 피부에 직접 닿는 화학섬유 옷의 착용감을 높여준다.

이와는 정반대의 경우가 파라핀, 탄화플루오르 수지, 실리콘 유제, 알루미늄염, 지르코늄염을 이용한 방수 처리다. 재킷, 외투, 운동복, 작업복 등의 방수 처리에 사용한다.

광택 처리: 머서 가공
원래 광택이 없는 면직물과 면직 화합물에 머서 가공(Mercerization)을 하면 지속적으로 광택이 나고 강도가 높아지며 염색성이 좋아진다. 수산화나트륨이나 암모니아처럼 표면에 작용하는 물질을 이용하면 조직이나 방사(紡絲)가 팽팽해진다. 이때 섬유에 여러 가지 물리적 · 화학석 변화가 일어난다. 그 결과 고리로 연결 되려는 성질을 지닌 미세섬유들이 분리 되면서 광택이 나고 강도가 높아진다. 처리 과정에서 더 이상 인장력을 가하지 않으면 스트레치사를 얻게 된다.

방염 가공

작업복과 제복, 공공 설비와 교통수단에 쓰이는 천은 불에 쉽게 타서는 안 된다. 브로민화 다이페닐에테르, 유기인광 화 합물, 지르콘 및 타이타늄 화합물을 이용 하면 연소성을 줄일 수 있다. 이 분야에 서는 불연소 섬유를 사용하려는 시도가 증가하고 있다.

좀에 의한 손상 방지: 방충 처리

좀과 특정한 벌레들은 우리의 옷장을 고 급 레스토랑으로 여긴다. 이것들은 무엇 보다도 모직물, 비단, 모피를 즐겨 먹잇 감으로 삼는다. 양탄자도 예외가 아니 다. 특히 좀의 애벌레는 섬유의 영양소 를 먹어치운 후 번데기로 변하는 '악당'

방염 가공은 많은 분야의 제복과 작업복에 필수적이다.

이다. 1~2주 후에는 번데기에서 빠져나온다. 그 다음에는 옷을 건드리지 않지만 열심히 번식한다. 좀 한 마리는 100~200개의 알을 낳는다. 더구나 주인이 아끼는 재킷에 개별적으로 알을 낳기도 한다. 우리의 옷은 이 벌레들에게 천국이나 마찬가지다.

의복, 모피, 면직물 양탄자 등은 처음 만들 때 좀을 막기 위해 부분적으로 화학 처리를 한다. 모직 양탄자의 경우에는 인증을 받기 위한 전제소선이 된다. 화학물질은 염료와 마찬가지로 섬유와 결합하며 때로는 심지어 염료액에 집어넣기도 한다. 섬유 제품을 '방충 가공하다(eulanisieren)'는 표현은 설폰아마이드와 설파닐아마이드를 기초로 한 방충제인 오일란(Eulan)에서 나온 것이다. 또 다른 방충제로는 요소 유도체, 피레스로이드, 고리 모양의 유기염소 화합물 등이 있다. 피레스로이드는 피부에 닿으면 부작용을 일으킬 수 있어 예민한 사람에게는 경계 대상이다.

가정에서는 스프레이, 알약, 나프탈렌 종이, 반창고 등과 같은 화학물질을 이용한 방충제는 필요하지 않다. 땀을 비롯한 여러 가지 불결한 요소 때문에 좀이 생기므로 섬유 제품은 깨끗한 상태로 옷장에 걸어두어야 한다. 라벤더, 전동싸리, 선갈퀴 등의 꽃과 잎이 첨가된 에테르 기름이 좀을 막는 데 효과적이다. 그 밖에도 좀은 빛을 싫어하고 어두운 곳을 좋아하므로 좀에 취약한 옷은 정기적으로 거풍을 시키고 햇볕을 쬐어준다. 이미 좀의 습격을 받은 옷은 냉동고에 집어넣어 급격하게 얼리는 방법으로 좀을 죽이는 것이 가장 좋다.

화학물질로 뒤범벅이 된 옷?

우리의 옷에 섞여 있는 그렇게 많은 화학물질은 건강에 문제가 될까? 일반적으로 고가의 독일산 옷은 그렇지 않다. 물론 민감한 사람의 경우 거부감과 알레르기를 완전히 배제할 수는 없다. 자신의 옷

에 의심스러운 화학물질이 섞여 있는 것을 원치 않는 사람은 피부
친화적인 원단을 나타내며 특정한 화학물질의 한계치를 규정한 '에
코텍스 스탠더드 100(Öko-Tex Standard 100, 유럽 섬유 환경 라벨)' 표
시가 붙어 있는 옷을 사야 한다. 어쨌든 피부에 직접 닿는 새 옷은
세탁 후에 입는 것이 좋다.

좀의 피해 방지

햇빛처럼
밝은 전망

태양전지가 세상에 나온 지 50년이 지났고 관련 업계도 자리를 잡았다. 물론 태양 에너지는 낮은 효율성과 높은 비용으로 아직은 광범위하게 활용되지 못하고 있다. 여기에는 새로운 물질, 세소 공법, 개념이 필요하니. 괴학자들은 태양광선이 에너지원으로서 경쟁력을 갖추도록 여러 방면에서 열심히 노력하고 있다.

처음에 자급자족 수준의 태양 에너지를 사용한 것은 무엇보다도 인공위성이었다. 지상에서 이것을 활용할 때에도 자급자족의 원칙이 중요한 구실을 한다. 예를 들어 전기를 끌어다 쓸 수 없

07:45 더 빨리

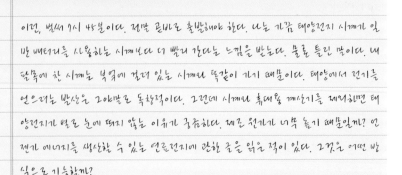

이건, 벌써 7시 45분이다. 정말 곧바로 출발해야 한다. 나는 가끔 태양전지 시계가 일반 배터리를 사용하는 시계보다 더 빨리 간다는 느낌을 받는다. 물론 틀린 말이다. 내 팔목에 찬 시계는 복덕에 걸려 있는 시계와 똑같이 가기 때문이다. 태양에서 전기를 얻으려는 발상은 그야말로 독창적이다. 그런데 시계와 휴대용 계산기를 제외하면 태양전지가 별로 눈에 띄지 않는 이유가 궁금하다. 제조 원가가 너무 높기 때문일까? 언젠가 에너지를 생산할 수 있는 연료전지에 관한 글을 읽은 적이 있다. 그것은 어떤 방식으로 기능할까?

는 산 속의 오두막, 교통신호, 외딴 시설이나 가옥들에서 태양 에너지를 사용한다. 흥미로운 것은 태양 에너지가 점점 고갈되는 화석연료의 대안으로 떠오르고 있다는 점이다. 그럼에도 불구하고 아직까지 광전지를 경쟁력 있는 제품으로 만드는 데는 성공하지 못했다. 광전지는 여전히 보조금의 혜택을 받고 있다. 문제는 광전지의 제조 비용이 너무 높다는 데 있다.

그 밖에도 태양은 아무 곳에서나 이용할 수 없으며 이용 시간도 길지 않다. 태양 에너지를 효과적으로 이용하기 위해서는 획득한 에너지를 효과적으로 충전하는 방법이 개발되어야 한다.

전자와 양공

대부분의 태양전지는 반도체로 만든다. 광자는 작은 에너지 덩어리다. 그것이 태양전지의 빛에 민감한 층위에 떨어지면 전자에 에너지

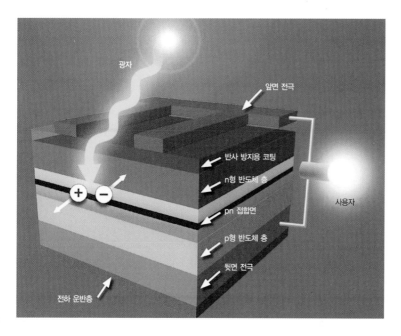

태양전지의 구성 원리
빛(광자)이 태양전지의 빛에 민감한 층에 닿으면 전자를 방출한다. 이것은 다시 음극으로 충전된 전자와 양극으로 충전된 '양공'으로 분리된다. 이 두 가지는 p형과 n형 반도체 층 사이의 전자마당에서 반대 방향으로 움직이며 전극을 통해 에너지로 변환된다.

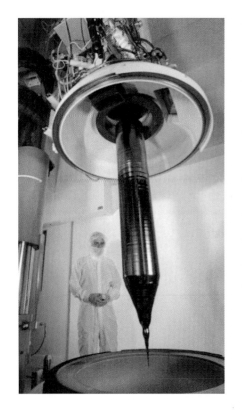

고순도의 실리콘 스틱

를 보낸다. 이러한 방식으로 자극을 받은 전자는 에너지가 충분하면 원자 결합에서 떨어져 나온다. 전자는 그 다음에 이른바 '가전자대(valence band)'의 에너지 상태에서 '전도대(conduction band)'로 넘어간다. 가전자대에서 전자는 '양공(hole)'을 남긴다. 이 양공은 양극으로 충전된 부분처럼 취급될 수 있다. 두 극은 다시 합쳐지시 않도복 공간적으로 떨어져 있어야 한다. 광전지에서는 상이하게 충전된 반도체 층들을 겹쳐놓는 것으로 충분하다. p층과 n층 사이에는 전기마당이 형성되어 전자와 양공을 각기 다른 방향으로 끌어당긴다.

반도체의 경우 가전자대와 전도대 사이에는 일종의 금지 영역, 즉 '밴드 갭(band gap, 전자가 지닐 수 있는 에너지 대역 사이의 공극—옮긴이)'이 놓여 있다. 이러한 에너지 준위는 빛의 파장과 일치해야 빛을 효과적으로 흡수할 수 있다. 밴드 갭이 광선을 받아들이는 데에는 반도체 물질인 갈륨비소가 가장 적당하다. 실리콘은 전기적인 특성상 별로 이상적이지는 못하지만 제품에 요구되는 높은 순도의 측면에서 비용이 저렴하다.

실리콘

실리콘은 모래와 같은 규석을 코크스와 함께 전기로에 고온으로 가열하여 만든다. 이때 석영(이산화규소)은 원소 상태의 실리콘으로 줄어들고 코크스에서 나온 탄소는 산소를 받아들여 이산화탄소로 변한다. 그러나 이렇게 해서 얻은 실리콘은 반도체에 사용하기에는 아직 순도가 높지 않다. 순도를 높이기 위해서는 실리콘 스틱을 가열하여 불순물을 용해시켜야 한다. 이 과정에서 가느다란 용융대를 막대기의 한쪽 끝에서 다른 쪽 끝으로 이동시킨 다음 즉시 냉각시킨다. 고체 실리콘에서보다 액체 상태에서 더 잘 용해되는 불순물들은 스틱의 끝으로 이동한다. 반대로 고체 상태에서 더 잘 용해되는 불순물들은 스틱의 시작 부분에 모이게 된다. 막대기 양끝을 잘라내면 불순물도 떨어져 나간다. 만족할 만한 순도를 얻기 위해서는 이러한 과정을 여러 번 반복해야 한다.

웨이퍼

태양전지를 만들려면 순도가 높은—매우 비싼—실리콘을 먼저 용해해 틀에 부은 다음 특정한 조건하에서 천천히 응고시킨다. 그 틀에서 원판을 250~350마이크로미터의 두께로 절단한다. 이 과정에서 귀중한 물질의 절반은 '톱밥'으로 사라진다. 실리콘 결정체(웨이퍼)에서 아주 가느다란 원판을 만드는 대안으로 여러 가지 방법이 연구되고 있다. 비용을 절감하는 좋은 방법은 이른바 박편 실리콘이다. 여기에서는 필요한 두께의 실리콘 웨이퍼를 용해물에서 직접 이끌어낸다. 따라서 절단 과정이 생략될 뿐만 아니라 고가의 틀을 결정화할 필요도 없다. 어떻게 이것이 가능할까? 모세관 인력이 형틀 속에 있는 액체 상태의 실리콘을 위로 밀어 올리며 느린 속도로 결정체가 되어가는 웨이퍼는 용해물에서 위와 수직 방향으로 형성된다. 또 다른 방법으로는 용해물을 통과하여 위쪽으로 나란히 움직이는 두 개의 실을 이용하는 것이다. 실리콘 액체의 엄청난 표면장력으로 두 개의 실 사이에 실리콘 필름이 형성되어 전자대로 응고된다. 세 번째 방법은 실리콘을 용해물이 담긴 용기와 수평 방향으로 이끌어내는 것이다. 그러나 박편 실리콘의 단점은 작은 결정체에 격자가 완벽하지 않은 손상된 부분이 많다는 점이다. 이 밖에도 작은

실리콘 웨이퍼
고순도의 실리콘으로 매우 가느다란
원판을 얻기까지는 비용이 많이 드는
과정을 거쳐야 한다.

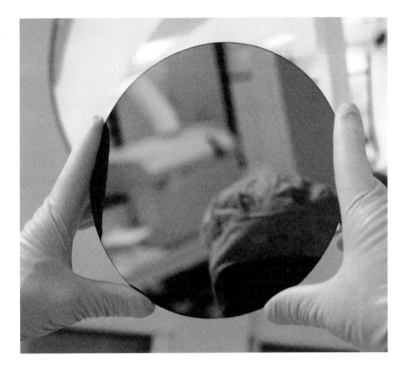

개별 결정체 사이에 격자 배열이 뒤바뀌거나 불순물에서 나온 엉뚱한 원자들이 생겨나기도 한다. 마이크로 전자공학에는 이러한 다결정 웨이퍼가 적당하지 않다. 다결정 태양전지는 효율(18퍼센트)이 매우 낮다. 오류를 지닌 부분들이 빛을 통한 충전의 수명을 단축시키기 때문이다. 하지만 이러한 단점에도 불구하고 낮은 제작 비용으로 인해 다시 주목받고 있다. 똑같은 분량의 전기를 생산하려면 더 많은 전지를 투입하면 된다.

값비싼 단결정 실리콘은 최고 29퍼센트의 높은 효율을 지닌다. 단결정체는 실리콘 원판 전체가 서로 관통하는 결정격자를 지닌 단 하나의 결정체로 이루어져 있음을 의미한다. 여기에서는 결정격자 배열이 뒤바뀌는 일은 생기지 않는다. 왜 햇빛을 이용하기가 쉽지 않을까? 실리콘은 파장이 근적외선 범위에 이르기까지 스펙트럼의 가

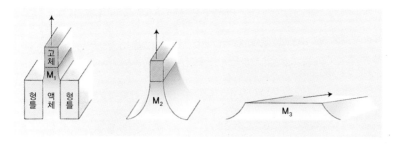

박편 실리콘
실리콘 웨이퍼는 용해물에서 직접 필요한 두께로 이끌어낸다.
왼쪽: 모세관 인력이 실리콘 형틀 속에 있는 액체 상태의 실리콘을 위로 밀어 올리고, 이것이 느린 속도로 결정체가 되면서 웨이퍼로 형성된다.
가운데: 실 두 가닥을 용해물 속에 집어넣었다가 평행 상태에서 위로 끄집어낸다. 실 두 가닥 사이에서 실리콘 필름이 형성되어 응고된다.
오른쪽: 실리콘을 용해물이 담긴 용기와 수평 방향으로 이끌어낸다.

시 범위 내에 들어오는 빛만을 흡수한다. 실리콘 태양전지는 자외선과 원적외선을 전혀 받아들이지 못한다. 이것은 빛의 이 부분만을 이용할 수 있다는 의미다. 이 밖에 단결정체에서도 전극에서 발생한 모든 전하가 일을 수행하는 것이 아니라 전자와 양공 중 일부가 다시 금방 하나가 된다. 전자 에너지는 그 다음에 빛의 형태나 열기로 다시 방출된다.

여기에는 물론 약간 복잡하기는 하지만 또 다른 이유가 있다. 전자를 내보내기 위해서는 실리콘이 에너지를 받아들이는 것만으로는 충분하지 않다. 전자는 동시에 회전모멘트를 변경해야 한다. 문

탄소나노튜브와 샌드위치

우리의 전통적인 전자공학은 머지않은 장래에 해체될 것이다. 실리콘 반도체 기술이 세밀함, 속도, 효율 면에서 한계에 부딪쳤기 때문이다. 그 대안으로 현재 탄소나노튜브가 각광 받고 있다. 연구자들은 분자 차원의 '전기자(armature)'와 '전기자 사슬'을 통해 제1철 단위들을 튜브 벽에 부착했다. 제1철은 이른바 샌드위치 복합물이다. 다섯 개의 고리로 이루어진 두 개의 평평한 탄소 사이에 철원자 한 개가 끼어 있다. 이러한 철 샌드위치의 특징은 원래보다 더 많은 전자를 활용한다는 점이다. 그 전자 중 하나가 이동하는 것은 비교적 쉬운 일이다. 탄소나노튜브는 가시적인 파장 내에서 빛을 받으면 전자 수용체의 구실을 하며 방출된 전자들을 받아들인다. 이러한 방식의 전극 분리는 태양전지 개발의 전제조건으로서 전자들을 이끌어내 이용하기에 충분할 만큼 수명이 길다.

제는 미세한 빛이 그러한 영향력을 행사하지 못한다는 점이다. 결정격자의 특수한 진동이 전자를 뒤흔들어 회전모멘트를 바꾸도록 만든다. 다시 말해서 전자가 전기의 흐름에 기여하기 위해서는 뒤흔들리는 상태가 되어야 하며 이를 위해 광자로부터 에너지를 받아야 한다.

무질서로 비용 절약하기

비용을 절약하는 좋은 방법은 결정 실리콘 대신 비결정 실리콘을 사용하는 것이다. 비결정체는 고체가 질서정연한 결정격자가 아니라 유리 형태로 분자 차원에서 무질서한 덩어리로 존재하는 것을 의미한다. 이때 작은 양의 수소원자를 함유한 실리콘을 이용한다. 이 물질은 전자들이 회전모멘트의 변화를 포기할 수 있다는 장점이 있다. 다시 말해서 결정격자에 의존하지 않아도 전도대에 도달할 수 있다. 이런 방식으로 빛을 더 잘 이용할 수 있으며 빛에 민감한 반도체 두께는 더 얇아져도 된다. 따라서 제조비용이 줄어든다.

비결정 태양 안테나는 예를 들어 저마늄(게르마늄)을 점차 높은 비율로 함유한 비결정 실리콘으로 만든 전지 세 개를 층층이 쌓아놓으면 더 많은 양의 빛을 얻을 수 있다. 세 개의 혼합물은 간격을 두어 배치함으로써 파장이 다른 빛을 흡수할 수 있도록 한다. 다음의 그림을 참조하기 바란다. 맨 위에는 산화인듐주석으로 이루어져 빛이 통과하는 판으로서 전극으로 이용된다. 그 다음에는 순수한 실리콘으로 만든 제1전지가 놓인다. 이것은 파란빛을 위한 것이다. 제2전지는 저마늄을

박편 실리콘은 용해물에서 약 5미터 높이의 8각형 기둥을 이끌어낸 것이다. 기둥 벽의 두께는 약 0.3밀리미터이다.

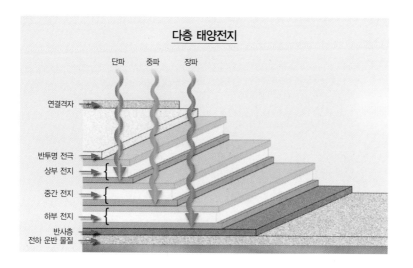

다층 태양전지

단파　중파　장파

연결격자

반투명 전극
상부 전지

중간 전지

하부 전지

반사층
전하 운반 물질

10퍼센트 함유하고 있다. 이것은 초록빛을 받아들인다. 제3전지는 저마늄 비율이 40~50퍼센트인 실리콘으로 이루어져 있으며 적외선을 받아들인다. 그 밑에는 산화아연과 은으로 이루어진 이중층이 놓인다. 이것은 반사경의 구실을 하면서 흡수되지 않은 빛을 효과적으로 다시 태양전지로 돌려보내 2차적으로 빛을 흡수하게 만든다.

축축한 전지

그러나 반드시 실리콘을 사용할 필요는 없다. 카드뮴-텔루륨 화합물, 구리-인듐-다이셀라나이드, 황철석(이황화철) 등과 같은 반도체 물질도 좋은 결과를 가져온다. '고전적인' 건조한 태양전지 형태 대신에 '축축한' 상태의 황철석이나 산화타이타늄과 같은 물질을 광전자화학에 입각한 전지로 이용하는 것도 흥미로워 보인다. 예를 들어 일종의 금속 전극으로서 황철석 층을 이용한다. 이것은 전해질 안에 위치하며 그 속에 대부분 백금으로 만든 제2의 반

광전자화학을 이용한 태양전지
산화타이타늄을 기초로 한 태양전지는 기존의 값비싼 실리콘 태양전지의 대안이 될 수 있을 것이다. 제조 방법이 비교적 간단하고, 청정 공간이나 고순도 화합물이 필요 없기 때문에 비용도 저렴하다.

태양전지를 이용한 지붕은 환경 친화적이기는 하지만 아직은 비용이 매우 많이 드는 방식으로 전기를 공급한다.

대 전극이 들어가게 된다. 전통적인 태양전지와 마찬가지로 황철석 층에 닿은 빛은 전자와 양공의 분리를 가져온다. 황철석 표면과 전해질 사이에 전자마당이 형성되기 때문에 자극을 받은 전자들은 뒤편의 금속 전극 방향으로 튕겨나간다. 양공들은 이와 반대로 전해질 속으로 들어가 전극 이온에 '수용된다'. 그 다음에 예를 들어 이중으로 양극을 지닌 바나듐 이온은 삼중으로 양극을 지닌 바나듐 이온이 된다. 실제로는 이온이 전자 중 하나를 방출하는 것이다. 바나듐 이온은 이 부족한 전자를 백금 전극에서 다시 가져온다. 이런 방식으로 전류가 흐르게 된다. 이것은 빛을 얻는 데 그치지 않고 그러한 종류의 축축한 전지를 간단하고 저렴한 비용으로 만들 수 있다는 장점이 있다.

유해물질을 막아주는 빛

고갈되지 않는 에너지원인 태양 에너지는 전기 에너지의 생산에만 이용되지는 않는다. 태양 에너지는 화학 에너지로 변환되면 화학 반응을 일으키는 데 이용될 수 있다. 이것은 다른 경우라면 엄청난 에너지가 소모되는 합성이다. 심지어는 완전히 새로운 유형의 반응도 가능하다. 앞에서 기술했듯이 전해질을 이용한 태양전지는 반도체-광촉매 작용이라는 이용법을 제시해주고 있다. 광전자화학에 입각한 시스템의 경우와 마찬가지로 흡수된 빛을 통해 반도체의 표면에 전하를 운반할 전자나 '양공'이 생성된다. 이때 이것들을 모아 전극을 거쳐 전기로 내보는 것이 아니라 득성한 분자를 겨냥하게 된다.

합성 대신에 물질의 분해도 가능하다. 유해물질의 분자에 전자를 운반하여 반응을 일으키게 함으로써 그 분자를 분해한다. 이를테면 산화타이타늄은 자체적인 정화 기능을 지닌 염료에서 이미 광촉매로 이용되고 있다. 하지만 햇빛의 2~3퍼센트를 차지하는 자외선만을 이용할 수 있다. 산화타이타늄에 탄소를 첨가하면 효과가 배가된다. 이러한 광촉매는 실내의 희미한 빛 속에서도 염화페놀과 아조 염료 같은 용해된 유해물질뿐만 아니라 아세트알데하이드, 벤젠, 일산화탄소 등 기체 형태의 유해물질도 아무런 문제없이 분해한다.

광촉매 테스트 상자

빛 안테나

식물의 광합성은 빛을 (생)화학 에너지로 변환시키는 것이다. 라디오 안테나가 주변의 전파를 잡듯이 식물도 가시적인 빛의 특정한 파장을 초록 잎으로 받아들여 그 빛 에너지를 자신의 광합성 장치에 전달한다. 식물은 그 에너지의 80퍼센트 이상을 이용하는 반면, 태양전기는 30퍼센트를 넘지 못한다. 그러한 '광자 안테나'는 효율성이 높은 새로운 세대의 태양전지에도 활용될 가능성이 있다.

스위스의 연구자들은 일종의 인위적인 광자 안테나를 만들었다. 빛을 받아들이는 물질로는 파랑 내지 초록으로 형광을 발하는 염료의 분자를 이용했다. 이 분자들은 작은 구멍이 많은 제올라이트 결정의 직선관을 통해 보내진다. 형광 염료가 빛을 내면 그 전자들은 자극을 받은 상태가 된다. 잠시 후 전자는 원래의 상태로 되돌아간다. 이때 방출된 에너지의 일부가 진동 형태로 분자 전체에 분포한다. 나머지 에너지는 형광빛 형태로 빛을 발한다. 염료 분자들은 미니 결정체가 퍼진 관 속에 들어가게 되면 촘촘하게 자리를 잡는다. 이 분자들은 에너지를 빛으로 방출하는 대신, 에너지 덩어리를 옆으로 계속 전달한다. 관의 입구는 제2의 형광 분자들로 틀어막는다. 이러한 마개를 통해 에너지 덩어리는 더 이상 결정체 내부로 되돌아가지 못하고 붉은색 형광으로서 밖으로 방출된다. 이것을 받아 이용하면 된다.

앞에서 기술한 '수신 안테나'의 원리를 이용하여 '발신 기둥'을 만들 수도 있다. 이 경우에는 두 가지 형광 염료를 뒤바꿔야 한다. 마개 부분은 에너지를 외부로부터 받아 결정체 내부의 분자들에게 전달한다. 이 분자들이 형광빛을 방출한다. 이런 방식으로 2극 진공관을 만들 수 있다.

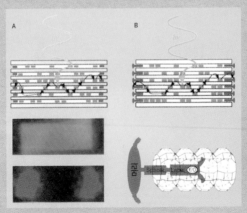

빛 안테나로서 염료

A. 관 속에서 파란빛을 내는 분자들은 받아들인 빛 덩어리를 관 출구에 있는 붉은빛의 분자로 운반한다. 아래 그림: 결정체의 중심은 파란빛을 내며 그 주변은 빨간빛을 낸다.
B. 관 속에서 초록빛을 내는 분자들은 받아들인 빛 에너지를 관 출구에서 붉게 빛나는 접지 형태의 분자로 운반한다. 에너지는 마개 부분의 튀어나온 머리를 거쳐 밖으로 방출될 수 있다. 아래 그림: 관 출구의 마개

대체 실리콘이란 무엇일까

실리콘 유방, 실리콘 밀폐용 접착제, 실리콘밸리 등 실리콘이 들어간 용어는 흔히 찾아볼 수 있다. 잠깐! 개념의 혼란에 주의해야 한다. 성형외과의사들이 이식하는 인공 유방은 실제로 실리콘으로 만든 것이다. 욕실에 사용하는 밀폐용 접착제도 마찬가지다. 그러나 실리콘밸리는 다르다. 이것은 원래 실리콘이 아니라 실리슘(Silicium, 규소)이다. 실리슘은 영어로 실리콘을 의미하기 때문이다. 캘리포니아 지역에 있는 실리콘밸리는 반도체, 칩, 컴퓨터 산업 등으로 유명하다.

다시 실리콘으로 돌아가보자. 실리콘은 규소를 기초로 한 일종의 합성물질이다. 이것은 규소원자와 산소원자가 교대로 이어져 긴 사슬 모양을 이룬다. 규소원자에는 탄화수소기로 이루어진 측면 사슬이 달라붙어 있다. 사슬의 길이, 측면 사슬의 종류, 가지치기의 정도 등이 매우 다양하다. 서로 엇갈리는 방식으로 망을 이룬 유형도 있다. 이러한 중합체의 특성이 다양하여 여러 가지 용도로 쓰인다. 액체 상태의 실리콘 화합물은 몸에 바르는 향유로 이용되며 뻣뻣한 머리카락에 윤기를 준다. 실리콘 지방은 매우 높거나 낮은 온도에서 윤활제로 사용된다. 실리콘 수지는 도료의 일종인 니스의 구성 성분이다. 실리콘 탄성고무는 열, 기름, 가솔린에 노출되는 자동차 부품으로서 냉각수 호스와 패킹에 쓰인다. 실리콘은 분말세제에 포함되어 거품을 일으키는 작용을 하며 대장염 치료제에 이용되기도 한다. 고무젖꼭지와 우윳병 청소 기구도 투명한 고무 형태의 실리콘으로 만든다. 부엌에서 빵을 구울 때 쓰는 종이에 입힌 막의 소재도 실리콘이다. 건축 분야에서 실리콘은 벽의 변형력을 조정해주는가 하면 여러 가지 건축 자재의 접합 부분에 틈새가 벌어지는 것을 방지해준다.

실리콘은 규소를 기초로 한 일종의 합성물질이다.

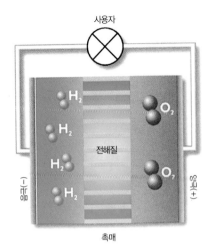

그림 1
두 개의 순환 구조로 분리된 가스인
산소(O_2)와 수소(H_2)는 가스공간에서
촉매로 이동한다.

효과적인 전자 획득

연료전지는 연료 생산 및 변환, 이용 등 많은 분야에서 현존 시스템의 대안으로 떠오르고 있다. 물론 일련의 기술적 문제들을 해결해야 할 뿐만 아니라 비용을 낮추고 인프라 구조에 맞춰야 한다. 여기에서 화학은 많은 역할이 기대되는데, 이 미래의 기술을 위한 적당한 물질을 개발해내야 한다.

연료전지 자동차의 원조
기술적으로 벌써 몇 년째 시험중인
자동차 모델이다. 자동차 지붕 위에
상당한 공간을 차지하는 산소 탱크가
눈에 띈다.

연료전지는 미래의 에너지원이다. 연소 과정 없이 화학 에너지를 전기 에너지로 직접 변환시키는 기술은 효과적이면서도 환경 친화적이다. 수소로 작동하는 연료전지는 일종의 배기가스로 순수한 수증기를 내보낼 뿐이다. 연료전지의 원리는 이미 19세기 중반에 발견되었다. 그러나 그것이 처음으로 만들어지기까지는 오랜 세월이 걸렸다. 그리고 달에 가는 우주선에 이것을 처음으로 사용했다.

오늘날에는 지구에서 연료전지를 사용하려는 시도가 이루어지고 있다. 전기화학적 동력으로 전자 모터가 작동하는 수많은 시험용 자동차들이 돌아다닌다. 최근의 과제는 연료전지를 사용하는 모터를 좁은 공간 안에 집어넣는 기술을 개발하는 것이었다. 몇 년 전만 하더라도 소형차는 모터가 짐칸 전체

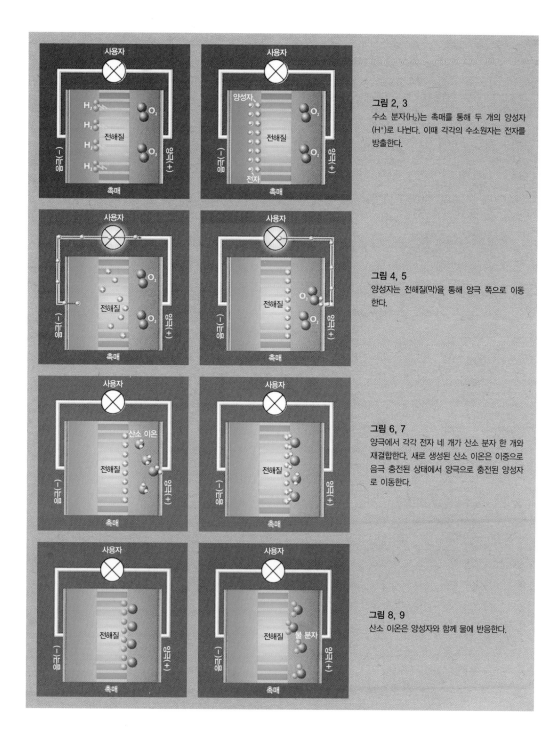

그림 2, 3
수소 분자(H_2)는 촉매를 통해 두 개의 양성자(H^+)로 나뉜다. 이때 각각의 수소원자는 전자를 방출한다.

그림 4, 5
양성자는 전해질(막)을 통해 양극 쪽으로 이동한다.

그림 6, 7
양극에서 각각 전자 네 개가 산소 분자 한 개와 재결합한다. 새로 생성된 산소 이온은 이중으로 음극 충전된 상태에서 양극으로 충전된 양성자로 이동한다.

그림 8, 9
산소 이온은 양성자와 함께 물에 반응한다.

를 차지했다. 그 사이 전동 장치가 자동차의 앞부분에서 사라지고 있다. 특히 시스템의 무게는 새로운 물질을 사용함으로써 줄일 수 있었다. 자동차에 연료전지 시스템을 장착할 시기는 대략 2010년으로 예상된다. 최근의 시험용 자동차는 시속 150킬로미터 이상으로 달린다. 연료전지가 자동차에만 사용되는 것은 아니다. 소형 전기 기구에서부터 지역난방용 발전소에 이르기까지 많은 시나리오가 머지않은 장래에 현실화할 전망이다.

폭명가스의 억제

연료전지의 특별함은 어디에 있을까? 먼저 고전적인 발전소에서는 어떤 일이 일어나는지 살펴보자. 연료—석탄, 석유, 천연가스—는 공기중의 산소와 함께 연소된다. 연소 반응의 에너지는 사용할 열의 형태로 방출되어 물을 기화시킨다. 터빈 내에서 증기가 팽창해 압력 에너지가 발생하며 이것이 발전기를 작동시킨다. 다시 말해서 기계 에너지로 변환된다. 발전기는 그 다음에 전기, 즉 송전선을 통해 나가는 전자를 생산한다. 연소 반응에서 생긴 에너지가 전기를 생산할 때 한 에너지 형태에서 다른 에너지 형태로 여러 번 변환되어야 하기 때문에 매우 비효율적일 수밖에 없다. 전기화학전지에서는 에너지 획득이 본질적으로 더 효율적이다. 전자는 화학 반응에서 직접 얻을 수 있으므로 열 에너지가 압력 에너지와 기계 에너지로 바뀌는 과정이 반드시 필요한 것은 아니다.

수소가 대기중에서 연소하면서 두 가지 가스의 질량 관계가 특정한 수준에 놓이게 되면 격렬한 폭발을 일으킬 수 있다. 이러한 반응을 '폭명가스 반응'이라고 한다. 이때 많은 양의 가스가 방출되면서 폭발음과 같은 소리가 난다. 대부분의 연료전지는 수소와 산소를 물로 바꾸는 이러한 반응을 이용한다. 최초의 산소 연료전지는 매우

간단했다. 먼저 두 개의 금속 전극(음극과 양극),
선해질, 물서품이 부글부글 끓어오르는 유리관
이 필요했다. 작동 원리는 기본적으로 폭명가스
반응과 똑같다. 수소와 산소가 세심한 제어를
통해 물로 합쳐지지만 서로 직접 반응하지는 않
는다. 이 과정들을 하나씩 살펴보자. 음극에서
수소 가스가 전해질로 들어간다. 수소 분자는
음극에 두 개의 전자를 방출하며 양극을 지닌
수소 이온인 H^+, 즉 양성자로서 전해질로 들어
간다. 음극은 전기회로를 따라 전자를 양극으로
운반한다. 여기에서 산소를 불어넣게 된다. 양
극에서는 산소 분자가 각 원자마다 두 개의 전
자를 가져온다. 이중으로 음극이 된 산소 이온
은 물 분자와 함께 반응하여 수산화 이온(OH^-)
이 된다. 그러나 음극 이온의 양성자와 양극 공
간의 수산화 이온은 물이 이온화한 형태와 다름
없다. 폭명가스 반응의 경우와 달리 전자는 분
자에서 분자로 전이되는 것이 아니라 전극을 거
쳐 교환된다. 음극에서 양극으로 가는 도중에

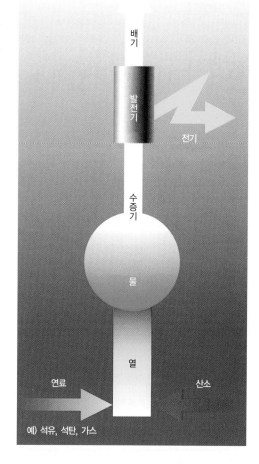

전자는 전류회로를 따라 움직이며, 이를테면 자동차의 전동 장치로
이용될 수 있다. 전기 에너지를 저장한 것에 불과한 배터리나 충전
지와 달리 연료전지는 이러한 에너지를 자체적으로 만들어낸다.

고전적인 발전소의 작동 원리
연료와 산소가 합쳐져 연소 반응을
일으킨다. 이때 방출된 에너지가 물
을 가열해 수증기를 만든다. 수증기
는 발전기를 돌려 전기를 생산한다.

액체에서 고체로

이 말은 매우 간단하게 들리지만 실제로는 그렇지 않다. 미래의 이
동 에너지원이 되기 위해서는 간단하고 축축한 상태의 화학전지가

복합적이고 안정적이며 가벼운 전지로 탈바꿈해야 한다. 많은 기술 개선이 이루어진 분야가 전극이다. 오늘날 전극은 대부분 전기화학적 특징을 지닌 촉매로 덧입혀져 있는데, 표면을 확대하기 위해 작

수소 탱크

수소 연료전지는 특별한 조건을 충족해야 한다. 수소는 움직이는 작은 탱크에 저장하기가 매우 어렵다. 실내 온도에서 가스 형태이고 엄청난 용량을 요구하기 때문이다. 자동차가 100킬로미터를 주행하려면 약 1.2킬로그램의 수소가 필요하다. 이것은 가스 형태의 수소 약 1만 3500리터에 해당한다. 따라서 여러 가지 저장 방법이 활용되고 있다.

가스 압력 탱크

압력 용기에 가스를 압축해 넣는다. 이전처럼 그렇게 무겁지 않은 새로운 종류의 합성수지와 복합 제작 재료는 300바(bar)의 압력에도 견딜 수 있다. 그럼에도 이러한 탱크는 매우 크기 때문에 버스와 같은 대형 차량에 적합하다.

한제(寒劑) 저장

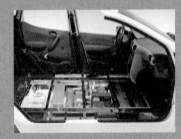

수소를 섭씨 −253도에서 액체로 저장한다. 이 방식은 비교적 용량이 크지 않고 탱크의 무게도 작다는 장점이 있다. 하지만 냉각에 필요한 에너지 소모량이 매우 높은 것이 단점이다. 탱크의 절연에도 많은 비용이 든다. 이 방식은 지금까지 우주선에 적용되었다.

고체 금속수화물

이 방식의 특별한 장점은 높은 안전성이다. 수소는 화학적으로 금속원자와 결합한다. 이 수화물이 가열된 뒤에야 저장물질이 수소를 다시 방출한다. 액화가스 탱크와 비교할 때 60퍼센트 이상의 산소를 저장할 수 있다. 하지만 자재 무게가 많이 나가서 비

은 양공이 많이 뚫려 있다.

연료전지의 또 다른 핵심은 전해질이다. 그것은 음극 공간과 양극 공간을 분리하고 두 가지 전자 사이의 이온 운반에 이용된다. 전해

경제적이다. 그 대안으로 마그네슘을 기초로 한 경금속수화물을 생각해볼 수 있다. 지금까지 마그네슘은 저장 매체로서 관심을 끌지 못했다. 탱크를 모두 채우는 데 몇 시간이나 걸렸기 때문이다. 하지만 특별한 금속 연마 기술을 이용하면 나노 결정체 형태로 바뀌어 수소를 주입하는 데 몇 분밖에 걸리지 않는다.

탄소 저장기

최근에는 탄소나노튜브와 흑연나노섬유가 잠재적인 수소 저장기로 논의되고 있다. 논의의 초점은 간단한 연료통 교환을 통한 수소 저장이다. 탄소나노튜브는 기본적인 탄소로 만든 미세한 관이다. 이러한 미세관을 통한 저장은 비교적 낮은 압력과 실내 온도에서

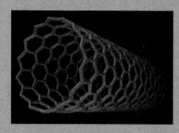

도 가능하다. 탱크를 비우는 일도 적당한 조건에서 가능하다. 흑연나노섬유는 몇 년 전에 슈퍼 수소 저장기로 각광받았다. 섬유 종류의 변형 흑연이 수소의 45~75퍼센트를 받아들일 수 있다는 것이었다. 물론 환상적인 그 결과는 과장된 측면이 있었다. 실제로는 5~10퍼센트 정도이지만, 이 역시 여전히 관심을 끌고 있다. 저장 능력이 좋은 이유는 수소 분자가 자리를 잡는 미세한 구멍들의 특수한 배열 때문이다. 크기가 나노 단위인 작은 구멍을 통해 수소는 그 구멍들의 벽과 강력한 상호작용을 한다.

메탄올 개질

메탄올은 실내 온도에서 액체이기 때문에 운반하기 쉽다. 기존의 주유소를 통한 공급에도 아무런 문제가 없다. 개질기 속에서 섭씨 300도의 메탄올은 물과 함께 분해된다. 이때 수소와 이산화탄소가 생성된다. 물론 개질 과정에 많은 에너지가 필요하기 때문에 효율이 낮을 수밖에 없다.

미세 구멍이 많은 표면은 전극의 효율을 높여준다. 그림은 미세 구멍이 많은 고체산화물 연료전지의 양극 단면를 크게 확대한 것이다. 이것은 란타넘(란탄), 스트론튬, 망가니즈(망간)와 같은 금속의 산화물이 혼합된 세라믹 물질로 이루어져 있다. 약 0.7마이크로미터 크기의 세라믹 미립자를 압착하여 양극으로 만든다. 미세 구멍이 많은 그러한 양극은 공기가 잘 통한다. 커다란 내부 표면에 공기의 산소가 부딪쳐 원자로 쪼개지며 음극을 지닌 산소 이온으로 변환된다. 그림 아래에는 전해질로 이어지는 통로가 보인다. 이 전해질도 이트륨, 지르코늄과 같은 금속들의 산화물이 혼합된 세라믹 물질로 이루어져 있다. 이러한 전해질은 산소 이온만 통과시킨다. 산소 이온은 전해질을 통해 음극으로 이동하여 양성자와 반응한다.

질의 기능은 전체 시스템의 작동에 매우 중요하다. 강한 알칼리 전해질을 이용한 전지 이외에도 인산(H_3PO_4)을 전해질로 이용하는 연료전지의 사용도 확대되고 있다. 인산은 두 개의 전극을 분리하는 구실을 하며 양공이 많이 뚫린 테플론/탄소화규소 주형 안에 들어 있다. 전해질은 부식성이며 전지의 온도가 높으시면 더 이상 사용 할 수 없다. 고체 상태에서도 이온을 운반할 수 있는 전해질의 개발은 기술 수준을 한 단계 끌어올렸다. 여러 가지 연료전지 중에서 고체의 합성수지 전해질을 기초로 한 연료전지의 쓰임새가 다양하다. 이것은 음극의 설폰산기($SO_3{}^{2-}$)를 지닌 기다란 중합체 사슬로 이루어져 있다. 이 사슬은 설폰산기가 통과하기 위한 작은 양공이 생겨나도록 배열되어 있다. 이러한 방식으로 전해질 막이 형성되어, 그 관을 통해 양극의 수소 이온이 지나갈 수 있게 된다. 이 '중합체-전해질 막'(PEM) 연료전지는 자동차 회사들이 선호한다. 전극과 전해질 막이 일종의 '샌드위치'로 통합되고, 수많은 개별 단위를 층층이 쌓아올릴 수 있기 때문이다. 개별 샌드위치는 다음과 같은 모습을 지

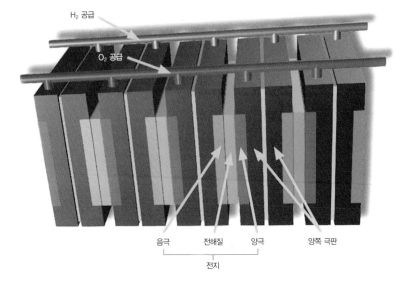

스택(stack)
양쪽 극판은 개별 전지들을 공간적으로 분리하고 전기적으로 결합하며 전극에 가스 형태의 반응물질을 공급한다.

H₂ 공급

O₂ 공급

음극 전해질 양극 양쪽 극판

전지

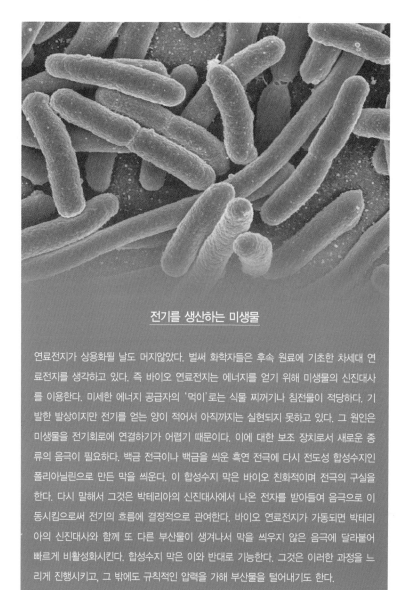

전기를 생산하는 미생물

연료전지가 상용화될 날도 머지않았다. 벌써 화학자들은 후속 원료에 기초한 차세대 연료전지를 생각하고 있다. 즉 바이오 연료전지는 에너지를 얻기 위해 미생물의 신진대사를 이용한다. 미세한 에너지 공급자의 '먹이'로는 식물 찌꺼기나 침전물이 적당하다. 기발한 발상이지만 전기를 얻는 양이 적어서 아직까지는 실현되지 못하고 있다. 그 원인은 미생물을 전기회로에 연결하기가 어렵기 때문이다. 이에 대한 보조 장치로서 새로운 종류의 음극이 필요하다. 백금 전극이나 백금을 씌운 흑연 전극에 다시 전도성 합성수지인 폴리아닐린으로 만든 막을 씌운다. 이 합성수지 막은 바이오 친화적이며 전극의 구실을 한다. 다시 말해서 그것은 박테리아의 신진대사에서 나온 전자를 받아들여 음극으로 이동시킴으로써 전기의 흐름에 결정적으로 관여한다. 바이오 연료전지가 가동되면 박테리아의 신진대사와 함께 또 다른 부산물이 생겨나서 막을 씌우지 않은 음극에 달라붙어 빠르게 비활성화시킨다. 합성수지 막은 이와 반대로 기능한다. 그것은 이러한 과정을 느리게 진행시키고, 그 밖에도 규칙적인 압력을 가해 부산물을 털어내기도 한다.

닌다. 촉매물질로 덧씌운 평평하고 얇은 두 개의 전극 사이에 얇은 합성수지 전해질 막이 놓이게 된다. 이 전해질 막의 양쪽에는 가스가 통과하도록 전기가 흐르는 외피가 감싸고 있다. 양쪽 극판(bipolar

수소 연료전지의 주요 유형

명칭	약자	전극	작업 온도(℃)	사용 범주
알칼리 연료전지	AFC	알칼리 여과액	70~100	우주비행, 군사기술
전해질 막 연료전지	PEM	중합체 막	50~100	자동차, 난방용 빌전기
인산 연료전지	PAFC	인산 전해질	160~210	200kW~1MW의 난방용 발전기
용융탄산염 연료전지	MCFC	용융탄산열 수용액	650	몇 백 kW의 난방용 발전기
고체산화물 연료전지	SOFC	고체 세라믹 전해질	800~1000	50MW의 난방용 발전기

고온 모듈은 탄탄한 고온 연료전지 시스템의 원형으로서 최대 52퍼센트의 전기 효율을 자랑한다. 그 핵심은 약 1센티미터 두께의 탄산염 연료전지 350개로 이루어진 연료전지 뭉치다.

plate)은 이러한 배열을 갖추고 있다. 이것은 공간의 분리와 연료전지 다발에 있는 개별전지의 전기 작동에 이용된다. 다시 말해서 이것은 앞쪽에서 한 전지의 음극과 접촉하고 뒤쪽에서는 그 다음 전지의 양극과 접촉한다. 그래서 '양쪽 극(bipolar)'이라는 표현을 쓴다. 양쪽 극판의 섬세한 관을 통해 가스는―앞쪽에서는 수소, 뒤쪽에서는 산소―전극 평면에 분포한다. 이에 덧붙여 양쪽 극판은 전극 공간에서 나온 반응물을 조정하고 그 과정에서 발생하는 반응열을 냉각 순환기로 내보는 데 기여한다.

또 다른 개발은 작동 온도를 높이기 위해 고온막 분야에서 이루어지고 있다. 연료전지는 온도가 높을수록 효율적이며 냉각 및 운전 시스템도 간단해질 수 있다. 이것은 비용 측면에서 매우 중요하다.

반드시 수소일 필요는 없다

수소를 이용한 연료전지의 대안

약 3미터

약 2미터

약 3미터

약 4미터

약 2.5미터

으로 메탄올 연료전지가 연구되고 있다. 여기에서는 수소를 저장하거나 생산해낼 필요가 없다. 이러한 유형은 PEM 연료전지의 변형이다. 메탄올은 음극면의 촉매에서 물과 함께 산화된다. 이때 전지에서 방출되는 이산화탄소와 함께 '정상적인' PEM 연료전지에서처럼 전해질 막을 통해 운반되는 양성자가 발생한다.

메테인, 탄화수소, 일산화탄소를 비롯한 또 다른 연소물질도 연료전지의 '먹이'로 적당하다. 이것들 역시 수소 저장기나 생성기가 필요 없다. 물론 이러한 유형은 수소 연료전지보다 더 높은 온도에서 작동한다. 섭씨 450~1000도가 일반적이다. 이 온도는 중합체 막에는 너무 높다. 전해질로는 용융탄산염이나 고체 금속산화물을 이용한다. 이 경우에 양성자 대신 탄산 이온(CO_3^{2-}) 내지는 이중으로 음극을 띤 산소 이온이 전해질을 통해 운반된다.

뜨거운 기계

이러한 고온 연료전지는 무엇보다도 설비를 가동하기 위해 고안된 것이다. 특별히 빈틈없이 설계된 유형은 이미 개발되었다. 특이할 만한 것은 탄산염 연료전지를 갖춘 철제 기관이다. 이 작은 발전소는 뜨거운 수증기 형태로 전기와 열을 동시에 생산한다. 전통적인 가스 터빈과 비교할 때 두 배의 효율성을 지니고 있으며 배기가스가 없다. 연료로는 천연가스, 산업 분야에서 쓰고 남은 가스, 바이오 가스 등 모든 가스 형태의 탄화수소가 이용된다. 이 뜨거운 발전기는 디젤 모터, 가스 모터, 가스 터빈을 대체하여 독자적인 전력 생산을 위해 고안되었으며, 전력 공급이 중단되어서는 안 되는 전산 시스템과 기타 공공시설에서 운용한다. 병원, 식료품 공장과 화학 공장도 살균 및 소독에 필요한 뜨거운 증기를 얻는 데 사용한다.

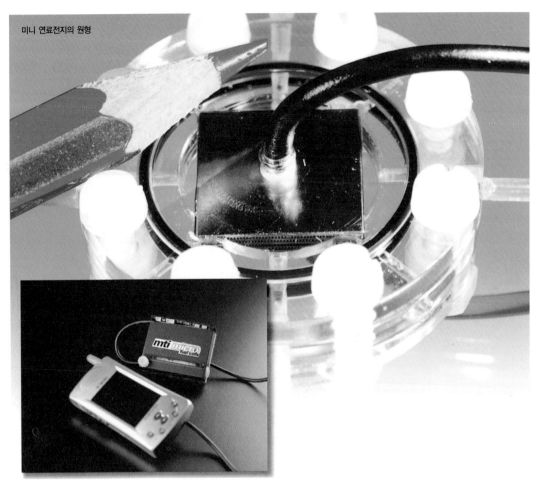

미니 연료전지의 원형

미니 연료전지의 원형
교환 가능한 메탄올 장치를 통해 최
고 5Wh의 에너지를 공급한다.

소켓이 필요 없는 전기

전기 기구의 절반은 이동식이거나 최소한 소켓이 필요 없다. 배터리
와 충전기는 한계에 봉착하고 있다. 지난 몇 십 년 동안 칩이 약
3000퍼센트 더 빨라진 반면에 전력 소모도 증가했기 때문이다. 하지
만 배터리의 에너지량은 두 배로 늘어나는 데 그쳤다. 이를테면 집
밖에서 갑자기 아이디어가 떠올라 노트북을 펼쳐놓고 작업에 들어
가지만 배터리 수명은 기껏해야 두 시간에 불과하다. 이때 미니 연

료전지가 해결책이 될 수 있으며 비용 측면에서도 곧 배터리를 대체할 수 있을 것이다. 배터리는 비싼 물건이다. 배터리를 바꾸거나 충전하는 대신 수소나 메탄올을 담은 작은 탱크를 전기 기구 안에 집어넣으면 된다. 노트북이나 프린터에 간단하게 장착할 수 있는 외장형은 이미 개발되었다. 지금은 대량생산에 걸맞은 이러한 기구를 만들기 위한 저렴한 물질을 찾는 중이다.

휴대용 소형 전기 기구에 에너지를 공급하려면 무엇보다도 시스템이 통합되어야 하며 크기가 더 작아져야 한다. 이동전화로 오래 통화하는 사람이 연료전지를 어깨에 메고 돌아다니려고 하겠는가? 마이크로 시스템 기술을 기초로 한 전지는 앞으로 배터리와 건전지를 대체할 것이다. 물론 아직까지는 소형 전기 기구를 위한 적당한 수소 충전기가 개발되어 있지 않다. 따라서 '미니' 전기 기구에 들어갈 메탄올 연료전지를 개발하는 연구가 집중적으로 이루어지고 있다.

연료전지를 위한 수소

자동차용 연료전지는 비용이 많이 드는 수소 공급 문제가 해결되어야 상용화할 수 있다. 이에 따라 휴대용 수소 생성기를 연구하고 있다. 석유 생산물에서 수소를 얻는 기존의 방식은 작고 가벼운 용기에는 적합하지 않다. 흥미로운 대안으로 생물체에서 얻는 탄수화물을 이용한 수소 생산이 논의되고 있다. 촉매에 의한 개질 과정을 통해 원료를 섭씨 225도의 흐르는 물속에서 압력을 가하면 일산화탄소(CO)와 수소로 쪼개진다. 후속 반응으로 일산화탄소는 수증기와 혼합되어 이산화탄소(CO_2)가 되고 다시 수소로 변환된다. 이 두 가지 반응은 똑같이 비교적 낮은 온도에서 진행되기 때문에 하나의 반응기 속에서 일어날 수 있다. 이것이 휴대용 수소 생성기의 특별한 장점이다. 그 밖에도 생성된 수소가 일산화탄소를 거의 함유하지 않도록 반응 조건을 조절할 수 있다. 이것은 일산화탄소가 촉매의 독성물질로서 연료전지의 기능을 떨어뜨릴 수 있기 때문에 중요하다. 고전적인 방식에서는 비용이 많이 드는 추가적인 단계를 거쳐 일산화탄소를 연료전지에 적합한 수준으로 낮춰야 한다. 따라서 용기가 크고 무겁다.

검정색 황금

석유 시대 초기 사람들은 수많은 시험 시추를 거친 후 마침내 관을 통해 뿜어져 나오는 석유를 검정색 황금이라고 일컬었다. 과거에는 이 화석연료를 낭비하는 수준이었지만 요즘날에는 매장량에 한계가 있음을 인식하게 되었다. 석유는 난방유, 가솔린, 디젤유의 원료일 뿐만 아니라 화학 산업의 으뜸가는 원료이기도 하다.

지하자원은 오늘날에도 여전히 산업화한 세계의 가장 중요한 에너지원이다. 그러나 그뿐만이 아니다. 석유와 천연가스는 화학 산업의 원료이기도 한다. 과거에는 석탄이 제1의 원료이자 에너지원이었던 반면, 20세기 중반부터는 석유와 천연가스에 대한 의존도가 높아졌다. 오늘날에는 유기 화합물의 약 95퍼센트가 석유와

🕖 **07:46 자동차 승차**

자동차 열쇠는 도대체 어디에 처박혀 있을까? 어제 집에 돌아왔을 때 나는 빨강 외투를 입고 있었다. 그것은 어디 있지? 옷장에 있다. 가끔 나는 제 정신이 아니다. 열쇠는 아직도 외투 호주머니에 들어 있다. 이제는 서둘러야 한다. 그렇지 않으면 정말 늦을 것이다. 기름 계기판의 눈금이 바닥에 와 있다. 가솔린이 오늘 하루 견딜 만큼은 들어 있기를 바랄 뿐이다.

천연가스를 원료로 생산된다. 그러나 전 세계에서 생산되는 원유의 7~8퍼센트만이 화학 원료로 이용되며 니머지는 가솔린, 디젤유, 난방유 형태로 직접 연소된다.

탱크 안의 플랑크톤

석유는 죽은 미세 생명체가 지구의 바다 속에서 산소 부족으로 썩지 않아 생긴 것으로 추측하고 있다. 높은 압력과 온도의 영향으로 이 유기물은 석유로 변환된 후 작은 구멍이 뚫린 암석 안에 저장된 것이다. 이렇게 생겨난 액체의 85~90퍼센트는 탄화수소로 이루어져 있다. 석유 속에는 탄화수소 이외에도 500가지가 넘는 화합물이 들어 있다. 전 세계의 여러 지역에서 생산되는 석유는 구성 성분이 각기 다르며, 따라서 서로 다른 특성을 지닌다.

뿜어져 나오는 샘물

'검정색 황금'이 금빛의 엔진오일과 거의 물처럼 맑은 가솔린이 되기 위해서는 긴 과정을 거쳐야 한다. 일반적으로 석유는 지하에서 분출되는데, 자연적인 압력에 의해 저절로 구멍을 통해 솟아나온다. 그 압력이 낮아지면 위에서 펌프질을 해야 한다. 가스를 주입하고 주변의 물이 차오르면 압력은 다시 높아져 계속해서 석유를 퍼올릴 수 있다. 이러한 방식으로 석유 매장량의 35~60퍼센트를 얻는다.

메테인, 에테인, 프로페인, 뷰테인과 같은 성분은 이미 석유 발굴 현장에서 원유와 분리된다. 이 과정은 가스 분리기 속에서 지하 석유 아랫부분의 압력을 천천히 조심스럽게 대기압 수준으로 낮추는 방식으로 이루어진다. 폭발의 위험이 있으므로 이러한 분리는 원유를 수송하기 이전에 이루어져야 한다. 이렇게 얻은 가스는 중요한 화학 원료가 되며 연료 및 난방용으로 쓰인다.

지하에서 끌어올린 원유는 우선 수분 및 염분을 비롯해 기타 미세한 고체들을 분리해야 한다. 염분을 함유한 수분은 원유에 골고루 분포되어 있다. 이러한 수분을 원유와 분리하는 데는 이른바 유제 분리제가 이용된다. 이것은 원유 1톤당 10~50그램이 필요한 중합체이다. 고체 불순물은 침전 작용을 통해 원유와 분리한다. 마지막으로 원유에 함유된 염분은 비용이 많이 드는 탈염 처리로 분리하는데, 무게 기준으로 0.005퍼센트 이하가 되어야 한다.

이후 원유는 긴 여행을 떠난다. 원유를 펌프질해서 보내는 파이프 라인은 1000킬로미터가 넘기도 한다. 또는 유조선이나 유조차로 지구 반 바퀴를 돌아가기도 한다. 목적지인 정유 시설에 도착한 원유는 증류, 크래킹, 개질 과정을 거친다.

증류

원유는 먼저 분리 과정을 거치게 되는데 이것을 증류라고 한다. 원유를 점차적으로 섭씨 350도까지 가열한다. 이때 끓는점이 이 온도 아래인 모든 성분이 기화된다. 그 증기는 증류탑에 들어가게 된다. 간단히 말하면 이 탑은 많은 층을 지니고 있는데 위로 올라갈수록 점점 더 차가워진다. 증기 형태의 한 물질이 자신의 끓는점에 걸맞은 층에 도달하면 응축되면서 다시 액체가 된다. 탑의 '지붕'으로는 더 이상 응축될 수 없는 가스가 빠져나간다. 각각의 층으로는 여러 가지 '중간 유분'이 빠져나가고, '지하실'에는 찌꺼기가 남는다. 이 찌꺼기는 진공 상태에서 또 한번 증류 작업을 거친다. 압력이 거의 없는 진공 상태에서 물질은 대기압보다 낮은 온도에서도 비등한다. 이런 방식으로 끓는점이 높은 화합물들이 찌꺼기에서 분리된다. 원유를 각각의 유분으로 분리하는 과정에서 증류가 특별한 구실을 한다. 여러 가지 탄화수소기, 즉 증류 단계들 사이의 경계 지역에 양쪽

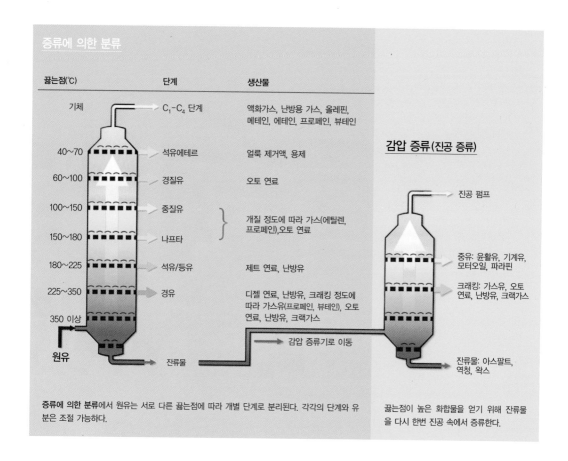

증류에 의한 분류

끓는점(℃)	단계	생산물
기체	C₁-C₄ 단계	액화가스, 난방용 가스, 올레핀, 메테인, 에테인, 프로페인, 뷰테인
40~70	석유에테르	얼룩 제거액, 용제
60~100	경질유	오토 연료
100~150	중질유	개질 정도에 따라 가스(에틸렌, 프로페인),오토 연료
150~180	나프타	
180~225	석유/등유	제트 연료, 난방유
225~350	경유	디젤 연료, 난방유, 크래킹 정도에 따라 가스유(프로페인, 뷰테인), 오토 연료, 난방유, 크랙가스
350 이상		

원유

잔류물

감압 증류기로 이동

증류에 의한 분류에서 원유는 서로 다른 끓는점에 따라 개별 단계로 분리된다. 각각의 단계와 유분은 조절 가능하다.

감압 증류(진공 증류)

진공 펌프

중유: 윤활유, 기계유, 모터오일, 파라핀

크래킹: 가스유, 오토 연료, 난방유, 크랙가스

잔류물: 아스팔트, 역청, 왁스

끓는점이 높은 화합물을 얻기 위해 잔류물을 다시 한번 진공 속에서 증류한다.

단계에 속할 수 있는 성분들이 나타난다. 그 밖에도 원유의 구성 성분은 매장지에 따라 다르다. 따라서 각 단계와 비등 영역을 나타내는 명칭은 일반화할 수 없으며 정제 과정을 여러 번 거치면서 서로 다르게 나타날 수도 있다.

크래킹

대부분의 원유는 가솔린과 난방유의 높은 수요를 충족시킬 만큼 끓는점이 낮은 요소를 충분히 함유하고 있지 않기 때문에 더 무겁고 끓는점이 높은 유분도 이용할 수 있어야 한다. 이 유분들은 작은 파

석유는 고갈되어가는가

석유와 천연가스의 매장량은 추측할 수 있을 뿐이다. 때때로 석유화학, 가솔린 및 디젤 모터, 기름 및 가스 난방이 곧 끝장날 것이라는 암울한 진단이 나오기도 했지만 최근에는 다시 어느 정도 낙관주의에 무게가 실리고 있다. 1960년에 사람들은 약 38년분의 석유 매장량이 남아 있다고 증거를 들어 평가했다. 이러한 평가는 새로운 유전이 발견됨에 따라 계속 수정되었다. 2001년에는 약 40년분의 석유 매장량이 남아 있다는 평가가 나왔다.

그러나 이러한 추세가 이어져 새로운 유전이 계속 발견되리라는 기대는 하지 않는 것이 좋다. '눈을 딱 감고 계속 앞으로'라는 생각은 결코 해결책이 될 수 없다. 무엇보다도 화학 생산물의 중요한 원료인 석유를 난방용으로 써버리거나 가솔린 및 디젤 형태로 연소시켜 배기가스로 뿜어내는 것은 유감스럽기 짝이 없다.

이러한 맥락에서 개념의 혼란이 없어야겠다. 매장량은 유전 안에 들어 있는 것으로 입증되고 기술을 이용하여 경제적으로 활용할 수 있는, 다시 말해서 실제로 획득 가능한 양을 말한다. 석유 자원은 지질학적으로는 입증되었지만 현재 경제적으로 이용할 수 없는 것과, 입증되지는 않았지만 지질학적 관점에서 볼 때 해당 분야에서 상당히 기대할 수 있는 것을 합친 양이다.

크래킹

크래킹 과정에서 커다란 탄화수소는 작은 파편들로 쪼개진다. 이러한 방식으로 석유 유분을 이용하여 오토 연료를 만들 수 있다.

크래킹

편으로 쪼개지는 더 긴 분자 구조를 지니고 있다. 이것은 이른바 크래킹을 통해 만들어낸다. 크래킹 과정에서 증류 찌꺼기를 스팀크래커 내에서 짧은 시간 동안 섭씨 500~900도로─부분적으로 촉매를 이용하여─가열한다. 이때 탄소와 탄소 결합이 깨진다. 크래킹의 산물로서 가스, 중간 유분, 찌꺼기로 이루어진 혼합물을 얻게 되며 이것을 증류하여 분리할 수 있다. 크래킹 과정에서 올레핀, 즉 특히 에틸렌, 프로필렌, 뷰틸렌, 뷰타다이엔처럼 하나 또는 여러 개의 이중결합 화합물을 지닌 탄화수소가 생성된다. 이것은 화학 산업의 중요한 원료이다. 에틸렌은 합성수지 폴리에틸렌의 기초 원료이고, 프로필렌은 폴리프로필렌의 기초 원료이다. 뷰타다이엔으로는 합성 탄성고무를 만든다. 올레핀 이외에도 향을 내는 액체 상태의 부산물이 생성된다. 이러한 방향족 화합물은 고리 모양의 이중결합 탄화수

소 화합물이다. 벤젠, 톨루엔, 크실롤과 같은 방향족 화합물은 폴리
스타이렌, 나일론, 폴리우레탄, 폴리에스터, 특정한 레이크 안료를
위한 중요한 원료이다.

크래킹 과정을 통해 주로 일산화탄소와 수소로 이루어진 이른바
합성가스를 생성할 수도 있다. 합성가스는 메탄올을 비롯한 수많은
합성물질의 기초 원료이며, 하버-보슈법에 따른 암모니아 합성에
필요한 수소를 제공한다. 이러한 고도의 공법을 통해 질소와 수소는
높은 압력과 온도에서 암모니아(NH_3)로 변환된다.

황

석유와 천연가스에서 또 다른 원료, 즉 황을 얻을 수 있다는 사실은
비교적 덜 알려져 있다. 황화수소를 함유한 천연가스를 정제하는 과

얼음에서 나오는 에너지

우리 시대의 절박한 두 가지 문제—고갈되어가는 화석연료와 이산화탄소의 대량 배출로 인
한 지구 온난화—를 깨끗하게 해결하기 위한 복안은 어쨌든 존재한다. 그중 하나는 다음과
같다. 얼마 전부터 대륙판의 경계면과 빙산 지역에서 엄청난 매장량을 지닌 '연소 가능한
얼음'이 발견되었다. 이는 메테인수화물로, 미생물이 부패할 때 생긴 메테인과 물이 매우 낮
은 온도와 높은 압력하에서 생성된 것이다. 이것으로부터 메테인, 즉 비교적 깨끗하게 연소
하는 가스를 얻는 방안이 모색되고 있다. 평가에 따르면 이러한 형태의 메테인 매장량은 화
석연료에서 나오는 메테인 매장량을 훨씬 능가한다. 그렇다면 미래의 에너지원이 될 수 있
을까? 그러한 계획이 시시한 것은 아니다. 메테인은 '기포'를 만들어내지 않고 고체 형태,
즉 얼음 종류의 결정체로 결합되어 있기 때문이다. 그러나 이러한 메테인을 얼음 감옥에서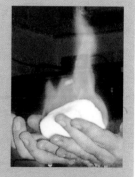
꺼내오는 데 이산화탄소의 처리 문제가 남아 있다. 어떤 방법을 이용하든 이산화탄소는 계속 깊숙한 곳에 가둬놓아야 할 것
이다. 이것이 유토피아적 발상에 지나지 않을까, 아니면 미래의 기술로 가능할까? 실험실의 실험과 컴퓨터 시뮬레이션은 그
것이 원칙적으로 가능하다는 결과를 보여주었다. 그러나 기술의 성공과 실패를 결정짓는 것은 침전물 속에 들어 있는 메테
인의 분포나 구체적인 매장지 내 결정체의 크기 등 일련의 세세한 부분이다. 이러한 요소가 메테인을 얻는 데 커다란 영향
을 미치기 때문이다.

탄화수소

탄화수소는 탄소와 수소로만 이루어진 유기 화합물이다. 이것은 유기화학의 근간이다. 탄소 구조의 종류에 따라 사슬 및 고리 화합물로 구분한다. 사슬 화합물을 포화탄화수소 또는 시방족 화합물이라고 한다. 지빙족 화합물에는 알가인(파라핀), 알켄(올레핀), 알카인(아세틸렌) 등 중요한 계열들이 속한다. 알케인은 단일결합으로만 이루어져 있다. 알켄은 탄소원자들 사이에 하나 또는 여러 개의 이중결합을 이루고 있다. 알카인은 하나 또는 여러 개의 삼중결합이 특징적이다. 지방족 탄화수소 사슬은 직선이거나 가지치기를 한 형태이다.

고리 탄화수소에는 사이클로알케인, 사이클로알켄, 사이클로알카인, 큰 규모의 방향족 탄화수소기가 있다. 방향족 탄화수소의 전형적인 유형은 여섯 개의 탄소가 고리로 이루어진 벤젠이다. 화학에서 방향족의 개념은 탄소원자들이 단일결합 및 이중결합으로 번갈아 연결되어 있는 화합물을 의미한다. 이러한 화합물은 '정상적인' 사이클로알켄과 다른 형태를 지닌다. 그것은 전자들이 교대로 이루어지는 단일결합과 이중결합 사이에서 '자신의 자리'에 머물지 않고 '일종의 공동 전자 궤도'가 형성되어 방향족 화합물 시스템 전체를 돌아다니기 때문이다. 그러한 종류의 이중결합을 병렬 이중결합이라고 한다.

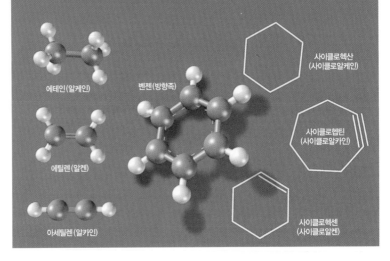

에테인(알케인)

에틸렌(알켄)

아세틸렌(알카인)

벤젠(방향족)

사이클로헥산
(사이클로알케인)

사이클로헵틴
(사이클로알카인)

사이클로헥센
(사이클로알켄)

정에서 독일에서만 100만 톤의 황을 얻는다. 천연가스의 22퍼센트를 차지하는 황화수소는 유독하고 부식성이기 때문에 반드시 제거해야 한다. 그것은 특수 용매로 제거할 수 있다. 특수 가열한 황화수소는 연소되어 부분적으로 이산화황이 되고 결국에는 황화수소와 이산화황으로 이루어진 혼합물이 생성된다. 촉매를 통해 이 혼합물은 황과 물로 변환된다. 화학 산업에서 황은 주로 화학 원료인 황산을 생산하는 데 필요하다.

석유에는 황화수소 이외에도 황 성분을 함유한 또 다른 물질이 포함되어 있다. 매우 복합적인 황 화합물은 엔진이나 난방 설비에서 연소될 때 환경에 해로운 산화황을 배출한다. 자동차의 배기가스에 섞여 나오는 이 성분은 여름철 스모그 현상의 원인이 된다. 따라서 석유를 증류할 때 제대로 제거해야 한다.

그 과정은 다음과 같이 이루어진다. 해당 유분 내지는 연료를 물과 혼합하여 약 섭씨 400도와 25~70바의 압력에서 촉매를 첨가한다. 이때 황은 유기황 화합물에서 황화수소로 바뀌며 그 상태에서 제거할 수 있다.

개질

개질 또는 개량 과정에서는 증류를 통해 얻은 중질유(또는 다른 유분들)를 다시 가열하고 압력을 가하면서 여러 번에 걸쳐 반응기를 통과시킨다. 촉매 작용을 통해 옥탄값이 낮은 나프타 성분을 변화시켜 고옥탄값의 가솔린, 이른바 개질 가솔린이 만들어진다. 옥탄값은 연료가 연소할 때의 내폭성을 양적으로 나타내는 수치다. 노킹(knocking) 현상은 연료가 불규칙적이거나 일찍 자연 발화할 때 발생한다. 고리가 있는 탄화수소 사슬보다는 더 크고 고리가 없는 탄화수소 사슬이 더 강한 노킹 현상을 보여준다. 개질 과정을 통해 중질유의 구성 요소들은 고리가 더 강화된 탄화수소 사슬과 방향족 탄화수소로 변환된다.

연료

가솔린 또는 디젤 엔진에 연료를 집어넣기까지는 여러 가지 보조제가 첨가되어야 한다. 가솔린의 경우 산화 방지제 및 기화기의 결빙과 흡입관의 침전을 방지하는 보조제가 들어가야 한다. 이와 달리 디젤에는 유동성, 전도율, 유연성을 개선하는 물질이 필요하다.

가솔린 또는 디젤?

많은 사람들에게 이것은 실제로 믿음의 문제와 같다. 하지만 기본적으로는 기술의 문제다. 가솔린 엔진과 디젤 엔진의 차이는 무엇일까? 가솔린 엔진에서는 연료와 공기 혼합물이 압축 상태에 있다가 점화 플러그의 불꽃을 통해 점화된다. 가솔린 엔진에는 노킹 현상이 발생하지 않는 연료, 즉 자연 발화하지 않는 가솔린이 필요하다. 이와 반대로 디젤 엔진은 연료가 자연 발화할 때 작동한다. 디젤 엔진

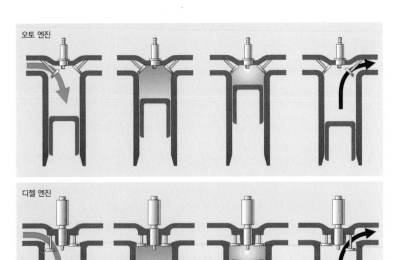

연소 엔진의 작동 원리
위는 가솔린을 사용하는 오토 엔진이고 아래는 디젤 엔진이다. 오토 엔진의 경우 가솔린과 공기 혼합물을 압축한 다음 점화 플러그로 점화한다. 디젤 엔진의 경우에는 연료와 공기 혼합물의 밀도가 높아지면 저절로 점화된다.

에서는 고도로 압축된 공기가 분사된 연료와 혼합되면서 자체적으로 점화된다. 이것은 더 높은 효율을 지니고 있으며 연료를 덜 소모한다.

가솔린은 어느 주유소에나 있다. 하지만 유채꽃 씨로 만든 바이오디젤을 파는 곳은 쉽게 찾지 못할 때도 있다.

이 두 가지 연료의 기본적인 구성 성분은 방향족 화합물, 파라핀, 나프텐, 올레핀이다. 그러나 혼합 비율은 각기 다르다. 이 연료들은 원유 정제 과정에서 각기 다른 유분으로 만들어진다. 가솔린은 경질유 단계, 개질 과정에서 중질유, 나프타, 더 무거운 단계의 크래킹 생산물에서 얻는다. 디젤은 주로 경유 유분에서 나온다.

결정적인 차이는 옥탄값에 있다. 가솔린 엔진에 고옥탄값의 연료가 필요한 반면, 디젤 엔진은 낮은 옥탄값의 원료를 사용한다. 연료가 연소할 때의 내폭성을 나타내는 수치인 옥탄값은 0에서 100단계로 나뉜다. 연료의 가치는 노킹 현상이 전혀 없는 아이소옥테인(옥탄값 100)에서 노킹 현상이 빈번하게 나타나는 헵테인(옥탄값 0)까지로 평가한다.

노킹 방지

옥탄값은 가솔린 종류인 노르말(RON 91), 슈퍼(RON 95), 슈퍼플러스(RON 98)의 핵심적인 차이다. RON은 리서치법 옥탄값(research-octanenumber)의 약자이다. 노킹 현상을 개선하기 위해 독일의 정유 공장에서는 가솔린 연료에 MTBE(Methyl Tertiary Butyl Ether)를 추가한다. 에테르는 특별한 의미를 지니고 있다. 에테르는 두 개의 탄소원자 사이에 한 개의 산소원자를 지닌 탄화수소 화합물이다. 이러한 화합물의 옥탄값은 100 이상이다. 슈퍼플러스는 MTBE를 13.1퍼센트까지 함유한다.

MTBE는 20년 전부터 무연 휘발유의 노킹 방지에 사용되고 있다. 그 이전에는 사에틸납이나 사메틸납이 이용되었다. 하지만 납 화합물은 환경에 해로울 뿐만 아니라 촉매의 독성으로 작용한다. 따라서 배기가스 촉매의 도입과 함께 무연 휘발유로 전환되었다. 납 화합물은 가솔린의 연소 때 형성되는 자유라디칼을 끌어내는 작용을 한다. 자유라디칼은 짝을 갖지 못한 개별 전자를 포함한 분자이다. 전자들은 다시 전자쌍이 되려 하기 때문에 이 화합물은 매우 활동적이다. 그것들이 또 다른 분자를 공격하면 연쇄 반응이 일어나 가솔린과 공기 혼합물의 자연 발화로 이어진다. 이것을 노킹이라고 한다. 노킹 방지제는 이러한 연쇄 반응을 차단하는 구실을 한다. 이때 다시 라디칼이 형성되지만 연쇄 반응을 일으키지는 않는다.

자동차 회사들은 엔진에 어떤 옥탄값을 지닌 연료가 필요한지를 제시한다. 너무 낮은 옥탄값을 지닌 연료를 주입하면 엔진이 노킹 피해를 입으며 극단적인 경우 손상된다. 그러나 무조건 고옥탄값의 연료를 추천할 필요는 없다. 슈퍼 대신에 노르말 연료를 주입하면 옥탄값은 내려간다. 비교적 적은 양의 노르말 연료를 채웠다면 조심스러운 운행으로 이 연료를 소모한 다음 슈퍼 연료를 주입하면 된다. 극단적인 경우 노킹 피해로부터 엔진을 보호하기 위해 연료 탱크 전체를 비워야 할 수도 있다.

가솔린 엔진에 실수로 디젤 연료를 주입하면 어떻게 될까? 적은 양이라도 가솔린에 디젤이 섞이면 옥탄값은 매우 낮아진다. 그 밖에도 엔진오일이 희석된다. 이것은 촉매와 엔진에 손상을 줄 수 있다. 결과적으로 연료 전부를 퍼내야 한다.

거꾸로 디젤에 가솔린이 섞이면 별다른 문제가 없다. 하지만 디젤 엔진에 아예 가솔린을 수입하면 엔진이 먹통이 되어 차가 앞으로 나아가지 못한다. 이 경우에도 연료 전부를 퍼내야 한다.

옥탄 대신 세탄

세탄은 디젤에 적용된다. 세탄값은 디젤 연료의 착화성을 나타내는 수치이며 디젤 엔진에서 연소가 어떻게 진행되는지를 보여준다. 디젤 연료는 압축된 뜨거운 공기에 분사되면 자연 발화한다. 착화성은 착화 지연, 연료 분사와 자연 발화 사이에 걸리는 시간에 대한 정보를 제공한다. 세탄값은 세탄과 알파-메틸나프탈렌 혼합물에서 세탄의 부피 백분율을 나타낸 수치다. 이는 시험용 엔진에 표준연료와 시료연료를 사용하여 각각 동일한 조건에서 운전한 후 착화 지연이 생기게 한 다음 비교 측정하는 방식으로 이루어진다. 연료의 착화성이 좋으면 쉽게 출발하고 엔진 소리가 조용하다. 착화 지연이 커지면 엔진에서 못으로 두드리는 듯한 소음이 난다.

난방유를 자동차 연료로 사용한다?

기본적으로 디젤 엔진에는 값싼 난방유도 사용 가능하다. 이러한 방식으로 세금을 아끼려는 행위는 당연히 처벌 대상이다. 디젤과 구분하기 위해 난방유에는 빨간 색소가 들어 있다. 하지만 자동차의 연료 탱크에 들어 있는 기름을 일일이 조사할 수는 없다. 그 밖에도 디젤에 첨가제를 넣는 데는 그만한 이유가 있다는 것과 난방유를 사용하여 절약한 세금이 엔진 손상의 대가가 될 수도 있음을 생각해봐야 한다.

난방유는 '무게'에 따라 여러 종류로 나뉜다. 가정용으로는 보일러 등유가 사용된다. 이것은 대부분 경유와 등유 유분에 크랙 성

기름 오염

1리터의 기름이 100만 리터의 식수를 오염시킨다는 말을 자주 듣는다. 왜 석유가 그토록 환경을 오염시키는 것일까? 기름과 물 혼합물은 분리하기가 어렵다. 기름은 불투명한 얇은 막으로서 수면을 떠다니면서 표면과의 가스 교환—예를 들어 바다와 대기 사이의 산소 교환—을 불가능하게 한다. 기름이 지표면에 스며든다 할지라도 가스 교환은 이루어지지 않는다. 그러나 땅과 물속의 미생물에게는 산소가 필요하다. 신진대사 때 생성된 이산화탄소를 내보내는 데 중요한 구실을 하기 때문이다. 대기와의 가스 교환은 유기물에게 필수적이다. 원유의 휘발성 성분은 대부분 며칠 안에 증발한다. 나머

지 성분이 새, 물개, 물고기와 같은 동물의 몸에 달라붙어 피부의 작은 구멍을 막아 결국에는 죽음에 이르게 한다.

파이프라인 및 저장 용기의 균열과 수송 과정에서 일어나는 사고도 지면을 오염시킬 수 있다. 가장 유명한 유조선 사고는 1978년과 1989년에 일어났다. 하지만 가정이나 자동차에서 나오는 폐유 역시 환경에 상당한 부담을 준다.

오염된 기름을 빨리 효과적으로 제거하기 위해 독성이 없는 새로운 합성수지가 개발되고 있다. 이것은 지방 친화적이지만 물에는 섞이지 않는 성질을 지니고 있어서 기름과 물을 더 잘 분리한다. 기름을 빨아들여 수면을 정화하는 몇몇 합성수지(폴리우레탄)는 이미 사용되고 있다. 기름이 스티로폼 조각에 거의 완전히 달라붙어 수면과 분리가 가능하다.

그 밖에도 기름을 신진대사에 필요한 영양소로 흡수하는 효모나 박테리아를 이용하여 기름을 제거할 수도 있다.

분을 혼합한 것이다. 산업용으로는 가격이 저렴한 중질유가 이용된다.

항공유

비행기에는 어떤 연료가 필요할까? 오토 엔진을 장착한 소형 비행기는 옥탄값 80~145의 가벼운 항공용 가솔린을 사용한다. 제트기에는 항공기용 터빈 등유 또는 가솔린이 필요하다. 무엇보다도 등유에서 얻는 제트기 연료는 끓는점이 낮은 성분을 너무 많이 함유해서는 안 되며, 높은 열효율을 지녀야 한다. 하지만 옥탄값은 중요하지 않다.

바이오?
생각만 해도 좋다!

건강하게 살면서 환경을 희생시키지 않으려면 오늘날에는 '바이오-'가 필수적인 것처럼 보인다. 바이오 채소, 바이오 농장에서 나온 바이오 육류, 바이오 세제, 바이오 쓰레기통 등 그 목록은 얼마든지 확장될 수 있다. 바이오가 실제로 들어 있는지, 어디에 들어 있는지에 관한 질문은 차치하더라도 정확하게 관찰해보면 바이오 장점들이 그럴듯해 보일 뿐이라는 것은 명백하다.

자동차에 무연 휘발유를 넣는 동안 주유소 주위를 둘러본 적이 있다. 그때 어느 주유구 옆에 서 있는 '바이오디젤'이라는 표지판이 눈에 띄었다. 한 젊은이가 거기에서 자동차에 기름을 넣은 다음 별도의 플라스틱 통에 그 기름을 채워 넣었다. 그는 일반 가솔린 사용자를 약간 깔보는 것 같았다. 가격 기준으로는 바이오디젤이 일반 디젤과 아무런 차이가 없다. 그는 바이오디젤을 아무데서나 구할 수 없기 때문에 별도의 플라스틱 통을 준비해온 것이다. 그가 환경을 생각하는 것은 분명하다. 그러나 그 남자가 실제로 환경을 위해 어떤 일을 한 것일까 하는 의문이 든다. 무연 휘발유를 넣은 사람보다 더 나은 것일까? 그는 자신의 확신을 상대화할 수 있는 몇 가지 일을 알지 못하는 듯하다.

바이오디젤은 유채꽃 씨 기름에서 얻는다. 유채꽃 씨 기름은 지방이다. 기름의 지방산이 글리세린과 함께 에스터화한 것이다. 지방은 물론 자동차 디젤 엔진의 연료로 직접 사용하기에는 휘발성이 너무 약하다. 따라서 먼저 '분해되어야' 한다. 화학적으로 볼 때 메탄올로 에스터화하는 과정이 필요하다. 다시 말해서 유채꽃 씨의 글리세린이 메탄올과 교체된다. 이때 글리세린은 분리되어 다른 용도로 이용된다. 에스터화를 통해 생겨난 지방산 메틸에스터가 바이오디젤로서 상품화된다.

바이오디젤은 사람들이 기대하는 것처럼 생태계에 이로울까?

환경 친화성과 생산품의 경제적인 경쟁력을 비교하려면 처음부터 끝까지 모든 과정을 관찰해야 한다. 바이오디젤은 유채꽃 씨를 뿌리는 일에서부터 시작된다. 그 다음에 비료 주기, 식물 가꾸기, 수확, 기름 짜기, 화학적 과정으로서 에스터화 등의 작업이 이어진다. 그것은 석유를 기초로 한 연료 생산과 비교해 경쟁력이 있을까? 실제로는 그렇지 않다. 바이오디젤은 상당한 보조금이 투입된 생산품이다. 대안 연료로서 바이오디젤은 농업 정책의 산물이다. 유럽의 많은 지역에서 곡물은 더 이상 세계시장 가격으로 생산될 수 없다. 농민은 휴경의 대가로 보조금을 받는다. '휴경지'에 바이오디젤을 위한 유채꽃을 재배할 때에도 마찬가지다. 바이오디젤이 이러한 상당한 보조금 없이도 상품으로서 경쟁력을 갖추려면 원유 가격이 두세 배는 올라야 한다는 계산이 나온다.

이와 비슷한 계산은 또 다른 대안 연료에도 적용된다. 농업 분야에서는 많은 녹말과 녹말을 함유한 쓰레기가 나온다. 이것을 분해하여 포도당, 즉 물엿을 만든다. 이것은 다시 잘 알려진 과정을 거쳐 알코올로 변환될 수 있다. 이때 생성된 에탄올은 연료로서 나쁘지 않으며, 연료전지에 사용할 수도 있다. 대안 연료로서 에탄올은 석유가 훨씬 비쌀 때에만 경제적인 가치가 있다. 이것을 원하는 사람은 아무도 없다. 물론 먼 미래에는 그러한 상황을 배제할 수 없다. 하지만 그럴 경우 또 다른 문제가 발생한다. 독일의 경작지 전체에 이른바 에너지 식물을 재배한다 할지라도 거기에서 얻은 연료는 모든 자동차의 5분의 1을 감당할 수 있을 뿐이다. 따라서 에너지 공급원으로서 식물은 전망이 밝지 않다. 석유 자원이 고갈되면 화학이 더 집중적으로 이용될 것이다. 석탄과 기타 원료들이 화학적으로 정제되거나 변환될 것이다.

그럼에도 식물 원자재는 화학 산업에 유용하다. 이것은 식물 세포의 합성 구조를 이용하는 방식으로 이루어진다. 식물에서 나오는 작용물질을 제외하면 두 그룹으로 나눌 수 있다. 포도당 및 녹말 같은 탄수화물 그룹과 지방 및 기름 그룹이다. 화학의 측면에서 이것들은 이상적인 원자재다. 탄수화물은 '과도한 기능'이 특징이다. 다시 말해서 탄수화물은 화학적으로 구분하기 어려운 많은 OH기(알코올기)를 갖고 있다. 지방과 기름은 정반대의 경우이다. 카복시기(COOH기)와 더불어 그것들은 화학적으로 빈약하다. 다시 말해서 다양한 생산품으로 개발하는 데 어려움이 따른다. 그럼에도 불구하고 탄수화물, 지방, 기름 등의 특성은 화학적 변환을 거쳐 이용된다. 포도당과 그 '친족 물질'은 종이 생산, 섬유 분야, 접착제 제조 등에서 폭넓게 이용된다. 유기산은 무엇보다도 세제와 화장품의 원료이다. 또한 이것은 동력톱이나 내륙항행선박 분야에서 생물학적으로 분해 가능한 윤활제로 널리 쓰인다. 전체적으로 볼 때 화학 산업에서 이용하는 원자재의 10퍼센트는 식물에서 얻는다. 하지만 이 비율은 오래 전부터 거의 일정하다.

이른바 '그린 화학'이 성장할 가능성이 있느냐는 질문이 제기되고 있다. 실제로 이 분야의 성장은 가능하다. 하지만 그러기 위해서는 유전공학의 진보가 필요하다. 유전공학을 통해 식물은 품종개량이 되어야 하며, 원하는 생산물을 얻기 위해 물질 교체가 극대화되어야 한다. 유채꽃의 경우 이것은 더 많은 기름을 생산할 수 있도록

식물 원료는 차별적으로 평가해야 한다. 녹말의 경우처럼 자연의 합성 능력을 이용하려면 경쟁력이 있어야 한다. 단순한 에너지 획득이라면 석유와 심지어는 석탄이 더 뛰어나다.

이 식물을 품종개량 하는 것을 의미한다. 그러나 이것만으로는 충분하지 않다. 사연 생산에서 가장 좋은 것은 미생물이다. 이 미생물도 상황에 맞게 극대화되어야 한다. 지푸라기나 목재 찌꺼기에서 나오는 섬유소를 반응기에서 분리해 포도당으로 만들고, 이때 생성된 물엿을 높은 온도에서 발효시켜 그 산물을 증류시킬 수 있다면, 이를 통해 얻은 알코올은 경쟁력을 갖춘 제품이 될 것이다. 여기에도 두 가지 문제가 있다. 한편으로 아직 기술이 그 단계에까지 미치지 못하고 있으며, 다른 한편으로는 수많은 이해 당사자들의 승낙을 받아야 하는 어려움을 극복해야 한다. 이러한 종류의 '그린 화학'을 추구하는 일은 쉽지 않으나, 초록은 희망을 나타내는 색깔이다.

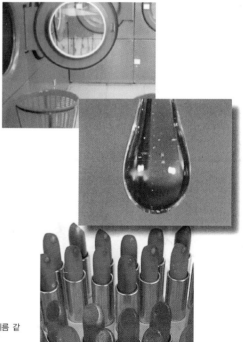

식물 원료는 녹말의 예에서 보듯이, 직물·아교·종이의 생산에 활용된다. 지방과 기름 같은 또 다른 생산물은 세제·윤활제·화장품 제조에 쓰인다.

질병을 치료하는 화학물질

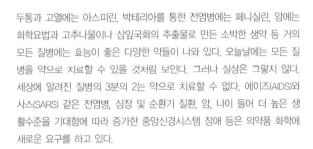

두통과 고열에는 아스피린, 박테리아를 통한 전염병에는 페니실린, 암에는 화학요법과 고추나물이나 삼잎국화의 추출물로 만든 소박한 생약 등 거의 모든 질병에는 효능이 좋은 다양한 약들이 나와 있다. 오늘날에는 모든 질병을 약으로 치료할 수 있을 것처럼 보인다. 그러나 실상은 그렇지 않다. 세상에 알려진 질병의 3분의 2는 약으로 치료할 수 없다. 에이즈(AIDS)와 사스(SARS) 같은 전염병, 심장 및 순환기 질환, 암, 나이 들어 더 높은 생활수준을 기대함에 따라 증가한 중앙신경시스템 장애 등은 의약품 화학에 새로운 요구를 하고 있다.

오랫동안 사랑을 받아온 아스피린

1999년 100번째 생일을 맞이한 아스피린은 아마도 전 세계에서 가장 널리 알려진 의약품이다. 그 이름은 흔히 일반적인 두통약으로 통용될 만큼 잘 알려져 있다. 유럽인 중 아스피린을 먹어보지 않은

🕐 08:05 통증이 가라앉다

고통 시절은 그야말로 지옥 같다. 온전 미숙자들이 치를 떨고 있다. 오늘 전체는 벌써 첫 번째 신호 등에서부터 시작되었다. 사무실에 제때에 도착하면 하느님이 은총이 내린 것이다. 벌써 다시 어긋나가 이렇듯다. 사무실에 도착하면 오늘 치과에 갈 수 있는지 알아보아겠다. 휴요일이라 때당 기다려야겠지만 주말 동안 치통을 참을 수 없을 것 같다. 책상 서랍 속에 아스피린이 있으면 좋겠다. 아니면 지금이라도 약국에 들르까. 하지만 아무리 애써도 가능한 것 같지 않다.

사람이 거의 없을 정도이다. 아스피린에 함유된 작용물질인 아세틸살리실산의 기원은 심지어 고대 그리스로까지 올라간다. 히포크라테스(기원전 460~기원전 377)는 조팝나무 껍질의 추출물이 고통을 완화시킨다는 사실을 알았다. 그러한 기능을 지닌 물질이 살리실산이다. 중세에는 조팝나무 껍질을 삶아서 얻은 쓴 즙을 진통제와 해열제로 이용했다. 조팝나무 껍질 이외에도 단풍터리풀이나 삼색제비꽃도 감기, 류머티즘, 통풍 등의 치료에 이용되었다. 이러한 식물에서 추출하는 작용물질 역시 살리실산이다.

아메리카의 발견 이후 조팝나무 껍질은 오랜 세월 동안 잊혀지고, 페루에서 수입한 기나피로 대체되었다. 그 작용물질인 키니네는 당시에 가장 널리 사용된 해열제였다. 나폴레옹이 영국을 해상 봉쇄함으로써 유럽으로 기나피를 수입할 수 없게 되었을 때에야 사람들은 조팝나무 껍질의 좋은 특성을 다시 기억해냈다.

1828년 뮌헨의 약학교수 요한 안드레아스 부흐너(Johann Andreas Buchner)는 조팝나무 껍질에서 쓴맛이 나는 노란 결정을 얻었다. 그는 이 물질에 조팝나무의 라틴어 표현인 '살릭스(Salix)'를 본떠 살리신(Salicin)이라는 이름을 붙였다. 10년 뒤 프랑스 화학자들은 살리신에서 살리실산을 만들어내는 데 성공했다. 1870년 독일의 화학자 헤르만 콜베(Hermann Kolbe)는 살리실산의 구조를 밝혀냈다. 또한 그는 1874년부터 오늘날까지 합성 살리실산의 제조에 이용되는 공정을 개발했다.

효과적인 진통제가 나오기는 했지만 의약품을 만드는 사람들은 아직 만족하지 못했다. 약품은 쓴맛 때문에 먹기 힘들었으며 많은 환자들의 위장 점막을 손상시켰다. 그래서 아르투어 아이헨그륀(Arthur Eichengrün)과 펠릭스 호프만(Felix Hoffmann)을 비롯한 일단의 화학자들이 바이에른 작업장에서 해결책을 찾는 데 심혈을 기울였다.

펠릭스 호프만은 '아스피린의 아버지'로 일컬어진다.

1934년 호프만은 아스피린의 발견에 관한 보고서에서 심한 류머티즘을 앓던 자신의 아버지가 살리실산보다 복용하기 편한 진통제를 개발해달라고 부탁했다는 점을 밝혔다. 이에 따라 호프만은 분자를 변환시키기 위한 다양한 시도를 했다. 그는 마침내 살리실산을 아세트산으로 변환시키는 과정에서 아세틸살리실산을 얻었다. 그것은 동일한 효능을 지녔으면서도 훨씬 복용하기 편했다. 1899년 아스피린은 베를린 제국의회의 상표 심사를 통과했으며, 1900년 2월 27일에는 아세틸살리실산의 제조와 이용에 관한 미국 특허청의 특허를 받았다. 2년 뒤—이것은 오늘날의 의약품 개발에서는 엄청나게 짧은 기간이었다—이 약은 아스피린이라는 이름으로 상표 등록되어 독일 시장에 나왔다. 두통 치료에 관한 한 고전적인 이 약품은 이렇게 탄생했다.

처음에 아스피린은 분말이었다. 이 분말은 유리병에 담겨 시장에서 팔렸다. 1904년 바이엘은 아스피린 알약을 개발하는 성과를 거두었다. 아스피린은 알약 형태로 시장에 나온 최초의 의약품 중 하나였다.

처음에 아세틸살리실산은 몸속에서 어떻게 작용하는지를 알지 못한 채 처방되었다. 이것은 오늘날 허용된 의약품과 비교할 때 상상하기 힘든 일이다. 아세틸살리실산의 작용 메커니즘이 밝혀지기까지는 70년이 걸렸다. 1971년 영국의 약학자 존 베인(John Vane) 경은 아스피린이 몸속에서 어떻게 작용하는지를 밝혀냈다. 그것은 몸에 특징적인 전달물질로서 다양한 임무를 수행하는 이른바 프로스타글란딘의 바이오 합성을 저지한다. 그래서 프로스타글란딘은 혈관의 확장과 수축, 즉 혈소판의 활동을 제어하면서 유기체 내의 열, 통증, 염증의 발생에 관여한다. 통증은 그 끝에 통증 수용체가 자리한 신경섬유를 자극함으로써 생겨난다. 세포들이 손상되면 세포막은 다중불포화지방산을 분비한다. 이것은 세포벽을 부드럽게 만드는 지방산이다. 효소인 사이클로옥시게나제(COX)의 작용으로 다중불포화지방산은 프로스타글란딘으로 변환된다. 아세틸살리실산은 사이클로옥시게나제를 차단함으로써 프로스타글란딘 합성을 막는다. 이러한 발견으로 베인은 1982년 노벨 의학상을 받았다. 아스피린이 혈소판의 응고를 방지하고 혈전을 예방한다는 사실이 밝혀지면서 이 약품의 적용 범위기 확대되었다. 그때부터 소량으로 처방한 아스피린은 심장발작의 예방과 임신 기간 중 태아의 혈액 공급 개선에 효과적으로 쓰이고 있다. 아스피린은 연구가 가장 잘 된 의약품에 속하며, 다양한 효능에 관한 새로운 성과를 담은 연구 결과들이 계속 나오고 있다.

21세기의 의약품 개발

아세틸살리실산은 오늘날의 척도로는 임상실험의 벽을 넘기 어려울 것이다. 필요한 1회 복용량이 비교적 많으며 진통제로는 너무 비전문적이다. 상황에 따라서는 이 화합물이 심지어 첫 번째 테스트, 즉 오늘날 의약품 개발 초기에 실시하는 이른바 작용물질 검사에서 문제가 있는 것으로 밝혀질지도 모른다. 하지만 발견자들은 새로운 물질의 효능을 굳게 믿고서 2주 동안 아스피린을 직접 테스트한 다음 임상실험을 위해 의사들에게 넘겼다. 이렇게 해서 아세틸살리실산은 그것을 발견한 지 2년 후에 벌써 진통제로 시장에 나올 수 있었다. 하지만 오늘날에는 이 모든 것이 완전히 다르다. 작용물질의 발견에서부터 의약품으로 약국에서 판매되기까지는 평균 10년에서 12년이 걸린다. 시험에 들어간 5000~1만

인간 게놈의 해독은 생화학 연구의 중요한 시금석이다. 이를 바탕으로 불치병에 대한 새로운 의약품 및 혁신적인 치료법 개발에 대한 희망이 싹트고 있다. 이러한 엄청난 과제—인간 유전자의 DNA 해독과 DNA 서열 인식—는 해당 분야의 기술적인 가능성이 실현되고 직접된 장비들이 활용됨으로써 해결될 수 있었다. 아래 사진은 최신 연속 데이터 기록 장치가 제공하는 전형적인 그림을 보여준다.

종의 물질 중에서 단 한 종만이 새로운 의약품의 작용물질로서 판매 허가를 받는다. 다른 모든 것은 개발 단계에서 폐기된다. 하나의 새로운 의약품을 개발하는 데는 평균 8억 달러의 비용이 든다. 이 비용의 절반은 임상실험에 쓰인다.

작용물질 찾기

새로운 약품 개발의 초기에는 오늘날 일반적으로 그 약의 적용 대상인 질병의 적당한 공격 지점을 찾게 된다. 이른바 표적은 질병의 진행 과정에서 긍정적이거나 부정적인 구실을 하는 신체 자생 분자이다. 그 다음에는 그 분자의 작용을 차단하거나 기능을 지원하는 시도를 하게 된다. 표적은 대부분 프로테인, 즉 단백질 화합물이다.

표적은 어떻게 찾을까? 여기에는 여러 가지 방법이 있다. 때로는 학문적인 문헌이나 특허 서류의 검토 과정에서 찾아내기도 한다. 대부분은 기업의 독자적인 연구를 통해 발견하거나 특화된 소규모 생명공학 회사와 협력해 개발하기도 한다. 의약품 개발 초기에 이러한 연구 협력은 점점 더 늘어나 오늘날 대기업들은 잠재적인 표적의 상당 부분을 중소기업에서 넘겨받고 있다. 해독한 인간 게놈 역시 커다란 도움이 된다. 유전자에서 표적들을 찾아낼 수 있기 때문이다. 예를 들어 오늘날에는 질병을 일으킨 조직의 어떤 유전자가 활동적인지를 찾아내는 것이 가능하다. 이러한 유전자 중 몇몇은 질병의 진행

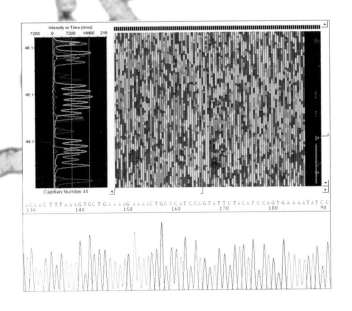

과정에서 어떤 구실을 하는 분자
들의 형성에 관여한다.

최근에는 컴퓨터도 화학 분야
연구자들의 작업 방식을 뚜렷이
변화시켰다. 컴퓨터는 이른바 분
자 모델링 과정에서 표적의 3차원
분자 구조를 통해 화학적·물리적
특성들을 산출해내는 작용물질의
디자인에 이용되고 있다. 몇 년 전

부터 전 세계의 모든 연구 중심 화학 회사들은 컴퓨터화학 기술을
응용하고 있다.

하지만 작용물질 연구는 모델링의 한계를 분명하게 보여준다. 잠
재적인 작용물질의 효능을 개선할 때 이러한 연구는 도움이 되는 것
으로 입증되었다. 특히 원자 차원의 해체를 통해 표적―작용물질―
복합체의 공간 구조를 밝혀낼 때 그러하다. 이와 달리 새로운 표준
구조를 찾아내는 문제에서는 모델링이 지금까지 주목할 만한 성과
를 내지 못했다. 표준 구조는 그 구조가 잠재적인 작용물질의 진행
과 극대화의 기초가 되는 화합물이다. 예를 들어 아스피린의 표준
구조는 살리실산이다.

적당한 새로운 표준 구조를 발견하는 문제는 쉽게 해결될 수 없다.
새로운 작용물질을 찾는 화학자들은 가능한 짧은 시간에 다양한 물
질을 만들어내야 하는 과제를 안고 있다. 이를 통해 화학적 물질을 합
성하는 새로운 방법이 개발되었으며 이것을 조합화학(combinatorial
chemistry)이라고 한다. 이러한 차원에서 쉽게 접근 가능한 기초 원
료들로 이루어진 물질도서관이 만들어지며 심지어 그 일부는 구매
도 가능하다.

분자 모델링은 찾고자 하는 작용물질
을 실험실에서가 아니라 컴퓨터로 설
계하는 일련의 과정이다. 분자의 3차
원 구조뿐만 아니라 화학적·물리적
특성들은 이런 방식으로 산출되고 작
용물질의 디자인에 활용된다. 특히 이
방법은 기존의 작용물질 후보들의 특
성을 응용하고 개선하는 데 이용된다.

로봇 팔이 현대적인 실험실에서 대부분의 작업을 수행한다. 이것은 고속 다중검색법으로 테스트해야 할 엄청난 분량의 시제품을 감당해내는 데 필요하다.

대기업의 물질도서관에는 **수백만 종의 화합물**이 보관되어 있다.

조합화학에서는 화학적 기(基)들의 체계적인 변용들이 공동의 기본 구조물에 합성된다. 구조물의 첫 번째 포지션에 있는 각각의 기는 두 번째, 세 번째 및 나머지 포지션에 있는 각각의 기와 조합을 이루게 만든다. 이를 통해 특정한 기본 구조물의 영역에서 특성들—예를 들어 생물학적 작용—의 구조적 의존성에 관한 중요한 정보를 얻게 된다. 정상적인 화학 실험실이 연간 200종 미만의 작용물질을 합성하는 반면, 조합화학 실험실은 연간 1만 종의 물질을 활용하고 있다.

언뜻 보면 조합화학 실험실은 더 이상 '올바른' 화학 실험실의 모습을 지니고 있지 않다. 고가의 유리 기구 대신 반응 블록의 작은 반응 용기들에 시약을 채워 넣고 흔들어 열을 가하거나 냉각시키는가 하면 여과 내지는 세척 작업을 하는 로봇을 보게 된다. 화학은 예나 지금이나 똑같으나 다만 모든 것이 축소 모형 속에서 자동화되어 이루어진다. 조합화학의 원리는 다양하고 많은 화학적 화합물을 동시에 고속으로 합성한다는 데 있다. 이러한 과정은 컴퓨터 기술과 자동화 설비의 지원을 빈는다. 다양한 원자 구조의 모음을 조합

고속다중검색법

1990년대 초 고속다중검색법으로 작용물질을 찾으려는 노력이 결실을 거두었다. 여기에는 분자생물학 방법론의 지속적인 개발이 중요한 구실을 했다. 분자생물학은 극소량만으로도 테스트를 할 수 있는 기반을 갖추고 있었다. 조합화학을 통해 얻은 수많은 분자 변종과 작용물질 후보들의 테스트를 위한 높은 역량이 고속다중검색법과 결합되었다.

물론 테스트를 통한 수많은 물질과 함께 새로운 문제가 제기되고 있다. 목적에 부합하는 작용물질이 한두 가지가 아니라는 점이다. 작용물질 연구자들은 그중에서 최상의 것을 발견해내야 하는 과제를 안고 있다. 따라서 작용

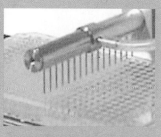

현대적인 검색 장비는 극소량의 테스트 물질만으로도 충분하다.

물질을 찾는 작업은 커다란 도전이다. 그러나 이는 그럴 만한 가치가 있으며 중요하다. 많은 질병은 오늘날에도 여전히 의약품으로 치료가 불가능하기 때문이다.

도서관이라고 한다. 그러한 물질도서관은 수백 개에서 수만 개의 화학 혼합물을 포괄하고 있다. 물론 각각의 양은 매우 적다.

따라서 대기업의 물질도서관에는 수백만 종의 혼합물이 저장되어 있다. 그중에서 특정한 활용 영역에 적당한 혼합물을 찾아내는 일은 사막에서 바늘을 찾는 것과 다름없다.

연구자들은 '고속다중검색법(High-Throughput Screening, HTS)'을 이용한다. 이러한 실험이 시행되는 반응 용기에는 흔히 1000분의 몇 밀리리터 이하의 액체가 담긴다. 값비싼 물질을 절약하는 셈이다. 이러한 검사에 필요한 분류, 배분, 혼합, 측정 작업은 전적으로 로봇에 의해 수행된다. 이러한 방식으로 현재 매일 20만 종의 물질을 테스트할 수 있다. 이것은 한 연구자가 평생 감당할 수 있는 것보다 더 많은 작업량이다. 많은 양의 검사는 필수적이다. 대부분 200~1000번에 한 번꼴로 실제로 효과가 있는 물질을 찾아내기 때문이다. 이때 연

완전 자동화 검사 장비가 의약품의 작용물질로 사용하기 위해 수많은 물질을 테스트할 때 분류, 배분, 혼합, 측정 등의 작업을 수행한다.

구자들은 '히트'를 쳤다고 말한다.

하지만 그렇다 할지라도 아직 목표에 도달한 것은 아니다. 히트를 친 물질은 또 다른 테스트를 거쳐야 한다. 좋은 성과를 얻은 물질을 이용하여 원자 구조가 약간 다른 변종들을 만들어낸다. 이때 분자 구조를 나타내고, 심지어 부분적으로는 그 특성을 미리 보여주는 컴퓨터 프로그램이 화학자들을 도와준다. 특히 정량적 구조활성 상관관계(Quantitative Structure-Activity Relationship, QSAR)로 일컬어지는 수학적 처리 과정은 화학자의 수많은 실험을 대신해준다. 한 물질의 구조활성 상관관계는 실험에 근거하여 분자 구조와 특성 사이의 수학적 관계를 보여준다. 이때 분자 구조는 여러 가지의 이른바 키워드(예를 들어 분자량, 특정한 용해물과 혼합 가능성 등)로 기술된다. 이와 더불어 친족성을 지닌 일련의 후보 물질들의 생물학적 활동성도 계산된다. 그러한 모델 계산의 도움으로 한 물질의 생물학적 활동성 및 잠재적 효능과 부작용을 평가할 수 있다. 부족한 실험 데이터는 비슷한 효능을 지닌 화학물질들을 이용하여 만들어낸다. 그러나 QSAR를 이용한 의미 있는 예측은 한 모델의 적용 가능성의 한계가 밝혀지고 고려될 때에만 가능하다. 간단히 말해서 모든 것을 한꺼번에 계산해낼 수는 없다. 어떤 작용물질에 대한 수많은 요구를 점점 더 많이 충족시키는 물질에 좀더 가까이 다가갈 뿐이다. 그 물질이 마침내 유용한 작용물질 후보가 될 만큼 극대화되면 특허를 출원하고 포괄적인 테스트를 거친 후—이러한 테스트를 통과할 경우—임상실험을 하게 된다.

심장 및 신장 테스트
임상실험 이전의 개발 단계에서 작용물질 후보는 유기체 전체에 어떻게 반응하는지를 정확하게 검사받아야 한다(약역학). 세포 환경을

고려하고 고립된 동물 유기체를 이용
한 수많은 생화학 실험을 비롯한 여러
가지 방법을 동원하여 후보 물질이 과학
자들의 기대에 부응하는 효능을 지니고
있는지를 시험한다. 더 나아가 그것이 어
떻게 받아들여지고 몸에 어떻게 분포하는지, 혹
시 화학적으로 변하여 몸에 부담을 주지는 않는지
를 아는 것이 중요하다(약물동태학). 그 다음에는 타깃에 대
한 효과가 실제로 질병의 치료 내지는 완화로 이어지는지를
살펴본다. 효과의 지속 시간도 측정한다. 물론 원치 않는 작용
들을 검사하는 것도 매우 중요하다.

그중에서 많은 것, 예를 들어 혈압에 대한 작용은 유기체 전체에
대한 검사를 통해야 알 수 있다. 이를 위해 동물 실험이 필수적이며
법률에 의해 규정된다. 이와 동시에 독물학자들은 포괄적인 안전 시
험을 통해 작용물질 후보가 독성이 있는지(독성이 있다면 어느 정도인
지)와 태아에 해를 입히는지, 유전자를 변화시키는지, 암을 유발하
는지 등을 검사한다. 이때에도 부분적으로 동물을 이용하지만 시험
관 실험 비율이 약 30퍼센트 정도이다. 동물에 대한 긍정적인 결과
가 나중에 사람에게 적용했을 경우의 성공을 보장하지는 않는다. 그
러나 일반적으로 동물 실험에서 도출된 비관적인 자료들은 작용물
질 후보를 약품으로 개발하려는 시도를 포기해야 함을 의미한다.

결정적인 시험

작용물질 후보가 시험관과 동물에 관한 모든 실험을 통과하기까지
는 평균 3~5년이 걸린다. 그 뒤 처음으로 사람에게 적용할 수 있다.
이와 함께 이른바 임상실험 내지는 임상연구가 시작된다. 개별 연구

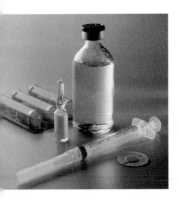

알약, 시럽, 주사제 등 투약 방식은 의
약품의 효능에 결정적인 구실을 한다.

를 시작하기 전에 독립적인 윤리위원회가 소집된다. 이 위원회는 경험 많은 의사, 신학자, 법률가, 일반인으로 구성된다. 여기에서 연구가 윤리적 · 의학적 · 법률적 관점에서 합당한지를 살펴보고 그때까지 축적된 자료를 평가한다.

각각의 시험 대상자—임상실험의 초기 단계에서는 자발적으로 참여한 건강한 사람—나 환자(임상실험의 2단계와 3단계)에게는 연구 목적과 위험성을 사전에 주지시킨다. 실험에 대한 동의를 문서로 제출한 사람만이 연구에 참여할 수 있다.

임상실험 제1단계에서 임상 약학자들은 처음에 60~80명의 건강한 자원자들을 대상으로 작용물질을 테스트한다. 30회에 걸쳐 차례로 이루어지는 연구에서는 동물 실험에서 나오는 결과들이 사람에게도 적용 가능한지를 시험한다. 여기에서 작용물질의 흡수, 분포, 변이, 거부 반응 및 수용 가능성 등을 시험한다. 이때 처음에는 소량의 작용물질을 투여한다. 테스트용 작용물질이 어쩔 수 없이 심각한 부작용(예를 들어 암이나 에이즈 치료제의 경우)을 일으키는 것으로 예상되면 제1단계의 연구는 제2단계의 연구와 함께 환자를 대상으로 실시된다.

제1단계의 연구 자료를 근거로 약학 전문가들이 작용물질을 함유한 약품 형태를 개발한다. 그 형태는 알약이나 캡슐이 될 수 있다. 그러나 질병의 종류나 작용물질의 특성에 따라 좌약, 크림, 반창고, 물약, 에어로졸 등이 고려될 수도 있다. 약품 형태는 작용물질이 효과적으로 효능을 발휘하는 구실을 한다. 작용물질의 신뢰성, 빠른 효과, 지속성, 부작용의 최소화 등을 고려하여 약품 형태를 결정한다.

약품의 효능과 수용 가능성

임상실험의 제2단계에서 의사들은 작용물질 후보―이것은 그 사이에 약품으로 만들어졌다―를 일반적으로 100~500명의 환자에게 적용한다. 이때 원하는 치료 효과가 나타나는지를 시험하는 한편, 투여량을 확정하고 부작용에 주의를 기울인다.

임상실험의 제3단계에서는 약품을 수천 명의 환자에게 투여한다. 이 단계에서는 충분한 환자를 대상으로 효능과 신뢰성이 입증되어야 한다. 이때 부작용 및 다른 약품과의 교환 작용 등을 기록한다. 제2단계와 제3단계의 연구에서는 항상 서로 다르게 치료한 환자 집단을 비교해야 한다. 몇몇 경우 한 집단에 새로운 약품을 적용하고 다른 집단에는 지금까지 사용한 표준 의약품을 적용한다. 또 다른 경우 두 집단에 동일한 기본적인 처방을 한다. 이때 한 집단에 추가적으로 새로운 약품을 적용하고 다른 집단에는 작용물질이 없는 약품, 즉 플라세보를 적용한다. 가능하다면 환자뿐만 아니라 의사도 어느 환자에게 플라세보 처방을 했는지 몰라야 한다. 약품 포장지에는 코드 번호만 적어 넣고 이것을 다시 환자 기록부에 표시한다. 치료가 끝난 다음 코드 번호를 해독해 두 환자 집단의 결과를 비교한다. 이러한 연구를 이중맹검법(double blind test)이라고 한다. 이러한 과정을 통해 해당 약품에 대한 희망이나 두려움이 치료 결과에 미치는 영향을 방지한다.

모든 시험이 성공적으로 끝나면 제약 회사는 관계 당국에 허가를 신청한다. 유럽에서는 런던에 위치한 유럽의약청(European Medicines Agency, EMEA)에 직접 신청하는 경우가 늘어나고 있다. 그러나 허가 신청은 특정한 경우에 개별 국가의 관계 당국을 통해서도 가능하다. 유럽을 제외한 미국, 일본을 비롯한 많은 국가들은 독자적인 허가 제도를 운영하고 있다.

그러나 허가가 난 후에도 제약 회사와 관계 당국은 새로운 약품에 주의를 기울인다. 모든 연구가 세심하게 이루어진 뒤에도 매우 드물게 나타나는 부작용(1만 명의 환자 중 1명 미만 꼴로 나타나는 부작용)은 허가 이전에 분명하게 인식되지 못하기 때문이다. 그래서 더 포괄적으로 연구하는 경향이 나타났다. 혈액순환 치료제와 관련한 테스트에서는 51개국 700개 병원에서 3만 명의 환자가 참가해 환자 수 면에서 최고 기록

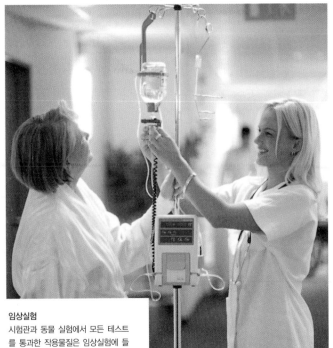

임상실험
시험관과 동물 실험에서 모든 테스트를 통과한 작용물질은 임상실험에 들어간다. 처음에는 자발적으로 참여한 건강한 사람들을 대상으로, 그 다음에는 환자들을 대상으로 작용물질이 몸에 잘 받아들여지는지와 기대한 효능을 보여주는지를 테스트한다. 이러한 연구의 틀 속에서 조제 및 투약 방식이 결정된다.

을 세웠다. 연구에 참여한 병원 수에서는 1500개가 최고 기록이다. 이것은 왜 새로운 의약품의 임상연구에 연구 및 개발비의 절반 이상이 소요되는지를 설명해준다.

화학요법의 원리

화학요법의 원리는 의약품이 이질적인 병든 세포는 죽이지만 건강한 세포는 건드리지 않아야 한다는 요구에 기초하고 있다. 파울 에를리히는 적당한 비교를 통해 이러한 요구가 얼마나 현실적인지를 보여준다. 그는 이것을 '마법의 탄환'이라 이름붙였다.

암 치료를 위한 새로운 의약품: 유방암의 예

이른바 세포증식 억제제를 이용한 화학요법은 암 질환에 대한 고전적인 치료법이다. 세포증식 억제제는 세포분열을 중지시키거나 세포들을 죽이는 방식으로 작용한다. 지금까지 사용해온 세포증식 억제제는 건강한 세포와 암세포를 구분할 수 없다. 이것은 몸속에서 빨리 분열하는 모든 세포를 공격한다. 그중에서 피를 형성하는 척수세포, 모근세포, 위와 장의 점막세포 및 구강점막세포도 공격한다. 이것은 세포증식 억제제의 가장 흔한 부작용으로 이어진다. 백혈구 부족, 탈모, 소화장애 등이 그것이다. 또 다른 부작용으로 구역질, 구토, 지속적인 피로감 등이 나타난다. 심장의 손상도 나타날 수 있다.

이에 따라 새로운 세포증식 억제제가 개발되었다. 이것은 건강한 세포와 암세포를 구분할 수 있으며—간세포를 제외하고는—다른

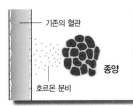

기존의 혈관

종양

호르몬 분비

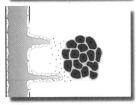

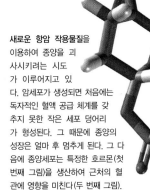

새로운 항암 작용물질을
이용하여 종양을 괴
사시키려는 시도
가 이루어지고 있
다. 암세포가 생성되면 처음에는
독자적인 혈액 공급 체계를 갖
추지 못한 작은 세포 덩어리
가 형성된다. 그 때문에 종양의
성장은 얼마 후 멈추게 된다. 그 다
음에 종양세포는 특정한 호르몬(첫
번째 그림)을 생산하여 근처의 혈
관에 영향을 미친다(두 번째 그림).
뒤이어 혈관은 가지를 치기 시작해
종양 속으로 들어간 다음 혈액을 통
해 영양소를 공급한다(세 번째 그림).
종양은 성장을 거듭하며 점점 더 커
진다(네 번째 그림).

세포보다는 종양세포를 훨씬 더 적극적으로 공격한다. 그 원리는 이 약품 자체가 전혀 작용하지 않는다는 데 있다. 그것이 암세포나 간 세포에 흡수되면 간과 많은 암세포에만 집중적으로 나타나는 특정한 효소들이 세포분열을 억제한다. 카페시타빈(Capecitabin)이라는 성분을 함유한 이 약품은 2002년부터 유방암 치료 허가를 받았다.

전 세계의 연구자들은 가능한 한 암세포만 공격하고 건강한 세포는 건드리지 않는 작용물질 개발에 심혈을 기울이고 있다. 이미 1950년대 말에 유방 종양의 성장이 여성 호르몬인 에스트로겐의 작용과 연관 있음이 밝혀졌다. 그래서 성장을 억제하는 '항에스트로겐'을 찾으려는 시도가 이어졌다. 1983년에 이르러 항에스트로겐인 타목시펜의 시판이 허용되었다. 항에스트로겐은 호르몬을 위한 '안테나'로서 종양세포 증식에 기여하는 에스트로겐 수용체를 차단하는 구실을 한다. 항에스트로겐은 그동안 발전을 거듭했다. 새로운 항에스트로겐은 더 이상 모든 세포의 에스트로겐 수용체를 차단하지 않고 다양한 세포들의 수용체에 차별적으로 작용한다. 어떤 수용체는 차단하는 반면, 또 다른 수용체에 대해서는 에스트로겐처럼 작용하는 것이다. 이러한 작용물질을 '선택적 에스트로겐 수용체 조절제(Selective Estrogen Receptor Modulator, SERM)'라고 한다. 현재 여섯 종의 SERM을 타목시펜과 비교하는 연구가 진행되고 있다. 연구자들은 SERM의 부작용이 더 작을 것이라고 기대한다.

에스트로겐과 연계된 종양을 차단하는 또 다른 방법은 에스트로겐의 형성을 중지시키는 것이다. 이른바 아로마타제 억제제(Aromatase Inhibitor)는 이러한 방식으로 작용한다.

동물 실험: 필요한 만큼만 최소화하는 것이 좋다

의약품 제조회사는 동물 실험을 포기할 수 없고 포기해서도 안 된다. 세부적인 많은 문제들은 박테리아·세포·조직 배양, 적출 기관, 물리적·화학적 테스트 등을 통한 이른바 대체 방법으로 해결하고 있다. 하지만 최신 컴퓨터 프로그램을 이용한 수많은 테스트로도 100개가 넘는 기관에 들어 있는 1000개 이상의 다양한 세포 유형을 대상으로 1만 개 이상의 작용물질이 어떻게 반응하는지는 정확히 알아내기 힘들다. 거기에서 일어나는 다양한 교환 작용은 살아 있는 유기체를 통해서만 검사가 가능하다. 동물 실험의 대부분은 환자들의 안전을 보장하기 위해 법으로 규정되어 있다. 정부 당국, 제조회사, 동물보호기관 등이 공동으로 환자들의 안전을 위협하지 않는 범위 내에서 실험 횟수를 줄일 수 있는 가능성을 찾고 있다. 제약 회사의 직원들도 많은 제안을 내놓고 있다. 방법론적 대안이 필요하고 법률적으로 문제가 없으면 실행에 옮겨진다.

1991년 이래로 동물 실험에 투입된 동물은 64만 3000마리로 약 50퍼센트 감소했다. 그중에서 90퍼센트는 쥐와 생쥐이며 1퍼센트는 개, 고양이, 원숭이다. 침팬지와 같은 유인원은 1989년 이래로 더 이상 투입되지 않고 있다.

동물 실험 중 4분의 3 정도의 동물은 수의사에게서 받는 만큼의 고통을 당한다. 단지 몇 가지 테스트를 위해 동물이 희생된다. 쥐를 대상으로 하는 독성 실험은 법률적으로 규정되어 있다.

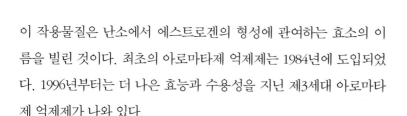

이 작용물질은 난소에서 에스트로겐의 형성에 관여하는 효소의 이름을 빌린 것이다. 최초의 아로마타제 억제제는 1984년에 도입되었다. 1996년부터는 더 나은 효능과 수용성을 지닌 제3세대 아로마타제 억제제가 나와 있다.

조직 전체에는 좁은 그물망 모양의 혈관이 통과한다. 이 혈관을 통해 산소와 영양소가 세포에 운반된다. 암세포가 새로 생성되면 그러한 관 시스템이 없는 세포 덩어리로 급속하게 증식한다. 하지만 영양소가 공급되지 않아 종양은 지름 2~3밀리미터 크기에서 성장을 멈춘다. 그 다음에 개별 세포들은 특정한 호르몬을 분비하기 시작한다. 이 호르몬은—기존의 혈관에서 출발하여—종양을 가로질러 새로운 혈관들이 형성되도록 한다. 이로써 종양은 새로운 생명을 얻어 계속 성장할 수 있다. 혈관신생(angiogenesis)을 막아주는 물질인 이른바 혈관신생 억제제가 임상실험 중에 있다. 이것은 혈관 형성을 자극하는 호르몬의 작용을 억제하고 종양을 괴사시킨다. 혈관신생은 성인의 경우 대부분 상처를 치료할 때에만 나타나며, 따라서 항암제 개발을 위한 좋은 단서를 제공한다.

에이즈의 치료 가능성

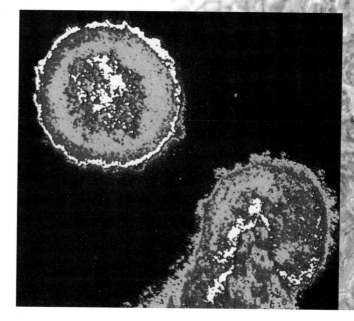

$19$80년대 초 미국의 의사들이 처음으로 '후천성 면역 결핍증', 즉 에이즈(Aquired Immuno Deficiency Syndrome, AIDS)에 대해 보고했다. 에이즈 바이러스는 수시로 변화하기 때문에 아직까지는 적당한 면역물질을 만드는 데 실패했다. 그러나 최근에는 에이즈 환자의 몸에서 에이즈 바이러스의 수를 기준치 이하로 떨어뜨리는 치료제가 나왔다. 그리하여 산업국가에서는 에이즈에 감염되는 사람의 수가 점점 줄어들고 있으며, 에이즈 환자의 수명도 몇 년 연장되었다. 물론 의약품이 바이러스를 완전히 퇴치하기에는 아직 충분치 않다.

새로운 작용물질은 특히 상처를 입기 쉬운 위치에 있는 에이즈 바이러스를 공격한다. 공격 지점은 바이러스가 세포의 유전자에 침입하는 데 필수적인 역전사 효소와 바이러스 단백질 분해 효소

HIV(위 그림)가 후천성 면역 결핍증인 에이즈의 원인이다. 아직까지 면역물질을 개발하지 못했다. 바이러스가 빨리 그리고 수시로 변화하기 때문이다. 아래 그림은 부차적인 에이즈 전염의 영향을 보여주고 있다.

'희귀의약품'이란 무엇인가

지금까지 알려진 전체 3만 종의 질병 가운데 약 5000종은 희귀병에 속한다. 여기에는 많은 열대병도 포함된다. 이러한 희귀병에 작용하는 약품을 '희귀의약품(Orphan Drug)'이라고 한다. 이러한 약품은 연구비가 시장의 정상적인 조건을 감당하지 못할 경우 수익이 나지 않는다. 많은 비용을 들여 개발한 약품을 필요로 하는 환자가 너무 적으면 손해가 날 수밖에 없는 것이다.

미국에서는 1983년부터 법안을 통해 기업들에게 '희귀의약품'을 개발하도록 장려하고 있다. 이 법안에서 독점조항이 특히 효과적인 것으로 입증되었다. 동일한 질병에 대해서는 비교 가능한 다른 의약품을 7년간 허가해주지 않는 것이다. 또 다른 의약품이 허가를 받는 경우는, 그것이 더 나은 효능을 지니고 있거나 작용 원리가 다르고 부작용이 더 적을 때뿐이다. 이에 따라 약품은 시장에서 보호를 받는다. 일본도 1990년대 초 희귀의약품의 개발과 관련하여 미국과 비슷한 지원책을 내놓았다. 기본 조건의 개선이 성공을 거두고 있다. 미국에서는 2000년 여름까지 200종 이상의 약품을 허가했다.

유럽에서는 2000년 초부터 희귀의약품의 개발을 장려하고 있다. 그 이후로 개발 단계의 지원, 허가 비용의 면제, 최대 10년 동안의 독점권 인정 등이 이루어졌다. 희귀의약품에 대한 규정은 벌써 성공적이다. 2001년 중반까지 이미 113종의 약품에 대한 허가 신청이 접수되었다. 유럽위원회는 약 50종의 약품을 '희귀병 치료제'로 인정했다. 덕분에 희귀병을 앓는 사람들은 자신들을 위한 약품이 연구될 기회를 갖게 되었다.

인 프로테아제(protease)이다.

1996년 새로운 치료법이 등장함에 따라 전염된 후 실제로 면역 결핍증 내지는 합병증에 걸려 사망할 확률은 절반 이상으로 줄어들었다. 새로운 종류의 병용요법 덕분으로 에이즈 발병과 이로 인한 사망 확률은 또 한번 급격히 감소했다. 200명의 에이즈 환자 중 1년 이내에 사망하는 경우는 3명에 불과하다. 1995년에는 30명이었다. 과거에 개별적으로 처방한 에이즈 치료제는 금방 돌연변이를 일으키는 에이즈 바이러스에 거부 반응을 일으킨 반면, 새로운 치료제는

특허가 왜 필요한가

의약품 제조회사는 첫 번째 테스트를 통과한 유망한 물질에 대해 특허를 출원한다. 하지만 특허를 받은 작용물질이 의약품의 형태로 시장에 나오기까지는 10년 이상이 걸린다. 많은 물질이 의약품으로 성공하지 못한다. 그것들은 원하는 효능이 광범위하게 나타나지 않거나 부작용이 너무 심해서 포기할 수밖에 없다. 의약품이 시장에 나온 뒤에도 연구와 개발이 계속 이어질 수 있다.

특허는 20년 동안 권리를 인정한다. 다시 말해서 이 기간 동안 특허권자만이 발명품을 경제적으로 이용할 수 있다. 특별한 경우에 제조회사는 개발과 허가에 소요된 오랜 기간을 고려하여 추가로 5년 동안 보호를 받을 수 있다. 작용물질의 특허 획득과 의약품의 시장 진입 사이의 오랜 기간(평균 10~12년)으로 인하여 제조회사는 일반적으로 몇 년 안에 정신적 업적과 개발 작업에 대한 적절한 수익을 내야 한다.

특허를 신청하는 사람은 그 아이디어를 공개해야 한다. 누구나 자료를—최근에는 심지어 인터넷에서—열람할 수 있다. 특허 물질은 다른 사람들의 연구를 위한 기초 자료로 활용된다. 제한된 기간에 발명품에 대한 경제적 이용을 독점하게 만든 것은 발명자에게 혁신적인 것을 개발하도록 자극한다. 발명자는 특허 대상에 대한 이용권을 가질 뿐, 소유권을 행사할 수는 없다. 특허 없이는 그 어떤 기업도 높은 연구 및 개발비를 감당할 수 없다. 이것은 의약품을 연구하고 개발하는 회사들이 결코 포기할 수 없는 유전공학에도 적용된다. 유전공학은 새로운 작용물질의 연구에 중심이 되는 기술이다. 특정 유전자의 기능을 기반으로 새로운 의약품을 개발하거나 유전자 변형 동물을 이용하여 새로운 치료법을 찾는 제조회사에게도 작업에 관여하지 않은 다른 사람들이 그 결과를 즉시 복사할 수 없게 할 안전장치가 필요하다.

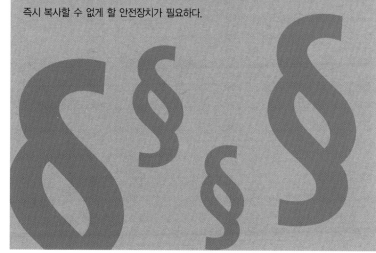

세 개 또는 그 이상의 약품이 동시에 작용한다. 에이즈 바이러스와 같은 변신의 귀재도 세 개의 약품에 동시에 저항하기는 어렵다. 독일에서는 18종의 작용물질이 허용된다. 이러한 작용물질들을 이용하여 수많은 조합을 만들어낼 수 있다. 이것은 의사와 환자들에게 기존의 치료제가 효과가 없을 경우 새로운 병용요법의 가능성을 제시해준다.

관련 산업에서는 연구를 계속하고 있다. 더 높은 효능을 지닌 약제와 더 쉽게 받아들이고 더 간단하게 복용할 수 있는 의약품이 그 목표이다. 연구자들은 기존의 의약품에 내성을 지닌 에이즈 바이러스를 퇴치할 새로운 물질도 찾고 있다. 그들은 바이러스 면역제를 만들어내려는 최종 목표를 향해 나아가고 있다.

조심해서 복용하라

하이퍼포린

하이퍼리신

서양고추나물 추출물은 가벼운 우울증 처방으로 널리 쓰이는 인정받은 약재다. 정신건강에 좋을 뿐만 아니라 아마 암 예방에도 효능이 있을 가능성이 있다. 천연 약재로 쓰이는 서양고추나물 추출물의 주성분은 하이퍼리신(Hypericin)과 하이퍼포린(Hyperforin) 같은 폴리페놀, 또는 플라보노이드인 쿼서틴(quercetin, 이것은 사과에도 함유되어 있다)이다. 폴리페놀과 플라보노이드는 무엇보다도 유피제(鞣皮劑)와 색소로서 많은 식물에 함유되어 있는 화합물이다. 베를린 샤리테 병원의 연구진은 최근 이러한 화합물들이 환경 오염물질과 같은 발암물질이 생성되는 단계에서 핵심적인 구실을 하는 효소의 특정한 활동성을 강력히 막아준다는 사실을 밝혀냈다. 하지만 이 효소는 약품의 체내 분해와 작용에도 관여한다. 따라서 기본적으로는 해가 없는 서양고추나물이 특정한 약을 복용하는 환자들에게는 치명적일 수 있다. 에이즈 치료제인 인디나비어와 서양고추나물 추출물을 동시에 복용하면 작용물질이 너무 빨리 분해되어 인디나비어(indinavir)가 환자의 혈액 속에서 일정한 농도에 이르지 못한다. 그래서 이러한 치료법은 효과가 없게 된다. 장기이식을 받은 환자도 서양고추나물 추출물을 삼가야 한다. 그들은 신체 고유의 면역 체계가 이식받은 장기를 공격하여 파괴하는 것을 막기 위해 여러 가지 의약품을 적절하게 혼합한 칵테일을 평생 복용해야 한다. 환자의 몸이 이식된 장기를 거부하면 대부분 치명적인 결과에 이른다. 면역 억제제로 이루어진 이러한 칵테일의 중요한 성분 중 하나인 사이클로스포린 (cyclosporine)은 서양고추나물 추출물과 화합하지 못한다. 심장이식 환자 중 스스로의 판단이나 정신과의사의 조언으로 서양고추나물 추출물을 복용한 사람들은 몇 주 후 위독한 장기거부 증세를 보였다. 혈액의 사이클로스포린 농도가 치료에 필요한 기준치 이하로 떨어졌기 때문이다. 다행스러운 것은 서양고추나물 추출물 복용을 중지하면 약효가 되돌아온다는 점이다. 사이클로스포린 농도가 다시 높아지면서 환자들은 건강을 회복했다.

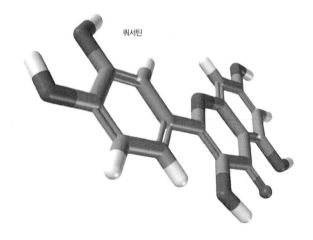

쿼서틴

이러한 예들이 보여주듯이 외견상 무해한 천연 약제라도 주의해서 복용해야 한다. 여기에도 합성 화합물의 경우와 동일한 화학적 원리가 작용하기 때문이다. 서양고추나물은 잘 알려진 것처럼 복용하기가 편하고 효능이 있는 천연 약제다. 원하면 언제든지 구입할 수 있다. 그러나 다른 약품을 복용하지 않는 경우에만 이용해야 한다.

액정

디지털시계, 라디오, 이동전화의 평면 화면과 디스플레이에 사용되는 물질 등은 마치 자기모순처럼 보인다. 이 기이한 분자 화합물에 눈을 돌려보자.

결정(結晶)은 각각의 원자나 분자가 제자리에 위치하여 엄격한 질서를 지키는 딱딱한 재질이다. 반면에 액체 속에서는 온통 무질서가 지배한다. 각 부분들이 제멋대로 떠돌아다닌다. 개별 분자들의 방향성 역시 임의적이어서 액체는 유동적인 상태가 된다. 그렇다면 대체 액정은 무엇일까? 액정은 결정의 질서를 지니고 있으나

08:42 해냈다!

생각보다 사무실에 빨리 도착했다. 15분도 채 늦지 않았다. 컴퓨터를 켠 다음 커피를 끓이고 아스피린을 찾아볼 생각이다.

치과의사에게도 지금 바로 전화를 해야겠다. 병원은 8시 30분에 문을 연다. 이제 대충 정리가 되었다. 일을 시작할 시간이다. 전자우편을 열어보니 스팸 메일이 넘쳐난다. 중요한 메시지를 불필요한 익명의 정보들과 구별하는 바로 그 문제에서 심지어 고급제 천재적인 반도체 기술과 가장 혁신적인 나노기술조차 적절할 것이다. 위감스럽게도, 컴퓨터 시대는 그 윤지도 갖는 것이다.

유동적인 상태다. 액정은 대부분 막대 모양의 유기 분자이다. 미세한 막대들이 층층이 쌓여 질서를 이룬다. 그러나 이와 동시에 각 부분들 사이에 작용하는 힘은 단단한 결정격자를 형성할 정도로 강하지 못하여 거의 액체처럼 유동적인 상태에 머문다.

액정은 디지털 제품의 액정소자(Liquid Crystal Display, LCD)에 들어 있는 물질이다. 이 LCD가 평면 모니터와 작고 가벼운 노트북 컴퓨터를 가능하게 만들었다.

주사선 속의 작은 막대기들

LCD는 기본적으로 액정 혼합물을 채워 넣은 두 개의 유리기판 사이에 있는 미세한 주사선들의 앙상블로 이루어져 있다. 주사선의 앞면 유리기판에는 들어오는 빛의 파장 진동면을 한 방향으로 몰아가는 편광판이 붙어 있다. 이것은 무엇을 의미할까? 빛은 임의적인 방향으로 진동하는 전자기파이다. 자연광은 자기 멋대로 진동하는 파장들의 혼합이다. 편광 필터는 정확하게 규정된 방향으로 진동하는 파장들만 통과시키고 이와 다른 방향으로 진동하는 빛은 정지시킨다.

전압을 주사선에 전달하기 위해 유리기판에 산화인듐주석(Indium Tin Oxide, ITO) 막을 씌운다. 여기에 추가로 우단 계통의 섬유로 된 중합체 층을 입힌다. 이 과정에서 표면에 미세한 평행선의 골이 생긴다. 이 골은 나중에 액정이 원하는 방향으로 정렬하도록 만드는 작용을 한다.

광 밸브

주사선의 양쪽 겉면 유리기판의 골은 서로에 대해 90도 돌아서 있어서 액정 분자로 이루어진 작은 기둥들은 나선형으로 꼬이게 된다. 일종의 나선형 계단이 생기는 것이다. 이 나선을 통과할 때 광파의

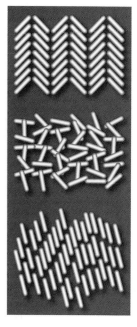

결정은 그 구성 요소들이 엄격한 질서(결정격자)를 갖춘 고체 물질이다(위). 액체 속에서 분자들은 완전히 무작위 상태이며 자유롭게 움직인다(중간). 액정은 중간물이다. 분자들은 액체에서처럼 자유로이 움직이지만 규칙적으로 방향성을 갖는다(아래).

수직 배열

나선형 대신 수직 배열. 새로운 액정 세대가 LCD 기술의 새 지평을 열고 있다. 아래 그림이 보여주듯이 새로운 '수직 배열 기술'에 따라 작동하는 주사선은 액정 층의 전통적인 나선형 꼬임을 불필요하게 만든다. 그 원리는 다음과 같다. 두 개의 유리기판 사이에—기존 방식과 마찬가지로—액정 혼합물의 얇은 층이 존재한다. 화면을 끈 상태에서 액정은 화면의 두 유리기판 사이에 수직으로 정렬한다(수직 배열). 바탕 조명에 의해 생성된 빛은 액정 분자의 수직 배열로 인해 거의 완벽하게 '흡수된다'. 화면의 화소는 검게 나타난다. 전압이 가해지면 분자들은 수평으로 정렬한다. 바탕 조명이 액정 층을 관통하면서 화소는 밝아진다.

독일 머크(Merck) 사에 의해 특허 등록된 VA-물질은 처음으로 뚜렷이 개선된 시청 각도의 높은 명암 대비를 지닌 대형 LCD-TV 제조를 가능케 했다.

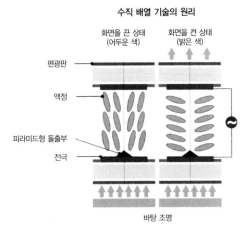

수직 배열 기술의 원리

화면을 끈 상태
(어두운 색)

화면을 켠 상태
(밝은 색)

편광판

액정

피라미드형 돌출부

전극

바탕 조명

진동 영역이 방향을 바꾼다.

주사선에 전압이 주어지지 않으면 빛의 편광 방향이 액정 층을 통과하는 과정에서 90도 굴절한다. 이 경우 후면 유리기판의 편광판은 빛을 통과시키도록 장치되어 있다. 즉 주사선이 투명하게 나타난다. 그러나 전압이 주어지면 액정의 나선형 방향에 장애가 생긴다. 빛의 파장 영역은 더 이상 굴절하지 않고 빛은 더 이상 두 번째 편광판을 통과할 수 없다. 이때 주사선은 까맣게 보이게 된다. 액정은 일종의 스위치를 단 '광 밸브'이다.

크고 평평하게

고품질의 평면 화면을 위해서는 명암 대비를 높이는 것을 비롯해 여러 가지 기술적인 개선이 요구되었다. 움직이는 영상을 위해서는 특히 좀더 신속하게 전기신호에 반응하는 액정 혼합물이 필요했다. 반

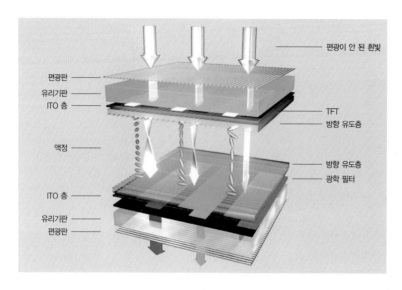

편광이 안 된 흰빛

편광판
유리기판
ITO 층

TFT
방향 유도층

액정

방향 유도층
광학 필터

ITO 층

유리기판
편광판

화소의 구성
LCD 컬러 모니터의 각 화소는 광학 필터를 장착한 세 가지(빨강, 초록, 파랑) 색소 세포로 구성되어 있다. 세 가지 색은 분리되어 박막 트랜지스터(TFT)에 의해 조종된다. 이러한 방식으로 전통적인 모니터에서처럼 컬러 화면이 생겨난다. 세 가지 기본 색이면 모든 색상을 만들어내는 데 충분하다. 2만 개의 화소가 TV 화면을 만들어낸다.

응속도가 매우 짧은―따라서 처음으로 대형 평면 텔레비전의 생산을 가능하게 한―혼합물을 개발한 공로로 2003년 머크 사는 '독일 미래상'을 수상했다.

고해상도의 컴퓨터 모니터나 텔레비전에는 오늘날 TFT(thin film transistor, 박막 트랜지스터)로 조종되는 화면을 사용한다. 여기에서 각각의 화소는 TFT로 조종되며, 그 결과 약 2만 화소를 가진 화면을 구현할 수 있게 되었다. 컬러 모니터에서 이 각각의 화소는 다시 한

번 세 가지 기본 색으로 세분된다. 각 화소는 광학 필터를 장착한 세 가지(빨강, 초록, 파랑) 컬러 주사선으로 이루어져 있다. 개별적으로 수신 가능한 600만 개의 점은 그만큼 많은 수의 TFT를 의미한다. 이것은 사치스럽고 따라서 비싸다. 액정 자체도 싸지 않다. 합성이 복잡하고 특히 제품의 순도와 통일성에서 요구 수준이 매우 높다. 그러나 소

미래의 텔레비전을 위한 컬러 모니터

액정이 합성수지에 질서를 가르친다

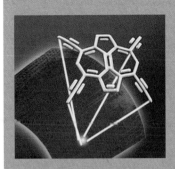

전자 제품 전시회에서 이것들은 늘 감탄을 불러일으킨다. 전기전도성 합성수지는 마이크로 전자공학의 많은 영역에서 미래의 물질로 손꼽힌다. 대형 유기 디스플레이, 박막 배터리, 플라스틱 칩 등은 머지않은 장래에 대량생산에 들어갈 것이다. 규소가 들어가지 않은 전자 제품을 제조할 때 전도성 중합체의 장점은 높은 안정성, 유익한 기계적 특성, 가공의 간편함 등이다. 물론 전기전도성은 아직 만족스럽지 못하다. 합성수지에 일반적으로 나타나는 구조적 무질서가 약점이다. 오늘날 산업적으로 가장 중요한 전기전도성 중합체인 폴리싸이오삔이 액정과 더불어 '원판'으로 중합되면 여기에 질서가 강요될 수 있다.

연구자들은 액정인 젤을 사용한다. 이것은 친수(물과 친화적인) 환경에서 떠다니는 가운데 서로 평행적이고 소수성(물을 기피하는 성질)의 미세한 실린더 형 단위들로 구성되어 있다. 중합체의 성분들은 이 젤의 얇은 층에서 용해된다. 이 성분들은 물을 기피하기 때문에 오로지 물을 기피하는 실린더 안에 머문다. 이 상태에서 전류를 가하면 성분들의 중합 반응이 일어난다. 이 때 '거푸집' 내의 분포 상태는 변하지 않는다. 젤을 제거하면 액정의 짜임새와 그 광학적 특성을 반영하는 얇은 폴리싸이오펜 필름이 남는다. 이러한 방식으로 개선된 전자적 특성을 지닌 전기전도성 합성수지들을 생산할 수 있을 것이다.

량이 필요하기 때문에—노트북에는 기껏해야 300밀리그램, LCD 모니터에는 최고 600밀리그램의 액정이 들어 있다—이 요소는 부차적인 의미를 가질 뿐이다.

기존의 TV와 비교할 때 LCD-TV는 단지 50퍼센트의 에너지를 소비하면서 두 배의 수명을 지니고 있다. 앞으로 연구 목표는 좀더 빠른 반응 시간, 자유로운 시청 각도, 저렴한 제품의 개발이다. 새로운 세대의 평면 LCD-TV는 몇 년 안에 고전적인 방식의 TV를 시장에서 몰아낼 것이다.

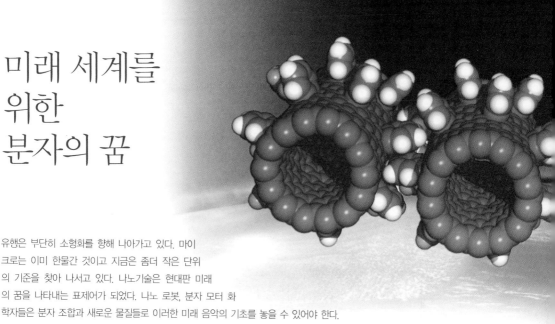

미래 세계를
위한
분자의 꿈

유행은 부단히 소형화를 향해 나아가고 있다. 마이
크로는 이미 한물간 것이고 지금은 좀더 작은 단위
의 기준을 찾아 나서고 있다. 나노기술은 현대판 미래
의 꿈을 나타내는 표제어가 되었다. 나노 로봇, 분자 모터 화
학자들은 분자 조합과 새로운 물질들로 이러한 미래 음악의 기초를 놓을 수 있어야 한다.

좀 더 적은 양의 시약, 신속성, 휴대성, 편의성. 이것이 랩온어
칩(Lab-on-a-Chip, 손톱만한 크기의 칩 하나로 실험실에서 할 수
있는 연구를 수행할 수 있도록 만든 장치. '칩 위의 실험실'로 통한다—옮
긴이)의 엄청난 장점들이다. 미세한 관들이 관통하는 엄지손톱 크기
의 마이크로 칩은 이미 분석 및 진단용 실험실로 이용되고 있다. 잠
수함처럼 우리 몸속의 혈관을 헤집고 다니면서 현장조사를 하거나
심지어는 수선 작업도 수행할 미니로봇이나 일상생활을 편리하게
해줄 초소형 나노컴퓨터는 실제로 이상향일 뿐일까? 판타지에는 한
계가 없다. 마이크로기술과 나노기술의 가능성도 여기에 해당한다.
많은 아이디어들이 실제로 현실화하기까지는 많은 시간이 필요하
겠지만, 결코 비현실적인 것은 아니다. 연구자들이 분자를 이용해
어떤 결과를 얻어내고 있으며, 더 나아가 분자적 차원에서 어떤 꿈
을 꾸고 있는지 몇 가지 예를 살펴보자.

화학자들은 이미 **미세한 분자 톱니바
퀴 기어를** 만들 수 있다. 속이 빈 관
형태의 중심부는 둥근 홈의 나노튜브
로 이루어져 있다. 톱니들은 거기에
결합된 벤젠 분자이다.

랩온어칩
엄지손톱 크기의 칩을 이용한 종합적
분석 및 진단 방법은 오늘날 이미 현
실이 되었다. 이 방법은 미량의 검사
표본만으로도 가능하며 표본을 준비하
고 보호하는 기능까지 통합하고 있다.

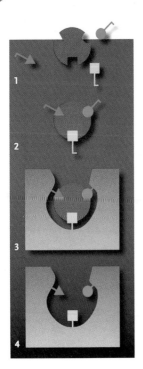

분자 거푸집을 기초로 한 것이 분자 인쇄 기술이다. 나노기술이 적용된 이 과정은 효소화학의 자물쇠와 열쇠 원리와 비슷하다.

분자를 위한 거푸집

다른 분자들을 '손님'처럼 수용할 수 있는 미세한 공간을 지닌 물질들은 과학과 기술에서 중요한 구실을 한다. 맞춤형처럼 정확하게 빚어진 빈 공간을 가진 물질들을 생성하기 위한 흥미로운 과정이 이른바 '분자 각인(Molecular Imprinting)'이다. 이때 나중에 '손님'이 될 분자들은 '거푸집'으로 사용된다. 그러한 상태에서 개별 구성 요소들의 횡적 결합을 통해 중합체 물질이 생성된다. 이 '거푸집'을 제거하면 원하는 형태와 크기의 빈 공간을 지닌 중합체만이 남으며, 이것은 촉매나 센서로서 고도의 물질 분리에 이용된다. 분자 각인은 그 이상의 것을 해내기도 한다. 이 기술은 약효가 있는 작용물질을 찾아내는 데에도 이용될 수 있다. 의약 성분들은 '자물쇠와 열쇠의 원칙'에 따라 생체 분자에 정확하게 들어맞아야 하기 때문이다.

그 과정은 다음과 같다. 어떤 효소에 대한 억제물질을 찾는다고 가정해보자. 이미 알려진 억제물질을 거푸집으로 삼아 이에 상응하는 빈 공간을 가진 중합체가 만들어진다. 빈 공간은 그 다음에 일종의 맞춤형 '분자 반응실'의 구실을 하게 된다. 이것은 두 개의 분자 구성 요소가 하나의 새 분자로 결합하는 것을 용이하게 만든다. 그러나 생성될 물질이 반응실에 잘 맞을 때에만 가능하다. 그러한 생성물질은 효소 주머니에도 잘 들어앉아 억제제로 작용하게 된다. 물론 이것은 아직까지 아이디어 차원에 머물러 있으나 앞으로 어떤 결과가 나올지 누가 알겠는가.

'프로그래밍이 가능한' 나노 성분

농장주들에게 콩 모자이크 바이러스는 달가운 존재가 아니다. 껍질을 지닌 열매에 침투하는 이 식물 바이러스의 명칭은 그 피해 대상인 사료용 콩에서 따온 것이다. 과학자들은 이 바이러스에 완전히 매혹되었다. 이를테면 마이크로컴퓨터나 나노 차원의 로봇에 쓰이는 미세한 부품들을 만들어내기 위해서는 몇 나노미디(1나노비터는 100만분의 1밀리미터) 크기의 구성 요소들이 필요하다. 지름이 30나노미터인 물질을 이용하면 감염된 잎에서 대량으로 추출할 수 있는 바이러스 입자들을 대상으로 실험이 가능하다.

콩 모자이크 바이러스는 나노기술에 적용할 수 있을 것이다. 바이러스 표면에 20면체 형태가 뚜렷이 보인다.

바이러스 껍질은 60개의 동일한 단백질로 이루어진 20각형의 조직체이다. 각각의 단백질은 바이러스 속으로 돌출한 화학적 '갈고리'를 갖고 있다. 의도적인 변형을 통하여 단백질에 또 다른 갈고리를—이번에는 바이러스 바깥쪽 표면에—덧붙이는 일종의 변형 바이러스를 만드는 것이 가능하다. 어떤 효과가 있을까? 원칙적으로 모든 종류의 분자들은 '갈고리'에 걸리기만 하면 서로 결합할 수 있다. 이러한 방식으로 바이러스는 화학적으로 '프로그래밍된다'. 안쪽과 바깥쪽 갈고리는 서로 상이하며, 따라서 상호 분리 반응이 가능하다. 화학약품으로 채워진 바이러스들은 일종의 마이크로 반응실로 사용될 수 있다. 또는 바이러스에 아주 많은 '갈고리'를 장착할 수도 있다. 금속 입자들이 접합되면 전도성이 있는 나노 구성 요소들이 만들어진다. 바이러스를 결정체로 만들면 결합한 분자들이 고도의 질서를 지닌 구조를 지니게 된다. 그러한 구조는 빛을 깨뜨리며 새로운 종류의 광전기 성분으로 사용될 수 있다.

분자 용기

액체를 미세한 개별 단위들로 나누는 것은 현대 과학에 대한 근본적인 도전이다. 이러한 방식으로 더 적은 양의 물질을 만들어내고 좀 더 복합적으로 소형화한 시스템을 구현하며 심지어 개별 분자들을 분류하고 조사할 수 있다. 주된 문제는 미세한 '용기'를 만들고 채우는 데 있다기보다 이것을 액체 속에서 다시 발견해 구분하고 목적

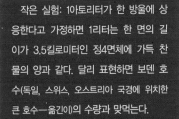

나노 용기
표면에 미세한 주머니들이 고도로 정
돈된 모습으로 고정되었다. 색소로
채워진 주머니들은 형광현미경으로
인식하여 구분이 가능하다.

아토리터는 무엇을 의미할까

· 100경분의 1(10⁻¹⁸)리터!
상상하기 힘들다고?

· 작은 실험: 1아토리터가 한 방울에 상
응한다고 가정하면 1리터는 한 면의 길
이가 3.5킬로미터인 정4면체에 가득 찬
물의 양과 같다. 달리 표현하면 보덴 호
수(독일, 스위스, 오스트리아 국경에 위치한
큰 호수—옮긴이)의 수량과 맞먹는다.

에 맞게 개별적으로 관찰하는 데 있다. 그러나 여기에도
해결책은 있다. 예를 들어 자기 구조화를 통해 초미니 용
기를 특정한 나노 견본에 고정하는 것이다. 이것은 다음
과 같은 방식으로 이루어진다.

나노미터 단위의 정돈된 조그만 점들로 이루어진 견본
을 미세한 '스탬프'로 유리 표면에 인쇄한다(이미 표준화
된 이 과정을 '마이크로 접촉 인쇄'라고 한다). '잉크'로는 바
이오틴 분자가 결합되어 있는 소혈청알부민 단백질을 사
용한다. 표면의 인쇄되지 않는 부분은 비활성화한다. 유
리 표면은 또 다른 단백질인 스트렙타비딘(Streptavidin)으
로 처리한다. 스트렙타비딘은 두 개의 요소를 지닌 접착
제처럼 바이오틴과 상호작용한다. 스트렙타비딘은 바이
오틴으로 인쇄된 자리에 달라붙어 그것을 '활성화'시킨
다. 그 다음 단계로 표면에 바이오틴 분자가 붙어 있는 미세한 주머
니 형태의 용액을 투여한다. 이것이 스트렙타비딘에 '달라붙게' 되
며, 따라서 각각의 주머니가 개별적으로 인쇄점에 부착된다. 이 주
머니는 바이오 세포막과 비슷하게 이중 지방층으로 되어 있다. 그
용량은 몇 아토리터(attoliter: 1al=10⁻¹⁸리터)이다. 이 주머
니가 색소로 채워지면 개별 '용기'를 형광현미경으로 명
확하게 알아볼 수 있다. 또한 DNA 조각들에서 나온 '표
지판'을 이용하면 아토 단위의 용기를 얼마든지 구분할
수 있다. 나노 단위의 '물질도서관'은 신약물질을 찾기
위한 화학 반응을 연구하는 데 이용된다.

곰팡이: 나노 건축가

놀랍도록 다양하고 복잡하면서도 나노 단위에 이르기까

지 고도로 질서정연한 구조를 지닌 생태계는 물질 과학
자들을 매혹시키고 모방하도록 자극했다. 그러나 과학
자들은 단순한 모방에 그치지 않고 박테리아, 바이러스, 곰팡이와
같은 미생물을 이용하여 직접 새로운 물질을 합성해내려 시도하고
있다. 그리고 이것은 심지어 상당히 단순하게 이루어질 수도 있다.
먼저 배양 용매 속에서 짧은 DNA 가닥들이 접합된 나노 금 입자를
세분한다. 그 다음에 곰팡이 포자를 용매에 살포한다. 곰팡이는 자
라기 시작하면서 균사라고 하는 실 종류의 조직체를 형성한다. 이
과정에서 금 입자는 선택적으로 균사의 표면에 달라붙어 매우 밀도
높은 외피를 형성한다. 균사는 곰팡이 종류에 따라 일정한 지름을
지닌 크기로 성장하므로 균등한 크기의 주머니가 생겨나게 된다. 이
것을 급속 건조한 후 압착하여 필름으로 만들면 금빛의 섬유질 물질
을 얻을 수 있다.

건축가로서 곰팡이
성장 과정에 있는 곰팡이의 균사에
금 나노입자로 된 표피를 씌울 수 있
다. 짧은 DNA 가닥 위에 더 큰 또
다른 금 입자를 덧씌울 수도 있다.

금 입자의 DNA 가닥을 통해 마이크로 주머
니는 이를테면 크기가 다른 또 하나의 금구슬
을 연결할 수 있다. 이때 이 금구슬은 딱 들어
맞는—상호 보완적인—DNA 짝을 갖고 있어
야 한다. 이러한 원리에 따라 좀더 복잡한 2차
구조물도 만들 수 있다. 그러나 곰팡이는 그
이상을 해낸다. 즉 '금도금'을 견뎌내며, 균사
는—제대로 된 영양소만 공급되면—전혀 손
상을 입지 않고 계속 성장한다. 용매를 바꾸
고 다른 크기의 금 입자를 투입하면 균사는 새
로 생성된 영역에 달라붙는다. 그 결과 단계
별로 상이하게 도금된 주머니를 얻게 된다.
이러한 방식으로 새로운 종류의 맞춤형 광전

건축가로서 곰팡이
'도금된' 균사의 전자현미경 촬영.
a~c 다양한 확대 사진.
d 균사의 단면도: 세밀한 금 가장자
리 선이 보인다.
e 금선(d)의 부분 확대 사진.
f~g 두 가지 곰팡이의 '도금된' 균사.

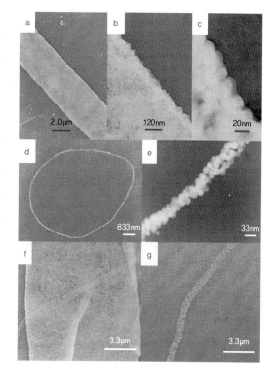

자의 특성이나 촉매의 특성을 지닌 물질을 얻을 수 있다.

3차원 마이크로 구조

더 작게, 더 섬세하게, 마이크로 시스템 기술이 앞서나가고 있다. 예를 들어 화학 분석이나 의료 진단을 위한 종합 시스템을 엄지손톱 크기로 줄일 수 있다. 물론 이에 필요한 3차원 마이크로 구조를 기존의 방식으로 만드는 것은 비용이 많이 든다. 매사추세츠 테크놀로지연구소 연구원들은 근본적으로 단순화한 제조 방법을 개발했다. 이것은 전기전도성 합성수지 폴리피롤이나 그것을 대체 가능한 금속인 니켈의 시간차 전기분해 방식에 기초한 것이다.

1단계에서 사진 석판술을 이용하여 출발점인 2차원 구조물을 만든다. 질화규소로 표면을 덧칠한 실리콘 웨이퍼에 빛에 민감한 합성수지를 바르고 원하는 모형을 지닌 반투명 필터를 통해 광선을 발사한다. 광선을 받은 자리의 합성수지는 다음 단계에서 선택적으로 떼어낼 수 있을 정도로 변형된다. 바로 이처럼 떼어낸 부분에 금막을 입힌다. 나머지 합성수지를 제거하면 원하는 형태의 2차원 금 표본만 남는다. 여기에서 결정적인 신기술은 금 표본의 개별 영역들이 의도에 맞게 서로 분리되도록 만들어진 작은 틈새들이다. 전기분해가 이루어지는 동안 금 표본의 한 점에 전압이 가해지면 그 틈새들로 경계가 그어진 한 영역에만 전기가 흐른다. 이때 폴리피롤이나 니켈의 분리가 시작된다. 분리가 진행되는 동안 그 물질은 옆으로나 위로 금 표본을 넘어 성장한다. 이러한 방식으로 얼마 후 틈

3차원 구조물
작은 틈새들이 성공을 낳는 기법(위)이다. 이러한 방식으로 전도성 소재의 전기분해 시에 금 표면 위에 서로 다른 높이의 구조물(아래)이 형성된다. 이것은 나중에 이 구조물을 복제할 때 네거티브 거푸집으로 사용될 수 있다. 여기에서 인공혈관의 구조물로 이용 가능한 마이크로 배관 시스템이 만들어진다.

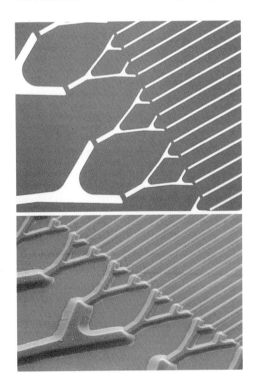

새가 메워진다. 표본에 인접한
영역으로까지 결합이 이루어지
면 그 영역에도 전기가 흐르게 되
면서 전기분해가 시작된다. 이러
한 과정이 계속 이어진다. 그 물
질은 틈새들로 인해 분리된 개별
영역에서 각각 시간차를 두고 성
장하기 때문에 단계적으로 높이
가 다른 구조물이 생성된다. 높
이의 차이는 틈새의 크기로 조절
할 수 있다. 생성된 구조물은 나

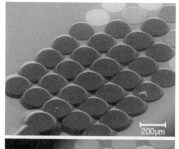

시간차 전기분해를 통한 3차원 구조물
전도성 합성수지(위)와 니켈 합성수지
(아래)로 이루어신 구조물.

중에 원판이나 '거푸집'으로 다양하게 활용할 수 있다.

거푸집은 가지 형태를 지닌 마이크로 혈관 시스템을 분석하는 데
활용된다. 이러한 방식으로 인공장기 내부의 혈관을 위한 구조물도
개발할 수 있다.

분자 접착

분자를 핀셋으로 집어 올려 기분 내키는 대로 갖다 붙인다? 터무니
없는 생각은 아니다. 갈래중합체를 이용하면 가능하다. 이것은 마치
나무처럼 가지를 친 개별 성분들로 이루어진 긴 분자 사슬이다. 가
지 친 성분들의 '꼭짓점'은 아자이드기(azide group)로 장식되어 있
다. 아자이드기는 서로 결합된 세 개의 질소원자로 이루어져 있으
며―예를 들어 자외선을 받아 활성화하면―고도로 반응한다. 분자
사슬을 특수한 받침대에 붙여 전자현미경으로 관찰하면 원통 모양
의 가닥으로 나타난다. 분자들은 이러한 방식으로 관찰할 수 있을
뿐만 아니라 조작도 가능하다. 전자현미경을 통해 털처럼 가느다란

분자 접착
전자현미경을 통해 바늘로 마치 핀셋처럼 중합체 가닥들을 집어서 서로 접착시킬 수 있다.

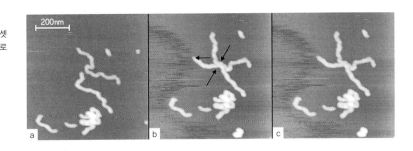

바늘로 가닥을 움직일 수 있다. 이 바늘이 지닌 힘은 중합체 가닥과 같은 미세한 대상물을 마치 핀셋처럼 꽉 잡아 받침대 위로 밀어 올릴 수 있을 정도로 충분하다. '핀셋'의 힘으로 중합체 가닥 두 개를 서로 접촉시켜 자외선을 쪼이면 아자이드기는 두 가닥 사이에 견고한 화학결합을 형성하며 반응한다. 가닥의 어느 부분에 접촉이 이루어지느냐에 따라서―예를 들어 X, Y, O 또는 8 등―여러 가지 형태를 '짜깁기'해 낼 수 있다. 일종의 '분자 접착제'로 반응하는 아자이드기를 이용하면 원칙적으로 모든 종류의 분자를 서로 결합할 수 있다. 완전히 서로 다른 유형의 나노 물질들―예를 들어 DNA와 탄소 나노튜브―의 혼성 구조물도 가능한 것처럼 보인다.

광구동 프로펠러

나노 로봇은 이미 오래 전부터 인류의 간절한 꿈이었다. 그리고 이 꿈은 상당히 실현 가능성이 있는 방향으로 나아가고 있다. 나노과학은 이미 분자 크기의 기계 부품을 개발했다. 대체 이것이 어떻게 가능할까?

프로펠러가 달린 분자 모터를 예로 들어보자. 과학자들에 따르면 그것의 기본 형체는 5각형의 탄소 고리로 이루어질 수 있다고 한다. 5각형의 꼭지에는 알데하이드기(각각 한 개씩의 수소원자와 이중결합의 산소원자를 지닌 탄소원자)가 비대칭 회전판으로 자리잡고 있다.

이것은 5각형에서 60도 각도로 튀어나와 있으며 자유로이 회전한다. 5각형의 양 '어깨'에는 회전지의 회전을 제어하는 데 필요한 두 개의 '완충기'가 연결되어 있다. 이것이 염소원자와 메틸기다.

프로펠러를 회전시키기 위해서는 이를테면 광파의 전자기마당과 같은 외부의 힘이 가해져야 한다. 여기에 레이저파보다 더 나은 것은 없을 것이다. 레이저 광선은 응집력이 탁월하다. 이것은 빛의 모든 부분이 동일한 진폭을 갖고 움직이며 정확하게 구획됨을 의미한다. 따라서 고도의 에너지를 지닌 통일된 전자기마당이 생기게 되는 것이다.

분자 프로펠러는 레이저파의 전자기력으로 작동한다.

레이저파의 전자기력이 회전자판에 '시동을 건다'. 그러나 모든 회전 방향에서 회전자는 완충기로 인한 반발력 때문에 방해를 받는다. 따라서 '시동 단계'에서 회전자는 우선 시계추처럼 왔다갔다한다. 이 시계추운동이 강해지면 회전자는 약한 완충기 메틸기의 에너지 제어를 극복하고 회전운동을 시작한다. 회전자는 이 가속주기에 따라 점점 더 빠르게 돌기 시작하며, 이 단계를 지나면 일정한 속도로 계속 돈다. 프로펠러의 회전 방향은 두 완충기의 위치에 따라 결정된다. 분자 모터는 프로펠러가 좌우로 회전할 수 있도록 좌우가 반대로 된 형태를 지닌다. 회전모멘트를 비롯한 모터의 또 다른 특성은 레이저파의 크기(파장, 지속도, 형태, 강도 등)로 조절할 수 있다.

부엌의 화학!?!

불판 위에서 수프가 끓고 오븐에서는 고기가 지글지글 구워지는 가운데 군침을 돌게 만드는 냄새가 온 집안을 채운다. 화학도 이처럼 입맛을 돋을 수 있다. 부엌에서 일어나는 것이 기본적으로 모든 화학 실험실에서 일어나는 것과 다를 바 없기 때문이다. 적합한 용매의 사용과—부엌에서는 물, 기름, 버터, 동물성 지방 또는 마가린이 이에 해당한다—에너지 투입으로 기초 물질이 구미를 당기는 최종 상품으로 변환되는 것이다. 아울러 실험실에서와 마찬가지로 부엌에서도 뜻하지 않은 부작용이 일어나 쓸모없는 부산물이 생겨난다.

12:30 점심 휴식시간

오전은 정말 생산적이었다. 오늘 아침식사는 대충 때운 만큼 점심은 제대로 먹고 싶다. 구내식당 음식이 아주 영양은 아니다. 그러나 오늘은 안 좋아 보인다. 생선튀김은 내 입맛에 맞은 적이 없고 감자튀김은 기름 속에서 헤엄치다가 나온 것 같다. 심지어 어린아이들조차 감자튀김이 악명 높은 뚱뚱제조기라는 사실을 안다. 게다가 최근에는 발암물질까지 들어 있다는 첨언을 받고 있다. 감자를 튀길 때 생성되는 화학물질이 원인이라고 한다. 성숙한 소비자로서 나는 확실한 정보를 얻어야 한다. 그러나 지금은 일단 배가 고프다. 메뉴를 보니 샐러드 뷔페를 선택할 수밖에 없다. 이런 메뉴가 그래도 나의 마지막 구원자다.

부엌의 독소: 감자튀김, 감자칩, 비스킷 속의 아크릴아마이드

2002년 4월 다시 한번 음식물 스캔들이 유럽 소비자들을 뒤흔들었다. 스웨덴 국립식품청이 감자튀김, 감자칩, 비스킷, 간식용 빵과 같은 특정 음식물에 놀라울 정도로 많은 양의 유독물질인 아크릴아마이드가 함유되어 있다고 밝혔던 것이다. 고농도 상태에서 아크릴아마이드는 신경계를 파괴하며, 동물 실험 결과에 따르면 비록 적은 양이라도 암을 유발하고 유전자와 신경계에 손상을 주는 것으로 나타났다. 따라서 세계보건기구(WHO)는 1994년 아크릴아마이드를 발암 개연성이 있는 물질로 분류한 바 있다. 실제로 이것이 인간에 위험한지는 아직까지 최종적으로 규명되지 않았지만 세계보건기구는 최대허용치로 체중 1킬로그램당 하루에 1마이크로그램($1\mu g = 10^{-3}$mg)을 권장하고 있다. 2003년 두 가지 연구 역시 감자튀김의 다량 소비와 암의 관련성을 증명해내지는 못했다.

아크릴아마이드는 감자나 곡류처럼 녹말을 함유한 식품을 굽거나 튀길 때 생성된다. 이때 식품에 함유되어 있는 자유아미노산 아스파라긴이 녹말의 구성물질인 포도당과 함께 반응한다. 녹말은 중합체로서 항상 동일한 구성 요소인 포도당의 긴 사슬로 이루어져 있다.

물론 아스파라긴과 당분 사이의 이러한 반응이 새롭게 밝혀진 것은 아니다. 감자튀김 요리에 아크릴아마이드가 함유되어 있다는 것은 이미 알려진 사실이다. 하지만 이러한 함유물의 위험성을 발견하기까지는 고도로 전문화한 소규모 회사에 소속된 과학자들의 분석 작업이 필요했다. 그들의 새로운 분석 방법에 힘입어 식품에 함유된 소량의 아크릴아마이드도 입증해낼 수 있게 되었다.

음식은 갈색으로 구워질수록 아크릴아마이드의 함유량도 높아진다. 물에 끓이거나 날 것의 경우에는 아크릴아마이드가 전혀 검출되지 않았다. 이것은 아크릴아마이드의 생성에 조리법이 중요한 구실

녹말을 함유한 식품 속의 아크릴아마이드 농도

단위: 아크릴아마이드 농도(mg/kg)

	중간치	최소~최대	표본 수
감자칩	0.980	0.330~2,300	10
감자튀김	0.410	0.300~1,100	6
비스킷	0.280	<0.030~0.640	11
콘플레이크	0.160	<0.030~1,400	15
간식용 빵	0.160	<0.030~1,900	21
옥수수칩	0.150	0.120~0.180	3
흰 빵	0.050	<0.030~0.160	21
구운 식품(피자, 부침개, 와플, 생선구이)	0.040	<0.030~0.060	9

기준일: 2003년 4월 30일   출처: 키일 소재 유럽 소비자센터

을 함을 말해준다. 따라서 음식에 아크릴아마이드 과다 함유를 막는 방법은 간단하다. 식품을 좀더 낮은 온도(최대 섭씨 200도)에서 굽거나 튀겨서 짙은 갈색이 아닌 금빛이 날 정도면 안전한 편이다(독일 소비자보호부의 슬로건이 '숯덩이 대신 금덩이'였다). 물론 가정의 부엌에서는 문제가 될 게 없다. 하지만 외식을 할 때나 감자칩, 감자튀김과 같은 인스턴트 식품을 먹을 때에는 너무 진한 갈색으로 구워진 것은 가급적 피해야 한다.

일요일에 먹는 특식 구운 고기 속의 화학

바삭바삭 구운 고기의 향과 맛깔스런 껍질 역시, 1912년 최초로 발견한 프랑스 화학자의 이름을 딴 메일라드(Maillard) 반응이라고 일컬어지는 화학적 변환에 의한 것이다. 단백질의 아미노산과 탄수화물은 고온에서 여러 가지 크기와 모양의 갈색 색소와 더불어 향료로 작용하는 휘발성의 화합물을 생성한다. 앞에서 언급한 아크릴아마

이드의 형성은 메일라드 반응의 특별한 케이스이
다. 이 반응은 물론 저온에서도 일어나지만
매우 느리게 진행된다. 또한 물에 삶은 음식
에도 '메일라드 산물'이 함유되어 있지만 최고 섭씨 100도
의 비교적 낮은 온도 때문에 그 양은 훨씬 적다. 심지
어 냉장 보관한 음식에도 메일라드 산물이 함유되어
있는 것으로 입증된 바 있다. 실험실에서 설탕을 아미노
산과 결합하면 부엌에서와 똑같은 특성을 지닌 향료가 생성된다. 따
라서 식료품업체는 이 두 가지 기본 성분을 지닌 향료를 대량으로
생산하는 데 메일라드 반응을 이용한다. 고기를 구울 때뿐만 아니라
나이가 들어 눈이 침침해지는 백내장에도 메일라드 반응이 어떤 구
실을 한다.

3,4-다이메틸싸이오펜
메일라드 반응으로 생길 수 있는 수
많은 향료 중 하나. 이 향료는 '구운
양파'라는 별칭으로 더 잘 알려져 있
다(회색: 탄소원자, 하양: 수소원자,
노랑: 황원자).

　구운 고기의 갈색과 향료 생성에 관여하는 메일라드 반응은 유감
스럽게도 몇 가지 바람직하지 못한 효과도 낸다.

1. 메일라드 산물은 우선적으로 필수 아미노산인 리신과 함께 형
   성된다. 이 리신은 우리 몸에서 생성되지 않기 때문에 음식물
   과 함께 섭취해야 한다. 그러나 메일라드 반응의 진행 과정에
   서 이 중요한 영양소가 파괴된다. 메일라드 반응의 산물은 소
   화 효소의 작용에도 끄덕 없기 때문이다. 이 밖에도 고기를 고
   온으로 가열할 때 단백질들 사이에 상호 결합 현상이 발생한
   다. 이처럼 상호 결합한 단백질 덩어리 역시 체내에서 소화되
   지 않는다. 그리하여 음식물에 필수 아미노산이 많이 함유되어
   있더라도 실제로 우리가 섭취하는 양은 줄어들 수 있다.
2. 특히 건조한 상태나 고온 가열해 식품을 보관할 때 원치 않는
   냄새가 생길 수 있다. 예를 들어 장기 보관용 우유와 신선한 우

유의 맛이 뚜렷이 구별된다.

3. 때때로 프라이팬이나 숯불에 구운 음식이 유전자 변형 내지는 암을 유발하지 않느냐는 논란이 제기된다. 유기 재료를 고온 가열하면 비록 소량이지만 벤조피렌이나 기타 다환 탄화수소와 같은 유선자 변형 물질이 생성되며 그것들이 발암물질이라는 것은 이미 입증되었다. 이 물질들이 실제로 인간에게 얼마나 위험한지를 가늠하기는 매우 어렵다. 이 화합물은 요리할 때 매우 적은 양이 생성되지만 상호 결합에 의해 전혀 새로운 작용을 일으킬 수 있기 때문이다.

물론—반가운 소식이다—이러한 달갑잖은 부산물은 음식물을 조리할 때 섭씨 180~200도 이상으로 가열하지 않으면 대부분 생성을 막을 수 있다. 게다가 가능한 짧은 시간 가열하면 더욱 안전하다.

과일과 채소를 많이 먹어라

'잡식성'인 인간에게는 육류와 유제품에 많이 함유된 단백질과 지방뿐만 아니라 탄수화물도 필요하다. 여기에는 포도당이나 과당과 같은 작은 당분이 속한다. 이러한 당분들은 각각 단 하나의 당 분자로 이루어져 있어서 단당류라 한다. 단맛을 내기 위해 사용하는 가정용 설탕(수크로오스)은 포도당과 과당으로 이루어져 있으며, 이것들이 서로 결합하여 이당류를 형성하고 있다. 여러 개의 당 분자를 연결하여 긴 사슬을 만들게 되면 이른바 다당류라고 하는 매우 큰 분자가 생겨난다. 여기에는 식물 속의 포도당

리신은 이른바 필수 아미노산에 속한다. 필수 아미노산은 우리에게 필수불가결한 반면, 체내에서 생성되지 않는다. 따라서 이것은 음식물과 함께 섭취해야 한다(회색: 탄소원자, 하양: 수소원자, 빨강: 산소원자, 보라색: 질소원자).

으로 구성된 폴리글루코스, 섬유
소, 녹말이 속한다. 단당류는 몸에
필요한 중요한 에너지원이다. 중
합 탄수화물은 에너지의 보고이며
식물의 경우에는 필수 영양소로
기능한다. 동물계에서도 다당류가
중요한 구실을 한다. 인간과 동물
에게 글리코겐은 근육과 간에 필
요한 당을 위한 저장물질이다.

과일과 채소는 탄수화물 이외에
도 우리에게 필수적인 것을 함유
하고 있다. 그것이 바로 비타민이
다. 비타민은 아주 적은 양만 필요
하다. 하루에 필요한 양은 50(비타

포도당과 과당
이것은 체내에 신속한 에너지 공급을
뒷받침한다. 포도당은 6각형 고리로 이
루어져 있으며 과당은 탄소원자(회색)
와 산소원자(빨강)로 이루어진 5각형
고리를 이루고 있다(하양: 수소원자).

민C)~0.002(비타민B12)밀리그램 정도이다. 그러나 비타민 결핍은
심각한 건강장애를 초래한다. 육류에만 존재하는 비타민B12를 제
외하면 모든 비타민은 채소류에 충분히 함유되어 있다.

비타민은 가공 처리하는 식품에 첨가될 정도로 중요하다. 이것은
식품의 영양가를 높이는 데 기여하며, 가열 과정에서 파괴된 비타민
을 대체하기 위해서도 거의 필수적이다. 비타민C의 첨가는 심지어
식품의 보존 기간을 늘려줄 수 있다. 비타민C가 해독제로 작용함으
로써 점진적인 산화를 막아주기 때문이다. 여기에서 또 한 가지 흥
미로운 테마인 '식품 속의 첨가물'이 등장한다.

우리가 먹는 모든 것
원래 상태에서 바로 소비자에게 넘어가지 않고 가공 처리한 식품에

비타민과 그 용도

지용성 비타민		중요한 기능	함유 식품	1일 필요량
비타민A (올트란스레티놀, 3,4-다이하이드로레티놀)		시각, 성장, 정액 생성, 태반 발달, 모태 속 태아의 발육, 테스토스테론 물질	소 간, 달걀 노른자, 당근	1.2mg
비타민D (칼시페롤)		뼈의 성장	생선, 간유, 돌버섯, 아보카도, 체내 콜레스테롤로 합성이 가 능하며 햇빛이 필요하다.	0.01mg
비타민E (투코페롤)		산화 방지, 활성산소 중화, 신 경근육계의 기능에 중요하다.	마가린, 올리브유, 곡류, 견과 류, 채소	4~9mg
비타민K (필로퀴논, 메나퀴논)		혈액 응고	꽃양배추(콜리플라워) 속의 필 로퀴논, 방울다다기 양배추, 시금치, 콩, 완두콩, 식물성 기름, 메나퀴논은 장박테리아 에 의해 합성된다.	정확히 밝혀지지 않음.
수용성 비타민				
비타민C (아스코르브산)		해독제. 신진대사의 다양한 수산화 과정에서 산화·환원 시스템으로 기능한다.	파프리카, 파슬리, 키위, 레몬 류	50mg
비타민B1 (티아민)		당 분해에 중요한 조효소	곡류, 콩류, 효모, 감자, 내장	0.9mg
비타민B2 (리보플라빈)		신진대사에서 수소 운반 반 응 시의 조효소	우유, 달걀, 곡류, 버섯, 간	1.3mg
비타민B6 (피리독신)		아미노산 신진대사의 수많은 기(基) 운반 반응 시의 조효소	곡류, 채소류, 육류	2mg
비타민B12 (코발라민)		코발트 함유, 메틸기의 운반, 분자 내 이동 반응	육류	0.002mg
폴산		핵산 합성, 탄소원자를 함유 한 성분들의 운반	간, 이파리 채소, 달걀 노른 자, 견과류, 효모	0.2mg
바이오틴 (비타민H)		당분의 새로운 합성, 지방산 의 생화학 합성, 아미노산의 분해	바나나, 그레이프프루트, 사 과, 멜론, 콩, 시금치, 효모, 장균 속에서 생화학 합성	밝혀지지 않음.
니코틴산		수소 운반 효소들의 조효소, 탄수화물·지방산·아미노산 의 생성 및 분해	현미 곡류 식품, 원두커피, 내장, 어류	14.5mg
판토텐산		산 잔여물의 운반에 관여	아보카도, 바나나, 그레이프 프루트, 오렌지	10mg

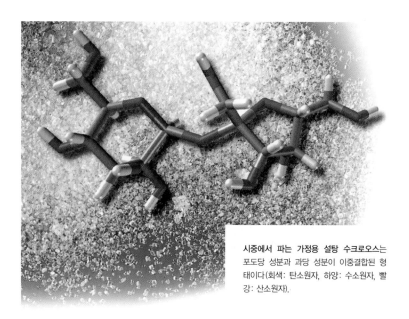

시중에서 파는 가정용 설탕 수크로오스는 포도당 성분과 과당 성분이 이중결합된 형태이다(회색: 탄소원자, 하양: 수소원자, 빨강: 산소원자).

는 보존 기간을 연장해주고 맛이나 색깔을 보강하는 첨가물들이 함유되어 있다. 방부제를 비롯하여 미각 강화제, 향료, 응고제, 유화제, 안정제, 색소, 또 다이어트 식품이나 저지방 식품의 경우에는 설탕대체물질 등이 함유되어 있을 수 있다. 물론 모든 첨가물은 사람에게 무해하고 소화가 용이해야 한다. 그렇더라도 경우에 따라서 이러한 물질에 특별히 예민한 사람에게는 심한 알레르기 반응을 초래할 수 있다. 그래서 첨가물은 식품에 중요하고 필수적인 경우에만 사용해야 한다. 독일에서 사용하는 모든 식품 첨가물은 일반적인 법적 허가(첨가물 허용 규정)를 받거나 특수한 적용 영역에 대해서는 특별 규정에 따른 허가를 얻어야 한다. 모든 첨가물에는 분류 번호와 명칭뿐만 아니라 이른바 E-번호(E-number)를 명기해야 한다. E-번호는 전 유럽에서 통용된다. E-번호에 기초하여 언제든지 첨가물

글리코겐은 사람과 동물의 체내에서 당 저장 분자로 기능한다. 이것은 중합체로서 서로 결합된 다수의 동일한 개별 성분들로 이루어져 있다. 글리코겐의 성분은 포도당이다(회색: 탄소원자, 하양: 수소원자, 빨강: 산소원자).

의 내용을 확인할 수 있다. 식품의 내용 물질에는 엄격한 검사 기준이 적용된다. 식품은 의약품처럼 아플 때만 복용하는 것이 아니라 매일 일상적으로 먹기 때문이다. 화학은 더 안전한 새로운 제품을 만들어내고 해로운 물질을 찾아내는 데 기여한다.

늘 신선하게

방부제는 빅테리아나 곰팡이 또는 효모의 성장을 억제한다. 따라서 부패하기 쉬운 식품의 제조 과정에서 방부제의 첨가가 필요하다는 점은 쉽게 이해할 수 있다. 부패한 음식을 먹게 되면 심각한 식중독으로 이어질 수 있기 때문이다. 몇몇 종류의 곰팡이는 극도로 유독한 아플라톡신(aflatoxin)을 내뿜는다. 아플라톡신은 발암성 물질이며 간과 신경계를 손상시킨다. 박테리아로 인한 위험한 전염 역시 방부제로 막을 수 있다.

방부제로는 보통 소르빈산과 그 염분, 벤조산과 그 염분, 파라-하이드록시벤조산에스터나 개미산이 사용된다. 이 물질들은 미생물의 중요한 신진대사 효소를 차단하거나 그 세포벽을 파괴한다. 소르빈산은 마가린, 치즈, 단백질, 채소, 과일, 빵류, 와인, 어류 및 육류의 곰팡이를 억제한다. 이것은 건강에 문제가 없는 것으로 알려져 있으며, 자연에서는 마가목에 존재하기도 한다. 벤조산은 딸기·자두·정향 등에 함유되어 있으며, 알레르기나 천식 환자에게 과민 반응을 일으킬 수 있다. 박테리아, 효모, 곰팡이를 억제하는 기능을 하지만 수육 소스와 같은 신 음식에서만 작용한다.

식품 속의 곰팡이는 위장을 상하게 하는 유독물질을 배출할 수 있다. 소르빈산과 같은 방부제는 그러한 미생물의 성장을 억제한다(회색: 탄소원자, 하양: 수소원자, 빨강: 산소원자).

파라-하이드록시벤조산에스터는 거의 어류의 장기 보관을 위해 사용되며, 대부분 체내에 변화를 일으키지 않고 그대로 배설된다. 개미산은 박테리아, 곰팡이, 효모를 차단하는 구실을 하지만 신맛이 나는 환경에서만 기능하다. 그래서 과일 주스, 절인 채소, 어류의 보관에 사용한다.

황을 함유한 아황산염 역시 식품 보관에 사용된다. 물론 적용 범위는 과일, 채소, 말린 과일에 한정된다. 이것은 포도주를 만들 때 매우 특별한 구실을 한다. 새 포도주를 담아 숙성시키는 통은 미생물을 박멸하고 숙성 과정에서 산소로 인한 손상을 막기 위해 황산나트륨 용액이나 이산화황으로 처리한다. 이러한 물질을 너무 많이 사용하면 예민한 포도주 애호가는 나중에 두통을 느낄 수 있다.

빈번히 사용하지만 우려의 여지가 없지 않은 또 다른 방부제가 아질산나트륨, 즉 질산염이다. 이것은 절임용 소금으로서 전통적인 방부제이다. 아질산염으로 처리한 육류는 박테리아의 일종인 보툴리누스 균(Clostridium botulinum)으로부터 보호를 받는다. 이 박테리아는 가장 위험한 독소 중 하나인 보툴리누스 독소를 만든다.

이 밖에도 아질산염은 긍정적인 부수 효과로서 보관 과정에서 육류가 갈색으로 변색하는 것을 막아준다. 이것은 도살 후 곧바로 보기 흉한 갈색으로 변색되는 근육 색소인 미오글로빈과 함께 붉은색을 띠는 복합체를 형성한다. 이를 통해 고기는 싱싱하고 먹음직스럽게 보이게 된다. 그러나 육류와 소시지류를 아질산염으로 처리할 경우 부작용이 없지 않다. 아질산염으로 처리한 육류를 고온에서 가열하면 유전자 변형을 초래하고 발암 물질인 나이트로사민이 생성된다. 몇몇 나이트로사민은 특히 구울 때 생성되므로 이러한 첨가물은 바비큐용이나 그릴용 소시지에는 허용되지 않는다.

육류나 생선, 또는 치즈를 훈제하는 것은 자연적인 방부 처리에

해당할 뿐만 아니라 해당 식품의 맛을 좋게 하는 장점도 있다. 나무가 은근히 연소되는 과정에서 폼알데하이드, 아세트알데하이드, 메탄올, 페놀 능이 생성되어 방부 작용을 하게 된다. 이것들은 모두 비판적인 논의의 대상으로서 의심의 여지가 없지 않은 화학물질들이다. 이 밖에도 부산물로서 벤조피렌 같은 발암물질인 다환 탄화수소가 발생한다.

산화 방지제도 방부제에 속한다. 이것은 지방의 산화를 막아주며 지방을 함유한 식품에 악취가 나지 않도록 해준다. 감자 식품이나 채소류의 경우에는 대기중의 산소로 인한 변색을 막아준다. 자연 상태의 산화 방지제인 비타민C, E, 레몬산, 주석산, 레시틴 외에도 개별 식품에 따라 합성물질이 사용되기도 한다. 예를 들어 아몬드 초콜릿에는 부틸하이드록시아니솔, 껌에는 부틸하이드록시톨루엔, 건조 수프와 소스, 냉동 또는 건조 감자 식품, 간식용 건빵 등에는 갈산(gallic acid, 몰식자산)의 다양한 화합물이 들어 있다.

산화아연은 방부제와 산화 방지제의 구실을 할 뿐만 아니라 산 조 정제와 안정제로 작용한다. 이것은 가당연유(커피용 우유), 소프트 치즈, 육류 및 어류, 빵류, 빵가루에 들어 있으면 특히 콜라 음료에 많이 함유되어 있다.

언제나 입맛을 돋우는

잘 알려진 바와 같이 음식은 눈으로도 먹는다. 특히 어린아이들은 (물론 그들뿐만은 아니지만) 봉봉사탕, 막대사탕, 고무과자의 울긋불 긋한 유혹에 곧잘 넘어간다. 식품의 색깔은 구미를 당기게 만드는 구실을 한다. 심지어는 전혀 신선하지 않은 식품을 괜찮은 것처럼 보이게 만들 수도 있다. 다시 말해서 색소는 소비자를 속일 수 있으 며, 그 때문에 논란이 되기도 한다. 그뿐만 아니라 복합 색소, 특히 아조 색소는 때때로 알레르기를 유발할 수 있다. 아스피린 부작용에 시달리는 사람들이 그러한 고통을 당하는 경우가 흔하다. 그들은 특 히 아조 색소에 예민하게 반응하기 때문이다. 식품은 자연 색소나 이른바 자연 상태와 동일하게 합성한 색소로 색깔을 낼 수도 있다. 예를 들어 초록색의 국수에는 시금치의 초록 잎에서 추출한 엽록소 가 함유되어 있다. 사탕무에서 추출한 베테인은 토마토케첩에 붉은 색을 내는 데 이용된다. 당근에 함유된 카로티노이드는 과자나 음료 수가 노랑, 빨강, 심지어 보라색을 띠게 만든다.

에멀션은 기름과 물의 혼합물이다. 이것은 조그만 기름방울이 물 속에 조밀하게 퍼져 있는 형태(물속의 기름 에멀션)나 그 반대의 형태 (기름 속의 물 에멀션)다. 자연 상태에서 나타나는 '물속의 기름 에멀 션'이 우유이다. 네덜란드 소스나 마요네즈와 같은 에멀션이 물과 기름으로 분해되는 것을 막기 위해 유화제를 첨가한다. 유화제는 에 멀션 속의 작은 방울을 안정시켜서 서로 엉켜 덩어리지거나 에멀션과 분리되는 것을 방지한다. 이때 유화제는 마치 때를 물에 녹여내는 세제 속의 계면활성제처럼 작용한다. 식품을 제조할 때에는 대부분 체내에서 완전 분해되는 자연 유화제나 자연 상태와 동일한 유화제만 사용한다. 특정한 스테로이드, 즉 콜레스테롤 유도체, 글리세린이 하나 또는 두 개의 유기산과 결합한 형태인 모노글리세롤과 다이아실글리세롤, 레시틴이 여기에 해당한다. 유화제 덕분에 빵은 부드러워지고, 초콜릿에 기름기가 생기지 않는다. 마가린은 빵에 바르기 좋은 상태가 되고, 가루 우유는 물에 잘 녹으며, 껌은 쉽게 모양을 바꿀 수 있다.

소스와 수프는 끈적끈적해야 하고, 푸딩은 크림 상태를 유지해야 한다. 이를 위해 필요한 것이 응고제다. 응고제는 대부분 식물 즙 (예: 펙틴, 고무, 아라비아고무)이나 해초(예: 한천)에서 추출하는 고분자 물질이다. 그래서 적은 양으로도 엄청난 양의 물을 응고시키며 소스의 점착성을 높이거나 과일 젤리나 푸딩 속에서 안정적인 젤을 형성한다.

언제나 맛있게

중국식당을 자주 찾는 사람은 글루탐산나트륨을 알 것이다. 이것은 어류나 육류 요리, 채소나 수프처럼 소금간이 들어간 음식의 원래 맛을 강화해주는 화합물이다. 글루탐산염 자체는 아무런 맛이 없다. 다만 입 속 미각돌기의 예민성을 높여주는 작용을 한다. 한꺼번에 너무 많은 글루탐산염을 섭취하면 일종의 '숙취' 현상이 일어난다. 일반적인 불쾌감은 식사 후 한두 시간이 지나면 서서히 사라진다.

여러 가지 음료수를 비롯하여 많은 식품은 설탕이 아니라 설탕대체물질에서 단맛을 얻는다. 누구나 아는 좋은 예가 바로 '코카콜라 라이트'이다. 설탕대체물질로는 설탕 대신 음식을 달게 만드는 데 사용되는 다양한 등급의 물질이 있다. 그것들을 크게 두 그룹으로 나누면, 하나는 감미료이고 다른 하나는 설탕대체물질이다.

감미료는 강한 단맛을 지닌 합성 또는 자연 상태의 화합물이다. 설탕이나 설탕대체물질과 달리 체내에서 별다른 반응을 일으키지 않고 그대로 다시 배설된다. 따라서 영양가가 전혀 없거나 무시해도 좋을 정도로 낮아서 체중 감량을 위한 다이어트제로 사용할 수 있다. 감미료는 당분을 전혀 함유하지 않기 때문에 당뇨병 환자에게도 적합하다. 당뇨병 환자용 음식에 맛을 내게 할 뿐만 아니라 라이트 식품의 제조에 사용된다.

의도하는 맛을 내기 위해 때때로 다양한 감미료와 설탕대체물질을 혼합하기도 한다. 감미료를 함유한 식품에는 상응하는 (첨가물) 표시가 되어 있어야 한다. 연구 결과에 따르면 감미료는 암을 유발하거나 (무엇보다도 단 것에 대한) 허기를 느끼

작고 달다
감미정 한 알의 당도는 찻숟가락 하나 분량의 가정용 설탕에 상응한다.

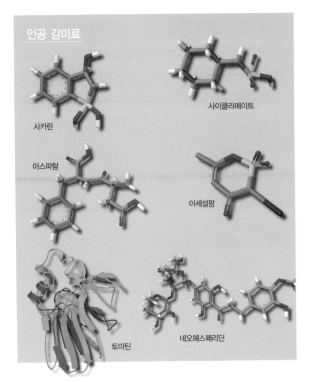

인공 감미료

사카린

사이클라메이트

아스파탐

아세설팜

토마틴

네오헤스페리딘

게 한다는 의혹을 받았으나 몸에 해롭지 않다. 설탕과 달리 감미료는 치석을 발생시키지도 않는다.

인공 감미료에는 사카린, 사이클라메이트, 아스파탐, 아세설팜, 토마틴, 네오헤스페리딘 등이 있다.

사카린은 공상에서 생산한 죄조의 감미료이다. 설탕 원료보다 300~700배 더 달다. 고농도에서는 쓴 금속성의 뒷맛이 나기 때문에 통상 사이클라메이트, 토마틴, 설탕대체물질과 함께 사용한다. 라이트 식품과 당뇨병 환자용인 무설탕 식품의 제조에 사용된다.

아세설팜은 가정용 설탕보다 약 200배의 단맛을 낸다. 고농도에서 오히려 단맛이 감소하고 금속성의 뒷맛이 난다. 식품 제조 과정에서 특히 우유나 물을 기반으로 한 저칼로리 음료 또는 무설탕 향음료, 아이스크림, 과일 통조림, 과일 잼, 젤, 마멀레이드 및 무설탕 과자류, 고급 샐러드 및 무알코올 맥주 등에 사용된다.

아스파탐은 두 개의 아미노산(아스파트르산과 페닐알라닌)이 화학적으로 결합한 형태로 체내에서 마치 단백질처럼 분해된다. 따라서 칼로리가 없는 것이 아니라 단백질과 똑같은 양의 에너지(약 4kcal/g)를 공급한다. 고농도의 아스파탐을 식품에 첨가해도 아세설팜처럼 금속성의 뒷맛이 나지 않는다. 다만 내열성이 부족하여 섭씨 200도 이상이 되면 파괴된다. 그래서 삶거나 구워야 하는 식품에는 적합하지 않다. 이것은 식품 가공 단계에서 주로 사이클라메이트와 혼합하여 사용된다. 특히 저칼로리 스포츠 음료, 디저트, 유제품, 아이스크림, 빵에 바르는 잼, 겨자, 소스, 과일 통조림, 알코올 음료의 제조에 이용된다. 유전성 질환인 페닐케톤뇨증(phenylketonuria)을 앓는 사람은 아스파탐을 사용해서는 안 된다. 감미료가 분해되는 과정에서 생성되는 아미노산 페닐알라닌이 신진대사를 통해 처리될 수 없기 때문이다. 따라서 아스파탐이 들어 있는 식품에는 '페닐알라닌 함유'라는 경고 표시를 해야 한다.

사이클라메이트는 사이클로헥산설파마이드산과 그 나트륨염 및 칼륨염의 상위 개념이다. 이것은 장기간 보관이 가능하고 내열성을 갖고 있다. 따라서 삶거나 구워야 하는 식품에도 사용할 수 있다. 사이클라메이트의 당도는 가정용 설탕의 35~70배이다. 맛을 내고 당분을 강화하는 데 쓰이며 주로 사카린과 함께 첨가한다. 저칼로리 음료, 달걀이 든 디저트 식품, 빵, 무설탕 과자류 등에 사용된다. 하루 최고 소비량은 체중 1킬로그램당 7밀리그램이다. 여름에 저칼로리 음료를 많이 마시는 아이들의 경우 금방 한계치에 이를 수 있고 심지어 초과할 수도 있으므로 주의해야 한다.

토마틴은 단백질로서 서아프리카에서 자라는 식물인 타우마토카쿠스 다니엘리(*Thaumatocaccus danielli*)의 씨에서 추출한다. 희소성 때문에 매우 비싸다. 체내에서 쉽게 흡수되며 단백질 화합물임에도 별다른 화학적 반응을 일으키지 않고 그대로 배뇨된다. 내열성이 약하기 때문에 삶고 굽는 요리에는 부적합하다. 당도가 매우 높아서 소량으로 사용한다.

네오헤스페리딘은 레몬 껍질에서 나오는 플라보노이드를 화학적으로 합성하여 만든다. 물을 기반으로 한 저칼로리 음료, 스낵, 과자류 등에 사용된다. 소량의 이 물질은 장에서 흡수되지만 칼로리는 무시해도 좋은 정도이다. 네오헤스페리딘은 조금만 첨가해도 쉽게 감지할 수 있으며 멘톨 비슷한 독특한 뒷맛이 난다. 따라서 이 감미료는 사용 범위가 제한적이다. 일반적으로 향료나 다른 감미료와 혼합하여 사용한다.

설탕대체물질은 체내에서 혈당과 인슐린 수치를 약간 증가시키는 탄수화물이다. 따라서 당뇨병 환자의 다이어트에 설탕 대신 사용할 수 있다. 대부분의 설탕대체물질은 당알코올류에 속하며 약 4kcal/g 의 에너지를 갖는다. 그러므로 당뇨병 환자들은 칼로리 함량에 이것을 함께 계산해야 한다. 설탕대체물질의 당도는 가정용 설탕의 40~70퍼센트 정도이다. 입 속의 박테리아들은 설탕대체물질을 공격하지 못한다. 그래서 치아 친화적인 물질로 일컬어지기도 하며 껌에 사용한다. 단점은 소장에서 완전히 흡수되지 않고 부분적으로 원래의 상태로 대장에 도달하여 물과 결합한다는 점이다. 다량 섭취할 경우 더부룩함과 설사로 이어질 수 있다. 10퍼센트 이상의 설탕대체물질을 함유한 식품에는 '과다 섭취는 설사를 유발할 수 있다'는 문구를 표시해야 한다.

설탕대체물질로는 소르비톨, 만니톨, 이소말트, 자일리톨, 말티톨, 락티톨 등이 있다.

소르비톨은 신진대사 때 효소에 의해 과당이 포도당으로 변환되는 과정에서 생기는 자연적인 중간물이다. 소르비톨은 마가목 열매나 자두와 같은 과일에서 얻는다. 기술적으로 포도당에서 만들 수 있으며 무당 또는 저당 과자류, 당뇨병 환자용 식품 및 빵에 쓰인다. 소르비톨이 체내에서 과당으로 변환되기 때문에 과당 조절 장애를 지닌 사람은 소르비톨을 섭취해서는 안 된다.

만니톨은 수많은 식물에 함유되어 있으며 특히 만나나무의 즙, 해초와 버섯 등에서 추출할 수 있다. 만니톨은 과당이나 만노오스로 만들 수 있으며 비타민제나 청량제에도 함유되어 있다. 만니톨에 예민한 사람이 과다 섭취하면 구토를 일으킬 수 있다.

이소말트는 자당을 효소 합성해 얻는다.

말티톨은 녹말이 효소에 의해 당으로 바뀔 때 생성된다.

락티톨은 젖당을 이용하여 만든다.

자일리톨은 많은 식물에 함유되어 있으나 체내에서 포도당 신진대사의 중간물로도 생성된다. 목당(크실로오스)을 이용하여 화학적으로 제조하기도 한다. 자일리톨은 혀에 냉각 효과를 일으켜 멘톨처럼 상쾌함을 더해준다. 이소말트, 자일리톨, 락티톨, 말티톨은 특히 저칼로리 식품, 디저트, 아이스크림, 마멀레이드, 잼, 과일 요리, 껌, 과자, 빵, 소스, 겨자 등을 만드는 데 이용된다.

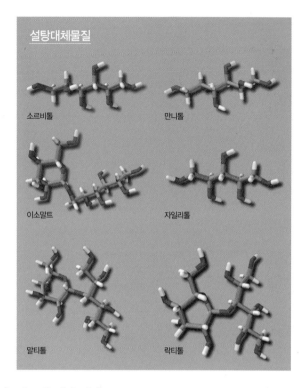

설탕대체물질

소르비톨

만니톨

이소말트

자일리톨

말티톨

락티톨

음식이 보약이다

음식을 먹는 일은 필수적인 동시에 즐거움이기도 하다. 최근에는 음식이 우리의 건강을 증진시키고, 문명의 발달로 인한 질병을 예방하며, 특정한 질병의 위험성을 감소시킨다고 알려져 있다. 이를 위해 이른바 '기능성 음식'이 존재한다. 이것은 특정한 영양소나 건강에 좋은 성분들을 첨가한 영양이 풍부한 식품을 일컫는 멋들어진 이름이다.

기능성 음식은 체중을 적절하게 유지해주고 혈당 수치를 쉽게 조절해주며 혈지방 수치를 조정하는 데 도움을 준다. 이러한 음식을 섭취하면 신체적·정신적 업무 능력이 증가하면서 편안함을 느낀다. 다른 한편으로 면역력이 강화되고 노화가 느리게 진행된다.

대부분의 영양학자들은 독일과 같은 산업국가에서 균형 잡힌 식사를 하면 필수 영양소가 부족하지 않다는 데 의견을 같이한다. 과일 및 채소와 같은 '채식 중심'의 식생활을 하면 여러 가지 질병을 예방할 수 있다. 건강한 사람이 기능성 식품으로 필수 영양소나 건강을 증진하는 성분들을 추가로 섭취하는 것은 낭비에 지나지 않는다. 하지만 '패스트푸드'와 '인스턴트 식품'은 경우가 다르다. 이러한 식품을 즐겨 찾으면 영양가가 풍부한 음식을 먹고 주요 영양소를 보충할지라도 건강을 장담할 수 없다. 무엇보다도 아이들이나 청소년들에게 나타나는 이러한 추세는 영양 결핍으로 이어지거나 특히 운동 부족(컴퓨터 게임이나 TV 시청뿐만 아니라 가까운 거리도 자동차를 타고 가는 부모들도 한몫을 한다)이 더해지면 건강이 위험한 상태에까지 이른다. 따라서 사탕, 과자, 인스턴트 수프에 적합한 영양소들을 첨가하여 영양 결핍을 막으려는 시도는 어쩌면 당연해 보인다. 기능성 식품은 이러한 존재 가치를 지니고 있다. 특히 기능성 식품의 실제적인 효용성, 작용 메커니즘, 적정량, 다른 음식물과의 상호작용 등에 관해서는 계속 철저하게 연구해야 한다.

기능성 식품이 얼마나 효과적으로 작용하는지는 아직까지 확실하게 평가할 수 없다. 연관관계들이 너무 복잡하고 확실한 지식도 부족하기 때문이다. 혼란에 빠지고 싶지 않은 사람은 과일, 채소와 더불어 칼로리가 높지 않은 음식물을 섭취해야 한다. 그러면 안전하다고 할 수 있다.

최고의 기능성 식품

오메가3지방산

오메가3지방산은 긴 사슬 형태의 지방산으로서 탄소 사슬의 세 번째 원자를 비롯하여 사슬의 여러 지점에서 이중결합을 이루고 있다. 따라서 이 지방산은 여러 겹의 불포화 상태이다. 오메가3지방산은 심장 혈액순환, 혈액 응고, 혈중 지방 농도, 염증을 일으키는 화학 반응 등에 좋은 작용을 한다. 에스키모인이 다른 지역의 사람들보다 심근경색의 위험이 훨씬 적다는 연구들을 통해 오메가3지방산이 지닌 좋은 특성들이 주목받고 있다. 그러한 연구 결과는 첫눈에 보기에도 기이할 정도이다. 에스키모인은 신선한 과일과 채소를 거의 먹지 않는 대신 매우 기름진 생선을 먹기 때문이다. 에스키모인이 주로 먹는 생선에 함유된 오메가3지방산이 긍정적인 효과를 내는 것이다.

생선이 건강을 증진시킨다
생선 기름은 오메가3지방산을 많이 함유하고 있기 때문이다. 에스키모인에게 심근경색이 드문 것은 이 지방산의 좋은 영향을 입증한다.

오메가3지방산은 에이코사펜타엔산(eicosapentaenoic acid, EPA: 사슬 안에 20개의 탄소원자와 다섯 개의 이중결합이 특징적이다)이나 도코사헥사에노산(docosahexaenoic acid, DHA: 사슬 안에 22개의 탄소원자와 여섯 개의 이중결합이 특징적이다)과 마찬가지로 빵이나 소시지 제품에 첨가된다.

프로바이오 제품

프로바이오 유제품과 요구르트는 광고를 통해 이미 알려져 있다. 이러한 제품들은 최근 독일 요구르트 시장의 약 15퍼센트를 차지한다. 프로바이오 식품에는 대부분 살아 있는 미생물인 유산균을 함유하고 있다. 규칙적으로 먹으면 박테리아가 장세균 속에 자리를 잡아 좋은 영향을 미친다. 즉 소화를 촉진하고 중요한 영양소들이 체내에 더 잘 흡수되도록 도와준다. 이 밖에도 비타민들을 합성하고 장 내벽에서 면역 시스템의 방어력을 강화함으로써 대장암의 위험을 감소시킨다.

프로바이오 유제품과 요구르트는 장세균에 들어 있는 유산균을 많이 함유하고 있다. 소화를 촉진하고 대장암의 유발을 감소시키는 효과도 있다.

2차 식물성 소재

고등식물은 기본 식량을 제공할 뿐만 아니라 산업과 기술, 약학과 의학 분야에서 점점 더 중요한 의미를 지닌 많은 물질들을 형성하고 있다. 과거에 이 물질들은 폐기물이나 식물 신진대사의 부산물로 여겨져 2차 식물성 소재로 취급되었다. 오늘날에는 식물의 생명과 연관된 이 물질들의 중요성이 더욱 분명해지고 있다. 식물 화학물질로 일컬어지는 다양한 성분에는 색소, 식물의 병해충에 저항하는 성분, 성장 조절 성분 등이 속한다. 지금까지 다양한 구조를 지닌 약 3만 종의 화합물이 알려져 있으며, 그중 약 5000~1만 종은 인간의 음식물에 들어 있다. 기능성 식품 개발의 측면에서 특히 관심을 끄는 것은 건강에 좋은 작용을 하는 것으로 예상되

는 식물 화학물질이다. 예를 들어 많은 폴리페놀과 플라보노이드와 같은 2차 식물성 소재는 암과 산화를 방지하는 작용을 한다. 이 밖에도 염증 억제, 혈압 조절, 콜레스테롤 감소, 소화 촉진에도 기여한다.

자연의 도약을 돕는다

수천 년 전부터 인류는 경작을 하고 있다. 이 긴 세월 동안 경작하면서 점점 더 좋은 것을 선택하여 가능한 한 풍성한 식물을 얻고자 노력한다. 이와 동시에 유용 식물에 최상의 조건을 마련해주기 위해 최선을 다하고 있다. 영양분을 빼앗아가는 잡초를 제거하고 밭에 거름으로 퇴비를 주고 해충을 정기적으로 없앤다. 그 원칙은 농업에 하이테크 기술이 도입된 오늘날에도 마찬가지다.

비료는 과학 그 자체다

대략 1만 년 전부터 경작을 시작한 이래로 농부들은 야생식물을 기초로 각 지역의 환경에서 가장 잘 번식하는 재배식물을 만들어냈다. 야생식물에서 좋은 것을 선택해 재배함으로써 원하지 않는 특성들이 점점 제거되고 점차 유용식물이 생겨났다. 그 결과 수십 년 동안

12:55 급히 장보러 가다

점심식사를 서둘르면 장점도 있다. 아직 1시 5분 전이라 오후 업무 시작 전까지 주말시장에 들를 수 있으니 말이다. 슈퍼마켓을 모퉁이만 돌면 된다. 원래는 과일과 채소를 건강 식품점에서 사려 했지만 오늘도 시간이 없다. 먹을거리에 제초제나 비료를 비롯한 화학 성분이 남아 있다는 말이 많이 나온다. 그것이 정말일까?

지속적으로 높은 수확량을 제공하는 식물을 재배할 수 있었다. 그러나 잡초를 제거하는 화학약품이 도입되기 전, 가장 큰 문제는 곡식의 3분의 1 정도를 잃게 만드는 해충의 피해였다. 중세 시대의 농부가 지금의 농토를 본다면 깜짝 놀랄 것이다. 질서정연하게 정돈된 거대한 논밭에 알곡이 터질 듯 여물고 땅에는 잡초가 거의 없으며 해충의 흔적도 찾아보기 힘들다. 이를 위해 오늘날의 농부들은 화학에 투자했다. 잡초와 해충을 없애는 농약을 여러 번 살포함으로써 먹성이 좋은 곤충이 알곡에 침범하지 못하게 하고 곰팡이 피해를 막는가 하면, 옆에 돋아난 잡초가 곡식에 필요한 영양분을 빼앗지 못하게 예방한다. 이 밖에도 보리, 옥수수, 사탕무에 정기적으로 질소, 인산, 칼륨을 보충해주기도 한다. 많은 식물들이 한정된 공간에서 자라는 동안 토양에서 영양분을 끊임없이 빨아들이기 때문에 거름으로 이를 보충해야 한다. 또한 농부는 다음해에 새로 씨를 뿌려야 하는 경작지가 예전 상태를 회복하도록 애쓴다. 중세에는 토양이 회복될 수 있도록 1년 휴지기를 가졌다.

식물은 성장에 필수적인 성분인 칼륨, 칼슘, 마그네슘, 인산, 질소, 황을 비롯하여 미량의 철, 붕소, 아연, 망가니즈, 주석, 몰리브데넘(몰리브덴), 염소 등을 땅에서 취한다. 철, 칼슘, 황은 대부분 땅에 충분히 저장되어 있다. 때로 땅에 황 성분이 빈약하거나 비가 많이 오는 지역에서는 칼슘이 부족할 수도 있다. 이것은 땅에 석회 성분이 많기 때문이다. 경작을 여러 차례 반복한 토지에는 질소, 칼륨, 인산, 마그네슘이 부족하다.

식물의 기본 영양분 중 하나가 부족하면 전형적인 결핍 현상이 나타나 대규모 경작지에 치명적인 결과를 초래할 수 있다. 예를 들어 미량 성분인 붕소의 결핍은 사탕무가 말라 썩게 만든다. 아연의 부족은 하와이 파인애플 농장에 큰 피해를 주었다. 몰리브데넘 결핍은

사탕무에 붕소가 결핍되면 수확량이 떨어진다. 잎사귀가 갈라지고 거칠어지며 색이 변한다. 이런 현상이 계속 진전되면 무의 몸통 윗부분이 잿빛으로 변하면서 마름병에 걸린다.

오스트레일리아의 축산업에 좋지 못한 영향을 끼쳤다. 그러나 식물에 부족한 영양분을 보충해주면 모든 증상이 사라진다. 판매하는 거름은 대부분 질소, 인산, 칼륨, 칼슘, 마그네슘을 함유하고 있으므로 부족한 미량 성분은 별도로 첨가해야 한다. 이것은 영양분의 양과 종류를 각 지역의 식물에 맞춰 적용할 수 있는 장점이 있다. 토지에 대한 화학적 분석이 최상의 것을 선택하는 데 도움을 준다. 이러한 분석을 통해 어느 영양분이 얼마나 땅에 함유되어 있으며 토양이 산성 또는 알칼리성인지를 알 수 있다. 산성 토양은 죽은 식물의 잔해가 분해되면서 발생하는 부식산을, 알칼리성 토양은 무기염류를 많이 함유하고 있다. 산의 강도는 pH값으로 결정된다. pH값은 산을 방출하는 수소 이온이 얼마나 들어 있는지를 말해준다. 산성 토양은 pH값이 1~7이며, 알칼리성 토양의 pH값은 7 이상에서 14까지이다.

항상 동일한 종류의 식물을 재배하여 토양이 척박해지는 것을 막기 위해 식물을 번갈아 재배하는 시스템이 개발되었다. 예를 들어 첫 해에는 토끼풀, 두 번째 해에는 보리, 세 번째 해에는 감자를 심는 방법이다. 세월이 흐르면서 이러한 경작법이 점점 더 복잡해졌다. 예를 들어 감자, 겨울 밀, 사료용 무, 토끼풀 간종, 붉은토끼풀과 겨울보리를 차례로 경작하기도 한다.

콩과식물을 재배하면 심지어 땅에 영양분을 공급할 수 있다. 깍지가 있는 식물이나 나비꽃부리를 지닌 콩과식물은 대기중의 질소를 땅에 흡착시킬 수 있다. 여기에는 아주 작은 미생물인 뿌리혹박테리아가 작용한다. 이 박테리아는 대기중의 질소를 땅에 녹을 수 있는 암모늄염으로 변환시키는 데 도움을 주는 질소고정효소(nitrogenase)를 함유하고 있다. 여기에서 질소를 실질적으로 공급받는 기생식물이 이득을 본다. 토지를 질소로 풍요롭게 만드는 방법에는 여러 가지가 있다.

뿌리혹박테리아는 콩, 루핀 또는 토끼풀과 같은 나비꽃부리를 가진 콩과식물의 뿌리에서 산다. 이 박테리아는 대기중의 질소를 받아들여 땅에 녹을 수 있는 염으로 변환시킨다. 이를 통해 질소는 기생식물에 양분으로 작용할 수도 있다.

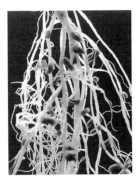

유스투스 폰 리비히

유스투스 폰 리비히(Justus von Liebig)는 1803년 5월 12일 다름슈타트에서 태어나 1873년 2월 8일 뮌헨에서 사망했다. 그는 19세기 독일에서 가장 영향력 있는 화학자로, 자연에 대한 정확한 인식과 함께 화학을 자연과학의 기본 원리로 발전시키는 데 척도가 되는 초석을 놓았다. 당시는 자연과학 중에서 화학은 낭만적·자연철학적 학파가 주도하며 비체계적이고 순수 경험적인 행동양식으로 특징지워지던 때였다.

화학의 상이한 측면들에 기초한 수많은 개별 연구들과 관련하여 리비히는 많은 주요 물질을 발견하고 규명했다. 그가 개발한 성분 분석 방법은 유기 화합물의 탄소, 수소, 산소 성분들을 양적으로 규정할 수 있게 했다. 이와 함께 유기물질의 화학적 성분과 양적 관계를 정확하게 분석하는 것이 가능해졌다.

화학을 농업에 적용하고자 했던 그의 연구들은 화학의 또 다른 방향을 제시했다. 당시 흉작이 빈번했던 것은 땅에 무기질이 부족한 때문이며 수확은 가장 적게 존재하는 이 양분의 양에 좌우된다는 점을 인식했다. 이러한 인식을 바탕으로 리비히는 나중에 유명해진 책 《농화학과 생리학에서의 유기화학 응용(Die organische Chemie in ihrer Anwendung auf Agrikulturchemie und Physiologie)》을 저술했다.

무기질 이론이 실제적으로 적용되면서 수확량이 몇 배로 증가했으며 세계의 식량 문제도 완화되었다. 전통적인 농업으로는 15억 명에게 식량을 공급할 수 있는 우리의 대지는 현재 60억 명 이상을 먹여살리고 있다. 리비히가 개발한 과인산염은 오늘날에도 가장 중요한 인산비료이다.

곡식, 감자, 무와 같은 유용식물의 뿌리에도 뿌리혹박테리아를 접목시킬 수 있다면 비료에 질소를 많이 집어넣을 필요가 없을 것이다. 이것은 농업에 유전공학 기술을 접목한 이른바 '녹색 유전공학'이 가장 열성적으로 추구하는 목표 중 하나이다. 유감스럽게도 박테리아와 식물 뿌리 사이의 상호작용이 너무 다양하고 양쪽에 완벽하게 이루어지기 때문에 뿌리혹박테리아를 다른 기생식물에 접목하는 일은 지금까지 성공하지 못했다.

어떤 비료가 적합한가

들판에 비료를 주려는 농부는 비료 선택에 애를 먹는다. 공장에서 생산된 화학 비료를 선택할 것인가? 아니면 두엄이나 가축의 배설물, 음식물 쓰레기 같은 '자연적인' 유기 비료를 선택할 것인가? 공장에서 생산하거나 광산에서 얻는 비료 제품에는 무기 비료, 유기 비료, 유무기 비료, 미량 성분의 영양소를 첨가한 특수 비료 등이 있다. 가장 중요한 비료는 화학 비료라고도 하는 무기 비료이다. 이것은 다시 질소(N), 인(P), 칼륨(K) 등 세 가지 성분을 모두 함유한 비료와 세 가지 성분 중 한두 가지만 함유한 비료로 구분된다. 특별한 경작지에는 특수 비료가 사용된다. 이 비료에는 세 가지 성분 외에도 마그네슘, 미량 성분, 식물 보호제 등이 첨가된다. 특수 비료는 정원, 꽃, 구과식물, 장미, 잔디 등에 다양한 용도로 사용된다. 또 다른 종류로는 수종식물을 위한 특수 비료와 물고기가 식물성 플랑크톤을 언제나 충분히 먹을 수 있도록 하는 연못 비료가 있다. 특히 편리한 것은 장기간에 걸쳐 효능을 발휘하는 비료이다. 이러한 비료의 알맹이들은 자연 상태의 중합체나 분해 가능한 합성수지로 만든 껍질에 싸여 있다. 이 비료는 한번 뿌리면 껍질이 천천히 녹으면서 영양분이 오랜 시간에 걸쳐 점차적으로 공급된다. 화학 비료는 기본적으로 유기 비료와 동일한 화학 성분을 함유하지만 농도가 더 높고 정확히 정해져 있다. 따라서 정확하게 계량하는 것이 필요하다. 이밖에도 화학 비료는 질병에 대한 식물의 저항력을 증가시킨다. 예를

니트로포스카는 여러 가지 영양분을 함유하고 있는 비료이다. 각각의 알맹이는 쉽게 용해되는 얇은 합성수지 막으로 둘러싸여 있으며 질소, 인산, 칼슘, 마그네슘, 황을 함유하고 있다.

질소 비료의 창시자

질소 비료의 개발과 생산은 두 화학자의 연구가 없었다면 불가능했을 것이다. 프리츠 하버(Fritz Haber, 1868~1934)는 질소와 수소를 이용하여 암모니아(NH_3)를 만들기 위한 촉매 방법을 개발했다. 이 공로로 1918년 노벨 화학상을 받았다. 카를 보슈(Carl Bosch)는 암모니아 합성물을 더욱 발전시켜 기술적으로 제조 가능하게 만들었다. 1931년 그도 화학에서 고압 기술의 발전에 기여한 공로로 노벨상을 받았다. 암모니아 생산 때 두 화학자의 이름을 딴 하버-보슈법은 오늘날까지도 이용되고 있다. 암모니아는 황산암모늄, 질산석회암모늄, 요소 비료 등 많은 비료를 생산하는 데 필요한 기초 생산품이며 촉매를 통해 산화질소로 변환되어 질산 및 질산염 인공 비료를 만드는 원료가 된다. 또한 합성수지와 화학섬유를 생산하는 데 이용된다. 예를 들어 나일론, 요소 폼알데하이드 수지, 폴리아크릴로나이트릴, 멜라민 수지 등이다. 이 밖에도 냉장고의 냉각제로 쓰인다.

프리츠 하버

카를 보슈

들어 노균병이 포도나무 줄기에 번졌을 때 칼륨 비료를 주면 상태가 눈에 띄게 좋아진다. 이와 달리 유기 비료는 땅속 박테리아의 성장을 촉진하고 부식토의 형성에 도움을 주어 토양의 질을 향상시킨다. 어떤 비료를 선택할 것인가 하는 질문에는 둘 중 하나가 아니라 두 가지 가능성을 잘 조합하는 것이 정답이다.

하지만 비료의 세계에도 어두운 면이 있다. '많을수록 좋다'는 생각으로 질소를 듬뿍 함유한 질소 비료를 들판에 다량으로 뿌리면 호의가 지나친 것이다. 식물은 지나치게 많은 영양분을 모두 흡수하지 못하는 반면, 대부분 물에 잘 녹는 질산염은 다음 비에 씻겨 내려가 강이나 호수로 흘러든다. 거기에서 질산염은 해초와 수중식물의 거름이 되어 하천의 균형을 깨뜨린다. 특히 유기질소 화합물을 많이 함유한 비료의 경우에 위험성이 더 커진다. 이것은 토양 박테리아에 의해 순식간에 질산염으로 바뀌고 빗물에 씻겨 내려간다. 식수에 질산염의 함량이 증가할 수 있으며 법적으로 규정된 1리터당 50밀리그램의 한계치를 넘을 수도 있다. 식수에 질산염이 너무 많으면 신생아들에게 위험할 수 있다. 또한 질산염은 암을 유발하는 것으로 알려진 나이트로사민의 형성에 관여한다. 나이트로사민은 반응을 잘 일으키는 화합물로 질산염이 아민—식품 속 단백질의 아미노기—과 반응하여 생성된다. 이것은 세포의 유전자인 DNA를 공격한다. DNA 손상은 해당 세포를 통제 불능 상태로 증가시켜 생식세포가 악성 종양을 형성하도록 유도할 수 있다. 식품 속의 나이트로사민 함량은 매우 적다. 따라서 일반적인 상황에서 신체의 방어 체계는 이것을 문제없이 처리한다. 식수에 질산염이 많이 함유된 지역의 주민이나 비료 공장 노동자들에 대한 검사에 따르면 고농도의 질산염과 암 발생 빈도 사이에는 아무런 연관성이 없다.

비료를 사용하는 데는 전문적인 지식이 필요하다. '많을수록 좋다'는 생각은 환경을 해치기 때문이다. 비료를 과도하게 사용하면 비에 씻겨 내려가 호수, 하천, 심층수를 오염시킨다.

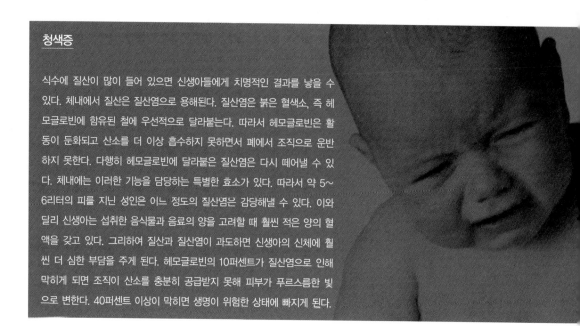

청색증

식수에 질산이 많이 들어 있으면 신생아들에게 치명적인 결과를 낳을 수 있다. 체내에서 질산은 질산염으로 용해된다. 질산염은 붉은 혈색소, 즉 헤모글로빈에 함유된 철에 우선적으로 달라붙는다. 따라서 헤모글로빈은 활동이 둔화되고 산소를 더 이상 흡수하지 못하면서 폐에서 조직으로 운반하지 못한다. 다행히 헤모글로빈에 달라붙은 질산염은 다시 떼어낼 수 있다. 체내에는 이러한 기능을 담당하는 특별한 효소가 있다. 따라서 약 5~6리터의 피를 지닌 성인은 이느 정도의 질산염은 감당해낼 수 있다. 이와 달리 신생아는 섭취한 음식물과 음료의 양을 고려할 때 훨씬 적은 양의 혈액을 갖고 있다. 그리하여 질산과 질산염이 과도하면 신생아의 신체에 훨씬 더 심한 부담을 주게 된다. 헤모글로빈의 10퍼센트가 질산염으로 인해 막히게 되면 조직이 산소를 충분히 공급받지 못해 피부가 푸르스름한 빛으로 변한다. 40퍼센트 이상이 막히면 생명이 위험한 상태에 빠지게 된다.

해충들과의 싸움

꽃을 좋아하는 사람이라면 공원 같은 정원이 아니라 발코니에 화분 몇 개를 가꾼다 할지라도 작은 곤충 때문에 절망적인 상황에 빠져본 적이 있을 것이다. "식물에 물만 주겠어요, 독성이 있는 것은 한 방울도 사용하지 않겠어요." "해충이 눈에 띄기만 하면 곧바로 잡아야지요." "정원에 화학물질은 필요 없어요." 이렇게 말하는 사람도 얼마 지나지 않아 잎을 갉아먹는 벌레와 진드기의 공격에 속수무책이 된다. 어떻게 해야 할까? 이 여린 식물들을 굶주린 해충들에게 내맡겨두어야 할까? 아니면 꺼림칙하지만 화학약품을 사용해야 할까? 취미로 정원을 가꾸는 사람은 이런저런 궁리를 하는 반면, 들판의 수확으로 먹고살아야 하는 농부에게는 이것이 전혀 문제되지 않는다. 농부는 수확물을 먹성 좋은 해충들로부터 보호하거나 곰팡이의 습격을 저지하고 영양분을 빼앗아가는 잡초의 성장을 막기 위해 모

감자풍뎅이는 원래 북아메리카가 서식지이지만 오늘날에는 유럽의 넓은 지역에 퍼져 있다. 이것은 20세기 초에 들어와 감자 잎을 먹으며 번식했다. 번식력이 왕성해 엄청난 피해를 일으킬 수 있다.

파라티온(E 605)
회색: 탄소원자, 하양: 수소원자, 빨강: 산소원자, 보라색: 질소원자, 주황: 인원자, 노랑: 황원자.

든 예방책을 써야 한다.

살충제는 화학자들이 연구실에서 개발해낸 것이 아니다. 식물은 도망칠 수 없기 때문에 적에 대항하여 처절한 '화학 전쟁'을 치른다. 그래서 해충에 효과적으로 작용하는 식물성 자연 성분으로 이루어진 유기살충제가 있다. 식물에는 해를 입히지 않고 해충을 질겁하게 만드는 이른바 방충제가 여기에 속한다. 이것은 차나무를 비롯한 몇몇 식물이 함유하고 있는 에테르유이다. 피레트린, 로테논, 알칼로이드, 니코틴과 같은 살충제는 많은 식물이 함유하고 있다. 쿠마린은 잔디와 엉거시과 식물에 함유되어 있다. 박테리아 바실루스 투린기엔시스(Bacillus thuringiensis)에서 추출한 독소는 다양하게 사용된다. 유전공학을 이용하여 해충을 박멸하기 위한 수많은 전략에서도 바로 이 독소를 활용하고 있다. 예를 들어 옥수수 경작지에 바실루스 투린기엔시스 독소를 투입하자 해당 식물은 이것이 자신의 단백질 중 하나인 것처럼 생산해냄으로써 해충의 피해를 막을 수 있었다. 독일에서 이러한 방법들은 아직까지도 논란이 되고 있다. 그래서 아직은 종합적인 해충 박멸제를 사용한다. 가장 많이 알려지고 오늘날에도 허용되는 대표적인 살충제는 E 605(파라티온)이다. 이것은 일반적으로 물에 분해되거나 생물학적으로 분해 가능한 인산에스터 화합물이다. 예를 들어 카바릴, 카보퓨란, 프로폭서와 같은 카밤산염은 인산에스터와 동일한 원칙에 따라 작용한다. 카밤산염은 신경세포들 사이의 신호 전달 체계에 침입해 신경조직을 계속 자극하여 결국에는 마비시킨다. 카밤산염도 쉽게 분해된다. 그러나 아쉽게도 인산에스터와 카밤산염은 곤충에만 적용 가능하다. 이것은 인간을 비롯한 온혈동물에게는 적은 양이라도 해롭다. 이에 대한 해독제로 아트로핀과 벨라도나에서 추출한 것으로서 그 자체가 독으로 작용하는 알칼로이드가 있다.

예를 들어 알레트린, 시플루트린, 페르메트린과 같은 피레스로이드는 피레스린계의 합성물질이다. 이것은 매우 적은 양으로도

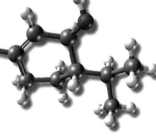

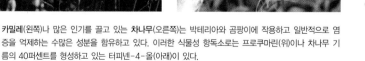

카밀레(왼쪽)나 많은 인기를 끌고 있는 **차나무**(오른쪽)는 박테리아와 곰팡이에 작용하고 일반적으로 염증을 억제하는 수많은 성분을 함유하고 있다. 이러한 식물성 항독소로는 프로쿠마린(위)이나 차나무 기름의 40퍼센트를 형성하고 있는 터피넨-4-올(아래)이 있다.

인산에스터와 카밤산염으로서 작용하지만, 일반적으로 분해되기가 더 어렵다. 피레스로이드는 곤충에 신경독소로 작용한다.

아실요소는 갑각을 형성하는 데 필요한 유충의 키틴질이 합성되는 것을 억제한다. 따라서 유충은 껍질을 벗은 후 더 이상 살아남지 못하게 된다. 아실요소는 온혈동물에게는 무해하다.

문제는 저항력이 생기는 것이다. 살충제의 효과는 시간이 흐르면서 약해질 수 있다. 곤충이 작용물질에 대해 해독 기능을 발전시켜 나가기 때문이다. 나중에는 살충제가 전혀 효과를 발휘하지 못하게 될 수도 있다. 이때 자체적으로는 살충 효과를 지니고 있지 않지만 해독 과정에서 작용물질의 분해를 억제하여 그 효과를 연장시키는 물질들을 첨가하면 성과를 거둘 수 있다. 이것도 도움이 안 되면 새로운 작용물질을 개발하는 수밖에 없다. 이와 동일한 현상을 의약품으로 사용하는 항생제에서도 찾아볼 수 있다.

또 다른 문제는 생태 균형의 파괴에 있다. 살충제를 사용하기 전에는 관심을 끌지 못하던 해충들이 갑자기 천적을 잃은 탓에 아무런 방해도 받지 않고 개체수가 증가할 수 있다. 따라서 가능한 한 살충제를 선택적으로 사용하거나 보완하는 방법으로 이 문제를 해결해야 한다. 한 예로 곤충의 성적 유인물질(페로몬)을 사용하여 해충을 특별한 상황으로 유인한다. 이 밖에도 곤충의 번식을 억제하는 화학물질, 곤충에게 충격을 주는 방충제, 유충의 허물 벗기를 방해하는 곤충 호르몬 등을 사용한다.

생물학적으로 거의 분해되지 않고 인간과 동물의 지방조직에 축적되는 DDT, 디엘드린, 린데인, 무기비소 화합물 등과 같은 '고전적인' 살충제는 오늘날 거의 사용되지 않는다. 이 살충제들은 독일에서 사용이 금지되었다. 다만 린데인은 제한적으로 허용하여 진딧물 퇴치에 사용된다.

DDT

DDT는 1874년 차이들러(Othmar Zeidler)가 처음으로
합성했다. 하지만 DDT의 살충 효과는 1939년 뮐러
(Paul Hermann Müller)가 발견했다. 이러한 공로로 뮐
러는 1948년 노벨 의학상을 받았다. DDT는 해충에
대한 독성이 매우 강한 반면, 인간을 비롯한 온혈동물
에게는 별다른 해를 끼치지 않는다. 그래서 이 약품은
보건위생 분야에서 승승장구했다. 말라리아, 발진티푸
스, 티푸스, 콜레라 등의 감염은 이 질병들을 전염시키
는 모기, 이, 파리가 효과적으로 퇴치되면서
놀랍도록 줄어들었다. 세계보건기구의
말라리아 퇴치 프로그램을 통해 이
질병은 많은 열대 지방에서 거의 사라졌
다. DDT는 수십 년 동안 세계적으로 가장 각광받는
살충제였다. 1963년에는 약 10만 톤, 1974년에 약 6만
톤이 생산되고 사용되었다. 하지만 부작용도 만만치
않았다. 몇 가지 해충은 DDT에 대한 내성을 갖게 되
었다. DDT는 특정한 조류의 알 껍질을 얇게 만드는가
하면 쥐에게는 간암을 일으키고 온혈동물의 지방조직
에 약 성분이 축적되는 것으로 보고되었다. 이 밖에도
주변 환경에 DDT가 쌓여가는 것에 대한 두려움으로
거의 모든 산업국가에서 DDT의 생산과 사용이 금지
되었다. 많은 개발도상국도 이러한 추세에 동참하여
사용을 제한한 결과 말라리아 감염이 급속도로 증
가했다. 예를 들어 실론 섬에 DDT 사용 반대 운동이
시작된 1963년에는 말라리아 감염이 단지 17건 보고
되었다. 하지만 1968년에는 250만 건으로 증가했다.
이러한 결과는 열대 지방의 많은 개발도상국이 다시
DDT를 사용하게 만들었다. 저렴하고 효과적인 대체의
약품이 없기 때문에 DDT는 여전히 최소한 5개국에서
생산(1994~1998년 사이에 약 3만 5000톤)되고 있으며,
수십 개국에서 말라리아를 옮기는 모기 퇴치에 쓰인
다. 독일에서는 1972년에 금지되었다.

자연에서 배운다

새로운 차원의 곰팡이 제거제인 스트로빌루린을 제조할 때 자연이 막후 구실을 했다. 스트로빌루린은 자연물질을 변형한 것이다. 솔방울에서 양분을 취하는 스트로빌루루스 테나셀루스(*Strobilurus tenacellus*)라는 버섯은 양분을 얻고 자신과 경쟁하는 곰팡이들을 물리치기 위해 이 물질을 만들어낸다. 이 화합물은 곰팡이를 완벽하게 퇴치할 수 있는 독성을 지니고 있다. 그러나 적대적인 버섯에만 작용할 뿐, 다른 버섯과 동물이나 땅속의 미생물에는 아무런 영향을 미치지 않는다. 그 작용은 물질이 생성된 장소에서만 제한적으로 나타나고 생물학적으로 분해 가능하다. 하지만 식물 보호제로서 광범위하게 사용하기 어려운 단점을 지니고 있다. 구조가 매우 불안정해 빛에 약한 것이다. 따라서 화학자들은 빛에 강하면서도 원래의 좋은 특성을 유지할 수 있도록 이 물질의 구조를 변형시켰다.

잡초를 막아라!

전문 용어로 제초제라고도 하는 잡초 제거제는 파종 전과 첫 잎이 나오기 전후에 사용한다. 이것은 잡초의 뿌리에 작용하거나(땅 제초제) 땅 위로 푸르게 돋아난 잎에 작용하기도(잎 제초제) 한다. 주변의 모든 식물을 완전히 없애버리는 제초제도 있다. 이것은 예를 들어 철로 주변, 산업지역, 도로, 광장 등의 잡초를 제거하는 데 사용한다. 다른 물질들은 수목 종류의 식물에는 별다른 반응을 보이지 않고 풀에만 작용한다. 따라서 주로 과일밭, 포도밭, 대규모 농장, 숲, 수목원, 공원 등에 사용한다. 오늘날 농가에서 가장 선호하는 것은 선택적 잡초 제거제다. 이것은 특정한 유용식물에는 영향을 미치지 않고 잡초에만 강력하게 작용한다.

제초제는 다양한 방법으로 식물의 성장 과정에 영향을 미친다. 광합성 작용을 억제하여 태양에서 흡수한 빛 에너지를 화학 에너지로 변환하는 것을 방해하거나 단백질, 탄수화물, 지방의 분해를 막는다. 이른바 성장 억제제는 식물의 성장을 촉진하는 자연 상태의 식물 호르몬 옥신과 동일하게 작용한다. 쌍떡잎 잡초는 성장하면서 죽는다. (곡류 식물은 외떡잎 계통이어서 다르게 반응한다.) 유사분열 억제제로 표시되는 제초제는 세포분열을 방해함으로써 잡초의 성장을

독일에서 허가된 제초제

제초제 등급(보기)	사람과 동물에 대한 독성	유기체 내에서의 분해: 생태
아릴록시알케인산	입으로 섭취할 때 독성이 있음. 건강에 해로운 것으로 분류됨.	대체로 변형되지 않은 작용물질로서 빨리 배출됨. 땅속에서 미생물에 의해 분해. 약 6주의 작용 효과.
인을 함유한 아미노산 (글리포세이트)	적다.	실제적으로 변형되지 않고 빨리 배출됨. 땅속에서의 반감기: 약 60일. 기동성이 약함.
아마이드(알라클로르)	적다.	빨리 변형됨. 거의 축적되지 않음.
카밤산염(바르반)	비교적 적다.	물에 의해 분리됨. 땅속에서 미생물에 의해 분해됨. 2~3개월의 작용 효과.
싸이오카바메이트 (뷰틸산)	적다. 물고기에 해롭다.	신진대사 과정에서 빨리 분해됨. 땅속에서 물에 의해 분리됨. 이때 특히 이산화탄소가 발생함. 약 4개월의 작용 효과.
요소 유도체(디우론)	적다.	신진대사 과정에서 빨리 분해됨. 땅속에서 4~8개월의 작용 효과.
설포닐요소 (메트설푸론 메틸)	매우 적다.	대부분 변형되지 않고 분비됨. 땅속에서 물에 의해 분리되고 미생물에 의해 분해됨. 반감기: 1~4주
다이페닐에테르 (비페녹스)	매우 적다.	신진대사 과정에서 분해됨. 간을 통해 배출됨. 땅속에서 미생물에 의해 화학적으로 분해됨. 반감기: 18~20일
트라이아진(아트라진)	적다.	24시간이 지나면 50퍼센트 이상이 배출됨. 땅속에서 미생물에 의해 분해됨.
트라이아지논 (메트리부진)	적다.	신진대사 과정에서 빨리 분해됨. 반감기: 50일 이하.

개미의 농업과 동물 사육

개미가 자신들이 정기적으로 빨아먹는 한 떼의 진딧물을 보유하고 있다는 것은 알려진 사실이다. 진딧물의 달콤한 배설물이 개미 새끼들에게 먹이로 작용하는 것이다. 그러나 자신의 경작지에 진균을 가꾸는 개미도 있다. 다른 모든 단식농업처럼 이 진균도 해충의 위협을 받는다. 하지만 밭을 가꾸는 암캐미들은 사전 준비가 되어 있다. 이들은 스트렙토미세스(Streptomyces)라는 특정한 박테리아를 몸속에 많이 지니고 있는 것이다. 이 단세포동물은 항생물질로 작용하는 다양한 화합물을 만들어내어 수많은 기생충의 성장을 저지한다. 개미는 이 항생물질을 이용하여 진균 밭의 감염을 막는다.

억제한다. 카로틴 합성 억제제는 카로티노이드의 형성을 막는다. 카로티노이드는 보호색소로서 초록 잎 색소인 클로로필이 빛과 산소로 인해 파괴되는 것을 막아준다. 하지만 수많은 제초제의 작용 메커니즘은 아직 완전히 밝혀지지 않았다.

화학물질을 이용한 제초제가 처음 나온 19세기 후반 황화철(Ⅲ), 황화구리(Ⅱ), 황산, 염화나트륨과 같은 무기질의 제초제가 있었다. 이것은 점점 유기 화합물로 대체되었으며 오늘날에는 특별한 경우에만 사용된다. 최초의 선택적 제초제는 이미 1892년부터 살충제로 사용되던 2-메틸-4,6-다이나이트로페놀이었다. 하지만 이 살충제의 제초 효과는 1930년대에서야 발견되었다. 유기 제초제의 종류로는 미네랄오일, 페놀, 탄산과 싸이오탄산 유도체(예: 카밤산염, 요소,

설포닐요소), 탄산과 탄산 유도체, 이질적 고리 모양 화합물(예: 트라이아졸, 피라졸, 피리딘, 피리다진, 피리미딘, 트라이아진), 다이나이트로아닐린, 유기인산 화합물 등이 있다. 그중에서 카밤산염이나 유기인산염 등 몇 가지는 살충제로도 사용되었다.

오늘날 식물 보호제의 개발은 평균 8∼10년이 걸리며 그 비용은 약 1억 5000만 유로가 든다. 연구를 통해 합성된 대략 4만 종의 화합물 중에서 한 종만이 판매되어 경작지에 사용된다. 식물 보호제가 판매되기까지는 의약품과 비교할 만한 다양한 테스트를 거쳐야 한다. 해당 물질의 효능 및 식물의 수용도 외에 인간과 동물에 대한 독성(이를테면 살충제는 가능한 한 벌에 해롭지 않아야 한다)과 환경에 대한 영향 등을 조사한다. 의약품처럼 식물 보호제도 시중에 판매되기 전에 정부의 허가를 받아야 한다. 해당 물질이 분해되고 난 뒤에 땅에 미치는 영향도 다양한 연구 작업을 통해 조사가 이루어져야 한다.

최근 경작지에 사용하는 식물 보호제의 양은 눈에 띄게 줄었다. 비소 화합물, 다이싸이오카밤산염, 황이나 DDT 같은 예전의 제품들이 1헥타르에 5킬로그램을 사용한 반면에 델타메트린이나 염화황과 같은 새로운 작용물질들은 1헥타르에 100그램 미만으로도 충분하다.

식물 보호제를 적절하게 사용하면 흙 속에 사는 생명체에 미치는 부정적인 영향은 거의 없다. 하지만 실수로 과다 사용한 경우에도 대부분 며칠 내지는 몇 주 이내에 다시 원상 회복된다.

녹색 유전공학

농업에 유전공학적 방법을 적용하는 것은 독일에서 국가적인 관심사가 되고 있다. 이 방법은 자연을 보호하면서 이용할 수 있는 가능성을 제시한다.

인간은 늘 많은 실수와 잘못된 시도를 거치면서 자신들의 요구에 더 부합하는 식물을 재배해왔다. 유전공학적 방법을 이용하여 식물의 특성을 원하는 목적에 더 잘 부합하게 변화시키는 것이 가능해졌다. 예를 들어 해충에 더 잘 견디는 유용식물을 재배하고 있다. 이러한 식물들을 재배하면 살충제를 사용하지 않아도 되기 때문에 환경을 보호할 수 있다.

식물에 해를 입히는 곰팡이는 농업에 엄청난 손실을 가져온다. 그 때문에 유전공학은 이질적인 유전인자를 이식하여 곰팡이에 감염되지 않는 식물을 만들어내려고 시도한다. 이것은 이질적인 유전인자가 이식된 후 식물이 곰팡이를 퇴치하는 물질을 만들어내는 방식

유전공학적인 **방법**을 이용하여 식물의 속성을 목적에 부합하게 변형시킬 수 있다. 예를 들어 옥수수 같은 유용식물을 해충에 강하게 만들어 살충제를 사용할 필요가 없게 된다면 여러 가지로 유익할 것이다. 유전자 변형 식물은 밭에서 재배되기 전에 집중적인 연구를 거친다.

으로 이루어진다. 따라서 화학적인 살균제(곰팡이 제거제)를 사용할
필요가 없다.

더 나아가 유전공학적으로 변형된 미생물들은 기름 오염으로 환경
을 훼손하는 화학물질의 분해나 중금속 오염을 제거하는 데 투입될
수 있다.

유전공학을 반대하는 사람들은 물론 유전자 변형 식물의 재배가
통제 불능의 위험성을 안고 있음을 두려워한다. 한 식물에 이식된
유전인자가 다른 식물에게도 전이될 수 있다는 점은 이론적으로 가
능하다. 특정 제초제에 대한 높은 저항력이 유용식물에서 잡초로 전
이되면 그 어떤 수단으로도 막을 수 없는 '슈퍼 잡초'가 생겨날 수도
있다.

바퀴 네 개가 주는 기동성

독일인이 가장 사랑하는 것은 자동차라고 한다. 자동차는 사회적 지위를 상징하거나 취미일 수 있지만 어떤 사람에게는 직업상 없어서는 안 될 수단이기도 하다. 자동차와 관련하여 환경 친화적인 수많은 새로운 개발품들은 화학과 연관되어 있다. 에어백, 녹 방지 처리, 배기가스 촉매는 그중 일부일 뿐이다.

화학자가 자동차에 타면 친숙함을 느낄 것이다. 비전문가에게 왜 자동차에는 그렇게 많은 화학물질이 들어 있는가 하고 물으면 '합성수지가 철보다 가볍기 때문'이라고 대답할 것이다. 그 대답이 틀린 것은 아니지만 절반 정도만 맞다. 자동차에 합성수지가

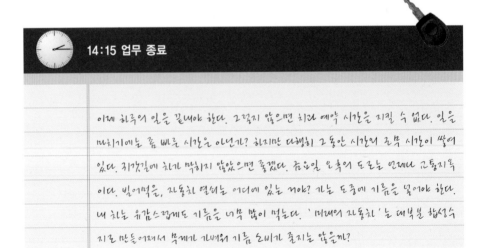

14:15 업무 종료

이제 하루의 일을 끝내야 한다. 그렇지 않으면 치과 예약 시간을 지킬 수 없다. 일은 마치기에는 좀 빠른 시간은 아닌가? 하지만 다행히 그 동안 시간이 초과 시간이 쌓여 있다. 치과길에 차가 막히지 않았으면 좋겠다. 금요일 오후의 도로는 언제나 고통지옥이다. 빌어먹을, 자동차 열쇠는 어디에 있는 거야? 가는 도중에 기름을 넣어야 한다. 내 차는 유감스럽게도 기름을 너무 많이 먹는다. '미래의 자동차'는 대부분 합성수지로 만들어져서 무게가 가벼워 기름 소비가 좋지는 않을까?

많이 들어간 것은 그럴만한 이유가 있다. 재료를 기능에 부합하는 형태로 맞출 수 있기 때문이다. 예를 들어 모든 구조를 비롯해 전체 외관을 위한 주물 틀이 만들어진다. 이것만으로도 이미 대량생산을 시작할 수 있다. 나중에 추가 작업이 필요 없고 칠도 새로 할 필요가 없다. 이 부분은 생산된 그대로 자동차에 조립된다. 이 혁명적인 기술은 생산비를 절감시켜 자동차가 대중 소비 제품이 될 수 있게 했다. 이 모든 장점을 고려할 때 자동차 모델에 따라 약 100킬로그램의 합성수지가 사용된다는 사실은 놀랄 일이 아니다.

주물 하나로 자동차 계기판을 만들 때 형태 결정, 기능성, 외관, 지속성의 측면에서 합성수지의 모든 장점을 이용할 수 있다. 합성수지보다 생산비를 더 절감할 수 있는 물질은 없다.

자동차는 대량생산품이다. 독일의 도로에는 약 4200만 대의 자동차가 달리고 있다. 전 세계적으로는 곧 7억 대가 될 것이라고 한다. 우리에게 인류 역사상 최초로 자유로운 기동성을 선사한 자동차는 많은 사람들이 선호한다. 활동의 자유는 인간에게 그 어떤 자유에 못지않은 가치를 지닌다. 어쨌든 통계가 이것을 입증해주고 있다. 독일인은 하루에 평균 83분 동안 자동차를 타고 39킬로미터를 달리며 3.8개의 거리를 누빈다. 한 해로 계산하면 1만 4000킬로미터이다. 다시 말해서 독일인은 3년이면 지구를 한 바퀴 돈 셈이 된다. 놀라운 것은 주행 거리의 80퍼센트를 직접 운전한다는 사실이다.

이러한 통계는 어쩔 수 없이 기름 사용에 대해 생각하게 만든다. 모든 운송 수단을 고려할 때 기름 수요의 거의 절반은 인간과 물건을 수송하는 데 소비된다. 기름을 절감하기 위해서는 바로 이런 현상을 고려해야 한다. 따라서 자동차를 제작할 때 이미 이런 고민이 시작된다. 작동하는 모든 부품에는 연료의 형태로 에너지가 필요하다. 그 때문에 합성수지는 제작상의 장점뿐만 아니라 에너지 절약에도 기여한다. 에너지 절약만큼이나 유해가스 배출을 줄이는 일도 중

현대적인 **자동차 래커 칠**은 특별한 하이테크 시스템에 기초하고 있다. 바탕 칠은 녹을 방지하고, 색을 입히는 래커 칠은 고객의 소망을 충족시켜주며, 표면 래커 칠은 자동차 손질을 쉽게 해준다.

요하다. 이러한 관점이 자동차 도장 작업에 혁신을 가져왔다. 예전에는 용제형 래커를 사용한 반면 오늘날에는 자동차 래커가 대부분 안료와 물로 이루어져 있다. 이제는 래커 칠을 할 때 휘발성 용매가 주변으로 방출되어도 아무런 문제가 되지 않는다. 래커 칠도 예전보다 훨씬 더 오래 유지된다.

우리는 절약의 가능성들을 계속 찾고 있다. 자동차 운전자라면 누구나 엔진이 차가울 때 출발하면 연료가 더 소비된다는 사실을 알고 있다. 통계에 따르면 자동차 운전자의 절반이 10킬로미터 이하를 주행한다. 시내에 장보러 가거나 저녁에 연극 공연을 보러 갈 때처럼 짧은 거리를 운행하는 것이다. 잠시 정차해 있는 동안에도 엔진이 따뜻하면 연료가 많이 절약될 것이다. 그래서 '보닛 아래'가 빨리 식지 않도록 점차 절연재가 도입되었다. 엔진이 식기 전에 출발하면 해로운 배기가스도 눈에 띄게 줄어든다. 연료가 더 잘 연소되기 때

문이다. 기름을 더 적게 사용하면 운전자의 비용 부담도
준다. 결국에는 엔진도 보호되어 수명이 길어지고 원자
재도 절약된다.

　더 나아가 자동차 동력 장치에 대한 새로운 모델들을
연구하고 있다. 하지만 대부분의 자동차에 고전적인 방
식의 엔진이 장착되어 있는 한, 연료 연소와 관련한 영향 관계를 알
아야 한다. 물론 환경 친화적인 운전의 가장 중요한 요인은 운전 습
관이다. 그러나 이성적인 운전자라도 연료 연소 과정에 영향을 미칠
수는 없다. 하지만 화학물질의 도움을 받으면 가능한 일이다. 아이
소뷰틸렌 올리고머(소중합체)는 몇 개의 아이소뷰틸렌으로 이루어
진 고분자이다. 이것은 적은 양으로도―주유할 때마다 조금만 집어
넣으면 된다―밸브 세척제처럼 연료가 연소되는 동안 기화하는 데
효과를 미친다. 밸브는 깨끗한 상태를 유지하고 잘 잠기게 된다. 이
러한 첨가제를 사용하면 연료 사용량이 약 4퍼센트까지 절감된다.
이것은 자동차 수명과 자동차의 수를 고려할 때 환경보호를 위해 무
시할 수 없는 요소이다. 배기가스 촉매에도 이와 동일한 원칙이 적
용된다. 화학을 이용해 자동차 부품을 새로 개발하는 데 환경의 측
면만 고려한 것이 아니라 자동차 탑승자의 보호와 관련해서도 지난
몇 십 년 동안 결정적인 개선이 이루어졌다. 내구성이 좋은 안전띠,
에어백, 새로운 종류의 브레이크오일은 기뻐할 만한 결과를 가져왔
다. 1970년대 중반 이래로 자동차 사고 사망자가 70퍼센트 감
소한 것이다.

　'화학의 안경'을 쓰고 자동차를 바라보던 시선
을 이제 거리로 돌려보자. 아스팔트 도로는 특이
한 역사를 갖고 있다. 19세기 중반부터 도시에
가스 공장이 세워졌다. 이른바 도시가스는 조명,

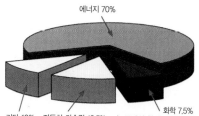

에너지 70%

기타 10%　　자동차 가솔린 12.5%　　화학 7.5%
　　　　　　　　　　　　　　　　　（그중에서 합성수지가 4%)

원유 소비
채굴한 원유의 70퍼센트는 에너지 수
요를 충당하는 데 사용되고, 12.5퍼센
트는 자동차 가솔린으로 소비된다. 화
학 산업은 원유의 7.5퍼센트를 사용
할 뿐이며 그중에서 4퍼센트는 합성
수지를 생산하는 데 이용된다. 10퍼
센트는 기타 목적으로 쓰인다.

배기가스 촉매를 이용하면 탄화수소,
일산화탄소, 산화질소의 배출량을
90퍼센트 이상 줄일 수 있다.

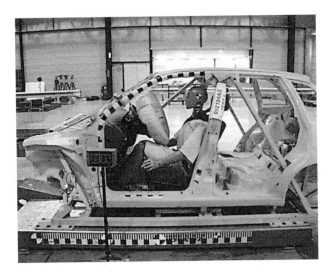

생명 살리기
자동차 승객의 안전을 위한 두 가지 혁신, 즉 인조섬유로 된 안전띠와 에어백에 화학이 본질적인 구실을 한다. 에어백의 경우 아자이드화물이 순식간에 가스를 내뿜어 합성수지 조직으로 이루어진 보호 백을 채우게 된다.

바퀴와 **도로** 표면을 체계적으로 고찰하면, 화학이 최선의 상태를 위해 많은 기능을 수행할 수 있다. 그와 더불어 환경보호, 안전, 비용 절감도 얻어진다.

난방, 요리에 사용되었다. 이 가스는 석탄의 증류로 생성된 것이다. 그 부산물이 활용 가능한 코크스와 역겨운 냄새를 풍기는 타르였다. 타르는 다시 한번 증류해 벤젠, 톨루올, 아닐린, 나프탈렌, 안트라센을 얻을 수 있었다. 하지만 증류하고 남은 찌꺼기의 처리가 문제였다. 이 문제의 해결책은 예기치 않은 곳에서 찾아졌다. 발전하는 자동차 산업을 위해서는 좋은 도로가 필수적이었다. 뜨거운 타르에 자갈과 모래를 섞으면 거의 환상적인 도로 포장 재료인 아스팔트가 되었다. 오늘날에는 석유를 증류하고 남은 찌꺼기가 같은 용도로 사용되고 있다. 이처럼 진부하게 느껴지는 처리 방식에서도 화학자는 개선 가능성을 찾아낸다. 이른바 유화제를 조금 첨가함으로써 재료의 질을 엄청나게 개선할 수 있다는 사실은 이미 콘크리트에서 입증되었다. 그것이 아스팔트에서는 왜 가능하지 않겠는가? 실제로 날씨의 변화에 적응하는 도로 포장제의 특성을 살린 제품이 개발되었다. 이 제품은 높은 온도의 여름에는 더 단단해지고 추운 겨울에는 더 유연해진다. 낡은 도로를 새로 보수할 때 이 제품을 사용하기를 바란다.

눈물 흘리는
나무와 불의 신

합성수지는 원래 오랜 경력을 지니고 있다. 최초의 합성수지는 이미 11세기 남아메리카의 원주민들이 사용한 천연고무였다. 오늘날 합성수지는 대량생산품이며 정확한 공정이 필요한 하이테크 생산품이다. 합성수지의 다양함은 한계가 없는 것처럼 보인다.

모든 시작이 그렇듯이 남아메리카 원주민들도 파라고무나무(*Hevea brasiliensis*)에 생채기를 내서 거기에서 나오는 하얀 액을 받기 시작했다. 그것이 라텍스이다. 이 액체를 갈색의 반죽이 되도록 끓인 다음 방수가 되는 망토나 공 같은 것들을 만들었다. 탄성고무를 가리키는 '카우축(Kautschuk)'이라는 용어는 그 시대에서 유래한다. 이 단어의 어원은 '눈물 흘리는 나무'라는 의미의 '카오추(caa-o-chu)'이다.

이러한 최초의 탄성고무는 사용하기가 편하지는 않았다. 겨울에는 단단해지거나 갈라졌고 여름의 더위에 질겨지거나 끈적거렸으며 무엇보다 형태를 유지하기가 어려웠다. 이처럼 실망스러운 덩어리는 찰스 굿이어(Charles Goodyear)의 천재적인 발명으로 비로소 우리가 '고무'라고 알고 있는 것으로 만들어졌다. 그는 몇 가지 쓸모

부나 대 천연고무
이번에는 화학자들이 앞서나가 자동차 타이어를 위한 더 나은 물질을 만들었다.

215

없는 일에 몰두해 몇 년을 소모해버린 후 어떤 우연한 사건을 계기로 이것을 알게 되었다. 그것은 황과 섞어두었던 한 조각의 탄성고무를 난로의 열판에 떨어뜨린 사건이다. 경질고무(Vulkanisation, 로마 불의 신인 불칸을 본뜬 이름)가 탄생하는 순간이었다. 탄성고무는 중합체이다. 이것은 기다란 분자 사슬로 이루어져 있음을 의미한다. 가열하지 않은 상태에서는 질서가 없는 사슬이 황과 함께 가열하면 서로 혼합되어 상당한 정도의 평행적 배열을 이루게 된다. 이렇게 대각선으로 그물망을 이루게 된 매트릭스는 높은 열을 가하더라도 더 이상 용해되지 않으며 오히려 차가워지면서 탄력성을 갖게 된다. 높은 열에서는 단단한 고무가 만들어지고, 낮은 온도의 열에서는 탄성이 좋은 부드러운 고무가 만들어진다. 자동차 타이어 회사 굿이어는 이 고무의 창시자와 아무런 관계가 없다. 이 회사는 그가 죽고 나서 한참 뒤 설립되었으며 그에게 경의를 표하기 위해 회사명에 그의 이름을 붙였다.

20세기 초반 탄성고무에 대한 수요가 늘어나면서 천연고무로는 더 이상 수요를 충족시킬 수 없게 되었다. 따라서 처음으로 합성고무가 나왔다. 천연고무는 아이소프렌으로 이루어져 있다. 아이소프렌은 네 개의 탄소원자가 하나의 사슬을 이룬 탄화수소이다. 탄소 1번과 2번은 이중결합, 2번과 3번은 단일결합, 3번과 4번은 다시 이중결합으로 연결되어 있다. 탄소 2번은 이 밖에도 하나의 메틸기(CH_3)를 지니고 있다. 아이소프렌은 추가로 메틸기를 지닌 뷰타다이엔 분자와 다르지 않다. 따라서 기술적으로 접근 가능한 뷰타다이엔을 만들려는 시도들이 이어졌다. 그 결과 '부나(Buna, 독일에서 발명된 합성 고무의 상품 이름—옮긴이)'가 탄생했다.

부나는 뷰타다이엔을 중합체로 만들 때 생성된다. 이때 나트륨을 촉매로 첨가하는 것이 필수적이다. 부나라는 이름은 뷰타

아이소프렌

첨가제는 합성수지의 성질에 근본적인 영향을 미치는 부가물이다. 첨가제의 투입은 합성수지 산업 분야에서 영어로 '혼합하다(compound)'는 의미를 지닌다. 색소나 염료 외에 가장 많이 알려진 첨가제는 다음과 같다.

불연재는 합성수지의 인화성이나 가연성을 완화시켜준다. 몇 가지 예를 들어보자. 유기 염소 화합물이나 브로민 화합물은 기체 상태에서의 연소 과정을 막아준다. 인 화합물은 물질의 표면에 불이 붙는 것을 막아주는 탄화 작용을 일으킨다. 수산화알루미늄은 섭씨 220도에서 수분을 방출하여 연소되는 부분을 식힌다. 붕소 화합물은 녹으면서 대상물에 유리 종류의 막을 씌운다.

연화제는 합성수지가 부풀어오르게 만들어 물질이 낮은 온도에서도 뻣뻣해지지 않고 유연한 상태를 유지하도록 작용한다. 중요한 연화제로는 프탈레이트, 아디프산염, 인산에스터, 시트르산염, 에폭사이드 등이 있다.

충전제는 합성수지 덩어리를 펼쳐서 가격을 낮추는 데 이용된다. 또 다른 충전제는 합성고무의 강도, 탄력성, 팽창력 등을 변화시킬 수 있는 특별한 기능을 지니고 있다. 활석, 점토, 규조토, 황산칼슘, 탄소화칼슘, 카본블랙, 유리 섬유 등이 쓸 만한 충전제에 속한다. 탄소섬유는 합성수지를 강철보다 더 질기게 만들 수 있어서 비행기 부품이나 고도의 능력을 요구하는 스포츠 제품에 이용된다.

안정제는 합성수지가 열, 산소, 자외선에 의해 노화되는 것을 막아준다. 안정제로는 항산화제나 자외선 흡수제가 있다.

다이엔과 나트륨의 첫 글자를 합친 것이다. 중합체는 개별 구성 요소인 단위체들이 매우 큰 분자로 결합된 것이다. 1930년경 부나 S와 부나 N(나중에는 페르부난 N으로 명명됨)이 시장에 나왔다. 이것은 혼성중합체로서 뷰타다이엔과 스타이렌, 또는 뷰타다이엔과 아크릴로나이트릴이 중합체가 될 때 생성된다.

오늘날 사용되는 합성수지의 또 다른 선구자는 나이트로셀룰로스로서 19세기 중반 상아 대체물로 발견되었다. 그러나 이 물질은 불에 잘 탈 뿐만 아니라 심지어는 폭발성이 강해서 달갑지 않은 사고들이 일어나기도 했다. 나이트로셀룰로스로 만든 당구공 두 개를 세

페르부난은 인조 탄성고무로서 오늘날 오일, 휘발유, 지방을 담는 용기의 고무패킹, 장식재, 얇은 막, 구두 뒤축, 운반용 벨트, 호스, 롤러, 마찰판, 장갑 등을 만드는 데 쓰인다.

베이클라이트를 이용하여 향수를 불러일으키는 라디오 몸체를 만들었다.

게 충돌시키면 작은 폭발이 일어났다. 매우 높은 압력에서 이 물질에 장뇌(樟腦)를 첨가하자 새로운 소재인 셀룰로이드가 생겨났다. 이것을 이용한 첫 번째 생산품은 의치와 다양한 가정용품이었다. 또한 셀룰로이드는 할리우드의 꿈을 실현시킨 영화 필름의 원료가 되었다.

완전히 합성에 의한 최초의 합성수지는 베이클라이트(bakel-ite)였다. 이것은 페놀과 폼알데하이드의 반응을 통해 대각선의 망상 중합체 사슬로 만들어진 것이다. 1909년 뻣뻣하고 단단하며 비전도성 물질인 페놀수지의 생산이 시작되었는데, 당시 이 물질은 전기 기구들의 케이스나 부품으로 사용되었다.

1935년 나일론이 인조섬유의 시대를 열었다. 같은 시기에 폴리에틸렌, 스타이렌수지, 폴리메타크릴산메틸(플렉시 유리), 폴리염화비닐(PVC) 등과 같은 합성수지가 발명되었다.

다양한 합성수지

그동안 거의 헤아릴 수 없이 많은 합성수지가 생겨났다. 합성수지의 성질은 다양한 요소를 통해 폭넓게 변화될 수 있다. 합성수지의 성질을 결정하는 것은 무엇일까?

- 단위체의 종류
- 보조 단위체의 투입
- 사슬의 길이
- 사슬의 배열(선형, 가지치기, 그물망)
- 추가적인 첨가제
- 다른 중합체와의 혼합

합성수지는 서로 반응하는 성분인 단위체들로 구성된 중합체이다. 여기에서 어떤 단위체를 선택하느냐가 결정적인 구실을 한다. 폴리에스터, 폴리아마이드, 폴리우레탄, 폴리탄산에스터(폴리카보네이트) 등과 같은 합성수지 명칭은 기본적으로 개별 성분들을 언급하고 있는 것은 아니다. 그 명칭은 성분들이 어떻게 결합되어 있는지를 알려줄 뿐이다. 폴리탄산에스터를 예로 들어보자. 이 중합체는 형태상 탄산의 폴리에스터라는 것을 말해준다. 이것은 이중 알코올(두 개의 OH기를 가진 탄소 화합물)을 탄산에스터로 치환함으로써 화학적으로 얻을 수 있다. 결국 어떤 이중 알코올과 탄산에스터를 선택하느냐에 따라 실험 가능성이 무한하다. 기술적으로 가장 중요한 폴리탄산에스터는 이중 알코올인 비스페놀 A(4,4´-다이하이드록시-다이페닐-다이메틸메테인)와 탄산에스터인 다이페닐탄산에스터를 기초로 하고 있다.

분자의 구조 블록

흥미로운 새로운 물질들은 상이한 단위체 성분들이 이른바 보조 중합체가 되는 중합 작용을 통해서도 생겨난다. 이때 성분들을 통계학적으로 배분하거나 선택적으로 배분할 수 있다(……ABABABAB……). 심지어는 기울기가 서로 다르게 배분할 수도 있다. 이것은 한쪽 사슬의 끝은 A성분이 풍부하고, 다른 쪽 사슬의 끝은 B성분이 풍부하다는 것을 의미한다. 또 다른 변형으로는 이른바 블록 혼성중합체가 있다. 이것은 수많은 A성분으로 이루어진 블록이 수많은 B성분으로 이루어진 블록과 결합한 것이다. 이 밖에도 그래프트 혼성중합체가 특히 흥미롭다. 이것은 A성분으로 이미 형성된 중합체 사슬에 나중에 B성분으로 이루어진 측면 사슬들이 접목되는 것이다. 이러한 접목은 중합체와 합성수지 사이의 결합성을 개선하고 내수성을 높이

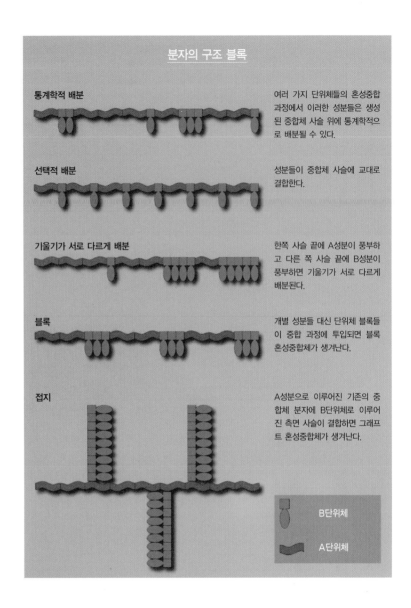

분자의 구조 블록

통계학적 배분

여러 가지 단위체들의 혼성중합 과정에서 이러한 성분들은 생성된 중합체 사슬 위에 통계학적으로 배분될 수 있다.

선택적 배분

성분들이 중합체 사슬에 교대로 결합한다.

기울기가 서로 다르게 배분

한쪽 사슬 끝에 A성분이 풍부하고 다른 쪽 사슬 끝에 B성분이 풍부하면 기울기가 서로 다르게 배분된다.

블록

개별 성분들 대신 단위체 블록들이 중합 과정에 투입되면 블록 혼성중합체가 생겨난다.

접지

A성분으로 이루어진 기존의 중합체 분자에 B단위체로 이루어진 측면 사슬이 결합하면 그래프트 혼성중합체가 생겨난다.

B단위체

A단위체

거나 접촉 반응에 변화를 주기 위한 것이다.

사슬 연결

예전에는 무엇보다도 새롭고 특별한 단위체를 연구한 반면, 오늘날의 연구는 이미 통용되고 있는 합성수지의 성질을 개선하거나 변화시키는 데 집중되고 있다. 현대적인 촉매들(예를 들어 올레핀의 중합 작용 때 사용되는 메탈로센 촉매)을 이용하고 반응 조건들을 선택하여 사슬의 길이를—경직성, 강도, 점도와 같은 합성수지의 성질들과 함께—조정할 수 있게 되었다. 그 다음에는 많은 경우를 위한 통일된 사슬 길이를 얻게 된다. 현대적인 촉매는 성분들을 중합체 사슬에 결합할 때 사슬 구성이 중단되는 실수를 줄여준다. 그리하여 완성된 생산품에는 열에 쉽게 '땀을 흘릴' 만큼 유동적인 짧은 토막이 덜 포함되어 있다. 새 자동차에서 나는 전형적인 냄새와 여름철의 열기로 유리창에 끼는 끈적끈적한 것은 그러한 토막들과 자동차 계기판에서 방출되는 첨가제 때문이다. 오늘날 자동차 회사들은 합성수지로 인한 이러한 현상들이 가급적 일어나지 않기를 바란다.

사슬의 길이 외에도 사슬의 형태가 중요한 구실을 한다. 선형의 중합체에는 측면 사슬이 없다. 가지치기를 한 중합체는 다소 규칙적으로 배열된 짧거나 긴 측면 사슬을 지니고 있다. 개별 사슬들이 중첩되어 결합된 것을 그물망이라고 한다. 그물망은 넓거나 좁은 형태로 이루어져 있다.

혼합물의 놀라운 전망

두 가지 또는 여러 가지 중합체 원료를 혼합하여 만들어낸 물질은 순수한 금속과는 전혀 다른 성질을 지니도록 금속을 합금한 것과 비교할 만하다.

혼합물의 장점은 '올바른 혼합'으로 마음에 드는 성질을 지닌 고성능 합성수지를 생산하여 비용을 절감할 수 있다는 것이다. 혼합물의 성질은 원료로 사용한 중합체들의 성질보다 월등하다.

혼합물의 경우 유연제나 충전제, 안정제와 같은 첨가물이 완제품의 성질을 결정하는 데 중요한 구실을 한다.

보편적인 것과 특수한 것

오늘날 거의 모든 합성수지는 적어도 원칙적으로는 다른 합성수지
와 조합될 수 있다. 특정한 적용 분야나 성질을 정하거나 합성수지

합성수지 가공

주형 가공

컵, 장난감, 케이스처럼 합성수지로 어떤 형태를
만들어내는 데 가장 중요한 가공 방식이다. 합성수
지 덩어리를 녹여 주물 틀에 부은 다음 압력을 가
한다. 용해물을 냉각시키면 응고한다. (경화석고나
탄성고무의 경우 덩어리는 중합체 사슬의 그물망으로 인
해 굳으면서 응고한다.)

발포 가공

발포 합성수지를 만들기 위한 방식이다. 발포 공정은
대부분 열을 가함으로써 이루어진다. 이때 끓는점이
낮은 단위체나 첨가된 용매가 증기를 만들어낸다. 또
는 발포제를 첨가하여 가스가 잘 터지도록 만들 수도
있다. 발포 폴리우레탄 소재의 경우 화학 반응이 이루
어지는 동안 온실가스가 생성될 수 있다. 덩어리가 가
스 기포와 함께 중합되면 세공 구조를 지닌 합성수지가 생성된다.

압축 성형

열가소성 물질에 열을 가해 연하게 만들어 형태를
변형시키는 방식이다. 기계적인 압력이나 압축 공
기를 통해 열을 받은 합성수지는 원하는 형태로 변
형된다. 이것은 냉각을 거쳐 응고된 후에도 그 형
태를 유지한다.

에 특정한 외관을 부여하는 일도 자유자재로 해낼 수 있다. 또한 많은 합성수지는 내부가 촘촘한 형태, 가벼운 발포 스티로폼, 랩, 섬유 등으로 가공할 수 있다. 따라서 여러 가지 합성수지들 사이에 치열한 경쟁이 벌어지고 있다. 다른 한편으로는 특별하고 새로운 요구들에 부응하는 합성수지를 제대로 만들어내는 것도 가능하게 되었다.

압출 성형

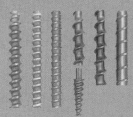

관, 밧줄, 프로필, 호스 등을 생산할 때 사용하는 가공 방식이다. 또한 2차 가공을 위한 합성수지 덩어리를 만들어내는 가장 중요한 공정이다. 깔때기 위로 합성수지 알갱이를 집어넣은 다음 긴 나사 모양의 (이른바 달팽이) 축을 이용하여 회전시킨다. 합성수지 덩어리는 달팽이축을 통과하면서 조밀해지고 혼합되어 성형된다. 이때 첨가제를 넣으면 균일화하고 녹으면서 가스가 빠져나가거나 채워지고 화학적인 변형을 일으킨다. 그 다음에 끄트머리의 노즐로 완성된 덩어리 형태가 계속 밀려나오게 된다.

사출 성형

병, 통, 용기, 장난감, 기계 몸체 등을 생산할 때의 가공 방식이다. 첫 번째 공정에서 압출을 통해 1차 성형물을 만들어 틀에 고정한다. 두 번째 공정에서는 1차 성형물에 사출을 한다. 이때 형태를 만들어내는 도구의 냉각 벽면에 속이 빈 형태가 응고하게 된다.

포일 사출

포장용 포일을 생산할 때 사용하는 가공 방식이다. 합성수지 덩어리는 고리 형태의 틈새를 통해 압출되며 사출을 통해 펴지게 된다. 이러한 방식으로 둘레가 16미터인 호스까지 만들 수 있다.

합성수지의 중요한 유형들

시장의 선도자: 폴리에틸렌(PE)

합성수지 중 양적으로 선두주자는 폴리에틸렌으로 에틸렌을 중합한 생산물이다. 가장 단순한 알켄(올레핀)이며, 탄소원자 두 개와 수소원자 네 개로 구성되어 있다. 탄소원자 두 개는 이중결합으로 연결되어 있다. 이러한 이중결합은 개개 분자들을 사슬에 결합하는 데 이용된다. 이때 특히 HDPE(고밀도 폴리에틸렌)와 LDPE(저밀도 폴리에틸렌)로 구분된다. HDPE는 저압에서 에틸렌을 중합할 때 생성되며 LDPE는 고압에서 생성된다. 중합 과정에서 이러한 특별한 조건들로 인해 LDPE는 무엇보다도 가지치기를 한 분자 사슬로 이루어진다. 반면에 HDPE는 가지가 없는 긴 사슬로 이루어진 중합체다. 선형의 중합체 사슬은 가지치기를 한 중합체 사슬보다 고체에서 더

도색 보호를 위한 합성수지 포장

새 자동차를 운송할 때 제대로 된 안전 조치를 취하지 않으면 래커 칠이 손상될 수 있다. 지금까지는 대부분 자동차에 왁스 칠을 하거나 접착포일로 덮어 씌웠다. 접착포일의 단점은 작업이 오래 걸리고 일손이 많이 필요하다는 것이다. 왁스 작업은 다량의 폐수와 용해물질을 발생시키는 단점이 있다. 자동차업계는 이 두 가지를 피할 수 있는 방법을 개발했다.  래커 칠을 한 직후 자동차의 각 부분에 액체 상태의 합성수지를 뿌리는 것이다. 이 작업은 매우 정확하고 자동으로 이루어진다. 합성수지 분사액은 액체 상태의 폴리에스터-폴리우레탄이다(이것은 미세한 합성수지 입자들이 물속에 분포되어 있음을 의미한다). 섭씨 80도에서 10분 정도 건조하면 수분이 증발하고 합성수지 입자는 서로 결합하여 포일이 된다. 이러한 포일은 운송 과정이 아니라 이미 자동차 부품의 조립 과정에서 래커 칠을 보호한다. 영업사원은 고객에게 새 차를 건네기 전에 보호 피막을 벗기기만 하면 된다.

조밀하다. 따라서 가지치기를 한 LDPE는 선형의 HDPE보다 훨씬 덜 조밀하다.

그 다음으로 LLDPE(선형의 저밀도 폴리에틸렌)는 가지치기를 하지 않은 저밀도 폴리에틸렌이다. 이것은 HDPE와 마찬가지로 저압에서 중합할 때 만들어진다. 여기에서 폴리에틸렌은 1-올레핀(1번과 2번의 탄소원자가 이중결합된 탄화수소)과 함께 중합된다. 올레핀 분자가 중합체 사슬에 들어가기 위해서는 이중결합으로 연결된 탄소원자 두 개(에틸렌의 경우와 마찬가지다)가 필요하다. 올레핀의 나머지 탄소원자는 사슬의 측면으로 튀어나온다. 이러한 방식으로 매우 짧은 가지를 지닌 중합체 사슬이 생겨난다. 1-올레핀의 양과 분자 크기에 따라 합성수지의 성질을 다양하게 바꿀 수 있다. 측면 사슬의 길이와 수량은 무엇보다도 합성수지의 밀도와 결정체 영역의 형성에 영향을 미친다. 모든 유형의 폴리에틸렌은 이산화탄소 배출을 제외하면 환경에 부담을 주지 않고 소각할 수 있다.

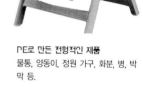

ΠE로 만든 전형적인 제품
물통, 양동이, 정원 가구, 화분, 병, 박막 등.

희생양: 폴리염화비닐(PVC)

에틸렌을 염소 처리한 형태인 염화비닐로 중합체를 만들어낼 수 있다. 이것은 폴리에틸렌과 마찬가지로 긴 탄화수소 사슬로 이루어져 있다. 이때 각각의 두 번째 탄소원자는 수소원자 대신 염소원자를 지니게 된다. 이러한 폴리염화비닐의 약자인 PVC는 가공하기 쉽고 사용하기 편리하다. 질기고, 잘 긁히지 않으며, 깨지지 않고 불이 잘 붙지 않으며, 수명이 길뿐만 아니라 첨가제를 이용하여 유연하게 만들 수도 있다. 이것은 생산비가 가장 저렴한 합성수지 중 하나로 음료수병, 혈액주머니, 오줌관, 전선 피복, 수도관, 용기, 창틀, 쓰레기

플라스틱 포장지: 소문처럼 그렇게 나쁜가

합성수지의 약 25퍼센트만이 포장재로 이용된다. 나머지 75퍼센트는 건축, 기계 조립, 자동차 조립, 전기 및 전자 산업 분야에서 수명이 긴 물건을 만드는 데 사용된다. 합성수지는 가정 쓰레기의 10퍼센트도 되지 않는다. 그런데도 합성수지 포장지는 적대적인 여론의 주 공격 대상이 되고 있다. 특히 생필품의 포장지가 주로 비판의 대상이다. 포장지는

제품의 운송이나 보관 시 파손이나 손상을 막기 위한 것이다. 개발도상국에서 생산된 생필품의 3분의 1 이상이 운송과 보관 도중에 못 쓰게 되는 것은 적절한 포장을 하지 않았기 때문이다. 하지만 총체적인 판단 대신한 가지만이 강조된다. 플라스틱 포장지가 해롭다는 것이다. 정말일까? 그렇다면 어떤 포장지를 써야 할까? 이에 대해 포괄적으로 대답할 수는 없고, 경우에 따라 대안을 제시할 수밖에 없다. 포장지는 몇 가지 구실을 수행한다. 내용물을 깨끗하고 신선하게 보관하며 제품

이 가능한 한 적은 양과 무게를 지니도록 만들어 경제적으로도 유익해야 한다. 포장지가 환경에 지나친 부담을 주어서는 안 된다. 이와 관련해서는 '쓰레기 문제'뿐만 아니라 이른바 요람에서 무덤까지 포장지의 전 과정을 고려하여 모든 대안을 위한 '생태 대차대조표'를 작성해야 한다. 이때 제조할 때의 원료 및 에너지 소비, 사용 전후 포장지를 운송할 때의 에너지 소비와 유독물질 배출 등을 산출해야 한다. 우유를 첨가한 음료수를 예로 들면 합성수지 병이 포괄적인 '생태효율분석'에 따른 최고의 포장재다.

통, 바닥재, 정원 가구, 울타리, 랩, 인조 가죽, 호스와 구두 뒤축 등 여러 가지 용도로 널리 쓰인다.

그러나 PVC는 여러 해 전부터 공격받고 있다. 비판의 핵심은 원료인 염화비닐이 암을 유발하며 포장 식품을 오염시킬 뿐만 아니라 연소할 때 다이옥신이 생성된다는 것이다. 염화비닐을 만들기 위해서는 독성가스인 염소가 필요하다. 이 밖에도 PVC가 함유하고 있는 첨가제들, 특히 연화제가 암을 유발한다는 비판을 받고 있다.

오늘날 엄격한 안전 조치로 염소가 투입되는 공정은 매우 안전하

다. PVC 자체는 어떤 종류의 염소도 함유하고 있지 않으므로 염소를 내뿜지 않는다. 처리 방식의 개선으로 염화비닐의 중합체를 극소량으로 낮출 수 있었다. 이 극소량의 대부분은 PVC의 제작 공정에서 증발해 완성품에는 염화비닐을 전혀 함유하지 않는다. PVC가 연소할 때 실제로 다이옥신이 발생할 수 있다. 조사에 따르면 그 양은 매우 적으며 이를테면 나무와 같은 다른 물질이 연소할 때의 양보다 많지 않다.

깨지기 쉬운 PVC는 연화제를 첨가하면 유연해진다. 부드러운 PVC는 다양한 용도로 쓰인다. 연화제는 완제품 무게의 50퍼센트까지를 차지할 수 있다. 지방을 함유한 식품은 랩에 쓰인 연화제를 받아들일 수 있다. 가장 폭넓게 이용되는 연화제는 프탈레인계다. 프탈레인은 두 개의 탄산기가 달려 있는 벤젠 고리로 이루어진 프탈산의 에테르이다. 오늘날 특정한 프탈레인은 의학용품과 생필품에 사용하도록 허용되어 있다. 여기에는 어떤 종류의 독성도 없다. 프탈레

PVC 하수관은 금속관보다 성능이 뛰어나다.

인의 지속적인 사용이 암을 유발하는지는 아직 논란의 여지가 있다. 일반적으로 동물 실험에서는 비현실적으로 많은 양이 사용되지만 사람에게는 제한적으로 사용된다. 새로운 연화제는 이 밖에도 그 어떤 방향성 화합물도 함유하고 있지 않다.

PVC는 안정제를 함유하고 있다. 이것은 제품에 열이 가해지더라도 형태가 일그러지는 것을 방지한다. 일련의 안정제들은 중금속을 함유하고 있다. 이러한 중금속은 오늘날 장난감, 의학용품, 생필품에 더 이상 허용되지 않는다. 중금속을 함유한 소재들은 예전에 소각할 때 문제를

일으켰다. 오늘날 쓰레기 소각장에서는 중금속을 포함한 비산먼지가 필터를 통해 정화된다. 타고 남은 찌꺼기와 함께 비산먼지는 특수 쓰레기로 분리되어 처리된다. PVC는 전체 가정 쓰레기의 1퍼센트를 차지하는 것으로 평가된다.

PVC가 항상 좋지 못한 것으로 낙인찍힌 데에는 부정하기 어려운 역사적 근거들이 있다. 하지만 오늘날 현대적인 가공 처리를 통해 생산되는 PVC는 다른 어떤 합성수지보다도 환경과 소비자에 해를 입히지 않는 것으로 인정받고 있다. 무엇보다도 PVC는 건축 분야에서 다른 것으로 대체될 수 없다. PVC관은 금속관보다 성능이 뛰어나다.

떠오르는 별: 폴리프로필렌(PP)

프로펜(역사적 표기는 프로필렌. 세 개의 탄소원자 중 두 개가 이중결합으로 연결된 탄화수소)이 중합될 때 폴리프로필렌이 생성된다. PP는 매우 단단하고 열에 강한 중합체이며 값이 저렴하다. 예전에는 특히 값싼 대량생산품에 사용되었다. 하지만 얼마 전부터는 이전까지 값비싼 특수 합성수지를 사용하던 고급 생산품에 활용되고 있다. 이처럼 두 번째 봄을 맞은 배경은 단일결합으로 연결된 프로펜의 세 번째 탄소원자 덕분이다. 중합 과정에서 프로펜 분자는 생성된 중합체 사슬의 왼쪽이나 오른쪽 측면에 작은 그루터기 모양으로 돌출하는 방식으로 배열된다. 이와 달리 현대적인 촉매를 이용하면 분자들은 그루터기가 모두 동일한 측면(동일 방향의 PP)이나 오른쪽과 왼쪽에 번갈아가며(서로 반대 방향의 PP) 배열된다. 이전의 고전적인 치글러-나타 촉매—치글러와 나타는 노벨상을 받았다—를 이용한 중합 과정에서는 정적으로 배열된 그루터기를 지닌 사슬들의 혼합, 즉 동일 방향의 사슬과 서로 반대 방향 사슬의 혼합이 생겨난다. 이러한

동일 방향의 PP

서로 반대 방향의 PP

일정한 방향성이 없는 PP

혼합은 분리하기가 매우 어렵다.

동일 방향의 폴리프로필렌 사슬들은 서로 평행으로 배열된다. 따라서 이 합성수지는 뻣뻣하며 녹는점이 높다. 이러한 PP 형태는 범퍼나 자동차 내장재로 적합하다. 서로 반대 방향의 사슬로 이루어진 폴리프로필렌은 용도도 완전히 다르다. 이 사슬은 쉽게 엉켜버리는 경향이 있다. 이것은 별로 뻣뻣하지도 단단하지도 않지만 매우 질기며 투명하여 잘 찢어지지 않는 포장용 랩을 만드는 데 이상적인 재료가 된다. 이미 더 복잡해진 요구를 수용하는 동시에 새로운 특성들을 지닌 PP 종류를 선사하게 될 촉매가 존재한다.

PP의 전형적인 용도 포장재, 고도의 기술을 요하는 부품, 가스 및 액체 파이프, 세탁기나 식기세척기와 같은 가전 제품, 여자 구두의 뒤축, 가방, 랩, 종이에 덧씌우는 막, 섬유, 필라멘트, 랩 묶음, 양탄자의 방직섬유, 이불 또는 장식용 천, 망사, 노끈, 밧줄, 필터, 그물, 인조 잔디, 위생섬유, 석면 대용품, 자동차 부품.

동일 방향의 폴리프로필렌은 매우 뻣뻣한 합성수지로서 자동차 내장재 및 범퍼의 재료로 사용된다.

팀 플레이어: 폴리스타이렌

폴리스타이렌은 스타이렌(에틸렌기를 지닌 탄소 여섯 개가 고리를 이룬 방향족 화합물인 페닐에틸렌)의 중합 과정에서 생성된다. 중합 작용은 에틸렌을 PE로 중합할 때와 동일한 원리로 진행된다. 에틸렌기의 탄소원자 두 개가 이중결합하여 그 다음 성분과 연결하기 위한 다리 구실을 한다. 끈에 꿰어놓은 진주처럼 페닐 고리는 사슬의 측면에 배열되어 있다. 이 중합체는 무엇보다도 발포제를 함유한 폴리스타이렌의 상품명인 '스티로폼'으로 대중적이 되었다. 이것은 발포 재료로 활용될 수 있다. 그 밖에도 발포 형태와 다른 종류도 있는데, 투명하고 뻣뻣하며 깨지기 쉽다. 다른 중합체(혼합체)와 혼성중합이

스티로폼과 네오폼
네오폼은 은회색이고 스티로폼은 하양이다. 이 두 가지는 잘 알려진 발포 폴리스타이렌 소재이며 무엇보다 방수재로 중요한 구실을 한다. 발포하지 않은 폴리스타이렌 소재로는 투명한 일회용 컵을 만들 수 있다.

나 혼합을 통해 더 질기고 깨지지 않는 합성수지가 생성된다.

전형적인 제품들 발포 폴리스타이렌은 무엇보다도 포장재나 절연제로 고층건물, 냉동실, 창고, 냉동차, 냉동선에 이용된다. 또한 구명조끼, 구조튜브, 장식재로 가공되기도 한다. 발포하지 않은 폴리스타이렌은 텔레비전, 사진기, 주방용품과 같은 전기 및 전지 기구의 판, 랩, 케이스로 이용된다. 이 밖에도 전시 유리, 전등, 일회용 용기, 다리미, 작은 가구, 장난감, 슬라이드 필름 테두리도 이 물질로 만들 수 있다.

영어로 '스타이레닉스(Styrenics)'라고 하는 스타이렌 혼성중합체는 일반적으로 세 가지 유형으로 분류할 수 있다. 아크릴로나이트릴·뷰타다이엔·스타이렌 혼성중합체(ABS), 아크릴로나이트릴·스타이렌·아크릴에스터 혼성중합체(ASN), 스타이렌·아크릴로나이트릴 혼성중합체(SAN)가 그것이다. 기술적으로 가장 중요한 유형은 ABS이다. ABS는 중합체 혼합물로서 두 개의 중합체가 혼합된 것이다. 그중 하나는 아크릴로나이트릴과 스타이렌의 단위체로 구성된 혼성중합체이다. 뻣뻣하고 온기를 유지할 수 있는 이 중합체는 일종의 지속적인 국면을 만들어낸다. 이러한 매트릭스에 탄성고무 종류로 탄력적인 알갱이 형태의 또 다른 혼합 성분이 들어간다. 이러한 알갱이들은 1,3-뷰타다이엔 중합체와 혼성중합체로 이루어져 있다. 그 결과로 생성되는 매우 질긴 합성수지는 높은 온도에서도 형태를 유지한다. 단위체(아크릴로나이트릴, 스타이렌, 뷰타다이엔)의 양에 따라 ABS에 기초한 합성수지의 성질이 영향을 받는다.

'스타이레닉스'는 자동차의 고성능 부품, 가정용품, 전기 및 전자 기구, 사무기기, 가구, 파이프, 포장용 랩, 의약품, 화장품, 스포츠 여가용품, 장난감,

ABS수지는 아크릴로나이트릴·뷰타다이엔·스타이렌 혼성중합체로 이루어진 합성수지이며 스포츠 및 여가용품 제조에 사용된다.

의학기술 제품의 고급 포장재로 사용된다.

스타이렌 혼성중합체는 또 다른 성분들과도 잘 혼합된다. ABS와 폴리탄산에스터(PC)로 이루어진 혼합물이 실내온도에서 점성이 강하고 온기를 유지할 수 있는 것은 PC가 포함되어 있기 때문이다. ABS는 장력에 대한 높은 저항력으로 이 물질을 쉽게 가공할 수 있게 해준다. 예를 들어 샌드위치 방식으로 제조한 자동차 계기판의 기본 구조는 단단한 혼합물로 이루어져 있다. 이것은 두께가 얇으면서도 자동차 충돌 시에 탑승자를 보호하기 위해서는 높은 하중을 견딜 수 있어야 한다. PC-ABS 혼합물의 성질은 계속 얇아지는 추세의 브라운관이나 컴퓨터 본체에 적합하다.

창 전문가: 폴리탄산에스터(PC)

폴리탄산에스터는 결합의 종류를 고려하면 탄산과 파라핀계 또는 방향족 다이알코올(두 개의 OH기와 결합)의 폴리에스터라고 할 수 있다. 투입된 단위체는 다양할 수 있다. 중요한 사용 분야는 CD와 DVD, 깨지지 않는 안경알, 건축 분야의 투명한 유리창, 온상, 온실, 컴퓨터 몸체, 의학 기구의 몸체, 이동전화 몸체, 자동차 전조등 유리, 물병 등이다.

폴리탄산에스터를 재료로 CD 나 DVD뿐만 아니라 이동전화 몸체도 만든다.

유리병 도깨비: 폴리에틸렌테레프탈레이트(PET)

에틸렌글라이콜과 테레프탈산(1,2-에탄다이올 내지는 1,4-벤젠다이카복시산)에서 PET가 생성된다. 이것은 매우 단단하고 뻣뻣하며 다른 많은 화학물질에 비해 변하지 않는 폴리에스터이다. 다루기 힘든

PET는 재활용 합성수지 음료수 병을 만드는 재료이다.

성분들이(예를 들어 1,4-사이클로헥산다이메탄올) 들어감으로써 결정성이 낮아질 수 있다. 따라서 투명하고 빨리 닳아 없어지지 않는 질긴 합성수지가 생성된다. 특수한 요구에 맞추기 위해 PET는 혼합물의 형태로, 이를테면 폴리탄산에스터와 함께 가공된다.

무엇보다도 오늘날 재활용 합성수지 병은 PET로 만든 것이다. 이 물질은 랩과 섬유로도 가공된다. 그 밖에도 장비 및 가정용 기구의 부품, 녹음 테이프 및 사진 필름의 박편, 생필품의 포장재 등으로도 쓰인다.

화학의 총아: 폴리우레탄(PUR)

폴리우레탄은 합성수지 중에서 특수한 것이지만 가장 보편적으로 사용된다. 이 말은 그 자체로 모순이 아닐까? 아니다! 폴리우레탄의 원료 체계를 어떻게 선택하느냐에 따라 섬유, 수지, 래커, 접착물질, 부드럽거나 단단한 합성고무, 발포 폴리스타이렌 등 다양한 유형의 제품이 생산되기 때문이다. 이러한 폴리우레탄 체계는 특정한 과제에 따라 정해진다. 다른 물질과는 비교할 수 없을 정도의 다양성은 이 중합체가 끊임없이 사용되는 근거가 된다.

폴리우레탄은 선형 구조, 가지치기 구조, 그물망 구조 등 매우 다양한 중합체로 이루어져 있다. 그러나 이 모든 것은 하나의 공통점을 지니고 있다. 폴리우레탄은 두 가지 유형의 성분이 결합하여 생성된다는 것이다. 제1성분은 다이알코올이다. 즉 알코올기(-OH)가 양쪽 끝에 결합한 형태다. 제2성분은 다이아이소사이아네이트이다. 즉 양쪽 끝에 아이소사이아네이트기(-N=C=O)를 지닌 물질이다. 아이소사이아네이트기는 알코올에 매우 잘 반응한다. 그래서 긴 분자 사슬들이 생겨난다. 어떤 다이알코올과 다이아이소사이아네이트를

투입하느냐에 따라 다양한 결과를 얻을
수 있다. 반응 과정에서 적당한 첨가제
를 넣으면 여러 가지로 도움이 된다.

그러나 이것만이 전부가 아니다. 물이
나 산을 반응 시스템에 첨가하면 아이소
사이아네이트기의 한 부분이 반응하여
이산화탄소가 분리된다. 이때 기포가 생
성되어 중합체에서 거품을 만들어낸다.
유화제나 안정제를 투입하면 기포가 안
정을 유지한다. 폴리우레탄은 발포제를
투입하여 발포 폴리스타이렌으로 만들
수도 있다. 무엇보다도 부드러운 발포
폴리스타이렌은 침대 매트리스, 가구 쿠
션, 자동차 시트를 만드는 데 이용된다.
단단한 발포 폴리스타이렌은 건축 분야
에 이용하는 아주 질 좋은 절연재나 냉
장고의 냉장 재료로 이용된다.

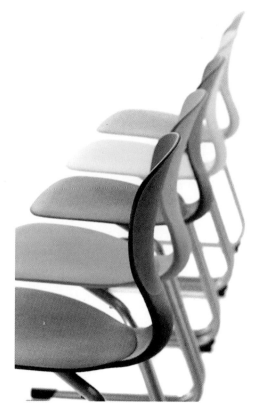

폴리우레탄 제품에 편안히 앉고 누울 수 있다.

짧은 사슬 구조의 다이알코
올 대신에 두 개의 알코올기
를 지닌 긴 중합체 사슬을
투입하는 방법도 있다. 다이
아이소사이아네이트의 도움으로
이 중합체는 사선으로 그물망을 이룬
다. 그물망의 촘촘한 정도에 따라 단단
하거나(망이 촘촘함) 부드러운(망이 촘촘하지
않음) 물질이 생성된다. 결정화되기 쉬운 중합

체 사슬을 선택하면 더 단단한 물질을 얻게 된다.

폴리우레탄은 유행하는 열가소성의 합성수지와는 다른 측면이 있다. '정상적인' 합성수지는 완성품으로 가공자에게 넘겨져 부드럽게 만들어지거나 용해되는 반면에 폴리우레탄은 화학 공장에서 기초 소재로 공급된다. 중합체에 대한 본질적인 반응이 가공 괴정에서도 일어나기 때문이다. 어럽사리 알아낸 혼합 기술 덕분에 성분들이 형태 안에서 반응하는 것이 가능하다. 기초 소재가 액체여서 평평한 면에 바둑판 모양의 홈을 팔 때에도 각 네 귀퉁이를 정확하게 만들 수 있다. 예를 들어 일광욕을 위한 벤치처럼 커다란 형태이지만 매우 얇은 몸체를 만들어낼 수 있다.

합성수지 성질의 다양성은 이 물질의 재활용을 쉽게 만든다. 예를 들어 자동차 범퍼 전체를 폴리우레탄으로 제작할 수 있다. 외부는 단단한 폴리우레탄으로 만들고 그 안에 발포 폴리우레탄을 채워 넣으면 충돌 시 충격에너지를 흡수할 수 있게 된다. 한 부분은 서로 다른 유형의 합성수지들을 힘들여 분리할 필요 없이 곧바로 재활용할 수 있다.

폴리우레탄으로 만든 전형적인 제품들 침대 매트리스, 쿠션, 접착제, 고무 패킹, 구두 뒤축, 전기 기구의 몸체, 방수판, 수성 래커, 분말 래커, 비옷, 자전거 안장, 범퍼, 스키 신발, 인공심장판막 등이 있다.

테크노젤 충전제는 자전거를 탈 때 유익하다.

최신형 자전거 안상은 무엇으로 만들까? 기술자들은 이 소재를 고체와 액체의 경계에서 생겨난 소재라고 말한다. 이 소재에 압력을 가하면 마치 피자 반죽처럼 압박을 비껴간다. 뒤틀린 형태의 힘이 느슨해지면 원래의 형태로 되돌아온다. 그 비밀은 탄력적인 중합체 조직에 있다. 이 중합체 조직은 작은 사슬로 이루어진 많은 분자를 지니고 있다. 이 분자들은 매우 유동적이어서 액체처럼 움직이지만 중합체 메트릭스에 단단하게 연결되어 있어 그 안에서 움직일 수 없다. 연화제를 사용할 필요도 없이 젤은 유연하다.

적포도주가 젊음을, 초콜릿은 아름다움을 선사하는가

저주를 받거나 오해를 사는 경우도 있지만 어쨌든 많은 사람들이 좋아하는 포도주, 초콜릿, 차와 같은 기호식품은 세월이 지나면서 매우 다양한 좋고 나쁜 (부)작용의 명성을 갖게 되었다. 현대의 화학은 이제 이러한 기호식품에 담긴 놀랄 만한 비밀들을 벗겨내기 시작했다.

적포도주에 함유된 것으로 알려진 폴리페놀이 새로운 스캔들을 일으킬 수 있을까? 아니다. 그 반대다. 이러한 독성물질의 기능은 포도주 특유의 감칠맛을 내는 허브 향기를 만들어내는 데 그치지 않는다. 폴리페놀은 포도주에 진정한 건강 음료로서 명성을 새로 되찾게 해준 근거이기도 하다. 이것이 심장병과 동맥경화증을 비롯

 14:37 마침내……

휴! 마침내 집으로 돌아왔다. 오늘은 정말 바쁜 날이었다. 아침에 일어난 다음부터 하루 종일 뛰어다닌 느낌이다. 장보기는 이미 끝났으니 지금부터는 집 안 정돈을 해야 한다. 하지만 집 안 꼴이 어떻든 상관없다. 이제 좀 쉬어야겠다. 커피라도 한 잔 마셔야지. 그러면 기분 전환이 될 것이다. 초콜릿 하나를 곁들여야겠지. 아니, 오늘은 두 개가 더 좋을 듯하다. 이런 뺄까가 있겠는가.

한 모든 종류의 질병을 예방한다는 것이다. 포
도주는 예전부터 의약품으로 사용
되어왔다. 완전히 틀린 말은 아니다.

폴리페놀은 많은 과일, 채소의 유
피제, 색소에 해당하는 타닌산과 플라보노이드
를 비롯하여 전체적으로 조망하기 어려운 커
다란 물질 그룹을 형성하고 있다. 이러한 화합
물 중 다수는 이미 의학 분야에서 이용되고 있으며 그 잠

타닌과 플라보노이드는 과일과 채소
에 유피제와 색소로 나타나는 폴리페
놀에 속한다. 그 형태는 카테킨을 보
여준다(회색: 탄소원자, 하양: 수소원
자, 빨강: 산소원자).

재력 역시 무궁무진한 듯하다. 화학자들은 계속해서 그 성분의 계보
와 함께 새로운 기능을 찾아내고 있다.

포도주에 함유된 폴리페놀은 산화 방지제다. 이것은 자유롭게 움
직이는 악명 높은 라디칼을 제어한다. 산소족은 유기체 내에서 극단
적인 반응을 일으켜 여러 가지 세포 성분을 손상시킬 수 있다. 이른
바―해로운 LDL(저밀도 지단백질)이나 해로운 콜레스테롤 형태로 알
려진―저밀도 지단백질이 공격받으면 변형된 지방 분자들이 혈관
벽에 달라붙을 수 있다. 폴리페놀 유형의 물질은 극단적인 반응이
이루어지는 동안 나타나 자유롭게 움직이는 라디칼과 반응한다. 이
때 폴리페놀 라디칼이 생성되지만 비활성이어서 또 다른 반응은 일
으키지 않는다. 이러한 방식으로 폴리페놀은 지단백질을 보호하며
사람들이 두려워하는 '동맥경화증'을 예방한다.

명예로운 잔

포도주 속에는 매우 특별하게 작용하는 독특한 폴리페놀인 케르세
틴과 트랜스-레스베라트롤이 들어 있다. 이것들은 혈소판이 혈전으
로 덩어리지는 것을 완화시켜줌으로써 혈전증의 위험을 감소시킨
다. 심장마비를 예방하기 위해 약하게 처방한 아스피린도 이와 동일

사랑받는 갈색의 액체

커피가 없는 아침? 많은 사람들에게 거의 상상할 수 없는 일이다. 김이 모락모락 피어오르며 입술에 느껴지는 커피가 맛이 나기 위해서는 화학이 동원되어야 한다 커피를 수확하여 껍질을 벗기고 건조한 후 원두커피를 회전 원통에 넣어 볶는다. 이 과정에서 커피 특유의 향기를 만들어낸다. 원두커피를 볶는 온도와 시간을 엄격히 통제해야만 화학적 변화가 진행되는 마지막 단계에서 흑갈색의 외관과 향기를 지니게 된다. 갈색의 정도는 고객의 기호에 맞춰진다. 예를 들어 남유럽 국가들에서는 북유럽 국가들보다 더 많이 볶은 커피를 선호한다.

커피의 질을 결정하는 데 특히 중요한 것은 산(酸)을 함유한 유피제이다. 커피향의 쓴맛은 다이테르펜글리코겐으로 생겨난다. 이것은 원두커피를 볶을 때 부분적으로 테르펜(테르펜은 형태상으로 여러 개의 아이소프렌 단위로 구성된 천연 소재이다. 아이소프렌=2-메틸-1,3-부타다이엔)과 나프탈렌(기본 구조는 두 개가 서로 용해된 방향족의 6각형 탄소 고리이다)으로 변환된다. 커피의 휘발성 성분은—1000개 이상의 다양한 화합물이 알려져 있다—대부분 볶는 과정에서 생겨난다. 주된 성분은 퓨란 및 피롤 화합물(탄소원자 네 개와 산소원자 한 개 내지는 질소원자로 이루어진 고리 구조)이다.

카페인

카페인이 없는 커피는 어떨까? 이 알칼로이드는 가장 널리 퍼진 신경 자극 물질이다(콜라 한 잔에는 커피 한 잔과 동일한 양의 카페인을 함유하고 있으며 몇몇 에너지 음료에는 더 많은 양의 카페인이 들어 있다). 심지어 카페인은 도핑 금지 목록에 포함되어 있다. 지구력을 요구하는 스포츠에서 운동 능력을 향상시킬 수 있기 때문이다. 카페인은 피곤함이나 지루함 때문에 지적 능력이 지장을 받을 때에도 도움이 될 수 있다. 그러나 조심해야 할 점도 있다. 실제로 많은 사람들이 마약과 비슷한 카페인 중독에 걸린 것처럼 보인다.

커피 액은—화학자에게 이것은 추출물이다—그 자체로 과학이다. 커피의 향기는 금방 빻은 커피를 섭씨 95~98도에서 끓일 때 가장 좋다. 더 높은 온도에서는 산성이 급격하게 증가하며, 차가운 물에서는 카페인이 추출되지만 함유된 향기 물질은 충분히 추출되지 않는다. 현대식 자동 커피 기계는 섭씨 93도와 약 15바의 압력에서 커피를 끓인다. 스칸디나비아와 터키에 널리 퍼진 커피 기계의 경우에는 커피 가루를 직접 물에 넣어 끓인다. 새로운 연구 결과에 따르면 이 커피의 맛이 좋은 것은 콜레스테롤 수치를 높여주기 때문으로 보인다. 커피를 끓일 때 원래는 필터로 걸러져야 할, 이롭지 못한 지방 성분들이 용해되기 때문이다. 콜레스테롤 수치에 신경을 써야 하는 사람은 이 밖에도 오랫동안 따뜻하게 해놓은 커피도 피해야 한다. 이때 무해한 성분들이 건강에 좋지 않은 성분으로 변환될지도 모르기 때문이다. 금방 끓인 커피가 좋다는 말은 단지 맛 때문만은 아니다.

자동 커피 기계는 물을 섭씨 92~94도로 끓이며 커피에 15바 압력을 약 30초 동안 가한다. 그러면 표면에 짙고 부드러운 크레마(Cream)라는 거품이 얹힌 커피에서 특유의 향이 난다.

한 작용을 한다. 포도주에 들어 있는 케르세틴과 트랜스-레스베라트롤은 이 밖에도 혈관의 수축을 막아주는 트롬복산이 체내에 생성되도록 하며 동맥 내부를 자극하여 혈관을 확장시키는 일산화질소가 분비되도록 한다. 이를 통해 몸의 각 기관에는 피가 더 잘 통하게 된다.

실험실의 연구에서는 트랜스-레스베라트롤이 암의 성장을 막는 것으로 나타났다. 그것은 종양 안에 혈관이 형성되는 것을 저지하면서 암세포의 자기파괴를 촉진한다. 최근에는 적포도주에서 항암작용을 할 수 있는 또 다른 화합물이 발견되었다. 이 화합물은 플라보노이드와 타닌산을 지닌 분자인 아큐티시민(acutissimin)이다. 이 물질은 맨 처음 떡갈나무 종류의 상수리나무(*Quercus acutissima*)에서 발견되었으며 이름도 거기에서 나왔다. 아큐티시민이 매력적인 것은 암을 치료할 때 중요한 공격 포인트인 DNA-토포아이소머라제 II(DNA-topoisomerase II)를 억제하는 작용을 하기 때문이다. 아큐티시민은 병원에서 사용 중인 항암 치료제 에토포사이드보다 250배나 더 강하게 효소를 억제한다.

아큐티시민을 비롯한 플라보노이드 타닌 잡종 성분들은 어떻게 포도주에 들어가게 되었을까? 포도주의 폴리페놀은 대부분 씨와 포도 껍질에서 생성된다. 그러나 포도에는 아큐티시민이 함유되어 있지 않다. 화학자들이 이에 대해 의문을 품고 조사한 결과 떡갈나무 통 속에서 숙성될 때 만들어진다는 결론을 내렸다. 포도즙에서 플라보노이드의 전 단계인 카테킨과 에피카테킨이 생성된다. 포도주가 저장되는 동안

떡갈나무 통은 포도주가 숙성되는 동안 향기를 만들어내는 성분들뿐만 아니라 우리의 건강에 긍정적인 영향을 미칠 수 있는 성분들을 생성시킨다.

알코올이 섞인 액체가 떡갈나무 통의 나무에서 생긴 물질들이 만들어낸 향기를 추출해낸다. 그 물질 중에는 아큐티시민 형성에 필요한 타닌도 포함되어 있다.

술을 마시지 않는 사람들에게 좋은 소식이 있다. 술을 마시지 않고서도 적포도주의 폴리페놀을 섭취할 수 있는 것이다. 여러 종류의 포도 주스나 적포도주 진액 중에서 한 가지를 선택할 수 있다. 그러나 나쁜 소식도 있다. 포도주가 가진 능력의 일부가 사라지며 아마도 포도주가 할 수 있는 전체 능력의 절반 이하만을 이용할 수 있다. 포도주는 심장병과 순환기 질환 예방에 작용한다. 이 밖에도 알코올은 면역 체계를 자극하기도 한다.

그렇다면 알코올은 몸에 좋을까, 또는 나쁠까? 이미 파라셀수스가 인식한 것처럼 약을 독으로 만드는 것은 양이다. 하루에 포도주 두 잔을, 특히 식사 때 마신다면 건강에 좋은 듯이 보인다. 오늘날 일반적으로는 혈중 알코올 농도가 0.03퍼센트를 넘어서는 안 된다. 정도를 지킬 줄 모르는 사람은 좋은 것을 누릴 수 없다. 자주 폭음을 하면 긍정적인 효과가 금방 역전된다. 알코올 중독으로 인한 폐해나 알코올이 원인이 된 사고는 언급할 필요도 없다.

기다림과 차 마시기

포도주나 포도 주스는 어쨌든 갈증을 해소하는 유일한 폴리페놀 음료는 아니다. 홍차와 녹차도 상당한 양의 폴리페놀을 함유하고 있다. 실험실 연구에 따르면 차 음료는 대부분의 과일이나 채소보다 항산화 작용을 더 많이 하는 것으로 나타났다.

홍차와 녹차는 카멜리아 시넨시스(*Camellia Sinensis*)라는 식물에서 추출한 것이다. 녹차는 신선한 잎을 말려서 만든다. 이때 증기를 이용하여 말기 좋은 상태로 말리거나 가마솥에서 볶기도 한다. 즉

시 말아서 잘게 자른 잎에서는 효
소가 발효하는데, 이것이 홍차가
된다. 이 밖에도 효소가 반쯤 발효
한 우롱차는 녹차와 홍차의 중간
형태다.

녹차와 마찬가지로 우롱차도 다
량의 카테킨을 함유하고 있다. 이
러한 플라보노이드가 긍정적인 작
용을 한다. 다양한 실험과 연구 결
과에 따르면 (다른 폴리페놀과 마찬가지로) 카테킨은 면역 체계를
자극하고 혈압 및 당뇨 수치를 낮춰주며 염증 억제, 항암 및 항바이
러스 작용을 하는 것으로 알려져 있다. 예를 들어 카테킨은 위궤양
의 원인인 헬리코박터 파일로리의 성장을 억제하고 에이즈나 헤르
페스의 전염에 중요한 구실을 하는 특정한 바이러스 효소를 저지한
다. 구체적인 화합물의 작용이 단선적으로 나타나는 것만은 아니다.
녹차에 함유된 여러 가지 카테킨은 개별적으로 작용할 뿐만 아니라
합성해서도 작용한다.

차는 카멜리아라는 식물의 잎으로 만
든다. 그 잎의 발효 여부에 따라 홍차
나 녹차가 생겨난다.

홍차는 소량의 카테킨을 함유하고 있다. 이것은 발효 과정에서 반
응을 통해 더 높은 단계의 폴리페놀이 된다. 테아플라빈과 테아루비
긴이 이에 해당한다. 테아플라빈은 충치를 예방한다. 이것은 플라크
(치태)가 형성될 때 연쇄상구균에게 필요한 글리코실 전이 효소를
억제한다. 이 밖에도 차에는 치아에 좋은 플루오르화물이 함유되어
있다.

녹차나 홍차, 아니면 루이보스차?
녹차가—자주 주장되는 것처럼—홍차보다 건강에 더 좋을까? 무조

건 그렇지는 않다. 본질적으로 녹차가 더 많이 연구된 것은 사실이다. 비교연구에서는 두 가지가 비슷한 작용을 한다는 것과, 한편으로는 뚜렷한 차이가 있다는 것이 밝혀졌다. 녹차는 혈장에서 트라이글리세라이드 농도(혈중 지방 수치)를 홍차보다 더 낮춰준다. 홍차의 테아플라빈은 녹차의 카테킨보다 소화 효소에 더 강하게 영향을 미친다. 특히 놀라운 사실은 녹차의 카테킨이 주로 지방 친화적인 신체 부위에 축적되는 반면에 홍차의 폴리페놀은 수분에 친화적인 신체 부위에 축적된다는 점이다.

따라서 이 두 가지 차를 마시면 두 가지 효과를 얻게 된다. 미각신경에 변화를 주기 위해서는 남아프리카가 원신지인 루이보스차를 권할 만하다. 이 차에는 테아플라빈은 전혀 함유되어 있지 않고 카테킨은 흉내만 낼 정도이다. 하지만 플라보노이드 계열의 폴리페놀을 다량 함유하고 있다. 최근에 유행하는 이 붉은 차도 전통적인 차들과 마찬가지로 긍정적인 작용을 하는 것처럼 보인다.

군것질을 좋아하는 사람들에 대한 조언

단것을 많이 먹는 사람들에게 좋은 소식이 있다. 초콜릿에도 많은 양의 플라보노이드가 함유되어 있다는 것이다. 초콜릿 몇 조각은 사과 여섯 개나 포도주 두 잔과 동일한 작용을 한다. 그러나 조심해야 할 점이 있다. 밀크초콜릿은 훨씬 더 적은 효과를 발휘한다. 또한 흰 초콜릿은 효과가 전혀 없다. 플라보노이드는 밝은 색의 초콜릿에는 별로 함유되어 있지 않은 카카오에서 나오기 때문이다. 게다가 우유의 좋지 않은 효과도 한몫을 한다. 플라보노이드는 우유의 단백질과 함께 덩어리져서 체내에 흡수되기가 어렵다.

최근에는 초콜릿을 신체 외부에 이용하는 것과 관련한 선전이 눈길을 끈다. 당나귀 젖으로 목욕한 클레오파트라처럼 오늘날 미의 사도들은 초콜릿 목욕을 권한다. 그 이론은 카카오 폴리페놀의 항산화 작용에 기초하고 있다. 피부의 노화를 일으키는 자유라디칼에 작용한다는 것이다. 물론 과학자들은 이러한 요법이 효과를 지니고 있다는 점을 의심한다. 그러나 초콜릿은 다시 각광 받고 있다. 갈색 초콜릿으로 목욕하고 난 다음에는 피부의 긴장이 이완되었음을 느낄 수도 있다.

소모적인 열정

'초콜릿 중독자'는 저주를 받은 것과 다름없다. 갈색의 맛있는 초콜릿이 중독을 일으킨다는 말이 사실일까? 혀에 녹아내리는 초콜릿 한 조각이 강한 행복감을 주기 때문에 특히 좌절하거나 스트레스를 받는 상황에서 더 찾게 된다. 아스텍 시대와 한때 유럽에서는 초콜릿이―당시에는 음료의 형태로 퍼져나갔다―성욕 증강제로 간주되었다. 갈색의 액체를 카사노바가 애호했다는 사실 역시 놀랄 만한 일이 아니다.

초콜릿의 중독성과 만족감은 과학자들 사이에서 논란이 되고 있다. 그동안 '의심스러운' 성분 몇 가지가 연구되었다. 우선 페닐에틸아민은 암페타민과 유사한 전달물

진흙 목욕은 과거의 일이다. 오늘날에는 액체 초콜릿으로 목욕한다.

질이다. 이것은 사랑의 감정에 빠질 때 분비된다. 반면 스트레스를 받으면 이 수치가 낮아진다. 초콜릿에도 함유된 사랑의 아민은 체내의 '환각제'인 도파민을 분비하도록 자극한다. 이때 혈당 수치가 오르고 혈압이 상승한다. 또한 만족감과 각성의 느낌이 생겨나고 분위기가 상승한다. 아하?!?! 그러나 문제는 초콜릿에 함유된 이러한 물질의 양이 만족감을 줄 만큼 충분하지 않다는 데 있다. 이 밖에도 페닐에틸아민은 효과를 발휘하기도 전에 소화기관에서 분해되어버린다.

또한 초콜릿에는 알칼로이드인 카페인과 테오브로민이 함유되어 있다. 카페인의 양이 매우 적은 데 비해 테오브로민의 농도는 훨씬 더 높다. 그러나 카페인의 각성 효과는 테오브로민보다 10배나 더 높다는 점을 인식해야 한다. 물론 테오브로민의 효과에 대해서는 거의 연구되지 않았으므로 설명이 더 필요하다. 어쨌든 이 물질은 심장박동수를 증가시키고 부족하면 두통을 일으킬 수 있다. 또 다른 이론에 따르면 초콜릿에 함유된 카페인과 테오브로민의 각성 효과는 차보다 더 강하다고 한다. 초콜릿의 또 다른 성분인 타이라민은 조직 호르몬으로서 혈압을 상승시키고 혈관을 수축시킨다(민감한 사람에게는 편두통을 유발할 수 있다).

잊지 말아야 할 것은 초콜릿에 많이 함유된 당이다. 당은 인슐린 수치의 급격한 상승과 하강을 가져온다. 이것은 아드레날린과 코티

손의 분비로 이어지고 기분을 좋게 만드는 호르몬인 세로토닌의 수치를 상승시킨다. 일조량이 적은 가을이나 겨울, 기분이 우울할 때, 여성의 생리 직전 등에 신체는 세로토닌을 덜 만들어낸다. 이때 초콜릿이 그 부족을 메워줄 수 있다. 이것으로 왜 여자가 남자보다 초콜릿을 더 좋아하고, 왜 성탄절 트리 아래에 초콜릿이 놓이는지를 알 수 있다. 이러한 설명은 초콜릿과 똑같은 중독성을 지닌 다른 단것들에도 해당된다.

대마초 대신에 초콜릿?

초콜릿에서 아난다마이드를 발견한 후 새로운 설명이 필요해졌다. 아난다마이드는 뇌의 카나비노이드 수용체에 도킹하는 신경전달물질로 마리화나에 함유된 카나비노이드와 비슷한 작용을 한다. 그러나 이러한 설명만으로는 충분하지 않다. 이 물질의 양이 너무 적기 때문이다. 대마초를 피울 때와 같은 효과를 보려면 엄청난 양의 초콜릿을 집어삼켜야 한다. 그러면 벌써 토하게 될지도 모른다. 이 밖에도 아난다마이드는 카나비노이드보다 더 빨리 분해된다. 아난다마이드(불포화 N-아실에탄올아민)와 동일한 등급의 또 다른 화합물 두 가지가 초콜릿에 함유되어 있다. 과학자들은 이것이 뇌에서 아난다마이드의 분해를 지연시킨다는 것을 알아냈다. 이 물질은 아난다마이드의 작용을 강화해 쾌감을 느끼게 만든다.

초콜릿에 중독되게 만드는 행복감에 대한 설명은 어느 개별 성분에 근거한 것이 아니라 이 모든 다양한 성분의 작용에서 비롯되었다. 약학 작용이 구체적으로 증명된 것은 없지만 일부 과학자들은 초콜릿이 뇌에 특정한 보상 메커니즘을 작동시킬 수 있다고 믿는다.

하지만 누가 알겠는가? 초콜릿의 중독성은 바닐라 같은 향료와 혀에 녹는 듯한 느낌에 곁들여 지방과 당의 혼합 비율이 만들어낸

덧붙여 말하자면……

- 포도주와 차를 마셨을 때 오랫동안 지속되는 떨떠름한 맛은 유피제 때문이다. 이 화합물은 침 속의 단백질과 반응하여 분해된다. 그리하여 점막의 조직은 표면적으로 조밀해져 입 안이 수축하는 듯한 느낌이 든다.

- 적포도주는 백포도주보다 10배나 많은 폴리페놀을 함유하고 있다. 백포도주와 달리 석보도주는 포도를 압착하기 전에 포도즙이 발효하고, 평균 10~20일(이른바 즙 상태의 시기) 동안 폴리페놀을 함유한 껍질 및 씨와 접촉하기 때문이다.

- 포도주 한 잔은 특히 기름진 식사를 할 때 권할 만하다. 포도주는 지방이 이로울 게 없는 짧은 사슬 형태의 지방산으로 분해되지 않도록 막아주고 지방의 흡수를 완화시켜주며 지방의 배설을 향상시킨다. 이것이 건강한 지중해식 요리에 담긴 비밀의 일부인 것처럼 보인다.

- 홍차와 달리 녹차에 카페인이 들어 있지 않다는 말은 허황된 이야기다. 카페인 함유량은 차를 얼마나 오랫동안 우려내는지, 그리고 연한 잎과 거친 잎의 차이에 달려 있다.

- 차의 성분인 테아닌은 카페인의 흡수를 방해하며 커피와 비교해 각성 효과를 줄인다.

- 차에 우유를 넣지 말아야 한다. 우유는 폴리페놀의 모든 긍정적인 효과를 파괴한다. 폴리페놀이 우유의 단백질과 함께 덩어리져서 더 이상 흡수되지 않기 때문이다.

- 많은 양의 폴리페놀은 특정한 약을 복용하는 만성적인 환자에게는 부정적인 효과를 낼 수도 있다. 폴리페놀이 이러한 작용물질의 분해에 관여하는 효소에 영향을 미칠 수 있기 때문이다.

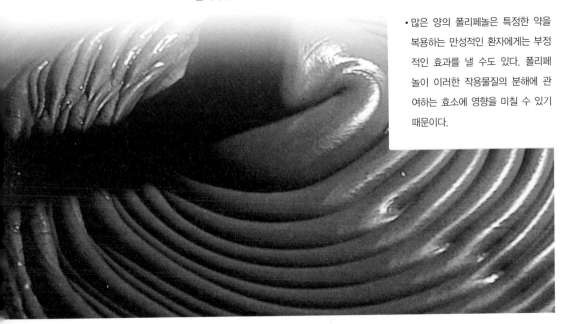

감각적인 특성에 기인한 것일 수도 있다. 독서할 때 입에 침이 고이는 사람은 폴리페놀의 긍정적인 작용을 생각하며 초콜릿을 먹고 싶어할지도 모른다. 그러나 아무런 거리낌 없이 초콜릿을 탐닉하기 전에 초콜릿이 칼로리 폭탄이며 결코 식사 대용이 될 수 없음을 명심해야 한다. 초콜릿 100그램은 520킬로칼로리이다.

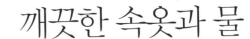

깨끗한 속옷과 물
세제에게 기대하는 것

우리 할머니들은 비누와 빨래판, 그리고 근육의 힘만으로 옷을 빨아야 했다. 이와 달리 우리는 세탁기가 돌아가는 동안 긴장을 풀고 의자에 기대어 책을 읽거나 글을 쓸 수 있다. 이것은 가전 제품을 만들어온 기술자들 덕이라고만 할 수 없고 더 효과적인 세제를 개발해온 화학자들의 덕분이기도 하다. 그러나 이것만으로는 만족할 수 없다. 세제는 가능한 한 환경에 해가 되지 않아야 한다.

처음에는 비누였다

비누는 인간이 만든 가장 오래된 세제다. 약 5000년 전부터 천연 지방과 유지를 알칼리로 끓여 비누를 만들었다. 예전에는 재를 사용했지만 오늘날에는 대부분 수산화나트륨과 수산화칼륨을 사용한다.

🕐 15:00 전투 준비!

이제는 좀 살 것 같다. 하지만 주변은 마치 폭탄이 터진 듯하다. 고작 한 사람이 하루에 이렇게 어지럽힐 수 있다니 놀랍기만 하다. 자! 팔을 걷어붙이고 일해보자. 다시 한 번 구석구석을 청소해야겠다. 펼쳐 놓아야 하는 잡동사니가 너무 많다. 하지만 오늘은 다르다. 일단 빨랫거리를 세탁기에 집어넣는 일부터 시작하자. 안 그러면 주말에 입을 속옷이 없을 것이다.

248

대규모 공장에서는 지방산이 이러한 알칼리 용액으로 대체되고 있다. 즉 비누는 지방산외 염이다. 니트룹 비누는 단단하며(염식 비누), 토막이나 가루 형태로 빨래와 세면 등 다양하게 이용된다. 칼리 비누에는 부풀어오른 형태의 연성 비누와 액체 비누가 있으며 무엇보다도 가정용품의 세척이나 면도에 이용된다. 비누의 성질은 모든 계면활성제와 마찬가지로 분자 단위에서 탄소 구조의 길이와 원료로 이용되는 지방의 속성에 달려 있다. 코코스야자나 종려나무 씨 유형에서처럼 탄소가 짧은 사슬 형태를 이룬 비누는 높은 세정력을 지니며, 거품이 쉽게 나고 차가운 물에서도 잘 용해된다. 물론 이러한 비누는 피부에 자극적이다. 사슬이 긴 포화 상태의 수지 비누는 따뜻한 물에서 용해가 잘 되며 물의 석회질 성분에 민감하게 반응한다. 이러한 비누는 피부에 친화적이다. 그 때문에 사용 목적에 따라 여러 가지 지방 원료를 혼합함으로써 비누의 성질을 변화시킬 수 있다.

비누는 옷에 대해 좋은 세탁력을 지니고 있다. 하지만 무엇보다도 탄소가 긴 사슬 형태를 이룬 비누는 빨래에 침전되는 석회 비누처럼 칼슘을 함유한 센물에서 침전된다. 따라서 석회질이 많은 물에서는 항상 유연제와 함께 사용해야 한다.

비누는 하수에서 비교적 빨리 완전하게 분해된다. 이것은 환경보호의 측면에서 장점이다.

특히 원료가 계면활성제로 반응하는 과정을 통해 간단히 제조할 수 있어 비누는 '부드러운 화학에 의한 세척'이라는 모토 아래 '대안적인 세제'가 된다. 순수한 비누를 기초로 한 세제는 약간 더러운 옷을 빠는 데 적당하다. 하지만 많이 더러운 옷(직공이나 바깥에서 뛰노는 아이들의 옷)을 빨기에는 세탁력이 충분하지 않다. 그래서 일부 가정에서는 두 가지 세제, 즉 약간 더러운 옷을 빠는 부드러운 환경친화적 세제와 많이 더러운 옷을 빠는 '화학 비누'를 사용한다. 화

세제 성분 기초(1)

알칼리는 나트륨이나 탄산칼륨처럼 표면의 음이온을 활성화시켜 오염물질의 음이온을 밀어내는 작용으로 세탁 효과를 낸다.

표백제는 섬유나 섬유소를 표백하는 데 사용된다. 최근의 모든 표백제는 쉽게 반응하는 발생기 산소가 얼룩의 색소나 민감한 섬유 색소와 결합하는 방식으로 표백이 이루어진다. 이러한 표백제는 반응이 매우 쉽게 일어나기 때문에 활성염소나 활성산소 화합물의 형태로 사용해야 한다.

활성염소 화합물은 대부분 차아염소산나트륨으로서 오늘날에는 세탁소나 산업용 표백 과정(예를 들어 제지 산업)에서 사용된다. 가정에서는 환경 문제 때문에 염소 표백을 거의 사용하지 않는다.

산소 표백에서 과산화수소나 과초산은 본래 표백제다. 하지만 이것들은 안정적이지 않아서 세제에 직접 첨가할 수 없다. 대신 과붕산나트륨이나 과탄산나트륨을 사용한다. 이러한 물질은 섭씨 60도 이상에서 표백 작용을 한다.

표백 활성제는 그 자체로는 세정력이 없다. 이것은 섭씨 60도 이하의 낮은 온도에서 표백제인 과붕산나트륨이나 과탄산나트륨과 반응한다. 이때 과산이 생성되어 표백제로 작용한다. 광고를 통해 잘 알려진 TAED 시스템은 가장 중요한 표백 활성제인 테트라아세틸에틸렌다이아민(Tetraacetylethylendiamin)을 바탕으로 하고 있다.

카복시메틸셀룰로스는 얼룩 억제제로서 이미 섬유에서 분리되어 세제가 풀린 물에 돌아다니는 오염물질 미립자들이 다시 빨래에 달라붙지 못하게 한다. 카복시메틸셀룰로스는 섬유소 조직으로 이루어진 천에만 작용한다. 다른 조직의 천에는 특수한 얼룩 억제제가 필요하다. 이러한 얼룩 억제제는 천에 내려앉아 오염물질이 더 이상 천의 조직에 접근하지 못하게 한다. 그러기 위해서는 천의 조직과 확실히 결합하여 물에 씻겨 내려가지 않아야 한다.

향료는 화장품, 세제, 세척제, 위생용품 등에 향기를 내는 데 이용된다. 향료는 알칼리액을 씻어낼 때 제품 자체의 불쾌한 냄새를 없앨 수도 있다. 향료로는 천연 에테르오일이나 합성 제품을 이용한다.

화장품에 사용하는 향료는 모순된 반응을 일으킬 수 있다. 합성 사향 방향제에 기초한 몇몇 성분은 수생생물의 먹이사슬을 풍요롭게 만든다. 따라서 이러한 물질은 더 이상 사용해서는 안 된다.

유연제는 센물의 원인이 되는 칼슘 및 마그네슘 이온을 결합시킬 수 있는 화학물질이다. 이를 통해 세탁 및 세척 과정에 필요한 전제조건이 충족된다. 수많은 계면활성제―특히 비누―가 석회질 물에 함유된 칼슘 및 마그네슘과 반응하여 물에 녹지 않는 석회 비누를 형성하기 때문이다. 이것이 빨래에 침전되어 계면활성제의 세정력을 억제한다. 1980년대까지는 세제의 유연제로 주로 인산염을 사용했으나 하천에 오염을 일으켰다. 오늘날에는 무엇보다도 층상 규산염(예를 들어 층상 규산나트륨의 상표명은 SKS-6이다)이나 알루미늄규산나트륨을 기초 재료로 이용한다. 이것들은 이온 교환제로서 작용한다. 다시 말해서 센물의 원인이 되는 칼슘 및 마그네슘 이온을 결합시킨다.

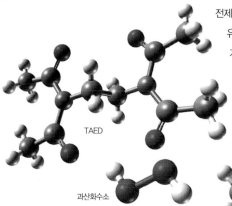

TAED

과산화수소

과초산

학 비누도 당연히 생물학적으로 분해가 가능해야 한다.

대안적인 세제나 전통적인 세제 모두 가정 화학 제품 중에서 가장 흔하고 가장 많이 사용되는 것이다. 따라서 세제는 가정에서 나오는 하수를 오염시키는 주된 원인 중 하나이다. 게다가 세탁기와 건조기는 전기와 물을 소비한다. 세탁은 환경의 측면에서 일종의 타협이다. 그러나 솔직히 말해서 누가 매일 청결한 양말과 깨끗한 속옷을 포기하고 땀에 젖은 셔츠를 두세 번 입고 싶겠는가?

세제에는 무엇이 들어 있을까

1887년 독일에서 최초로 상표를 달고 시장에 나온 세제에는 비누 성분이 전혀 들어 있지 않았다. 그것은 탄산나트륨과 규산나트륨으로 이루어져 있었다. 탄산나트륨은 물에 용해되어 알칼리로 반응하며 (그래서 잿물이라고 한다) 섬유와 오염물질 입자의 표면에 음극의 전기를 띤다. 같은 극끼리는 서로 밀어내기 때문에 오염물질은 더 이상 천 조직에 붙어 있지 못한다. 규산나트륨은 센물에 광염 형태로 녹아 있는 칼슘 및 마그네슘 이온들을 결합시킨다. 이것이 세탁 작용을 개선하기 때문에 세제에 첨가하여 사용할 수 있었다. 1907년 비누 성분을 지닌 최초의 세제가 독일 시장에 나왔다. 이 세제에는 비누와 탄산나트륨 외에도 과붕산나트륨(Natriumperborat)과 규산나트륨(Natriumsilicat)이 들어 있었다. 여기에서 페르질(Persil)이라는 상표가 생겨났다.

세제화학 분야에서 그 다음의 혁신은 1933년 세척 능력을 지닌 합성물질인 계면활성제의 발명이었다. 계면활성제는 대부분 사슬 형태이지만 때로는 가지치기를 한 분자로서 친수성 부분과 소수성 부분으로 구성되어 있다. 이렇듯 두 가지 성질을 모두 지니고 있어서 계면활성제를 양친매성 물질이라고 한다. 양친매성 분자는 독특한

계면활성제는 세정력을 지닌 합성물질로서 친수성의 머리와 소수성의 꼬리로 이루어져 있다. 이것은 소수성의 꼬리와 함께 오염물질 미립자에 내려앉아 친수성의 머리가 물을 향하게 만든다. 이러한 방식으로 계면활성제는 오염물질을 물에 용해하고 이것이 다시 빨래에 달라붙지 못하게 한다. 공기가 계면활성제 층으로 이루어진 포피 안으로 들어가 그 사이에 얇은 수막이 형성되면 거품이 생겨난다.

성질을 지니고 있어서 물을 밀어내며 용해되지 않는 물질(예를 들어 오염물질 입자)을 물에서 용해되게 만든다. 따라서 세탁할 때 이것이 결정적인 구실을 한다. 계면활성제는 친수성 부분에서 서로 구분된다. 그것이 중성인 경우 비이온 계면활성제라고 한다. 음극인 경우에는 음이온 계면활성제이며—여기에 비누도 속한다—양극인 경우에는 양이온 계면활성제라고 한다. 세탁할 때 계면활성제는 두 가지 주요한 임무를 수행한다. 즉 잿물과 빨랫감이 접촉하게 만들고 소수

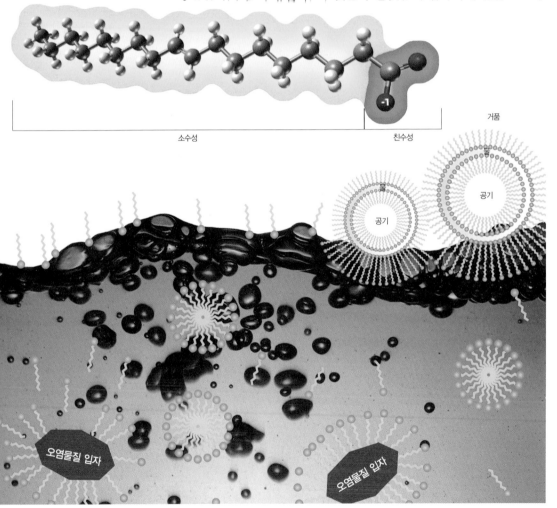

소수성

친수성

거품

물

물

공기

공기

오염물질 입자

오염물질 입자

세제 성분 기초(2)

효소는 단백질, 지방, 녹말과 같은 오염물질을 분리시키고 분해한다. 효소는 변화가 일어나는 동안에도 스스로는 변하지 않는 바이오 촉매이기 때문에 세제 성분으로는 소량으로도 충분하다.

세제에는 무엇보다도 세 가지 유형의 효소가 존재한다. 아밀라아제는 카카오처럼 녹말을 함유한 얼룩을 분해한다. 프로테아제는 달걀 노른자나 흰자위, 또는 피와 같은 단백질을 분해한다. 리파아제는 버터와 기름처럼 지방이 함유된 오염물질을 없앤다. 셀룰라아제는 세탁이 아니라 섬유 화장에 이용된다. 이것은 미세한 섬유소 조직을 긁어 뜯어내 조직이 다시 윤기 있고 감촉이 좋게 만든다. 이 물질은 당연히 모직물의 섬유소에만 기능한다. 세제에 첨가된 효소는 대부분 미생물학적·유전공학적 기준에 맞게 생산된다.

예전에 집에서 사용하던 쓸개즙 비누의 작용도 효소를 기초로 하고 있다. 이 비누는 소나 돼지의 간에서 얻으며 동물의 소화에 중요한 구실을 하는 효소를 지니고 있어서 천에 묻은 얼룩을 제거하는 데 적합하다.

세탁조제는 세제 및 세척제의 중요한 성분으로서 센물을 완화시키고 세척 작용에서 계면활성제를 지원하며 천과 세탁기에 석회가 축적되지 않도록 한다.

이온 교환제는 물에 용해된 특정한 성분들을 없애는 대신 다른 성분들을 제공하는 물질이다. 이온 교환제는 식기세척기, 수질 연화 장치, 정수기에 들어간다. 탄약통 모양의 통에 합성수지로 만들어 채워 넣은 작은 공들의 표면에서 이온 교환이 일어난다. 예를 들어 센물을 제거할 때 칼슘 및 마그네슘 이온이 합성수지 공에 달라붙으면서 동시에 나트륨 이온을 물에 방출한다. 칼슘 및 마그네슘 이온이 더 이상 달라붙을 자리가 없게 되면 이온 교환제를 교체해야 한다. 수질 연화 장치에서는 염화나트륨 분해가 함께 이루어진다. 세제의 경우에는 용해되지 않는 규산염 화합물인 제올라이트 A가 이온 교환제로 이용된다.

이온 교환제는 물에 용해되지 않는다. 이것은 세탁할 때 이온 교환제에게 보조제로서 이른바 복합 세탁조제가 필요함을 의미한다. 복합 세탁조제는 센물의 원인이 되는 성분들을 받아들여 이온 교환제로 운반한다. 이러한 목적으로는 시트르산염이 사용된다. 시트르산염 분자는 사람의 신진대사에서도 나타나며 건강에 해롭지 않을 뿐만 아니라 환경에 문제를 일으키지도 않는다.

광학 표백제는 일반 세제에 들어 있는 복잡한 구성의 유기 화합물로서 섬유의 표면에 달라붙는다. 이것은 사람의 눈에는 보이지 않는 자외선을 흡수하며 대신 긴 파장의 푸른빛을 내보낸다. 이 푸른빛은 세탁물의 노랑과 균형을 맞춰 하얗게 빛나도록 한다. 아직까지 증명되지는 않았지만 광학 표백제는 속옷이 살갗에 닿을 때 접촉 알레르기와 같은 피부병을 유발한다는 의심을 받고 있다.

인산염은 동식물에 중요한 영양소이다. 따라서 인산염은 특히 농업에서 거름으로 중요한 의미를 지닌다. 그 밖에도 식료품 산업(빵가루, 화학소금), 염색, 금속 가공과 종이 생산 등에 사용된다. 인산염은 하수 오염 때문에—식기세척기를 제외하고—세제와 세척제의 기초 재료로서는 거의 사용되지 않는다.

인산염이 하수를 오염시켜 강이나 호수를 완전히 '뒤집어놓을' 수도 있다. 다시 말해서 과다한 영양물질이 수초를 증식시킨다. 개체수가 지나치게 많아지면서 대규모 고사로 이어지는 수초는 산소를 소비하며 분해된다. 그리하여 물에 산소가 부족해지고 나머지 식물들은 썩기 시작한다. 이때 황화수소, 암모니아, 메테인 같은 독성물질이 발생한다. 이러한 하천에는 동식물이 더 이상 서식할 수 없게 된다. 그래서 세제에 인산염 사용이 금지되었다.

편광된 빛 속의 **인산염** 결정체

현대적인 세제는 늘 효과적이다. 특히 종합 세제의 세정력은 매우 적은 양의 세제 가루로고 및 미디의 펠킷폴을 감당할 수 있을 정도이다.

성 오염물질 입자를 섬유에서 분리해낸다. 음이온 계면활성제는 세탁할 때 오염물질을 잘 분해하지만―비누처럼―센물에 매우 민감하게 반응한다. 비이온 계면활성제는 낮은 온도에서 특히 합성섬유에 좋은 세탁 효과를 낸다. 이것은 음이온 계면활성제보다 센물에 덜 민감하다. 양이온 계면활성제는 주로 세탁기를 약하게 돌릴 때 이용된다. 1959년 이후 독일에서는 하천 보호와 관련하여 세제에 들어가는 모든 계면활성제는 최소한 80퍼센트가 생물학적으로 분해되도록 법률로 명문화되어 있다. 대부분의 세제에 이용되는 계면활성제는 심지어 90퍼센트 이상 분해가 가능하다.

세월이 지나면서 계면활성제에 점점 더 많은 성분이 첨가되고 있다. 이것은 우선 세제의 세정력을 개선하고 세탁기에 적합한 상태에서 환경을 보호하기 위해서이다. 따라서 오늘날의 세제는 화학물질들의 혼합물(비누도 화학 제품이다)이며 목적에 맞게 특화되어 있다. 계면활성제 이외에 효소, 표백제, 이른바 세탁조제도 직접적인 세탁 효과를 낸다. 세탁조제로는 복합물인 알칼리와 유연제로 사용되는 이온 교환제가 있다. 광학 표백제나 발포제와 같은 보조물질도 세제의 효과를 개선하지만 그 자체로 세정력을 지니고 있지는 않다.

일반 세제와 특수 세제
오늘날에는 일반 세제와 특수 세제를 구분한다. 일반 세제는 가루와 액체 형태로 모든 옷감, 온도, 세탁 방식에 적용할 수 있음을 의미한다. 특히 섭씨 60~95도의 온도에서 많이 더러워진 옷을 세탁할 때 적합하다. 예전과 비교하여 오늘날에는 옷이 별로 더러워지지 않고 옷의 원단도(표백제를 사용하거나 삶는 경우가 적어졌고, 합성섬유가 많아졌다) 달라졌다. 또한 다채로운 색상을 지닌 옷이 많아졌다. 일반 세제에 들어 있는 표백제와 광학 표백제는 옷의 다채로운 색깔을 변화시키고 환경을 오염시킬 수 있다. 따라서 이러한 옷에는 특수 세제를 사용해야 한다.

섬세한 옷이나 다채로운 색상의 옷을 위한 세제는 섭씨 30~60도에서 손빨래에 적합하다. 오늘날에는 다채로운 색상에 부드러운 손질이 필요한 옷이 많기 때문에 시장에서 특수 세제의 중요성이 증가하고 있다. 다채로운 색상의 옷을 위한 세제에는 표백제나 광학 표백제가 들어 있지 않다. 색상과 섬유를 보호하기 위해 이 세제에는 부드럽게 세정 작용을 하는 성분이 들어 있다.

액체 세제에도 표백제가 안 들어 있지만 계면활성제의 양은 많은 편이다. 센물에 반응하기 위한 기초 물질로서 비누를 사용한다. 옷이나 세탁기에 석회 비누가 침전되는 것을 피하기 위해 그 밖에도 비이온 계면활성제를 첨가하기도 한다. 하수에 생기는 계면활성제 오염은 가루 비누보다 액체 비누를 사용할 때 더 심하다.

종합 세제는 가루 형태의 세제 농축물이다. 변화한 제조 방식으로 인해 세제의 작은 알맹이들 사이에 공기가 덜 통하게 하는 것이 가능하다. 그 밖에도 새로운 제조법이 개발되어 과거에 가루 세제의 세정력을 개선하기 위해 쓰이던 황산나트륨은 더 이상 사용되지 않는다. 따라서 예전과 동일한 세정력을 지녔지만 내용물은 줄고 포장도 작아졌다. 종합

'센물'은 무엇을 의미할까

센물의 기준은 물속에 무기염류의 형태로 용해되어 있는 칼슘과 마그네슘의 양이다. 이러한 물질들의 양이 많으면 센물이 된다. 이때 리터당 칼슘과 마그네슘의 양을 밀리몰로 측정한다. 이러한 단위는 예전의 측정단위인 '독일식 굳기'($°dH$)를 대체한 것이다. ($1°dH$는 0.18mmol/l에 해당한다.)

물의 세기에 따라 네 가지 영역으로 나누어진다.

- 경수 영역 1(연수): 1.3mmol/l 이하
- 경수 영역 2(중수): 1.3~2.5mmol/l
- 경수 영역 3(경수): 2.5~3.8mmol/l
- 경수 영역 4(초경수): 3.8mmol/l 이상

세제 성분 기초(3)

인산염은 기술적으로 부식 방지제나 과산화물 안정제뿐만 아니라 허드렛물 처리에도 이용된다. 과산화물 안정제는 표백제를 함
유한 세제에 소량이 들어 있다. 인산염은 세탁물의 오염물질과 물에서 나온 중금속을 결합해 표백제의 작용이 방해를 받지 않
도록 하고, 섬유가 통제를 받지 않는 산소의 방출로 인해 손상을 입지 않도록 한다. 인산염은 생물학적으로 쉽게 분해되지 않으
며, 하수에서도 중금속들을 결합시킨다. 인산염은 빛의 작용으로 천천히 해체된다.

폴리카복시산염은 주로 아크릴산을 기초로 물에 용해되는 중합체다. 식수 생산이나 하수 처리 때 인산염의 침전이 생기지 않도
록 하는 보조제로 이용된다. 세제에서는 제올라이트 A와 결합하여 작용하며, 오염물질이 섬유에 다시 달라붙는 것을 막아준다.
폴리카복시산염은 중화되어 환경에 해로운 영향을 주지 않는다.

망사 형태의 폴리카복시산염은 이른바 초강력 흡수제로서 여러 가지 위생용품(예를 들어 기저귀)에 이용된다.

소포제는 무엇보다도 액체 및 젤 형태의 세제에 필요하다. 이것은 세제를 풀어놓은 물에 지나친 거품이 생기지 않도록 하며 세정
력을 지닌 성분들의 손실을 막는다(세탁조가 거품으로 뒤덮이는 것을 막는 것은 물론이다). 거품은 비눗방울이 모인 것이다. 다시 말
해서 두 개의 계면활성제 층의 포피로 둘러싸여 있고 그 한가운데에 얇은 수막이 형성된 공기 방울이다. 따라서 계면활성제의
포피에 달라붙을 수 있는 물질은 거품을 효과적으로 제어할 수 있다. 소포제로는 실리콘 오일이나 비누가 이용된다. 하지만 비
누는 센물에서 쉽게 용해되지 않는 석회 비누를 형성할 수도 있다.

규산염은 이른바 다기능의 세탁조제(기초 재료)이다. 이 물질의 단단한 결합력은 온도와 함께 상승된다. 이것은 세제를 풀어놓은 물
을 제올라이트, 시트르산, 폴리인산염보다 더 강하게 알칼리로 만든다. 따라서 이것을 사용할 때는 세탁용 알칼리를 줄일 수 있
다. 더 나아가 과붕산염이나 과탄산염의 표백 작용을 향상시킨다. 또한 잘 용해되어 환경에 부정적인 영향을 끼치지 않는다.

분산제는 세제 가루가 골고루 분산되도록 도와준다. 그렇게 되면 사용량을 조절할 수 있고 쉽게 엉겨붙지 않는다. 가장 많이 사
용하는 분산제는 황산나트륨이다. 종합 세제는 더 이상 분산제가 필요 없도록 구성되어 있다.

계면활성제는 원래 세제나 세척제에 함유된 것으로서 세정력을 지니고 있거나 경계면을 활성화시키는 물질이다. 하지만 샤워용 젤
이나 샴푸와 같은 신체 세정제에도 들어 있다. 계면활성제는 석유나 식물성 기름을 합성하여 만드는데, 물의 표면장력을 낮춰서
오염물질이 쉽게 제거되도록 한다. 또한 오염물질 입자가 물에 용해된 다음 다시 섬유에 달라붙지 않도록 작용한다. 가장 잘 알려
진 계면활성제는 동식물을 원료로 만드는 비누이다. 물론 비누는 센물에서 세탁 효과가 격감한다는 단점이 있다. 이때 비누는 석
회 비누가 되어 빨래에 달라붙어 옷을 잿빛으로 변색시키거나 뻣뻣하게 만든다. 따라서 최근에는 더 이상 세제에 비누를 사용하
지 않는다. 또 다른 단점은 강한 알칼리로 작용하여 모직물과 같은 민감한 섬유를 상하게 할 수 있다는 것이다.

변색 억제제는 세제를 풀어놓은 물에 담긴 색소 입자를 감싸는 구실을 하여 그것이 섬유소에 딜
라붙어 변색시키는 것을 막는다.

제올라이트 A는 물에 잘 용해되는 합성 알루미늄규산나트륨(상품명: Sasil)이다. 세제에 기초 재
료로 이용되며, 이온 교환을 통해 센물의 원인이 되는 성분들을 결합시키는 방식으로 물의 세
기를 낮춘다. 하수를 오염시키지 않으며, 기술적이고 생물학적인 처리장에서 95퍼센트까지 분
해될 수 있다.

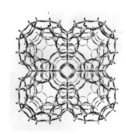

제올라이트 A

세제에도 일반 세제와 손빨래용 세제가 있다. 이러한 세제들을 적당한 양반 사용하면 하수 오염을 막을 수 있다.

더 적은 양의 세제로 더 많은 빨래를

미래에 더 적은 양의 세제로 더 많은 옷을 세탁하도록 만들기 위해 세제연구자들은 새로운 해결책을 계속 찾고 있다. 그 과정에서 거의 거품을 일으키지 않고 세탁기에서 더 효과적으로 작용하는 계면활성제가 개발되었다. 그 밖에도 세제 성분들의 용해성을 개선하여 낮은 온도에서도 잘 작용할 수 있게 했다. 이러한 세제는 세탁기에서 물과 에너지 소비를 줄이는 데 기여한다.

세제에 매우 적은 양이 들어가는 새로운 종류의 중합체는 계면활성제의 능력을 몇 배나 향상시키고 세제 사용량을 줄인다.

다른 나라의 관습

예를 들어 아시아, 남아메리카, 아프리카의 개발도상국에서는 주로 손빨래를 한다. 그곳에는 대략 5퍼센트의 가정에만 세탁기가 있다. 세탁기가 없는 곳에서 세제는 거품을 잘 내야 한다. "거품이 제대로 나야 빨래가 깨끗해진다"는 속설 때문이다. 99퍼센트의 가정에 세탁기가 있는 산업국가에서는 거품이 문제되지 않고 정반대로 방해가 된다. 유럽인, 미국인, 일본인도 빨래 방식에서 차이가 난다. 유럽에서는 가장 높은 온도에서 세탁을 하고 거의 모든 세탁기에 빨래를 삶는 기능이 있다. 미국에서 가정용 세탁기는 일반적으로 중앙난방 급수관과 연결되어 있다. 이에 반해 일본에서는 찬물로 빨래를 한다. 미국인은 빨래를 할 때 평균적으로 유럽인보다 두 배나 많은 양의 물을 사용하며, 일본인은 심지어 세 배의 물을 사용한다. 이와 같이 세계 각국은 세제를 사용하는 방식이 서로 다르다.

자연분해

지금까지는 산업계가 "우리 합성수지는 영원히 유지된다"는 슬로건에 충실하려고 노력했다면 그 사이에 패러다임의 변화가 생겨났다. 내구성은 더 이상 최고의 원칙이 아니다. 이미 새로운 제품을 디자인할 때 사용 기간이 끝난 후 어떤 일이 벌어질지를 고려해야 한다. 특정한 응용 분야에서는 더 이상 필요 없는 합성수지를 처리하기 위한 매력적인 대안으로 합성 비료가 사용될 수 있을 것이다.

이것은 화학자들에게는 대단한 도전이다. 정상적인 보관 및 사용 조건하에서 합성수지는 내구성을 지녀야 한다. 그러나 사용 후에는 찌꺼기를 남기지 않고 즉시 혼합 비료로 변환되어 환경에 중립적인 상태로 해체되어야 한다. 물론 혼합 비료로 활용 가능한

🕐 **16:10 짜증나는 음식물쓰레기통**

이런, 또 늑장을 부린 것은 아닌지 모르겠다. 벌써 4시 10분이라고? 지금이라도 길을 나서야 한다. 그렇지 않으면 남은 오후를 치과 대기실에서 보내야 할 수도 있다. 쓰레기를 손에 들고 내려가서 버린다.

음식물쓰레기통이 역겨워 보인다. 벌써 구더기가 꿈틀거리고 있다. 여름마다 똑같은 일이 반복된다. 꽉 묶을 수 있고 냄새없이 썩는 비닐봉투를 발명하는 사람은 없을까? 그것이야말로 진정한 진보일 것이다.

합성수지는 가공하여 사용할 때의 특
성이 전통적인 합성수지에 버금가야
한다. 하지만 합성수지의 가공을 용이
하게 만드는 특성, 이를테면 가능한 한
긴 분자 사슬은 오히려 생물학적 분해
를 방해한다.

합성수지는 중합체다. 그것은 반복
적인 구성 성분으로 이어지는 긴 사슬
형태의 분자들로 이루어져 있다. 일단
의 중합체는 자연을 모태로 한다. 예

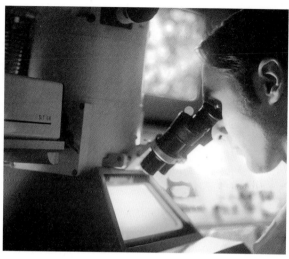

합성수지의 특성은 분자 형태로 나타
낼 수 있다. 분자 구조는 전자현미경
으로 관찰하는 것이 가능하다. 초록
빛을 내는 형광 화면을 지닌 투과형
전자현미경이 좋은 예다.

를 들어 녹말과 섬유소는 당 분자들로 이루어진 사슬들이다. 유감스
럽게도 이러한 천연물질은 쓸 만한 가공품으로 만들기에 그 양이 매
우 제한되어 있다. 이때 화학적인 변형이나 합성 성분의 혼합이 도
움을 줄 수 있다. 그러나 일반적으로 예전의 장점을 오늘날에는 찾
아보기 힘들다. 가공을 거친 중합체는—천연 성분이나 합성 성분에
상관없이—생물학적 분해 가능성의 특성과는 아무런 관계가 없다.
유일하게 결정적인 것은 물질을 특징짓는 분자 구조이다.

생물학적 분해

한 물질이 생물학적으로 분해 가능한지를 결정하는 것은 무엇일까?
첫째, 개별 성분들(단위체)을 중합체 사슬로 연결하는 결합이 혼합 비
료와 땅속에 있는 곰팡이 및 박테리아를 위해 깨질 수 있어야 한다.
둘째, 이러한 결합에 미생물의 '분해 도구'인 특정한 효소가 쉽게 접
근할 수 있어야 한다. 한 예를 들어보자. 섬유소는 미생물이 잘 갉아
먹을 수 있는 물질이다. 섬유소가 아세트산과 함께 변환되어 아세트
기가 각각의 성분과 결합하면 분해 가능성은 이미 낮아진다. 각각의

폴리젖산(회색: 탄소원자, 하양: 수소
원자, 빨강: 산소원자).

섬유소 성분에 세 개의 아세트
기가 결합된 경우(사진 필름의
생산에 이용되는 합성수지인 셀룰로
스트라이아세테이트) 생물학적 분해는
완전히 물 건너간 것이다. 효소는 더 이상 결합에 다가서지 못한다.

셋째, 중합체의 개별 성분들도 미생물 식도락가가 소화시킬 수 있
는 먹이가 되어야 한다. 이 모든 조건이 들어맞으면 버려진 플라스틱
용기와 비닐봉투에서 최종적으로 남게 되는 것은 이산화탄소, 물, 살
아 있거나 죽은 미생물의 세포 덩어리, 이른바 바이오 덩어리뿐이다.

천연 원료 내지는 합성 성분을 기초로 한 일련의 제품들이 시장에
나와 있다. 천연 원료를 기초로 한 중합체로는 폴리하이드록시알케
인산, 셀로판, 셀룰로스아세테이트, 폴리젖산(젖산을 기초로 한 폴리
에스터로서 체내에 흡수 가능한 외과 봉합용 실로 알려져 있다), 녹말 혼
합물(녹말을 다른 물질들과 혼합한 것) 등이 있다. 생물학적인 분해가
가능하도록 합성한 중합체로는 폴리카프로락톤, 폴리뷰틸렌호박산,
지방족 단위체와 방향족 단위체를 혼합한 폴리에스터인 '에코플렉
스(Ecoflex)' 등이 있다. 지방족 화합물(사슬 모양 탄화수소)은 분해 가
능성을 높인다. 방향족 화합물(이중결합을 지닌 고리 모양 탄화수소)은
중합체의 결정성을 높여 가공하고 사용할 때의 특성을 개선한다. 이
러한 합성수지는 폴리에틸렌과 비슷한 특성을 지닌다.

2003년부터 이탈리아의 한 슈퍼마켓
체인은 폴리젖산으로 만든 용기를 사
용하고 있다.

물론 생분해성 합성수지는 분해물을 실질적으로 이용
할 수 있는 특정한 응용 분야에서만 경제적이다. 아
직까지는 매우 적은 생산량과 비교적 비싼 원료물
질 때문에 경쟁력이 없다. 특기할 만한 것은 환경
대차대조표가 이른바 '초록'의 해결책과는 전혀 딴
판이라는 점이다. 합성수지 쓰레기를 소각하는 것이 예

나 지금이나 최선의 해결책인 경우가 흔하다.

흥미로운 응용 분야는 무엇일까? 생분해성 비닐봉투는 가정에서 음식물 쓰레기를 분리 수거할 때 도움을 줄 수 있다. 무더운 여름에 나타나는 위생 문제(곰팡이, 구더기)는 쓰레기를 봉투에 담아 버리면 어느 정도 해결할 수 있다. 생분해성 식품 포장

역시 의미가 있다. 그것은 음식 찌꺼기와 함께 그대로 퇴비더미 위에 버려도 된다. 특히 대규모 행사 때 생분해성 일회용 그릇과 식사용 기구는 장점이 많다. '일반적인' 그릇의 경우처럼 깨질까봐 걱정

대규모 행사를 치를 때 전통적인 식기는 효과적이지 못하다. 생분해성 합성수지로 만든 그릇은 남은 음식물과 함께 퇴비로 활용할 수 있으므로 실용적이고 의미 있는 대안이다.

성급한 판단은 금물이다

합성수지 생산에는 (비록 채굴된 전체 원유의 3~4퍼센트에 불과하다 할지라도) 화석 원료가 소비된다. 합성수지는 환경 문제를 야기한다는 비판의 목소리가 크다. 그러한 비판자들은 생분해성 합성수지 생산을 위한 천연 원료가 그 해결책이라고 주장한다. 그러나 유감스럽게도 '초록'으로 보이는 모든 것이 환경 친화적인 것은 아니다.

폴리하이드록시알케인산(PHA)은 천연 생산물이다. 박테리아는 이러한 중합체를 탄소와 에너지를 저장하는 데 이용한다. PHA는 스스로를 생분해성 합성수지로 가공한다. 이것은 특성상 폴리스타이렌과 비슷하다. 기술적으로 PHA는 옥수수 녹말인 포도당의 발효를 통해 만들어진다. 그러나 PHA의 전체 생산 과정에 관한 환경 대차대조표는 별다른 매력을 끌지 못한다. 경작, 수확, 옥수수 운반, 퇴비 생산, 곤충 및 벌레의 작용, 포도당의 발효, 박테리아 세포로부터 PHA의 분리 등과 같이 모든 개별 단계를 고려하면 폴리스타이렌을 생산하는 경우보다 전기는 19배, 증기는 22퍼센트, 물은 일곱 배가 더 필요한 것으로 나타난다.

'바이오' 합성수지는 사용 후 분해되기 때문에 그 안에 담긴 에너지가 활용되지 못하고 상실된다. 전통적인 합성수지는 재활용이나 에너지를 얻기 위한 소각을 통해 최소한 그 일부는 이용된다.

하지 않아도 되고 불충분한 관리로 인한 위생 문제도 없다. 반면에 '전통적인' 플라스틱 그릇은 청결 유지, 재활용, 폐기 처리에 많은 비용이 든다. 흥미로운 응용 분야는 농업에서도 찾아볼 수 있다. 생분해성 화분을 식물 뿌리와 함께 땅속에 묻어두면 그 자체로 천천히 썩어간다. 생분해성 뿌리 덮개 비닐은 농부가 나중에 갈아엎기만 하면 된다. 이것은 비닐을 애써 다시 걷어내는 것보다 비용이 적게 든다.

엄격한 시험

1980년대에 생분해성 물질이라고 선언한 것은 이미 일종의 사기로 판명되었다. 이러한 일이 다시 발생하지 않도록 오늘날에는 엄격한 테스트를 통과해야만 생분해성 합성수지로 인정받을 수 있다.

하지만 분해를 어떻게 증명할 수 있을까? 미생물은 신진대사를

킬러 중합체

새로운 종류의 중합체는 미생물로 분해 가능한 합성수지와는 정반대로 미생물을 죽이는 구실을 한다. 박테리아, 곰팡이, 효모 등은 다양한 생활 영역에서 우리를 돕는다. 이것들은 요구르트와 치즈, 포도주와 맥주의 경우처럼 음식물이나 기호식품의 생산에 관여한다. 또한 작용물질과 화학물질을 만들어낼 때에도 도움을 준다. 그러나 목재를 갉아먹거나 래커 칠 내부로 들어가는가 하면 벽에 곰팡이가 슬게 한다. 더 나아가 음식물을 상하게 하거나 화장품 통 안에 집을 짓기도 한다. 그 결과 심각한 질병 및 알레르기를 유발하거나 상당한 물질적 손해를 끼치기도 한다. 그래서 많은 제품들이 생물체에 유독물질을 집어넣는 바람에 고등동물 역시 독성을 지닌다. 일련의 목재 보호 물질이나 환경에 위험한 독성물질로서 악명이 높은 트라이페닐주석을 함유한 선박용 오염 방지 페인트가 이에 해당한다.

새로운 발상은 애벌레를 죽이는 중합체를 기초로 한다. 그 작용 메커니즘은 중합체의 정전기에 토대를 두고 있다. 미생물이 표면에 다다르면 그것의 이온 통로와 함께 신진대사 전체가 마비된다. 30분 후에는 거의 모든 애벌레가 죽는다. 이때 중합체는 '소비되는' 것이 아니라 변하지 않은 상태로 있다. 이것은 물에 녹지 않기 때문에 환경에 문제를 일으키지 않으며 인간을 비롯한 고등동물에게도 무해하다. 애벌레를 죽이는 면허를 가진 중합체를 도료, 염료, 목제 보호 물질, 합성수지 등에 첨가하여 사용하면 미생물이 번식하는 것을 막아준다. 수술실에서 사용하는 것도 가능하다.

샘물을 위한 합성수지

생물학적으로 분해 가능한 중합체는 퇴비로 활용하는 것 말고도 또 다른 용도로 이용할 수 있다. 이것을 토대로 슈투트가르트와 카를스루에 대학교의 연구자들은 식수를 정화하기 위한 기술을 개발하고 있다. 그 방법은 미생물을 이용하여 질산염을 제거하는 것이다. 이러한 과제를  수행하기 위해 개발한 물질이 물에 녹지 않는 생분해성 중합체다. 예를 들어 폴리카프로락톤이 특히 적합한 것으로 입증되었다. 이러한 합성수지는 살충제와 같은 독성 유기 물질을 걸러내기도 한다. 이러한 식수 정화 방법은 제3세계의 샘물에 적용할 만하다.

통해 합성수지의 탄소를 이산화탄소와 바이오 덩어리로 변환시킨다. 이때 미생물에게는 산소가 필요하다. 산소 소비와 이산화탄소의 방출은 실험실에서 합성수지를 먹는 박테리아를 통해 측정할 수 있다. 그 밖에도 무기적으로나 유기적으로 결합되어 있는 탄소의 양을 확정하는 데에도 아무런 문제가 없다. 이러한 방식으로 이른바 탄소 대차대조표를 얻게 된다. 이것은 중합체에서 나온 탄소가 어디에 남아 있는지를 보여준다. 마지막으로 탄소는 퇴비화 과정에서 규정된 기간 내에 부식한다는 것과, 생성된 퇴비가 식물의 성장에 도움을 주고 해를 끼치지 않는다는 것을 증명해야 한다.

물론 어떤 생분해성 합성수지를 음식물쓰레기와 함께 버릴 수 있는지에 대해서는 법에 명쾌하게 제시되어 있지 않다. 음식물쓰레기 및 포장과 관련한 규정들은 서로 다른 해석을 가능케 한다. 이러한 불안정성과 고비용으로 인해 연구자들은 새로운 작용물질의 개발에 어려움을 겪고 있다.

이러한 로고가 붙은 합성수지는 엄격한 DIN 테스트를 성공적으로 통과한 것으로서 생물학적 분해가 가능한 제품이다.
(kompostierbar: 자연분해)

모든 것이 쓰레기일까

라이프스타일, 쓰레기 분리 수거, 셀프서비스, 포장 기술 등은 서로 어떤 관계가 있는 것일까? 한두 번 보아서는 아무런 관계도 없어 보인다. 하지만 이 수수께끼의 해답이 합성수지라는 것을 믿을 수 있겠는가!

상하기 쉬운 식품, 즉 육류나 유제품은 특별한 포장이 필요하다. 모든 문제에는 그에 상응하는 해법이 있다. 투명한 포장비닐이 없었다면 고기는 냉장고에 집어넣어야 할 것이다. 셀프서비스의 개념이 다양한 포장 방법과 연계되어 있다는 점을 우리는 별로 의식하지 못한다.

O│제 부엌에서 전쟁을 벌일 때가 되었다. 열역학 제2법칙에서 엔트로피가 증가한다고 말하지 않던가. 다르게 표현하자면 어떤 조치를 취하지 않으면 무질서가 판을 친다는 의미다. 자, 이제 시작해보자. 예전에는 아주 간단히 처리했다. 쓰레기통을 열고 모든 쓰레기를 집어넣으면 그만이었지만 오늘날에는 더 이상 그럴 수 없다. 그 사이에 쓰레기 분리 수거는 우리의 몸에 뱄다. 보증금을 돌려주는 음료수병을 처리하는 문제는 간단하다. 모아두었다가 다음 번 쇼핑하러 가서 교환하면 된다. 하지만 우유나 과일 주스 팩을 비롯하여 기타 합성수지 포장 용기는 어떻게 할 것인가? 이런 것들과 금속 용기는 모두 대부분의 지역에서 재활용 수거함에 모아진다. 그런데 이것이 의미가 있는 일일까?

먼저 과거를 한번 되돌아보기로 하자. 예전에 우리 부모 세대는 이러한 쓰레기 문제로 고민하지 않았다. 그렇다면 변한 것은 무엇일까? 몇 년 전에 미국에서 사회학자들이 지난 50년긴 생활양식을 가장 강하게 변화시킨 발명이 무엇이냐는 설문조사를 한 적이 있다. 가장 많이 나온 대답은―일견 당혹스럽게 보이지만―바로 셀프서비스였다. 이 결과를 잠시 생각해보면 충분한 근거가 있다. 백화점, 슈퍼마켓, 패스트푸드 식당 등에서의 소비 관행은 모두 셀프서비스 개념 없이는 상상하기 어려운 것들이다. 오늘날의 위생 기준 및 소비자들이 촉각을 곤두세우는 생필품의 유효기간 등은 더 말할 나위도 없다. 이 모든 것이 어떻게 가능해졌을까? 여기서 다시 화학의 숨겨진 혁신과 만나게 된다. 다양한 합성수지 제품들이 포장 기술에 혁명을 가져왔다. 모든 문제에 대한 해결책을 찾을 수 있게 된 것이다. 신선도를 유지해주는 랩, 비닐봉투, 주스 팩, 맥주 상자뿐만 아니라 심지어는 달걀 보관용 종이 포장에도 합성수지를 기초로 한 접합제가 일정량 함유되어 있다.

이제 다시 쓰레기 처리 문제로 돌아가보자. 쓰레기와 재활용품을 분리하는 일은 의미 있다. 하지만 정말로 오염된 합성수지 쓰레기를 재활용하여 무엇인가를 얻을 수 있을까? 유감스럽게도 그러한 물질적 재활용은 환경적 측면에서나 경제적 측면에서 별로 의미가 없다.

합성수지 쓰레기를 소각함으로써 에너지를 얻는 것이 현재로서는 가장 의미 있는 재활용이다. 여기에서 명심해야 할 것은 석유를 난방유처럼 곧바로 화로에서 연소시키는 것보다는 먼저 합성수지 제품의 형태로 이용하는 것이 어떤 경우에도 더 낫다는 점이다.

합성수지로 만든 음료수 상자
페트병을 담고서도 무게가 가볍다!

합성수지 쓰레기를 고체 석유로 인식하는 것이 가장 이성적인 재활용 방식의 출발점이다.

생태학적 논의는 수시로 비전문적인 방향으로 흐르기는 했지만 불가피한 측면이 있었다. 모든 사실을 규명하고 최종적으로 심사숙고하기 전에 결정을 내리는 것은 사실 현명한 일이 아니다. 오늘날에는 판단을 내리기 위한 객관적 도구, 즉 생태효율분석이라는 틀이 마련되어 있다. 이 개념은 복잡하게 들리는데, 실제로 그 방법 역시 복잡하다. 이때 합성수지로 만든 포장 물질의 생애 주기에 관한 모든 측면이 고려된다. 이것은 물론 다른 제품들에도 적용된다. 대안이 될 수 있는 개별 제품들은 생태효율분석을 거친 다음에야 어떤 제품이 경제적·환경적 관점에서 가장 좋은지를 객관적으로 결정할 수 있다. 예를 들어 종이의 경우에는 목재의 소비와 생산 과정이 고려의 대상이 된다. 반복해서 사용할 수 있는 유리병의 경우에는 재활용을 위한 수집과 위생적인 세척 과정이 고려되어야 한다.

유제품의 경우 포장의 여러 대안들, 즉 유리병, 종이상자, 합성수지 용기 등을 비교해보면 흥미로운 결과가 나온다. 생태에 대한 전체적인 부담뿐만 아니라 비용도 고려하면 합성수지 용기가 가장 효율적이다. 화학자들은 이러한 사실을 직관적으로 감지했지만, 생태효율분석을 통해서도 객관적으로 입증되었다. 합성수지는 훌륭한 포장 수단인 것이다.

이제 다시 부엌일로 되돌아가보자. 쓰레기는 규정에 맞게 분리 수거되고 있다. 각각

노랑 비닐봉투
쓰레기 분리 수거는 생태학적으로 의미 있는지의 여부와 상관없이 정착되었다. 합성수지 쓰레기는 연료로 판매된다.

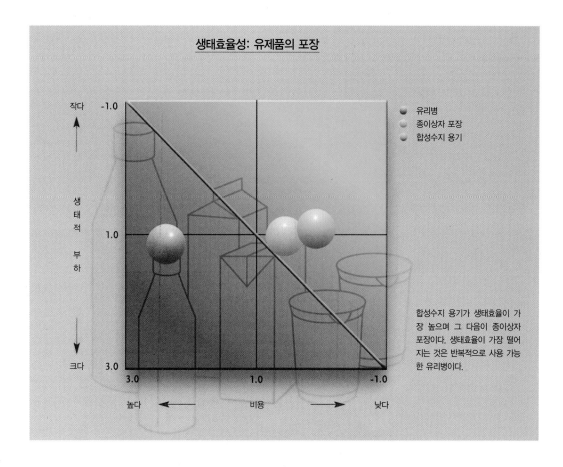

생태효율성: 유제품의 포장

● 유리병
● 종이상자 포장
● 합성수지 용기

합성수지 용기가 생태효율이 가장 높으며 그 다음이 종이상자 포장이다. 생태효율이 가장 떨어지는 것은 반복적으로 사용 가능한 유리병이다.

의 쓰레기는 정해진 쓰레기봉투나 쓰레기통 속에 모아진다. 그렇다면 쓰레기봉투나 쓰레기통은 무엇으로 만들까? 물론 합성수지로 만든다. 합성수지는 객관적으로 최상의 대안이다.

비소에서
청산가리까지

독극물 소사전

파라셀수스가 이미 16세기에 인식한 것처럼 어떤 물질이 독이 되느냐 약이 되느냐 하는 것은 원칙적으로 양의 문제일 뿐이다. 엄밀한 의미에서 독성물질은 비교적 적은 양으로 유기체 내에서 기능장애를 일으키는 것을 의미한다. 자연계에는 그러한 물질이 굉장히 많이 존재한다. 인간은 이것들을 기피하지만 때로는 약이나 기호품으로 이용하기도 한다. 또는 마약으로 남용하거나 마음에 들지 않는 인간들을 저승으로 보내기 위한 수단으로 사용하기도 한다. 화학은 이와 더불어 자연적으로는 생성되지 않는 독성물질을 만들어내는 데 기여한다. 다른 한편으로 그러한 독성물질을 입증하고 구조를 규명하는 데 도움을 주기도 한다. 때때로 독성물질이 새로운 의약품 개발의 출발점이 되기도 한다.

기본적으로 모든 물질은 독극물로 작용할 수 있다. 그것을 섭취하는 분량이 문제일 뿐이다. 우리가 매일 식당에서 이용하는 무해한 식용소금조차도 만약 체중 1킬로그램당 2~5그램의 비율로 섭취하면 사람에게 심각한 해를 끼칠 수 있다. 다른 물질들도 미량으로는 생명을 살리는 약이 되지만 조금만 양이 많아지면 치명적

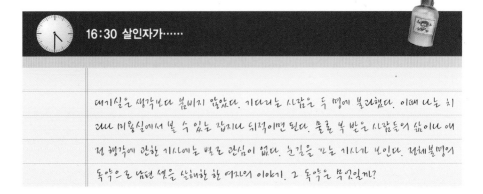

16:30 살인자가……

대기실은 생각보다 붐비지 않았다. 기다리는 사람은 두 명에 불과했다. 이때 나는 최근에 미용실에서 볼 수 있는 잡지나 뒤적이면 된다. 물론 복 받은 사람들의 삶이나 애정 행각에 관한 기사에는 별로 관심이 없다. 눈길을 끄는 기사가 보인다. 정체불명의 독약으로 남편 셋을 살해한 한 여자의 이야기. 그 독약은 무엇일까?

인 작용을 하는 경우가 있다. 이러한 물질로는 이를테면 잘 알려진 강심제인 디기탈리스(Digitalis)를 들 수 있다. 항암 치료제인 세포 성장 억제제도 이와 비슷한 유형에 속한다. 이 약품은 빠르게 성장하는 암세포가 건강한 조직보다 더 민감하게 반응하는 것에 착안한 일종의 세포 독극물이다. 이 약품을 투여하면 종양세포는 죽고 건강한 조직은 살아남게 된다.

개별적인 독극물이 작용하는 메커니즘은 아주 다를 수 있다. 이를테면 세포 구조가 파괴될 수도 있지만 중요한 효소가 파괴되어 생명에 중요한 생리 현상에 장애가 올 수도 있다. 많은 독극물은 가스나 연기의 형태로 들이마시게 된다. 또 어떤 독극물은 입으로 삼켜야만 몸속에서 작용한다. 특히 위험한 것은 피부에 닿기만 해도 치명적인 결과를 초래할 수 있는 접촉성 독극물이다. 따라서 살충제와 같은 식물 보호 물질은 주의해서 사용해야 한다. 외부로부터 체내로 들어오는 독극물 외에도 체내에서 신진대사 과정에서 생성되는 독극물도 있다.

일반적으로 한 화합물의 독성은 반수치사량(LD_{50})으로 표기한다. 반수치사량이란 실험용 쥐들에 어떤 물질을 투약했을 때 절반이 죽게 되는 양을 의미한다. 그러나 이 수치는 동물이나 사람에게 제한적으로 적용할 수 있을 뿐이다. 또한 독극물이 생명체의 여러 기관에 심각한 후유증을 남기는 것과 독극물의 장기적 파급 효과는 고려하지 않는다. 생물학적 근원에서 유래하는 물질의 독성이 화학 실험실에서 만든 물질보다 더 강할 수 있음을 어느 누가 인식할 수 있겠는가.

박테리아나 미생물을 비롯하여 동식물이 지닌 독소는 이러한 생물체의 공격 및 방어 무기이기도 하다. 이 독성물질은 중요한 효소들의 연결고리에 정확하면서도 선별적으로 침투하여 그 기능을 마비시키는 분자들이다. 이것은 매우 적은 양으로도 천적을 쫓아내거나 포획한 먹이를 마비시키며 껄끄러운 경쟁자들을 물리친다. 심지어는 사람을 죽이기에도 충분하다. 이러한 배경에서 식물성 물질은 전혀 무해하다는 견해는 너무 단순하다. 천연물질은 생리학적으로 매우 효과적일 수 있다. 이것은 특히 독성물질에 해당된다. 물론 고도로 희석시켜 의약품으로 이용할 수도 있다. 천연물질이 사람에게 해로운지의 여부는 구체적인 물질이나 혼합 물질의 효과 및 부작용과 그 양과 관계가 있다. 다시 말해서 그 물질의 유래와는 관계가 없다. 독성물질은 식물에서 얻는 것과 마찬가지로 화학적인 증류 장치를 통해서도 만들 수 있다.

현대의 화학 분석 방법은 독성물질의 정체를 밝히고 더 나아가 독극물 중독에 의한 건강상 장애의 원인을 추적할 능력을 갖추고 있다. 그래서 오늘날 시체 부검을 통해 사망의 원인이 된 독소를 밝혀내는 것은 비교적 간단한 일이다. 독살을 계획하는 사람이나 추리소설 작가에게는 별로 좋지 않은 시대가 된 것이다. 오늘날 수많은 천연 독성물질의 정확한 구조를 알아냄과 동시에 작용 메커니즘의 근거를 확보하고 그 대응 수단을 개발할 토대를 마련하게 된 것도 뛰어난 분석 방법 덕분이다. 이에 힘입어 각종 동식물과 미생물들에서 새로운 독성 화합물들이 계속 발견되고 있다. 결국 화학적 분석 방법이야말로 독성물질에 대한 확실한 방어책이다.

물론 독성 천연물질 외에도 독성을 지닌 합성물질이 존재한다. 즉 유기 화합물 또는 무기 화합물이 이에 속한다. 또한 예전에 온도계에 사용한 수은이나 염소 같은 순수 원소도 독성을 지닐 수 있다. 자연적으로 생성되지 않은 이러한 물질 중에서 독성물질 순위 20위 안에 드는 것은 별로 많지 않다. 물론 그렇더라도 이 물질들은 매우 유해한 환경 독소일 수 있다. 여기에서는 자연에서 생성되거나 인공으

독성 화합물의 순위

반수치사량 LD$_{50}$(μg/kg), 쥐	독소	존재 형식	화합 단위
0.0003~0.00003	보툴리눔톡신(보톡스)	박테리아	단백질
0.001 ~0.0001	파상풍 독소	박테리아	단백질
0.019	베타-붕가로톡신 (β-bungaro-toxin)	뱀	단백질
0.05	마이토톡신	디노플라겔룸 (dinoflagellum, 화초)	폴리케타이드
0.10	리신	아주까리	당단백질
0.35	시구아톡신	디노플라겔룸(화초)	폴리케타이드
0.45	팔리톡신	산호충	폴리케타이드
2.0	타이폭신(taipoxin)	뱀	당단백질
2.0	바트라코톡신	화살독개구리	스테로이드 알칼로이드
10	테트로도톡신	복어	당 유도체
22(들쥐)	2,3,7,8-TCDD (다이옥신)	합성물질	다이옥신
230	L-(+)-무스카린	느타리버섯	알칼로이드
300	알파-아마니틴	초록 달걀파리버섯	2-고리-옥타펩타이드
300	니코틴	연초	알칼로이드
750(고양이)	스트리크닌	마전(馬錢)	알칼로이드
1,050	페니트렘(Penitrem) A	사상균	다환 인돌 유도체
1,700	아플라톡신 B$_1$	사상균	쿠마린 유도체
3,600(들쥐)	파라티온(E 605)	합성물질	인산에스터
10,000(들쥐)	사이안화칼륨 (청산가리)	특정한 아몬드와 과일 씨에 청산을 방출하는 화합물이 함유되어 있다.	사이안화칼륨(KCN)
15,100	산화비소(비소)	광물에서 추출	삼산화이비소(As$_2$O$_3$)
25,000(들쥐)	쿠마린	열대 덩굴식물	디기탈리스 글리코사이드
33,200	쿠라레	열대식물	알칼로이드
400,000	아트로핀	벨라도나	알칼로이드

비소나 산화비소는 문학과 영화에 등장하는 '단골'이다. 가스 단계에서 비소는 As_4O_6 분자 형태로 존재한다(보라색: 비소원자, 빨강: 산소원자).

로 합성한 '고전적인 독성물질'을 간단히 소개하고자 한다.

악명 높은 고전적 독성물질 기초

비소는 살인용 독약의 고전이다. 이것은 애거사 크리스티의 추리소설이나 〈비소와 낡은 레이스(Arsenic and Old Lace)〉와 같은 영화를 통해 많이 알려진 바 있다. 특히 이 영화의 감독인 프랭크 캐프라(Frank Capra)는 화학자였다. '비소'는 일반적으로 '무수아비산', 즉 '삼산화비소'를 가리킨다. 플로베르의 소설에서 보바리 부인도 이것으로 목숨을 끊었다. 이처럼 생명을 끊기 위해서는 60~120밀리그램 정도의 비교적 많은 양을 먹어야 한다. 알코올에 잘 녹는 무미무취의 이 하얀 가루는 오늘날 그 어떤 독살자에게도 권할 만한 것이 못 된다. 현대의 분석 기법으로 쉽게 그 존재를 입증할 수 있으며 손톱과 모발에 축적되기 때문에 수십 년이 지난 뒤에도 시체 검사를 통해 쉽게 드러나기 때문이다. 비소는 미량 원소로서 광물이나 바닷물 등 주변 환경 어디에나 있으며 생물체 안에서는 유기 화합물로서 존재한다. 비소는 한동안 생명체의 필수 미량 원소로 간주되었다. 물론 그 주인공은 비소가 아니라 셀레늄이라는 것이 나중에 밝혀졌다. 비소에는 약간의 셀레늄이 포함되어 있어서 미량의 비소를 투여할 경우 역설적으로 건강을 촉진하는 효능을 보였던 것이다. 이로 인한 만성적인 비소 중독은 피부종양, 마비 현상, 두통, 집중력 저하, 탈진 등으로 나타난다.

예전에는 비소가 치명적인 독극물로서뿐만 아니라 미량을 넣어 화장품으로 이용되었다. 또한 순환기를 자극히는 효과가 있어서 제력 향상을 위해 이용되기도 했다. 파울 에를리히(Paul Ehrlich)가 발견한 물질로서 비소가 함유된 매독치료제 살바르산은 체계적으로 연구를 거친 최초의 항생제였다. 중증 몽유병에 대해서도 오늘날 부분적으로 비소가 함유된 멜라소프롤을 처방하고 있다.

납 급성 납 중독보다 더 빈번한 것은 소량의 납이 오래 시간에 걸쳐 축적될 때 생기는 만성 납 중독이나. 무엇보다도 납은 신경계통과 신장, 그리고 성인의 경우 심장순환계를 손상시킨다. 또한 뼈 속에 침전되기 때문에 조혈기관이 상할 수도 있다. 피로, 식욕 부진, 두통, 백반증, 근육통 등은 모두 납 중독 증상이다. 납과 연염(鉛鹽)은 대개 음식물과 식용수를 통해 몸에 들어온다. 납으로 만든 관이나 납이 함유된 도자기의 니스 칠이 그 주범이다. 그리고 자동차 배기가스도 대기에 납을 방출하지만 무연휘발유의 도입으로 납에 의한 환경 파괴는 현저하게 감소되었다. 로마제국의 멸망은 납으로 만든 용기에 포도 주스를 보관했기 때문이라는 이야기도 있다.

보툴리눔톡신은 알려진 것 중 가장 강력한 독극물이다. 약 0.0001밀리그램으로도 이미 사람에게 치명적이다. 클로스트리듐 보툴리눔(Clostridium botulinum)이라는 박테리아가 유발하는 식중독에 따른 증상은 신경과 근육 사이의 신호전달장애에 기인하며 그 결과는 마비로 나타난다. 호흡기 근육의 마비는 그대로 두면 질식사에 이르게 된다. 예전에는 90퍼센트에까지 이르던 식중독으로 인한 사망률이 해독제의 발견 이후 현저히 낮아졌다. 모든 보툴리눔톡신 중독 사례의 90퍼센트 정도는 직접 만들어 먹은 저장식품 때문이었다. 이에 대한 최선의 예방책은 마개가 열린 저장식품과 뚜껑이 헐거운 유리용기들을 폐기 처분하는 것이다. 보툴리눔톡신은 삶으면 몇 초 안에 파괴된다. 성인과 달리 젖먹이 아이에게 클로스트리듐 박테리아가 매우 위험한 이유는 그것이 아이의 장 내에서 증식하여 독소를 방출하기 때문이다. 우는 아이를 달래기 위해 고무젖꼭지를 꿀에 담갔다가 물리는 행위는 금기다. 꿀에는 이러한 박테리아가 많이 함유되어 있기 때문이나. 흔히 말하는 아이의 돈연사에서 몇몇 경우는 보툴리눔톡신 중독에 의해 것이라고 한다.

고도로 희석한 보툴리눔톡신은 의약품으로서 다한증(多汗症) 환자에게 도움이 된다. 또한 특정한 근육위축증 환자에게도 투약하고 있다. 믿기 어려운 일이지만 이 독극물은 최근에 '보톡스'라는 근사한 이름으로 주름을 펴는 용도로 유행하고 있다. 이마와 목에 보톡스를 주사하면 신경이 자극을 받지 않아 근육은 평상시처럼 긴장하지 않는 반면, 느낌과 촉각은 전혀 장애를 받지 않는 것이다. 그래서 이마는 주름이 잡히지 않으며 안면 부위는 팽팽하게 보이게 된다. 이러한 효과는 몇 달 동안만 지속되지만 이 정도의 기간이면 할리우드의 아카데미 시상식에 매력적이고 사진을 잘 받는 모습으로 등장하는 데는 충분하다. 2003년 언론매체의 보도에 따르면 몇몇 영화배우는 보톡스의 재고가 바닥나는 바람에 젊어진 모습으로 이 연례행사에 출연할 수 없어 낭패를 보았다고 한다.

카드뮴은 세포 내에서 손상된 DNA의 복구를 방해하며 암을 유발할 수 있다. 또한 간과 신장에 축적되어 심각한 손상을 일으킬 수 있다. 무엇보다도 카드뮴 화합물은 건전지와 황색 염료에 들어 있으며 부식 방지에 효과적이다. 그러나 최근의 건전지에는 카드뮴이 들어 있지 않다. 카드뮴이 포함된 쓰레기를 아무렇게나 처리하면 환경 문제가 발생한다. 무엇보다도 야생동물의 내장과 야생버섯, 아마(亞麻)의 씨와 해바라기 씨 등이 오염될 수 있다.

염소는 식염과 같은 염화물 형태로 신체가 수분 및 미네랄을 유지하는 데 매우 중요한 구실을 한다. 이에 반해 원소로서 염소는 코를 찌르는 냄새를 가진 황록색의 가스로서 사람에게 치명적으로 작용할 수 있다. 오늘날 대개 차아염소산염의 형태로 종이나 섬유의 표백제로 이용된다. 또한 전염성 세균의 증식을 막기 위한 수영장 소독에도 차아염소산염을 쓴다. 반면 독일에서는 식수에 더 이상 염소 처리를 하지 않는다. 주의해야 할 것은 많은 세제에 들어 있는 차아염소산염을 식초가 들어간 세제나 다른 석회 제거제와 함께 사용할 경우 유독성의 염소가스가 발생할 수 있다는 점이다. 폴리염화비닐처럼 화학적으로 결합되어 있는 상태의 염소는 연소를 통해서만 방출된다. 이것은 무해한 염화물에 불과하다. 하지만 불완전연소의 경우에는 염소를 함유한 화합물에서 유독성의 염화다이옥신이 발생할 수 있다.

제1차 세계대전 때 염소는 독가스로 오용되어 수천 명의 목숨을 앗아간 바 있다. 1915년 독일인이 염소를 전쟁무기로 사용한 것이 끔찍한 가스전쟁의 시작이었다.

쿠라레는 남아메리카 인디언들이 사냥에서 취통(吹筒)과 함께 사용하던 독화살 끝에 바르는 독물을 총칭한

쿠라레는 남아메리카 인디언들이 사용한 독화살 끝에 바르는 독물을 총칭한다.

다이옥신: 초강력 독성물질?

다이옥신은 수십 종류의 화학물질을 일컫는 용어이다. 많은 것이 무해하지만, 그중 17가지는 특별히 위험한 것으로 분류된다. 1976년 이탈리아의 세베소에서 발생한 독극물 사고를 통해 이른바 '세베소의 독약'으로 알려진 대표적인 다이옥신이 바로 TCDD(2,3,7,8-tetrachlorodibenzo-p-dioxin)이다. 당시에 많은 사람들이 피부 손상을 입었으며 염소 중독에 의한 좌창(痤瘡)을 앓았다. 주목할 만한 것은 사고를 당한 사람들이 '단지' 중독 현상을 보인 반면, 많은 동물은 죽었다는 사실이다. 사람보다 대부분의 동물이 다이옥신에 훨씬 더 민감하게 반응한다는 사실이 나중에 밝혀졌다. 동물들 사이에도 반응에 차이를

부인다. 이를테면 집쥐는 들쥐보다 반응도에서 1000배 더 민감하다. 따라서 동물에 대한 독성 실험 결과를 사람에게 적용할 수 있을지가 문제된다.

왜 사람은 다이옥신에 강한 것일까? 산불이나 들불을 통해 방출되는 다이옥신은 태초부터 미량이나마 자연환경의 구성 요소였다. 사람은 원시 시대부터 환기가 잘 되지 않는 동굴이나 오두막에서 불을 피웠기 때문에 특히 다이옥신에 노출되어 있었다. 그래서 진화 과정에서 사람에게 어떤 내성이 생겼을 것으로 추측된다. 고고학적 발굴 현장에서 밝혀진 바에 따르면 스코틀랜드 해안 지방의 농부들은 수백 년 전부터 다이옥신이 함유된 재를 밭의 거름으로 이용했다고 한다. 다이옥신에 오염된 이 재는 염분이 많은 이탄(泥炭)을 난방용으로 태우고 남은 것이었다.

어쨌든 TCDD는 사람이 환경을 오염시키는 독성물질 중 가장 강력하다. 천연 초강력 독성물질에 비하면 독소 등급이 떨어지기는 하지만 훨씬 더 천천히 분해된다. 따라서 다이옥신을 환경에 배출하는 행위는 계속 억제되어야 한다. 화학 공장 폐기물의 엄격한 통제, 쓰레기 소각 시설의 처리 과정 개선, 배출 공기에서 오염 먼지를 효과적으로 걸러내는 필터 사용 등을 통해 독일을 비롯한 산업국가에서는 지난 몇 년 동안 다이옥신 오염이 확연히 감소했다. 이에 따라 지난 10년간 모유의 다이옥신 농도도 절반으로 줄어들었다. 이러한 추세에도 불구하고 다이옥신에 오염된 제품 및 지역에 관한 끔찍한 뉴스가 끊이지 않는 것은 기술적 결함이나 부주의한 사고 때문만은 아니며, 부분적으로는 오늘날 화학적 분석 방법이 몇 년 전보다 등급 분류에 더 민감해진 데에도 그 원인이 있다.

다. 이 화합물은 알칼로이드에 속한다. 알칼로이드는 주로 식물에서 발견되는 천연물질로, 특징적인 구조 성분은 한 개 또는 여러 개의 질소원자를 지닌 탄소 고리다. 포획된 동물의 근육을 마비시키며 호흡 곤란이 시작되면 즉시 죽음에 이르게 된다. 이렇게 죽은 동물을 사람이 먹을 수 있는 것은 위와 장을 거쳐 흡수되는 쿠라레의 양이 많을 경우에만 유독성을 띠기 때문이다. 쿠라레는 고도로 희석하여 수술실에서 유용하게 쓰기도 한다. 이것은 환자의 근육 반사 작용을 멈추게 하여 외과 수술 작업이 방해를 받지 않게 한다.

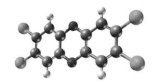

다이옥신은 다이옥신기로 이루어진 화합물로서 TCDD로 약칭되며 미천연물질 중에서 가장 독성이 강하나. 여러 번 발생한 화학 공장 사고에서 보듯이 고농도 TCDD는 염소에 의한 좌창을 유발한다. 다이옥신에 오염된 음식물이 실제로 사람의 건강에 위험한지의 여부는 아직 논란이 되고 있다. 확실한 것은 사람보다 동물들이 TCDD에 더 민감하게 반응하며, 이 화합물이 유기체 내에서나 환경 속에서 매우 느린 속도로 분해된다는 점이다. 이것만으로도 다이옥신의 방출을 최소화하고 규정에 따른 통제를 제대로 이행해야 할 충분한 근거가 된다.

다이옥신은 한 화합물 등급 전체를 일컫는다. 위의 그림은 그중에서 가장 잘 알려진 TCDD를 나타낸 것이다(회색: 탄소원자, 하양: 수소원자, 빨강: 산소원자, 초록: 염소원자).

E 605(파라티온)는 살충제로 이용되는 인산에스터이며 대기에서 비교적 빨리 분해된다. 다른 종류의 인산에스터와 마찬가지로 E 605는 아세틸콜린에스테라아제를 억제하며 곤충에게 매우 효과적이지만 유감스럽게도 사람에게도 신경독소로 작용한다. 오늘날 이 화합물은 너무 위험한 것으로 분류되어 사용이 금지되어 있다. E 605가 으스스한 느낌을 주는 것은 살충제를 뿌리다가 발생하는 사고 때문이라기보다 많은 살인 및 자살 시도에서 독약으로 오용되었기 때문이다.

E 605
많은 살인사건에 등장하는 이 독성물질은 원래 살충제로 사용되었다(보라색: 질소원자, 주황: 인원자, 노랑: 황원자).

일산화탄소(CO) 추리소설에서 살인자가 사람을 마취시킨 후 차고에 눕혀두고 자동차 시동을 걸면 우리는 어떤 일이 벌어질지 이미 알고 있다. 일산화탄소 중독으로 사망한다. 가스버너와 난방 기구도 환기 시설이 없고, 그리하여 연소 과정이 불완전하게 진행되면 치명적인 사고로 이어질 수 있다. 많은 양의 일산화탄소를 호흡하게 되면 의식이 혼미해지고 현기증과 두통을 일으킨다. 일산화탄소는 적혈구의 헤모글로빈에 달라붙어 생명체에 필수적인 산소 공급을 막는다. 헤모글로빈에 있는 총 네 개의 헴기(heme group) 중 하나에 일산화탄소가 결합하면 다른 세 개의 헴기는 산소 친화력이 증가한다. 다

일산화탄소
추리소설에서 자동차 배기가스를 이용한 자살로 위장할 때 선택하는 독성물질이다.

아세틸콜린에스테라아제 억제물질

한 신경에서 다른 신경으로 또는 근육세포로 전기 자극을 전달하는 것은 시냅스를 통해 이루어진다. 신경 자극은 아세틸콜린과 같은 전달물질이 시냅스에 분비되도록 만든다. 이 전달물질은 틈새를 통해 근육이 위치한 시냅스의 다른 쪽으로 이동한다. 거기에서 전달물질은 수용체와 결합하여 다시 전기 자극을 일으킨다. 뒤이어 아세틸콜린은 즉시 아세틸콜린에스테라아제에 의해 분해된다. E 605와 같은 특정한 살충제 및 사린, 소만(Soman), 타분(Tabun), VX가스 등과 같은 화생방 무기들은 이 효소를 억제한다. 중독 증상은 심한 두통, 구토와 설사, 피로와 경련 등으로 나타난다. 증세가 상당히 진전되면 호흡 곤란이나 순환기장애로 인한 의식불명과 죽음에 이르게 된다. ABC(화생방: atomic, biological and chemical) 보호 복장 및 마스크는 어느 정도 효과가 있지만 잘 훈련된 사람들조차 몇 시간만 착용할 수 있을 뿐이다. NATO의 병사들은 위험한 임무에 투입될 때 스스로 허벅지에 주사할 수 있는 해독제를 배급받는다. 거기에는 아트로핀과 염화오비독심이 함유되어 있다. 아트로핀은 벨라도나와 같은 가짓과 식물에서 추출한 독성물질로 아세틸콜린을 해독하는 작용을 한다. 아트로핀은 전기 자극을 일으키지 않는 상태에서 아세틸콜린을 그 수용체로부터 밀어낸다. 염화오비독심은 아세틸콜린에스테라아제의 기능을 재생시킬 수 있다. 이것은 사린과 VX가스에는 효과가 있지만, 타분과 소만에는 거의 또는 전혀 작용하지 않는다.

신경에 작용하는 화생방 물질의 후유증에 관한 광범위한 연구가 이루어지지 않고 있다. 언론매체에서 '걸프전 신드롬'으로 보도하는 가운데, 수많은 미군 병사들이 고통을 호소하는 여러 증상이 신경가스에 의한 것일지도 모른다는 견해가 있다. 이라크 남부의 거대한 무기고를 미국 공군이 폭격했을 때 거기에 비축되어 있던 사린이 대기중에 방출되었고 병사들이 바로 그 가스에 노출되었으리라는 것이다.

시 말해 산소가 보통 때보다 더 단단하게 결합한다. 그리하여 산소는 생체 조직에 전달되기가 더 어려워진다. 공기중의 일산화탄소 농도가 1퍼센트만 되어도 금방 헤모글로빈의 50퍼센트가 장애를 받게된다. 이러한 경우 혈액은 산소를 전혀 공급할 수 없다. 반면 매우 적은 양의 일산화탄소는 전달물질로서 체내에서 중요한 임무를 수행한다.

니코틴 담뱃잎에서 나오는 알칼로이드는 흡연자들에게 큰 사랑을 받

니코틴은 담배에서 나오는 알칼로이
드이다.

고 있다. 그것이 정신적으로 자극을 주고 감정적으로는 긴장을 풀어
주는 효과가 있기 때문이다. 그러나 그것을 삼킬 경우 강력한 녹약이
된다. 담배 한 개비는 어린아이를 죽일 만큼 충분한 독소를 지니고
있다. 담배꽁초가 더욱 문제인 것은 거기에 축적된 니코틴이 위와 장
에서 쉽게 용해되기 때문이다. 담배꽁초가 담긴 음료수를 어린아이
가 마시면 특히 위험하다. 니코틴의 효능은 신경전달물질인 아세틸
콜린과 유사하지만 더 천천히 분해되며, 많은 양이 체내에 들어갈 경
우 신경 자극의 전달에 장애를 일으킨다. 초기의 중독 증상은 메스꺼
움, 의식 혼미, 경련 등이다. 호흡 곤란은 금방 사망에 이르게 한다.

오존 우리가 호흡하는 공기는 원자 두 개로 이루어진 산소 분자(O_2)
인 반면, 오존(O_3)은 산소원자 세 개로 구성되어 있다. 따라서 오존
은 완전히 다른 화학적·물리적 특성을 갖는다. 오존은 성층권에서
는 매우 중요하고 유익하지만 지표 근처에서는 환경 독소로 나타난
다. 산화질소를 비롯한 대기중의 유해물질들이 그 주범이다. 햇빛이
내리쬐는 여름날처럼 강한 자외선의 영향하에서 주로 자동차 배기
가스에서 나온 이산화질소는 일산화질소와 원자 상태의 산소로 분
해된다. 이 산소원자가 대기중의 산소 분자와 결합하여 오존을 형성
하는 것이다. 자동차 배기가스 정화 장치와 유해물질을 덜 배출하는
디젤 엔진 덕분에 독일에서는 지난 몇 년 동안 오존 오염이 상당히
줄어들었다.

오존은 강력한 산화제로서 모든 유기체에 손상을 입힌다. 사람의
경우 오존은 폐 속으로 들어가 점막을 자극한다. 전형적인 증상으로
는 호흡장애, 두통, 점막 자극, 자극성 기침과 눈물, 천식발작의 증
가 등이 있다. 오존에 민감한 사람들은 1m³당 오존 농도가
$100\mu g$만 되어도 벌써 반응을 보인다. 독일의 오존
스모그법에 따르면 1m³당 오존 농도가 $240\mu g$ 이상

오존
성층권에서는 보호막의 작용을 하지
만 지표 근처에서는 환경 독소이다.

수은은 액체이며 안정적인 방울 형태다. 수은 증기는 독성이 매우 강하다.

일 때에는 배기가스 정화 장치가 장착되지 않은 차량의 통행이 금지된다. 산업과 기술 분야에서 오존은 기름, 지방, 왁스, 종이, 합성섬유, 펄프, 섬유 등의 표백에 사용된다. 양조장과 냉장실에서는 공기정화제 및 소독제로 쓰이기도 한다. 또한 하수를 정화하고 해독하는 기능도 지니고 있어서 얼마 전부터는 점차로 염소를 대체하는 물질로서 식수를 정화하고 수영장의 살균 작업에 쓰이고 있다.

수은은 쓰레기 소각이나 제련 과정을 통해 주변 환경으로 배출될 수 있다. 특히 위험한 것은 수은 증기다. 이를테면 수은으로 채워진 체온계가 바닥에 떨어져 깨지면 수은 방울이 바닥의 틈새에 끼게 된다. 그러면 인체는 수년 동안이나 유독성의 수은 증기에 노출될 수도 있다. 만성적인 수은 중독의 증상은 피로감, 두통과 관절통, 치주염, 구강점막염, 잇몸의 검은 반점, 오한, 기억력 감퇴와 약화, 신경체계의 장애 등이다. 수은원소뿐만 아니라 수은 화합물에 독성이 있다. 무기수은염의 경우, 무엇보다도 이 화합물의 독성이 얼마나 되는지를 결정하는 것은 그 용해도이다. 대개 양극이 이중으로 충전된 수은 이온을 지닌 염류(鹽類)가 1가 수은의 무기 화합물보다 독성이 더 강하다. 특히 위험한 것은 메틸수은(H_3C-Hg^+)과 같은 유기수은 화합물이다. 이 물질은 염화수은(II)이 미생물을 통하여 메틸화하는 과정에서 생겨난다. 메틸수은은 먹이사슬을 거쳐 사람의 신체에 도달하며 빠르게 혈관에 들어간다. 싸이올기(황화수소기, -SH)의 효소들과 반응으로써 혈관을 마비시킬 수 있다.

파라셀수스는 매독을 치료하기 위해 수은 또는 산화수은을 크림 형태로 혼합했다. 약 150년 전부터는 수은이 아말감의 형태로 치과 치료에 사용되었다. 아말감은 다루기가 쉽고 값이 저렴하며 견고한 재질이지만 근래에는 예전의 호평을 잃고 말았다. 이러한 변화가 타당한지에 대해서는 논란이 계속되고 있다. 아말감은 수은을 다른 금속들과 합금한 것이다. 치과용으로는 일반적으로 주석, 구리, 은 등을 섞은 아말감을 사용한다. 이것은 부식에 강하며, 치아를 비교적 넓게 봉합한 경우에도 음식물과 공기에 의한 보통의 부하에서 매우 적은 양의 수은을 방출한다. 그러나 아말감 충전물을 새로 집어넣거나 낡은 것을 떼어낼 때 미량의 수은이 방출된다. 게다가 어떤 사람에게는 알레르기를 일으킬 수도 있다.

리신은 이른바 우산 살인사건을 통해 알려졌다. 1978년 런던에서 망명생활을 하던 불가리아의 작가이자 반정부인사인 게오르기 마르코프(Georgi Markov)가 암살당했다. 범행에 사용된 무기는 발사 장치가 달린 우산이었다. 범인은 리신을 채워 넣은 약 2밀리미터 크기의 쇠구슬을 희생자의 피부 속에 쏘았다. 이때 희생자는 아무것도 감지하지 못했다. 독극물은 계속해서 마르코프의 몸속으로 스며들어갔다. 그가 느낀 통증의 원인이 밝혀졌을 때에는 이미 목숨을 구하기에는 너무 늦어 있었다. 리신은 렉틴에 속하는 아주까리 씨에서 추

테오파라투스 필리푸스 아우레올루스 봄바스투스 폰 파라셀수스 (Theophrastus Philippus Aureolus Bombastus von Paracelsus: 1493~1541).

아주까리 씨는 리신을 함유하고 있으며 이에 대한 해독제는 없다.

출한 단백질이다. 리신의 말단기 두 개 가운데 하나는 세포 표면의 당 분자와 결합하여 세포 안으로 흡수되는 효과를 내며, 다른 하나는 세포의 단백질 합성을 억제한다. 체중이 70킬로그램인 사람에게는 0.5밀리그램의 리신만으로도 이미 치명적일 수 있다. 리신은 입으로 삼키거나 호흡기로 들이마실 수 있으며, 우산 살인사건에서처럼 피부에 주입할 수도 있어서 매우 이상적인 살해용 독극물이다. 이에 대한 해독제는 아직 없다. 해독제를 집중적으로 연구하지 않는 한, 리신에 의한 중독을 진단하기도 간단치 않다. 리신으로 말미암은 사망은 일반적인 장기 기능장애 및 순환기장애의 결과로 나타난다. 조심할 것이 있다면 여러 나라, 특히 북아프리카의 몇몇 나라에서는 아주까리 씨가 장신구의 중요한 부분으로 이용된다는 점이다. 따라서 아이가 이 씨를 집어삼키면 죽을 수도 있다.

현재 특정 종양세포를 공격하는 항체에 리신을 결합하는 연구가 진행중이다. 리신을 함유한 항체가 암세포와 접촉하면 리신이 암세포를 죽일 수도 있을 것이다.

스트리크닌은 마전자(馬錢子, 마전의 씨)의 알칼로이드로서 고도로 희석해도 매우 쓴 맛이 난다. 이것은 파상풍 독소와 비슷하게 작용하며 심한 경련을 일으킨다. 예전에는 미량의 처방으로 흥분제로 쓰였으며, 바르비투르산 중독 및 쿠라레에 대한 해독제로 이용되기도 했다. 또 근육과 혈관의 긴장을 상승시키고 호흡중추를 자극하여 도핑물질로 남용되기도 했다.

스트리크닌은 고도로 희석한 경우에도 굉장히 쓴맛이 난다. 이것은 중증의 경련을 일으킨다.

파상풍 독소는 파상풍의 병원체인 클로스트리듐 테타니(*Clostridium tetani*)에서 방출되는 독소로서 통증을 수반하는 경련성 근육경색을 일으키며 심한 경우에는 죽음에 이를 수 있다. 이 독소에 감염되는 것은 대부분 상처 부위가 클로스트리듐의 포자를 함유한 흙에 더럽혀져서이다. 이 독소는 감염이 시작된 곳에서 신경을 따라 이동하여 척수에 도달한 후 특정한 억제 기능을 지닌 신경전달물질의 방출을 저해한다. 광범위한 예방 접종 덕분에 오늘날 파상풍 감염은 거의 걱정할 필요가 없다.

테트로도톡신은 가끔 복어를 먹다가 사망하는 사건의 원인을 제공하는 악명 높은 독소이다. 박테리아 신진대사의 산물로 이 박테리아는 먹이사슬을 거쳐 복어, 도롱뇽, 개구리, 달팽이의 몸속에 들어가게 된다. 세계적으로 복어는 별미로 인정받고 있다. 경험이 풍부한 노련한 요리사가 제대로 조리한 복어에 들어 있는 미량의 이 독소는 기분 좋게 간지러운 듯한 느낌

테트로도톡신은 음식물로 말미암은 사망사고를 많이 일으킨다. 전문교육을 받은 노련한 요리사만이 복어에 의한 중독을 막을 수 있다. 복어는 아시아에서 별미에 속한다.

과 쾌감을 선사한다. 물론 많은 양이 체내에 들어가게 되면 거동이 불가능해지면서 의식을 잃고 심장박동이 약해져 호흡도 거의 할 수 없게 된다. 이 독소에 중독된 사람 중에는 의학적으로는 이미 사망 선고를 받았다가 부검할 때나 심지어는 무덤으로 가는 도중에 다시 의식을 찾은 경우도 있다. 신경세포의 나트륨 통로를 차단하는 이 독소는 카리브 지방의 좀비문화에서 일정한 구실을 하고 있다.

어류를 통한 식중독에서 테트로도톡신보다 더 심각한 것은 해초에서 나오는 **마이토톡신**과 **시구아톡신**이다. 이 물질은 산호초에 서식하는 물고기를 먹은 사람들에게 식중독을 일으킨다. 특히 열대 지방에서

는 매년 약 2만 명이 이 병에 걸린다. 마이토톡신은 독성이 가장 강한 비펩타이드 화합물일 뿐만 아니라 분자가 제일 무거운 천연물질이다. 이 화합물은 실험실에서 합성이 가능해졌다. 이는 자연에 존재하는 모든 분자는 원칙적으로 현대의 화학적 방법을 이용하여 제조할 수 있다는 증거이다.

탈륨염은 예전에 쥐약과 제모제로 이용되었다. 그러나 유감스럽게도 사람의 신체는 유독성의 탈륨 이온을 생명체에 중요한 칼륨 이온으로 잘못 받아들인다. 몇몇 효소는 칼륨보다 탈륨을 더 강하게 결합시킴으로써 칼륨의 기능을 방해한다. 더구나 탈륨 이온은 효소의 SH기를 차단한다. 그 결과로 무력감, 일시적 기억 상실, 체력 저하 등의 증상이 나타난다. 이러한 증상은 중독 후 며칠이 지난 뒤에야 나타나고 다른 질병들과 혼동되기 쉽기 때문에 무색무미의 이 수용성 탈륨염은 살인용 독극물로 안성맞춤이었다. 하지만 시체를 화장하고 남은 재도 원자분광기를 통과시키면 탈륨 특유의 푸른빛이 나타나기 때문에 그 흔적을 발견해낼 수 있다. 다행히 탈륨 화합물은 대부분의 서방 국가들에서 사용이 금지되어 있다. 그러나 반정부인사들에게 탈륨이 사용된 이라크에서는 상황이 다르다. 이를테면 1992년 이라크 집권자의 눈 밖에 난 장교 두 명에게 탈륨이 사용되었다. 하지만 이들은 제때에 탈출하여 런던에서 치료를 받을 수 있었다. 탈륨에 대한 최상의 해독제로 입증된 것은 푸른 잉크의 안료인 베를린블루이다. 이 복합체에 함유된 칼륨이 탈륨과 교환된다.

사이안화칼륨(청산가리, KCN)은 가장 잘 알려진 사이안화물이다. 이것은 위에서 위산의 영향으로 독성이 강하고 작용이 빠른 물질인 청산(사이안화수소, HCN)을 방출한다. 사이안화물은 아몬드를 비롯하여 사

탈륨염은 체내에 오랫동안 흔적을 남긴다. 따라서 살인용으로는 이상적인 독약이 되지 못한다(가스 단계의 구조-빨강: 산소원자, 노랑: 황원자, 갈색: 탈륨원자).

프리츠 하버와 화학의 타락

마치 원자폭탄의 투하를 물리학의 타락으로 이야기하듯이 독가스를 무기로 사용한 것은 흔히 '화학의 타락'으로 비판받는다. 이때 비극적 역할을 수행한 사람이 프리츠 하버였다. 1868년 브레슬라우에서 태어난 이 천재 화학자는 1905년 고온고압의 조건에서 수소와 질소의 촉매결합을 발견했다. 1913년 그는 카를 보슈와 함께 BASF에서 암모니아 합성법을 개발하는 데 성공했다. 1911년에는 베를린의 카이저빌헬름 물리화학연구소의 소장이 되었다. 열정적인 애국자였던 그는 제1차 세계대전의 전선이 패색 짙은 진지전의 양상으로 고착화하자 염소를 이용하여 적진을 교란시키려는 구상을 하였다. 1915년 4월 25일 그는 이페른 전선에서 염소를 이용한 최초의 가스 공격을 지휘했다. 그 이후 양쪽 진영에서 계속 염소, 포스겐, 겨자가스 등을 투입했다. 이러한 공격은 전쟁에 결정적인 것은 아니었으나 비인간성의 또 다른 차원을 보여주었다.

1918년 노벨상 위원회는 프리츠 하버에게 암모니아 합성법을 개발한 공로로 노벨 화학상을 수여하기로 결정했다. 질소비료가 없었다면 점점 늘어나는 인류는 상상할 수 없는 기근에 시달렸을 것이다.

베르사유 조약을 통해 독일은 엄청난 배상금을 내야 하는 의무를 지게 되었다. 그래서 애국자 프리츠 하버는 바닷물에서 금을 얻으려는 구상에 몰두했다. 최초의 분석에서는 희망을 가질 수 있었으나, 탐사 작업에서는 실험실의 연구 결과가 실수였음이 드러나고 말았다. 이미 공기에서 '금(암모니아)'을 얻었던 그는 몹시 낙심했다. 그러나 그에게 가장 비극적인 시간은 1933년에 나치가 정권을 장악했을 때 찾아왔다. 유대인 출신인 그는 굴욕적인 상황에서 카이저빌헬름 연구소 소장 직을 박탈당했다. 깊이 좌절에 빠져 스위스로 이주한 후 1934년 바젤에서 사망했다.

과학의 역사에서 프리츠 하버의 경우만큼 진보의 야누스적 면모와 맹목적 애국주의의 분열성이 비극적으로 합일되었던 적은 없었다.

프리츠 하버

과, 살구, 버찌의 씨에 함유되어 있다. 어린아이가 이러한 독성이 함유된 아몬드 5~10개를 먹으면 죽음에 이를 수도 있다. 담배 연기도 부분적으로 상당한 청산 농축물을 함유하고 있다. 사이안 이온은 세포의 호흡 효소에 있는 3가 철과 결합하여 복합체를 형성함으로써 호흡의 순환을 차단하여 세포 차원의 질식에 이르게 한다. 청산은 특정한 아몬드 냄새를 강하게 풍기기 때문에 두 사람 중 한 명은 비교적 쉽게 알아치릴 수 있다. 나머지 절반에게는 이 특유의 냄새를 인지하는 유전자가 결핍되어 있다.

　많은 합성수지가 연소할 때 청산을 방출하기 때문에 주택 화재에서도 치명적인 청산 중독이 나타날 수 있다. 일반적으로 화재에서 발생하는 유독가스의 3분의 1은 연소가스이고, 3분의 1은 일산화탄소와 이산화탄소이며, 나머지 3분의 1은 청산이다. 무엇보다도 금속 가공 산업과 화학 산업뿐만 아니라 해충 제거 작업에서도 사이

사이안화칼륨도 대표적인 독성물질에 속하며 빠르게 작용하는 청산인 HCN 을 방출한다. 특유의 아몬드 냄새는 잘 알려져 있다.

안화물을 많이 다루게 된다. 이때 엄격한 관리가 필수적이다. 청산은 나치독일의 강제수용소에서 자행된 독가스 살해에서 끔찍한 역할을 수행했다. 강제수용소의 수많은 사람을 가스실에서 살해하기 위해 사용한 독극물인 '사이클론 B'는 원래 청산을 함유한 해충 제거제였다.

독가스

1983년 5월 24일 미 국방부는 처음으로 독일에도 화학무기가 비축되어 있다는 사실을 인정했다. 이 무기들은 독일 통일 후 브레멘 항구를 거쳐 태평양이 존스턴 섬으로 옮겨져 폐기되었다. 독일은 국제화학무기금지협약에 가입했으며 국제위원회에서 정기적으로 사찰을 받는다. 독일화학자협회는 행농강령에서 회원들에게 화학무기와 관련된 일을 하지 말 것을 의무화하고 있다. 이것은 독일 화학산업연맹에도 똑같이 적용된다.

국 가간의 전쟁에서 독가스가 투입된 가장 최근의 예는 1984~1988년의 이란-이라크전쟁으로 수천 명이 사망했다. **겨자가스(이페리트, 황십자, 2,2-황화다이클로로다이에틸)**는 독성이 매우 강하며 비교적 쉽게 만들 수 있는 물질로서 제1차 세계대전 때 사용되었다. '황십자'라는 이름은 이 독가스 포탄에 그려진 노랑의 십자 표시에서 유래한 것이다. 제1차 세계대전 당시 북유럽의 동해에 떨어져 점차 녹슬어가던 겨자가스 포탄이 때때로 어부들의 그물에 걸리는 바람에 엄청난 위험을 초래하고 있다. 최근의 예로는 1988년 북부 이라크의 쿠르드족을 상

겨자가스의 또 다른 명칭은 이페리트 또는 황십자이다(회색: 탄소원자, 하양: 수소원자, 노랑: 황원자, 초록: 염소원자).

대로 겨자가스가 살포된 적이 있다. 겨자가스는 호흡기와 피부를 통해 여러 장기에 스며들어 그 기능을 마비시킨다. 그 밖에도 인간의 유전자 DNA를 손상시키며 세포분열을 막는다. 이러한 특성은 얼마 전부터 암 치료에서 비슷한 구조를 지닌 의약품을 개발하는 데 이용되고 있다.

포스겐(녹십자, 염화카보닐)은 허파의 물과 반응하여 부식성의 염산과 이산화탄소가 된다. 그 밖에도 일련의 신진대사 효소를 차단한다. 포스겐은 화학 산업에서—물론 극도의 안전 조치하에서—무엇보다도 합성수지(폴리우레탄)의 제조에 이용된다. 특히 주거 지역과 공장 지대에서는 주의가 요망된다. 이 가스는 염소를 함유한 합성수지가 연소할 때 발생할 수 있다. 이 독가스의 남용은 엄청난 결과를 가져왔다. 제1차 세계대전에서 독가스로 사망한 사람 중 80퍼센트는 포스겐 때문인 것으로 추정되고 있다. 포스겐(Phosgen)은 명칭이 비슷하다 할지라도 원소 인(Phosphorus)과는 아무런 관계가 없다. 그 명칭은 이 물질이 일산화탄소와 염소의 가스 혼합물이 노출될 때 생성된다는 의미에서 붙여진 것이다. 그리스어로 포스(phos)는 '빛', 게네스(genes)는 '야기하다'는 뜻이다.

포스겐은 독성 농도에서 썩은 과일 냄새가 난다.

사린, 소만, 타분 등은 제2차 세계대전 당시 독일에서 개발, 제조되었지만 한 번도 사용되지는 않았다. 이 세 가지 물질은 인산에스터이며 호흡기와 피부를 통해 흡수될 경우 아세틸콜린에스테라아제를 억제함으로써 강한 신경독소로 작용한다. 사린은 1995년 옴진리교의 한 추종자가 도쿄의 지하철에 살포한 사건을 계기로 알려졌다. 이라크에서는 걸프전 후 유엔 사찰단이 사린 수백 톤을 발견해 폐기했다.

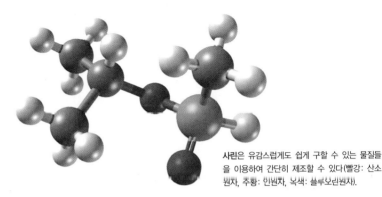

사린은 유감스럽게도 쉽게 구할 수 있는 물질들을 이용하여 간단히 제조할 수 있다(빨강: 산소 원자, 주황: 인원자, 녹색: 플루오린원자).

이른바 **VX가스**는 1950년경 미국과 스웨덴에서 발견되었다. 미국은 곧바로 이 새로운 종류의 독가스에 대한 체계적인 연구를 시작했다. 1995년 최초의 V가스인 아미톤이 합성되었다. 그 뒤 독성이 더 강한 알콕시알킬포스포릴싸이오콜리네가 발견되었다. 이것은 가장 잘 알려진 VX가스이다. 이 물질은 아세틸콜린에스테라아제를 억제하는 작용을 하지만 독성이 몇 배나 더 강하고 피부에 더 오래 달라붙어 있다. 특히 효소들과 더 안정적으로 결합하여 작용 효과를 연장시킨다. 이러한 독성물질은 의약품으로 활용되기 어렵다.

독가스	피부 접촉의 경우 LD_{50}[1] (사람, 추정치)	호흡의 경우 LCt_{50}[2] (사람, 추정치)
타분	4000mg	200mg
사린	1700mg	100mg
소만	300mg	100mg
VX	10mg	50mg

1) 반수치사량 단위(LD_{50}): 위의 수치는 피부에 접촉한 사람들의 절반이 사망하는 치사량이다. 이 수치는 추정치다.

2) 반수치사량의 농도(LCt_{50}): 위의 수치는 $1m^3$의 공기 속에 함유된 독성물질의 양을 기준으로 1분 동안 머무른 사람들의 절반이 사망하는 치사량이다. 이 수치는 추정치다.

펜타닐과 할로세인은 의약품에 불과했다. 물론 2002년 10월 체첸의 테러리스트들이 한 극장에서 인질극을 벌였을 때 러시아 특수부대가 독가스를 투입해 끝내기 전까지는 말이다. 당시 인질 구출 작전에서 830명의 인질 중 129명이 독가스 중독으로 사망했다. 러시아 당국의 공식 발표에 따르면 펜타닐도 투입했다고 한다. 그 밖에 할로세인을 투입했는지는 논란의 대상이다. 펜타닐은 만성 통증에 처방하는 진통제와 마취제로 이용된다. 할로세인($F_3C-CHClBr$)은 오늘날 더 이상 사용하지 않는 마취제다. 펜타닐과 할로세인의 위험한 부작용으로는 호흡 중추의 기능을 떨어뜨려 호흡 마비로 이어질 수 있다는 것이다.

화학을 이용한
흔적 찾기

완전범죄는 없다. 범인은 어떤 흔적을 남기기 마련이다. 전문적인 분석 방법을 통해 이러한 흔적을 감지하고 가치 판단을 내릴 수 있다. 이에 대한 몇 가지 예를 들어보자

지문의 배반

얼마나 부주의했으면 지문을 남긴단 말인가! 금방 생겨난 지문은 주로 땀으로 이루어진 미세한 물방울들이 모인 것이다. 그것이 마른 후에 남은 것은 약간의 염화나트륨과 미세한 양의 아미노산, 요소, 암모니아, 피지에 불과하지만 범인을 밝혀내기에는 충분하다. 지문을 눈에 보이게 만들기 위해서는—범죄영화를 통해 우리 모두가 알고 있듯이—붓으로 고운 분말을 의심스러운 표면에 바른다. 그 대상에 전류를 흐르

 16:40 유죄 입증

그들이 그녀의 위치를 입증해내는 것은, 반면 참 대단하다! 그녀는 거의 완전범죄를 저질렀다. 모든 흔적을 없애버렸던 것이다. 지문을 세심하게 지웠는가 하면, 경찰이 머리카락도 발견하지 못하도록 심지어 스웨터 양탄자까지 청소했다. '작별 인사'를 하러 희생자를 찾아왔을 때 숨은 답이 대신 잔도 물로 깨끗이 닦아놓았다. 그러나 그녀는 차고 입구의 매끈한 시멘트 바닥에 자신이 타고 온 자동차의 타이어 자국이 남아 있으리라고는 생각지 못했다.

292

게 하면 분말의 접착력을 높일 수 있다. 붓을 이용한 기술이 통하지 않을 경우 레이저 발광이 도움을 줄 수 있다. 레이저를 쏘게 되면 지문은 형광을 발한다. 다시 말해서 레이저 빛을 받은 지문은 밝게 빛난다. 이때 빛을 내는 것은 크림, 비누, 모터오일, 물감, 잉크 등 우리가 매일 만지다가 피부에 흔적을 남긴 것들이다. 그 밖에도 피부의 특정한 자연 분비물이 형광을 발한다. 레이저의 자극을 개선하기 위해 지문에 형광물질을 뿌릴 수도 있다. 그 시약은 정상적으로는 빛을 내지 않는 지문의 아미노산과 반응하여 형광을 발하는 화합물이 된다. 심지어는 책갈피나 기록물에 남겨진 채로 10년이 지난 지문도 이러한 방식으로 재생시킬 수 있다. 이때 손가락 끝의 주름뿐만 아니라 피부의 털구멍까지도 드러나 신원 확인을 더 쉽게 해준다.

위에서 기술한 것 외에도 지문을 밝혀내기 위한 수많은 방법이 있다. 이 방법들은 지문이 남아 있을 것으로 예상되는 표면의 종류에 따라 이용된다. 예들 들어 특수한 아이오딘 증기 기술을 이용하면 피살된 지 105시간이 지난 시체의 피부에서 범인의 지문을 찾아낼 수도 있다. 시체의 작은 부분으로 불어넣은 증기는 지문이 남긴 수분과 반응한다. 그 다음에 얇은 은박지를 해당 부위에 덮으면 지문이 나타나고 그것을 금속판에 저장하게 된다.

족적과 타이어 자국의 배반

정원의 흙이나 질퍽질퍽한 바닥에 남긴 자국을 발견하는 것은 아무나 할 수 있다. 그러나 이를테면 양탄자에 남긴 탓에 눈에 띄지 않는 족적도 발견해 용의자의 신발과 비교할 수 있다. 양탄자 위를 뛰어가면 표면에 정전기 충전이

정전기 충전
양탄자 위를 달리면 양탄자에 정전기가 충전되는 현상이 일어날 수 있다. 이때 족적의 잠재적인 표본이 생겨난다. 여기에 작고 가벼운 합성수지 구슬을 뿌리면 윤곽이 드러난다.

발생한다. 미세한 합성수지 알갱이를 양탄자 위에 뿌리면 신발의 움직임으로 인해 충전된 양탄자의 각 부분에 달라붙는다. 이러한 과제를 수행하는 중합체에서 나온 작은 알갱이는 심지어 새 신발의 밑바닥 모양뿐만 아니라 헌 신발의 마모 상태도 보여준다.

범행 현장의 타이어 자국은 어떨까? 이것도 얼마든지 찾아낼 수 있다. 타이어 자국을 찾아내는 특별한 기술이 있기 때문이다. 이러한 기술은 타이어 자국이 바닥에 선명히 찍히지 않아도 효과를 발휘한다. 예를 들어 딱딱한 시멘트 바닥에 타이어 자국이 매우 흐릿하게 찍힌 경우 특수한 래커 칠을 이용하면 그 정체를 밝혀낼 수 있다. 이 래커 칠은 폴리비닐아세테이트를 아세트산에틸에 용해시킨 것이다. 타이어가 시멘트 위에 남긴 고무 입자 속에는—처음에는 숨겨져 있지만—연화제와 같은 형광 물질이 들어 있다. 아세트산에틸은 이것을 고무 잔해물의 표면으로 밀어낸다. 아세트산에틸을 증발시키면 이것은 잔해물의 표면에 고착되고 자외선 속에서 모습을 드러냄으로써 그 종류를 파악할 수 있게 된다. 래커 칠은 자국의 색이 바래는 것을 막아준다.

재생된 총기 번호
화학적 부식으로 번호를 재생시킬 수 있다.

화약 연기의 배반

범죄영화를 즐겨보는 사람이라면 저격수의 정체를 드러내는 것이 무엇인지 잘 알고 있다. 그것은 바로 그의 손에 남은 화약 연기의 흔적이다. 총기가 발사되면 미세한 화약 연기 입자가 범인의 피부에 달라붙는다. 하지만 이것을 어떻게 밝혀낼 수 있을까? 예전에는 포화 상태의 탄화수소로 이루어진 밀랍 형태의 혼합물인 액체 파라핀을 이용하여 시료를 손에서 떼어내고(이것을 파라핀 테스트라고 한다) 이 밀랍 복제물을 다이페닐아민(아미노기 하나와 결합한 두 개의 벤젠 고리, $C_6H_5-NH-C_6H_5$)과 함께 황산 처리했다. 화약에서 나온 질산염

입자는 짙푸른 반점으로 나타난다. 오늘날에는 접착
테이프를 이용하여 시료를 혐의자의 피부에서 떼어낸다.
화약 연기 입자는 주사전자현미경으로 관찰할 수 있다. 심지어 특정
한 소프트웨어를 이용하면 이미 알려진 시료들과 자동적으로 비교
된다. X선 형광 분석을 통해서도 시료의 정체를 알 수 있다. 이때 시
료에 강력한 빛을 보내 X선이 나타나도록 만든다. 이 X선은 각각의

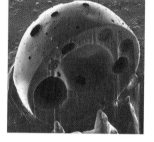

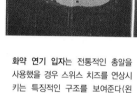

화학 성분에 특징적으로 나타난다. 화
약 연기 입자의 크기와 구조뿐만 아니
라 화약과 뇌관을 구성하는 성분들의
화학적 결합을 분석하여 사용한 총알
과 무기를 알아내게 된다. 전통적인 총
알의 경우 화약 연기 입자에 대부분 납,
바륨, 안티모니 등이 함유되어 있다. 이와 달리 신형 총알은 타이타
늄과 아연을 함유하고 있다. 최근에는 입자를 이온 광선의 힘으로
절개해 그 내부를 들여다보는 것도 가능해졌다.

화약 연기 입자는 전통적인 총알을 사용했을 경우 스위스 치즈를 연상시키는 특징적인 구조를 보여준다(왼쪽). 새로운 종류의 변종은 해면질의 구조를 지니고 있다(오른쪽).

　총(또는 다른 무기)의 출처를 숨기기 위해 범인들은 총의 일련번호
를 지운다. 그러나 이것만으로는 충분치 않다. 표면에 더 이상 아무
것도 보이지 않을지라도 그 자리는 조형적인 변형이 일어나기 마련
이다. 닳아 없어진 표시는 염산의 부식 작용을 이용해 다시 보이게
만들 수 있다.

파편의 배반

주거 침입이나 뺑소니 사고의 경우 자그마한 유릿조각이나 래커 칠
조각도 사건 해결에 도움이 될 수 있다. 마이크로 X선 형광 분석을
통해 미세한 칠 조각의 성분을 알아낼 수 있다. 이것을 이미 알려진
시료와 비교해보면 래커 칠의 제품명과 자동차 모델명을 찾아낼 수

래커 칠 조각의 단면도

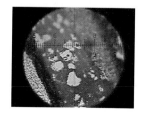

유전자는 거짓말을 하지 않는다

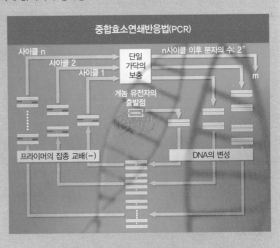

범죄영화를 좋아하는 사람들에게는 평범한 진리이지만 범인을 추적하는 과정에서도 유전공학이 이용된다. 모든 사람은 유전학직으로 독특하다. 일린성 쌍둥이의 유전인자조차 100퍼센트 동일하지 않고 약간 차이가 난다. 그것은 임신기간을 포함하여 생애 전체에 걸쳐 서로 다른 합경이 영향을 받기 때문이다. 인간의 유전자는 지문처럼 유일무이하다. 따라서 유전자 분석은 유전자 지문으로 표시되기도 한다.

생존자나 사망자의 신원을 확인하거나 인간과 동물의 시체 부분의 분리 내지는 정리가 필요할 때 유전물질 DNA의 분석이 필수적이다. 이러한 분석을 통해 부계 및 친족 관계가 분명하게 밝혀지며 성폭행이나 폭행 범죄자를 꼼짝 못하게 만들기도 한다. 도핑 테스트에서도 오줌에 대한 유전자 분석을 통해 진실을 가려낼 수 있다. 포괄적인 DNA 분석은 피의자의 혐의를 입증하거나 그의 무죄를 증명하는 데 기여한다. 특히 유전공학의 한 방법은 법의학적인 검사를 혁신시켰다. 그것이 바로 중합효소연쇄반응법(PCR)이다. 유전공학의 이러한 방법을 이용하여 시료에 담긴 미세한 양의 DNA를 임의로 증폭시킬 수 있다. 따라서 시료의 양이 적은 것은 더 이상 문제가 되지 않는다. 바닥에 떨어진 한 올의 머리카락, 담배꽁초에 말라붙어 있는 타액, 희생자의 손톱 밑에 남아 있는 피부 조각 등이 결정적인 증거가 될 수 있다.

물론 범인 색출은 PCR을 응용하는 부차적인 영역에 속한다. 그것의 주된 영역은 병원체를 입증해야 할 때와 같은 의학적인 진단에 있다. 생화학 기초 연구에서도 PCR은 포기할 수 없는 보조 수단이 되었다. 그 밖에도 이미 화석이 되어 뼈만 몇 개 남아 있는 생명체의 친족 관계를 밝혀내는 데에도 도움을 준다.

있다. 이와 비슷한 것이 유리에도 적용된다. 유리는 다양한 화학물질들의 혼합물을 함유하고 있으며 따라서 이미 알려진 시료와 비교 가능하다.

머리카락의 배반

머리카락은 자라는 동안 몸에 들어온 화학물질들을 흡수하여 지장한다. 이것은 1개월에 약 1.25센티미터 정도 자란다. 어깨에까지 내려온 머리카락에는 지난 2년 동안 복용한 마약의 흔적이 남아 있다. 코카인, 헤로인, 마리화나(미디어에 알려진 마약들) 등은 머리카락뿐만 아니라 몸의 털에도 증거가 남아 있다. 머리카락은 각각의 시기를 대변하는 작은 부분들로 잘라낸 뒤 산이나 염기를 이용해 용해시킨다. 이러한 분석은 방사면역측정법에 따른다. 시료를 마약 성분에 반응하는 특수한 항체에 집어넣으면 이 항체는 증명 대상인 물질을 인식하여 결합한다. 뒤이어 방사성 또는 형광 표지물질을 투여하면 항체의 나머지 부분과 결합한다. 시료가 방사성 또는 형광 반응을 덜 보일수록 머리카락의 소유자는 더 많은 마약을 복용한 것이 된다. 1밀리그램의 머리카락에서 1000만 분의 1 내지는 100만 분의 1밀리그램의 마약 성분을 증명해낼 수 있다.

대안적인 방법으로는 머리카락에서 추출한 화합물들을 기체크로마토그래피/질량분석법(GC/MS)으로 조사할 수 있다. 이러한 기술은 운동선수의 혈액이나 소변 검사를 통해 마약 복용 사실을 밝혀내는 데에도 이용된다. 시료를 기체크로마토그래피에 집어넣은 다음 증류시킨다. 이 가스는 밀리미터 단위의 매우 가느다란 1미터 길이의 관을 통과하게 된다. 관 내부의 딱딱한 물질이나 이러한 모세관 또는 기둥(전통적으로 사용하는 명칭) 안쪽의 얇은 막과의 상호작용으로 인해 시료의 다양한 구성 성분은 관의 다른 쪽 끝으로 다시 나올 때까지 걸리는 시간이 각각 다르다. 화합물과 특정한 조건하에서 그것들의 특수한 분해물이 기둥 안에 얼마나 오랫동안 머물러 있느냐에 따라 시료는 특징적인 모습을 지니게 된다. 이러한 방식으로 생성된 크로마토그램은 시료의 지문을 담고 있어서 표준과 비교가 가

GC/MS는 엄청난 능력을 지닌 분석 방법의 약자이다. 먼저 시료 혼합물은 기체크로마토그래프(GC)에서 분리되고 개별 성분들은 질량분석기(MS)에서 차례로 정체가 밝혀진다.

능하다. 더 상세하거나 정확한 조사를 위해서는 기둥을 통과해 나온 가스를 질량분석기에 집어넣는다. 거기에서 화합물들은 분자량에 의거하여 정체가 밝혀진다. 이러한 방식으로 도핑 테스트의 대상이 되는 거의 모든 것을 증명할 수 있다.

죽은 지 상당한 세월이 지난 후에 발굴된 시체의 머리카락 분석을 통해서도 희생자기 독살되었는기의 어부와 어떤 독극물이 사용되었는지를 알 수 있다. 예를 들어 나폴레옹이 죽은 지 100년이 지난 다음에도 그의 사인이 비소 중독으로 밝혀진 바 있다. 물론 그것이 고의적이었는지는 더 이상 알 수 없다. 중독의 원인이 사상균일 수도 있다. 이 사상균은 당시 유행한 양탄자에 흔히 사용되었던 비소를 함유한 초록 염료에서 휘발성의 비소 화합물을 방출시켰다.

머리카락 분석을 통해 금지 약물 및 마약 사용자와 독극물 살인범을 밝혀낼 수 있다. 몸에 흡수된 모든 화학물질은 머리카락에 저장될 뿐만 아니라 매우 낮은 농도에서도 입증될 수 있기 때문이다.

종이의 배반

진짜 또는 가짜? 화학자는 이러한 질문에 충분히 대답할 수 있다. 문서가 위조되거나 조작된 경우에는 예를 들어 사용한 잉크나 컬러복사기, 레이저프린터 토너 등을 분석하여 범인을 색출해낼 수 있다.

잉크 제조에 사용된 염료는 시간이 지나면 색깔이 변한다. 염료의 구성 성분은 박층 크로마토그래피로 간단히 알아낼 수 있다. 잉크 시료를 종이에서 긁어낸 다음 용액 속에서 용해시킨다. 그 다음 액체 방울을 실리카젤 막이 입혀진 얇은 판 위에 떨어뜨린다. 실리카젤은 극도로 미세한 크기의 구슬들로 이루어져 있다. 시료가 든 판을 세운 형태로 용액 속에 집어넣으면 실리카젤 막의 모세관 인력으로 인해 용액은 천천히 판 속으로 빨려 올라간다. (모세관 인력은 병원에서 피 검사를 할 때에도 이용된다. 의사는 환자의 손가락 끝을 찌른 다

음 흘러나오는 핏방울에 정교한 유리관을 갖다댄다. 피는 이 관을 타고 올
라간다. 액체 분자와 유리관 벽 사이의 인력이 액체 분자들 사이의 인력보
다 더 클 때 액체는 모세관 속에서 위로 올라가게 된다.) 용액이 크로마토
그래피 판의 실리카젤 속으로 들어갈 때 잉크의 얼룩이 따라가게 된
다. 하지만 균등하지는 않다. 잉크의 다양한 구성 성분은 서로 다른
속도로 빨려 들어가 판에 특징적인 얼룩을 형성한다. 이것으로 어떤
잉크가 사용되었는지를 밝혀낼 수 있다. 그것은 다른 문서에 사용된
잉크와 동일한 것일까? 문서가 만들어질 당시에 이러한 유형의 잉
크가 존재하기는 했을까?

　토너는 기본적으로 인쇄나 복사 때 종이에 정전기적 인력을 이용
하는 가루 형태의 잉크와 크게 다르지 않다. 토너는 합성수지에 카
본블랙을 집어넣는 방식으로 만들어진다. 이때 처방은 제조사마다
다르다. 분광기를 이용하면 어떤 종류의 토너가 사용되었는지를 알
수 있다. 적외선분광기는 유기 분자의 특정한 원자단을 규명할 수
있게 해준다. 다양한 화합물은 각각 특징적인 스펙트럼을 지니고 있
다. 그 밖에도 종이 표면과 철자들의 언저리에 나타나는 여러 가지
흔적은 주사전자현미경을 이용하여 정확하게 인식할 수 있다.

　사용한 종이 역시 사기꾼의 정체를 폭로할 수 있다. 세월이 흐르

진품 또는 위조?

유명한—그리고 논란의 대상이 된—한 지도를 빈랜드 지도라고 일컫는다. 이것은 북아메리카 해안을 보여주는 가장 오래된 지도라고 한다. 아프리카, 아시아, 유럽 이외에도 이 지도는 북대서양에 있는 세 개의 섬, 즉 아이소랜드 이베르니카 (Isoland Ibernica, 아이슬란드), 그로우에란다(Grouelanda, 그린란드), 빈랜드(Vinland)를 보여준다. 이 빈랜드는 지금의 뉴펀들랜드를 가리키는 것이라고 할 수 있다. 바이킹들이 아메리카, 더 정확히는 뉴펀들랜드에 도착했다는 것은 고고학적으로 입증된 바 있다.

하지만 1957년까지 이 지도는 바르셀로나의 한 서적상이 소유하고 있었다. 익명의 재단을 통해 1959년 예일 대학교의 소유가 되었다. 그 가치는 오늘날 1800만 달러로 추산되고 있다. 그것이 진품이라면.

이 지도는 의심의 여지없이 오래된 양피지에 그려져 있다. 방사성탄소연대측정법으로 검사해본 결과 약 1434년에 만들어진 것으로 추정된다. C14와 C12 사이의 탄소동위원소 관계를 근거로 생물학적 근원을 지닌 시료의 나이는—종이의 원료가 되는 셀룰로스 섬유나 양피지의 재료인 동물가죽과 마찬가지로—정확하게 산정해낼 수 있다. 방사성탄소연대측정법은 우주선(宇宙線)이 대기에서 핵반응을 일으키고 그 과정에서 질소동위원소 N14가 C14로 변환된다는 것에 기초하고 있다. 대기에는 이를 통해 C14를 시닌 이산화탄소와 C12를 시닌 이산화탄소 사이에 약긴 불인징하기는 하지만 비교적 불변의 관계가 지배하고 있다. 이 두 가지 물질은 식물의 광합성 작용 때 흡수되어 바이오물질로 변환된다. 살아 있는 식물에서는 대기에서와 동일한 탄소동위원소들의 관계가 존재한다. 식물은 죽으면 C14를 더 이상 흡수하지 못한다. 식물에 함유된 C14는 반감기가 5730년인 베타선(β-rays)을 방출하면서 다시 N14로 분해된다. 다시 말해서 이 기간이 지나야 식물에 함유된 C14의 절반이 분해된다. 이와 함께 안정적인 동위원소인 C12에 대한 관계도 변한다. 이는—경우에 따라 긴 먹이사슬의 경로를 거쳐—식물을 먹는 동물에게도 적용된다.

그러나 양피지가 진품이라 할지라도 지도에 그려진 그림이 의심스러울 수 있다. 분광기를 이용한 화학적 분석 결과 잉크 성분에 1923년 이전에는 사용된 적이 없는 이산화타이타늄 예추석이 들어 있는 것으로 드러났다. 하지만 새로 밝혀진 바에 따르면 수도원에서는 벌써 15세기에 철과 몰식자 잉크를 위한 특정한 처방이 이용되었다고 한다. 이것이 잉크에 타이타늄의 흔적을 남긴 것이다. 특정한 철광석에는 타이타늄이 풍부하게 함유되어 있다. 잉크를 제조할 때 제2철염이 들어간 타이타늄 화합물에서 예추석이 생겨날 수 있다.

빈랜드 지도는 여러 전문가들에 의해 몇 십 년에 걸쳐 위조품으로 간주되었으나, 이와 반대되는 견해들이 다시 대두되고 있다.

면서 종이의 구성 성분과 제조 방식이 많이 바뀌었다. 현대적인 종이와 고대 그리스 시대의 문서는 전혀 어울리지 않는 경우이나. 특수한 종류의 종이를 모방하는 것은 불가능하지는 않지만 엄청나게 많은 비용이 든다.

향기의 배반

그러나 종이는 다른 방법으로도 그 정체를 알 수 있다. 종이는 섬유질의 성격을 지니고 있으며 공기중의 휘발성 향기 분자들을 잘 결합시킨다. 예를 들어 협박편지처럼 범죄와 연관된 종이에서 기체 전류를 이용해 냄새를 추출해낸 다음 기체크로마토그래피/질량분석법이나 '전자코'로 분석한다.

전자코는 향기 분자들의 화학적 정보를 전기 충격으로 변환시키는 센서를 지니고 있다. 센서에는 여러 가지 유형이 있다. 예를 들어 반도체 센서는 냄새 분자와 접촉해 전기저항값을 변화시킨다.

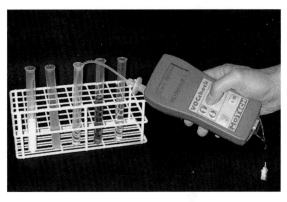

전자코
존데(Sonde)가 냄새 시료를 빨아들인다. 이 측정 기구는 성분들을 분석한 다음 저장된 표준값과 비교한다.

그러한 전자코의 핵심은 다양한 층위로 배열된 센서들이다. 이 센서들이 여러 가지 가스에 반응하게 된다. 필터 층은 개별 가스에 대해 이러한 센서들의 선택도를 더욱 높여줄 수 있다. 센서의 반응들은 표본으로 분류되어 컴퓨터를 통해 평가된다. 비행기 내에서 폭발물을 찾아내는 냄새 감지기도 전자코의 원리에 따라 작동한다.

새로운 물질

특수한 응용에는 특수 물질 및 물질 체계가 필요이다. 화학자들은 까다로운 요구 조건을 충족시킬 수 있는 아이디어를 짜내는 일에 골몰한다. 새로우면서도 고전적인 하이테크 중합 시스템에 관한 예를 몇 가지 들어보자.

치아에 적용되는 하이테크

많은 환자들이 치아를 대체하는 물질로 아말감을 거부한다. 그들에게는 아말감에서 방출되는 수은에 대한 부담감이 매우 큰 것처럼 보인다. 고전적인 금니 외에도 일련의 다른 물질들이 치아의 충전물로 이용되고 있다. 특히 새로운 종류의 충전물에 대한 유혹이 크다. 이

16:47 치과 진료

오, 벌써 내 차례라니? 정말 놀랄 정도로 빠르군. 진료시간이 너무 길지 않았으면 좋겠다. 오늘 저녁에 다른 약속이 있기 때문이다. 오늘은 운이 좋다. 임시 아말감 충전물로 치료가 끝났다. 지금은 받은 신경을 달래야 한다. 오래된 폭탄을 제거했다. 그 옆으로 새로운 충치가 생겨난 탓이다. 하지만 상태가 심하지는 않다. 또 한번의 전산적인 아말감 충전물로 출발한다. 올해 장거리 여행을 계획 중인데 큰일날 뻔했다.

것들은 우선 색깔 자체가 원래의 치아와 구별되지 않을 정도로 똑같다. 물론 아직까지 본격적으로 활용되지는 못하고 있다. 새로운 물질들은 각각 특별한 단점을 지니고 있다. 현재 활용되는 것은 무엇보다도 합성수지와 세라믹 내지는 유리 종류의 성분으로 이루어진 합성물질이다. 이것의 특별한 단점은 지속적으로 사용할 경우 수축해 치아와 충전물 사이에 틈새를 만들어 충치와 세균의 공격을 받기 쉽다는 것이다. 씹는 운동을 계속하면 이 물질은 치아와 함께 마모된다.

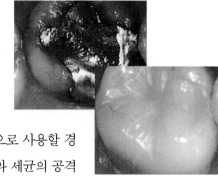

새로운 치아 충전물
아말감 또는 새로운 물질?

  새로운 합성수지가 이와 같은 단점을 보완할 수 있을 것이다. 합성수지는 중합체다. 다시 말해서 반복되는 개별 성분인 단위체들로 이루어진 긴 분자 사슬이다. 새로운 단위체는 이른바 실로란(Siloran)으로서 규소를 함유한 고리 형태의 분자이다. 폴리실로란을 기초로 한 합성물은 수축 정도가 훨씬 덜하다. 또 다른 대안은 이른바 오르모서(Ormocer)이다. 이것을 치과용으로 사용하기 위해서는 단위체 단위들이 유기·무기 혼합중합체로 합성되어야 한다. 입 속에서 이 화합물들은 서로 반응하면서 단련된다. 이보다 더 나은 물질은 세라믹 혼합물로 만들 수 있다. 이것은 종래의 것보다 더 작은 무기 입자로서 이른바 나노입자이다. 이러한 혼합물질은 특히 단단하고 마모에 강하다.

  오늘날 치과의사들은 가공 의치와 떨어지기 쉬운 충전물 대신에 이식을 선호한다. 그 물질은 턱에 뿌리를 박아 고정해야 하며 이물질로 느껴지지 않고 몸에서 거부 반응을 일으키지 않아야 한다. 치아의 뿌리로는 대부분 몸과 조화를 이루는 타이타늄 금속을 이용한다. 이때 바이오중합체를 활용하면 이식이 더 빠르고 안정적으로 이루어질 수 있다. 이식용 타이타늄에는 콜라겐 막을 씌운다. 콜라겐

임플란트
인공 치근은 대부분 타이타늄으로 이루어져 있다. 바이오중합체로 막을 입히면 뿌리를 내리는 데 도움이 된다.

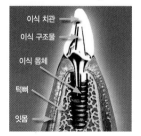

이식 치관
이식 구조물
이식 몸체
턱뼈
잇몸

은 유기 골질 및 결합 조직의 핵심 성분이다. 콜라젠의 광물화는 뼈와 비슷한 막을 씌우는 효과를 낸다. 특히 세포와 결합하는 펩타이드(흰자위 분자)를 추가적으로 집어넣는 것이 중요하다. 또 다른 연구자들은 특정한 박테리아에서 추출하여 바이오 기술로 획득한 폴리하이드록시낙산과 같은 바이오중합체로 막을 씌울 것을 추천한다.

진도성 합성수지

의료 기술에서 '전기'와 관련된 주제로 넘어가보자. 합성수지와 전류를 함께 고려하면 케이블 피복이나 컴퓨터 케이스와 같은 것들을 생각하기 쉽다. 합성수지는 기본적으로 절연체라는 것이 장점으로 작용한다. 이미 약 30년 전에 특정한 중합체가 전류를 전도할 수 있다는 점이 발견되었다. 폴리싸이오펜은 산업적으로 이용되는 가장 중요한 전도성 합성수지 유형 중 하나이다. 이것은 탄소원자 네 개와 황원자 한 개로 이루어진 고리를 함유한 긴 사슬 구조이다. 이러한 중합체에 브로민이나 아이오딘과 같은 이질적인 원자를 첨가하면 전류를 전도하게 된다. '합성수지 전자공학'의 길이 열린 것일까?

　최초의 열광이 그다지 오래 가지는 않았다 할지라도 접거나 둘둘 말 수 있는 노트북, 양탄자 형태의 텔레비전, 이를테면 슈퍼마켓 계산대에서 상품을 풀어헤치지 않고서도 가격을 인식하는 '지능 레테르'를 위한 저렴한 칩 등에 관한 꿈이 완전히 사라진 것은 아니다. 중합체를 기반으로 한 평평한 금속 박편 배터리, 유기 발광 다이오드(OLED), 칩, 레이저, 태양전지 등의 초기 유형은 이미 존재한다. 그럼에도 불구하고 물질의 특성 및 제조와 관련한 모든 문제가 해결된 것은 아니다. 전도 능력을 지닌

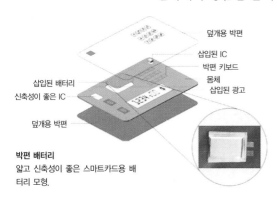

덮개용 박편
삽입된 IC
박편 키보드
몸체
삽입된 광고

삽입된 배터리
신축성이 좋은 IC

덮개용 박편

박편 배터리
얇고 신축성이 좋은 스마트카드용 배터리 모형.

합성수지를 제조하기 어려운 것은 촉매나 중합 반응 유발제가 필요
할 경우 정확하게 규정된 고도화한 중합체 구조를 얻을 수 없기 때문
이다.

폴리싸이오펜 유형의 고도화한 중합체를 제조하기 위한 새로운
방법의 한 예는 놀랍게도 '고체 반응'이다.
원자재, 즉 단위체들의 형태는 중합 반
응이 이루어지는 동안 그대로 유지된다.
약하게 열을 가하고 몇 시간 기다리기만 하면 무색
의 단위체 결정들이 금속성의 광채를 내는 가운데 전
도가 잘 되는 검푸른 중합체로 바뀐다. 그 비밀은
각각의 단위체에 달라붙은 두 개의 브로민원자
에 있다. 이 원자들은 개별 구성 성분들이 서로
결합하여 긴 사슬을 형성하도록 만든다. 이때 자유
로워진 브로민원자들이 중합체 내부에서 결합하여 합성수지의 전
도성을 만들어낸다. 이처럼 간단한 방식으로 매우 얇고 안정적인 전
도성을 지닌 중합체 필름을 절연체에 만들어낼 수 있다. 이를테면
완전한 유기 발광 다이오드가 그것이다.

전류가 흐른다면, 빛을 내는 합성수지 필름은 광고판에 이상적이
다. 빨강, 초록, 파랑 등의 버전은 이미 존재한다. 이것은 자동차 라
디오와 이동전화의 디스플레이에 들어 있는데, 정상적인 화면보다
더 밝은 빛을 내면서도 에너지가 별로 필요 없으며 저렴한 비용으로
생산할 수 있다. 액정 광고판과 달리 이
것은 어느 각도에서나 잘 보인다. 또
한 넓은 평면에 활용할 수 있어서
안정적인 범위 내에서 광고판
내지는 선전판에 사용하기 편

폴리싸이오펜
탄소원자(회색) 네 개, 황
원자(노랑) 한 개, 산소원
자(하양) 두 개로 이루어
진 5각 고리들이 배열된
긴 사슬 구조를 분명하게
보여준다.

**반죽을 이용해 박편 배터리를 위한 개
별 박편 막을 만든다. 이 반죽은 중합
체와 전극 및 전해질 물질과 용매를
혼합해 만든다. 사진은 반죽을 발라
얇은 막이 형성된 것을 보여준다. 이
것을 건조해 규정된 두께를 지니면서
절단할 수 있는 얇은 박편을 얻는다.**

박편 기술
얇고 유연한 박편을 층층이 쌓은 후
그 끝은 금속화한 합성수지 박편으로
봉한다. 전지가 완성된 것이다. 이것
은 두께가 0.5~1밀리미터로서 평면
과 거의 같은 높이다. 신축성 있는 전
지는 모양을 자유자재로 바꿀 수 있
고 공간을 별로 차지하지 않기 때문
에 현대식 이동전화의 디자인에 보조
를 맞출 수 있다.

전도체
전극 1
전해질
전극 2
전도체

세계에서 가장 얇고 신축성이 좋은 액티브 매트릭스 디스플레이
필립스에서 개발한 이것은 유기물질 들로 이루어진 얇은 박편 트랜지스터 가 들어 있다. 앞면은 전자잉크로 이 루어져 있다.

하다. 또 다른 장애물은 구부러지지 않는 배선이다. 전도성 합성수지로 만 든 스위치 장치를 뒤편에 배치할 수 있다면 둘둘 말아서 갖고 다닐 수 있 는 텔레비전이나 이동전화 형태의 신 문도 가능해질 것이다.

기억 능력을 지닌 합성수지

자동차 흙받이에 우묵한 홈이 파였는 데 새 것을 구할 수 없을 때 그 홈이 다 시 사라진다면 좋지 않을까? 그러한 종류의 '지능' 물질들이 이미 개발 중 에 있다. 그것을 형상기억수지라고 한 다. 흙받이에 파인 홈처럼 원치 않은 변형이 일어났을 때 이 합성수지는 원 래의 형상을 기억해낸다. 약간의 열을 가하면 '기억'을 되살리는 데 도움이 되며 파인 홈이 사라지게 된다.

형상기억 능력을 지닌 합성수지는 현재의 구체적인 형태뿐만 아니라 저 장된 영속적인 형태도 보유하고 있다. 전통적인 작업 방식으로 한 형태를 만

형상기억중합체
합성수지 형태(정6면체, 위)는 일시적인 모양일 뿐이다. 실내온 도에서 섭씨 70도로 가열하면 합성수지는 원래의 영원한 형태 를 '기억한다'(각 면이 펼쳐진 정6면체, 아래). 정6면체의 모서 리가 급격하게 변형됨에도 합성수지는 자신의 저장된 형태를 다시 복원한다. 이 물질은 생의학적 활용을 위해 개발된 것이다.

든 후 그 물질에 정교한 가열, 변형, 냉각 과정을 거쳐 두 번째 형태를
기억시킨다. 합성수지는 미리 계산된 외부의 자극으로 나시 무효가
될 때까지 영속적인 형태를 보존한다. 이처럼 영리한 합성수지의 비
밀은 용해 가능한 스위치 구실을 하는 분자 차원의 네트워크 구조에
있다. 온도가 올라가면 스위치가 작동하게 된다. 결정체 형태의 스위
치가 용해되면서 물질은 원래의 형태를 다시 지니게 된다. 자동차 흙
받이의 경우, 충격을 받으면 원래의 형태가 변형되지만 그것을 가열
하여 원 상대로 되돌릴 수 있나. 합성수지 자체가 수리를 한 셈이다.

그러나 특히 흥미로운 활용은 다른 방향에서 이루어지고 있다. 바
로 의학 기술이다. 그러한 물질들은 미래의 수술 기술인 이른바 '단
춧구멍' 외과에 적용된다. 이를테면 부피가 큰 체내 이식 조직을 최
소한의 크기로 축소하여 몸속에 집어넣은 다음 원래의 형태를 기억
하게 만드는 방식을 생각해볼 수 있다. 그 밖에도―중요한 현상으로
서―이 물질들은 생물학적으로 완전히 분해가 가능하여 몸 밖으로
사라진다.

통제된 약효

의학 분야의 이야기를 더 해보자. 약물의 효능은 알약이나 분말에
얼마나 올바르게 막을 입히느냐에 달려 있다. 제대로 막을 입힌 약
물은 예를 들어 작용물질이 시간에 맞추어 기능하거나 유기체의 목
표물에 도달한 다음에야 기능하게 만들 수 있다. 연구자들은 그러
한 기능을 하는 새로운 '지능' 시스템의 개발에 몰두하고 있다. 한
예가 매우 얇은 막으로 구성된 자기파괴 메커니즘을 지닌 필름이
다. 이 필름은 이를테면 DNA와 같은 음극(음이온)의 바이오중합체
와 양극(양이온)의 합성중합체 사이에서 교대로 이루어지는 정전기
적 인력에 기초하고 있다. 이때 맨 바깥쪽 막에 또 다른 막이 정전기

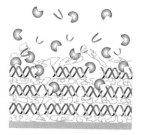

지능 막
작용물질이 직접 목표 지점에서 통제
된 효능을 발휘하게 만드는 '지능
막'은 의약품 분야에서 당연히 소망
이다. 얼마 전 바이오중합체와 합성중
합체로 이루어져 있으며 올바른 시점
에 스스로 해체되는 막이 개발되었다.

적으로 형성된다. 이것은 DNA를 잘게 쪼개는 효소로 이루어져 있다. 이와 같이 결합된 형태에서 효소는 처음에 비활성이다. 필름은 칼슘과 마그네슘을 함유한 일종의 용액에 닿으면 자기해체의 과정을 거친다. 이온들은 효소의 음극 전기를 흡수하여 그 밑에 놓여 있는 합성중합체 막에 정전기적 인력을 가하게 된다. 효소가 자유로워짐과 동시에 이온들은 효소를 활성화하고 안정시킨다. 이제 효소는 완선한 기능을 발휘히어 DNA 층들을 잘게 쪼개기 시작한다. DNA 조각들은 분해되면서 합성중합체와 복합체를 형성한다. 막의 분해는 느리지만 분명하게 일어난다. 이러한 원칙에 따라 만들어지는 약물의 막을 이루는 개별 구성 요소들이 전체적으로 조화를 이룸으로써 목표물을 지배하는 생리학적 조건들은 막의 분해를 자극한다.

딱딱한 용기: 집어넣을 수 있는 핵

화장품 광고에서 피부막 깊숙이 스며든다는 작은 지방 알갱이인 리포솜을 확인할 수 있다. 리포솜 외에도 나노 단위의 캡슐은 여러 가지 방면에서 활용되고 있다. 리포솜 유형의 나노 캡슐은 수많은 개별 하위 단위들이 모여서 공 모양이 된 것이다. 외부 조건이 바뀌면 이러한 모양은 깨질 수 있다. 단단하게 결합된 성분들로 이루어진 캡슐은 안정적이기는 하지만 그 합성물질은 대부분 비용이 많이 든다. 흥미로운 대안은 이른바 콜로이도솜(colloidosome)이다. 이것은 미세한 합성수지 알갱이로 이루어진 탄력적인 용기다. 콜로이드는 액체에 미세하게 분포된 고체 입자를 의미한다.

새로운 종류의 캡슐은 쉽게 만들 수 있다. 연구자들은 실리콘 탄소 화합물을 중합하여 그물망 형태의 긴 사슬로 이루어진 나노 입자를 만든다. 이때 흥미로운 구조를 지닌 입자가 생성된다. 즉 바

리포솜은 지질(脂質, 지방 종류의 분자로서 세포막을 형성하는 성분이기도 하다)로 이루어진 미세하고 둥근 캡슐이다.

겉쪽은 소수성의 특성을 지니지만 안쪽은 친수성의 환경을 지닌다. 친수성의 성분은 유기 용액 속에서 용해가 가능하다. 그러한 캡슐은 약품이나 화장품의 작용물질이 피부나 세포막을 통해 스며들어가 시간에 맞춰 효능을 발휘하게 해준다. 또 다른 활용 분야는 자동차 래커 칠이나 잉크젯 프린터의 염료를 담는 캡슐이다. 이것은 환경보호를 위해서도 필요하다.

흡수력이 좋은 기저귀

갓난아기의 엉덩이가 짓무르지 않도록 하기 위해 어떤 방법이 활용되는지 살펴보자. 갓난아기의 엉덩이도 중합체의 혜택을 입고 있다. 갓난아기를 보살피다가 축축한 기저귀에 신경이 날카로워진 할아버지가 흡수력이 좋은 물질을 개발하는 데 자극을 주었을지도 모른다. 그러한 요구에 적극적으로 대처한 것은 세제, 세척제, 세정용품, 섬유소 제품을 대규모로 생산하는 프록터 앤드 갬블 사(P&G)의 연구실이었다. 오늘날 사용하는 기저귀에서 흡수력의 핵심은 무엇보다도 이른바 슈퍼 흡수제이다. 이것은 합성수지 폴리아크릴레이트로 된 작은 알갱이다. 폴리아크릴 사슬은 물과 접촉하면 이것을 양껏 빨아들이며—초기에 사용하던 섬유소와 달리—압력을 가해도 다시 배출하지 않는다. 그것은 중합체 그물망이 부풀어오를 뿐만 아니라 물을 물리적·화학적으로 고착시키기 때문이다. 따라서 갓난아기가 오줌을 눈 기저귀를 찬 채로 몸을 뒤척여도 액체는 밖으로 흘러나오지 않는다. 갓난아기의 엉덩이는 당연히 말라 있다.

이와 똑같은 물질이 불을 끄는 데에도 이용된다. 소방용 물은 슈퍼 흡수제와 함께 불을 막아주는 젤을 형성한다. 이 젤은 열기를 효과적으로 식혀주고 죽인다. 따라서 물을 덜 사용할 수 있다. 그 덕분에 물과 거품을 사용할 때보다 손실을 줄일 수 있다.

콜로이도솜
지름이 약 10마이크로미터(1마이크로미터=1000분의 1밀리미터)인 캡슐은 지름이 0.9마이크로미터인 폴리스타이렌으로 이루어진 구슬 모양의 합성수지가 합쳐져서 만들어진다. 섭씨 105도로 잠시 가열하면 미니 구슬은 달궈져서 견고하고 탄력적인 상태가 된다. 구슬이 촘촘하게 배열되어 있다 할지라도 사이 사이에 미세한 공간이 존재한다. 그 덕분에 캡슐에 필수적인 작은 구멍이 생겨난다.

소방용 물의 점도는 불의 흡착력을 변화시킨다. 물에 채워 넣은 젤은 직접 불에 달라붙어 냉각 작용을 한다. 화재에 노출된 물체는 불과 효과적으로 차단되어 화재가 번지는 것을 막아준다.

케블라는 카약을 견고하게 만들어줌
과 동시에 무게를 줄여준다.

방탄조끼

총알을 막아내는 소재는 언제 들어도 놀랍기만 하다. 그것은 바로
합성수지 케블라이다. 가장 많이 활용되는 분야는 범죄영화에서 경
찰들이 입는 방탄조끼다. 그 밖에 비행기 터빈 장치의 덮개에도 쓰
인다. 엄청난 추진력을 지닌 터빈 날개로 인한 손상을 줄이기 위해
서이다. 이 중합체는 아마이드기로 서로 결합된 벤젠 고리의 긴 사
슬로 이루어져 있다. 균일한 구조는 중합체에 대단한 견고성을 부여
한다. 대부분의 인조섬유에서는 사슬들이 임의적으로 분포하고 부
분적으로는 뭉쳐 있는 반면에 케블라는 완전히 다르게 보인다. 개별
사슬들 사이에 강한 인력이 생겨나 서로 평행으로 영향을 미친다.
이러한 방식으로 촘촘하고 단단한 형태로 쪼개진 층들이 생겨나게
된다.

케블라는—순수한 황산은 제외하고—거의 모든 화학물질에 저항
력을 지니고 있으며 불에도 강하고 유연하며 가볍다. 이 합성수지를
섬유로 만들어 열을 가하면 더 견고해진다. 이것은 방탄조끼, 우주
복, 특수 장갑에 이상적인 소재다. 이 합성수지는 강철보다 다섯 배
나 더 단단하고 탄소섬유보다 더 탄력적이다.

오늘날 케블라는 낚싯줄, 테니스채, 카약, 스키, 운동화 같은 스포
츠용품에 결합 재료의 일부로서 활용되고 있다. 결합 재료는 다양한
물질이 함께 사용되는 재료를 의미한다. 이것의 화학적·물리적 특
성은 개별 성분의 특성들을 훨씬 능가한다. 케블라는 자동차 경주자
들의 심한 부상을 막아주기도 한다. 포뮬러1(F1) 경주용 자동차의
운전석을 케블라 결합 재료가 보호하기 때문이다.

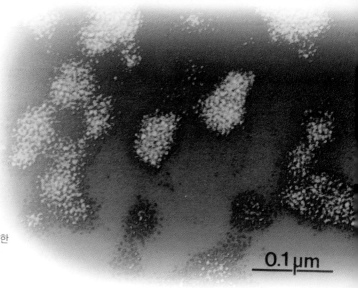

작게, 더 작게, 나노

그것은 정말 엄청나게 작지만 어쨌든 일정한 형태를 갖추고 있다. 나노입자는 미래의 물질이다. 그것은 눈이나 일반적인 현미경으로 관찰할 수 있는 것과는 완전히 다른 특성을 지니고 있다. 이러한 특성은 기술 및 의학 분야에서 다양하게 활용된다.

0.1 μm

나노의 핵심은 크기다. 고체의 물리적·화학적 특성을 결정하는 것은 함유한 원자의 종류뿐만 아니라 크기다. 현재 가장 작은 크기의 물질이 나노입자이다. 나노에 비하면 박테리아는 거인에 가깝다. 나노입자는 몇 나노미터(그리스어로 나노는 난쟁이를 의미한다)에 불과하다. 1나노미터는 10억분의 1미터이다.

슈퍼미니 세계

그런데 왜 나노입자는 '정상적인 크기'의 형제들과는 완전히 다른 기계적·광학적·전기적·전자기적 특성을 갖는 것일까? 고체의 많은 특성은 개별 전자들을 관찰할 때에는 드러나지 않으며, 더 커다란 규모의 원자 결합을 통해서만 비로소 나타난다. 따라서 쇠막대기의 전자기화는 개별 원자의 경우로는 확인할 수 없다. 나노입자는 비교적 소수의 원자들로 이루어져 있다. 그리하여 나노입자는 개별 원자나 분자와 '정상적인' 고체 사이에 일종의 중간 위치를 차지한다. 그 결

전자현미경으로 바라본 황산바륨 나노입자
지름이 0.1마이크로미터보다 작고 기름 단계에서 세밀하게 퍼져 있으며 계면활성제로 이루어진 외피와 충전된 중합체 분자들로 둘러싸인 미세한 물방울은 '나노 반응 용기'로서 나노입자를 만드는 데 이용될 수 있다. 여기에 두 가지 유상액을 혼합하면 한 종류의 물방울은 예를 들어 용해된 염화바륨을, 다른 종류의 물방울은 용해된 황산나트륨을 함유하게 된다. 이 두 가지 물방울이 접촉하면 두 가지 성질을 모두 지닌 물방울이 형성된다. 반응 파트너들이 서로 반응하면 용해되지 않는 황산바륨이 생성된다. 물방울 속에서 지름이 2나노미터인 황산바륨 나노입자가 결정화하는 것이다.

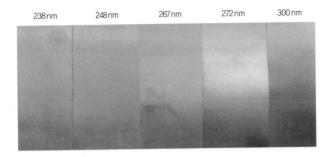

238nm   248nm   267nm   272nm   300nm

나노입자들의 간격이 색깔에 미치는 영향

나노입자에 나타나는 빛의 색깔은 그것의 크기뿐만 아니라 간격에 달려 있다. 중합체로 둘러싸인 나노입자의 경우 그 껍질의 두께가 나노입자들 사이의 간격을 결정한다. 핵과 껍질로 이루어진 입자의 크기가 작을수록 간격도 줄어든다. 관측각도가 수직일 때 색깔은 빨강에서부터 파랑의 영역까지 변화한다. 그 밖에도 표본은 영상 속에서 구부러지기 때문에 상하 각도에 따른 색깔의 변화를 감지할 수 있다. 동일한 면이 관측각도에 따라 짙은 빨강이나 엷은 초록으로 나타날 수도 있다.

관측각도에 따른 색깔의 변화

중합체로 둘러싸인 나노입자들로 이루어진 필름은 위에서 수직으로 관측하면 빨강이다. 그 필름이 구부러지면 색깔은 관측각도가 작아지면서 빨강에서 초록으로 변한다. 그것은 관측기도가 작아질수록 두 입자 사이의 간격이 더 줄어들기 때문이다. 빛의 파장은 이러한 간격에 영향을 받는데, 관측각도가 작아지면 더 짧아진다. 이에 따라 색깔은 빨강에서 노랑을 거쳐 초록으로 변한다.

과 특성들이 분명하게 드러나지 않는다.

그 밖에도 나노입자는 부피에 비해 엄청나게 큰 표면을 지니고 있다. 세제곱으로 나타나는 구슬 모양의 고체 부피가 반지름에 좌우되는 반면(부피=$4/3\pi r^3$), 구슬의 표면은 제곱으로 나타낸다(표면=$4\pi r^2$). 이것은 부피가 표면보다 훨씬 더 작다는 것을 의미한다. 그러나 고체 입자 표면의 원자는 내부의 원자보다 숫자가 더 적다. 이를 통해 표면의 원자는 내부의 원자보다 더 높은 화학적 반응과 촉매 활동을 보여준다. 지름 20나노미터 입자의 경우 대략 10퍼센트가 표면 원자인 반면, 1나노미터 입자는 99퍼센트가 표면 원자로 구성되어 있다. 이러한 특성들이 나노입자의 성격에 상당한 영향을 미친다는 것은 두말할 필요도 없다.

빛에 나타난 나노입자

나노입자의 굴절률은 일반적인 물질과는 확연히 다르다. 굴절률은 광선이 한 매체에서 다른 매체로 들어갈 때 얼마나 굴절되는지를 보여주는 척도이다. 굴절률의 차이는 사과 주스와 물처럼 서로 다른 농도를 지닌 두 가지 액체에 나타나는 점액질의 차이이기도 하다. 나노입자의 경우 굴절률은 극도로 높거나 낮은 수치를 지닐 수 있다. 중합체의 굴절률은 대부분 1.3~1.7이다. 태양전지나 광섬유와 같은 특정한 광학적 응용을 위해서는 굴절률에서 더 많은 차이가 나는 중합체 물질이 필요하다. 따라서 광섬유에 쓰이는 섬유는 다양한 물질로 구성되어야 한다. 중심부의 굴절률은 표피 물질의 굴절률보다 더 커야 한다. 중심부에 들어온 광선은 표피 물질에 대한 반사를 통해 계속 전도될 수 있다. 중합체나 젤라틴을 미세한 금 입자와 결합한 나노 체계는 굴절률이 0.2~0.4인 물질을 만들어낸다. 금 입자 대신 황화납을 결합하면 굴절률이 4.6에 이르는 물질이 만들어진다.

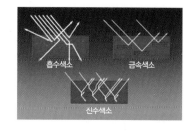

흡수색소   금속색소

진수색소

흡수색소는 빛의 특정한 파장을 흡수하는 색소이다. 이것은 불규칙적인 형태와 빛을 흡수힘으로써 모든 방향에서 한 가지 색깔만을 지니며 광채를 내지 않는다.
금속색소는 미세한 알루미늄 도금, 구리/아연 도금, 금 도금 등으로 이루어져 있으면 광채를 내는 표면을 지니고 있다.
진주색소는 광물질인 운모, 염화산화비스무트, 구아닌 등을 기초로 하며 이산화타이타늄 막에 둘러싸여 있고 반투명이다. 막들의 경계에서 빛이 여러 번 반사하여 자연 상태의 진주와 같은 광채를 낸다.

나노입자는 사람과 물질을 태양으로부터 보호하는 데에도 안성맞춤이다. 예를 들어 이산화타이타늄 입자는 너무 작기 때문에 투과가 가능하다. 그럼에도 이 물질의 자외선 차단 기능은 그대로 유지된다. 예를 들어 차체가 합성수지인 자동차에서처럼 그러한 나노 도장 시스템은 합성수지를 보호할 수 있다. 목재도 이러한 방법으로 수명을 연장시킬 수 있다. 나무를 빛으로부터 보호하는 유기 제제는 시간이 지나면 목재 속이나 표면으로 이동하지만 무기 입자들은 원래의 위치에 머무른다.

염료와 도장 분야에서 나노입자는 보호제 이상의 구실을 한다. 스펙트럼 전위를 통해 완전히 새로운 색상을 만들어내는 것이 가능하다. 투입된 나노입자가 자외선의 일부를 가시광선 속으로 옮겨놓기 때문이다. 이러한 방식으로 흡수만으로는 전혀 가능하지 않은 밝은 색상을 얻게 된다. 더욱 눈에 띄는 것은 이른바 플립플롭(Flip-Flop) 래커 칠이다. 여기에서는 보는 각도에 따라 색상이 달라진다. 투명한 이산화타이타늄 입자들이 래커 칠을 한 막 속으로 들어가 여러 가지 파장을 지닌 빛을 흩뿌린다. 작은 거울 구실을 하는 알루미늄 막을 통해서도 보는 각도에 따라 달라지는 색상 효과가 생겨난다. 자동차의 색깔은 무엇일까? 예를 들어 특수 도장은 빛이 어떻게 반사하느냐에 따라 파랑, 은색, 노랑 등으로 바뀌게 만들 수 있다.

자동차 도장과 화장품을 위한 또 다른 화려한 색소는 타이타늄과

나노 결정체인 수산화인회석은 법랑질에 생긴 작은 구멍을 치유할 수 있다.

산화철로 미세한 막을 씌운 미광 나노입자로 만들어진다. 이때 막의 두께가 색깔을 결정한다. 막이 여러 겹으로 형성되면 플립플롭 효과가 나타난다.

밝은 미소

하얀 치아를 누가 원하지 않겠는가! 법랑질은 치아의 표면을 덮어 상아질을 보호하는 단단한 물질로서 주로 수산화인회석으로 이루어져 있다. 그렇지만 이 물질은 치약에 함유되어 치아를 치석과 변색으로부터 보호해주는 연마제에 매우 민감하다. 그 결과 법랑질에 작은 구멍이 생기거나 금이 갈 수 있다. 나노 결정체로 만든 수산화인회석은 이러한 손상을 회복시키는 데 도움을 준다. 치약 형태로 치아에 문지르면 나노입자들이 치아 표면에 막을 형성하여 법랑질을 다시 구축한다.

건강에 기여하는 자성 나노입자

파티에서 과도한 환각제를 투여했을 때, 특정한 경우 그 독성물질은 비싼 비용을 들여 피를 걸러내야만(투석) 체내에서 빠져나간다. 미래에는 자석이 투석 장비를 대체할지도 모른다. 자성 나노입자를 특정한 단백질로 무장시키면 독성 분자를 인식한 후 그것과 결합한다. 이러한 나노자석을 혈액순환계에 주입한다. 그러면 피가 체내에서 나와 자석을 통과하게 된다. 이 자석이 자성 입자들을 끌어당겨 용기에 분리시킨다. 독성이 없어진 피는 다시 체내로 들어간다. 나노입자는 혈관을 돌아다닐 수 있을 만큼 작지만 염분이나 분자처럼 신장에서 걸러지기에는 너무 크다. 5년 내에 미국 식품의약국의 허가를 받을 것으로 기대하고 있다.

자석은 '나노'를 의학적으로 응용하기 위한 열쇠이기도 하다. 산화철 나노입자는 종양세포를 인식한 후 신택직으로 침투하여 특징한 단백질을 감싸는 물질로 이용된다. 이 입자를 직접 종양에 주입하고 환자는 자기순환장치에 몸을 맡기게 된다. 산화철 나노입자들은 마치 미세한 안테나처럼 작용하며 순환장치 속에서 초당 수십만 번 극과 극을 오간다. 이때 입자들은 열을 발생시킨다. 이러한 방식으로 종양은 온도가 높아지면서 기력을 잃고 사멸한다. 이 치료법은 뇌종양처럼 아직까지는 치료하기 어려운 종양 제거에 도움을 줄 수 있을 것이다. 현재 베를린의 한 병원에서 임상실험중이다.

실험실에서 일상으로

몇 가지 예를 들어보자. 나노 세계는 경이로움으로 가득 차 있다. 이미 나노튜브와 나노 구슬을 만드는 단계에 와 있다. 나노 전선은 놀랄 만한 특성을 지니고 있다. 현재 많은 문제들을 해결하기 위한 집중적인 연구가 이루어지고 있다. 그러나 예들에서 보듯이 나노입자는 이미 우리의 일상에 들어와 있다. 이러한 연구 분야에서는 특별한 것이다. 실험실의 결과들이 실질적으로 응용될 날도 머지않았다.

위협적인 나노?

나노 세계를 현실에 급격하게 응용하는 것에는 어두운 측면도 있다. 비판자들은 나노입자와 나노기술에서 비롯되는 위험성이 너무 알려져 있지 않다고 말한다. 통제에서 벗어나 스스로 증식하는 나노기계가 자원을 소진시키고 생태계와 인간을 위협하리라는 공포의 시나리오는 과학적 시각에서 볼 때 가까운 미래에는 상상하기 어렵다. 이와 반대로 심각하게 받아들여야 할 것은 실제로 20년 전부터 대기에서 발견되는 나노 크기의 입자들이 건강에 문제를 일으킬 수 있다는 점이다. 이러한 현상의 발원지는 백금합금이 들어간 자동차 배기관, 긁힘 방지 처리, 반(反)반사 처리, 손자국이 나지 않는 차체 표면 등으로서 여기에는 부분적으로 나노입자 막이 입혀진다. 나노입자는 허파 조직에 흡수되는데, 더 큰 크기의 마이크로입자들처럼 식세포에 의해 즉시 없어지지 않는다. 따라서 이것들은 혈관을 거쳐 간과 비장에 들어가 축적되어 염증을 일으킨다.

나노입자가 질병을 일으키는 것일까? 지금까지 전문잡지에 실린 그 어떤 논문도 나노입자의 독성을 입증한 적이 없었다. 분명한 것은 탄소로만 이루어진 풀러렌과 나노튜브가 전기 내지는 메커니즘을 지닌 나노 구성 요소들을 만드는 데 중요한 구실을 하리라는 점이다. 나노입자는 바늘과 같은 종류의 구조를 지닌 탓에 21세기의 '석면'이라는 혐의를 받았다. 그런가 하면 선크림에 함유된 이산화타이타늄에 대한 비판은 근거가 없는 것으로 밝혀졌다. 이것은 체내에 거의 흡수되지 않는다. 전자현미경으로 검사한 결과 이 나노입자는 피부 속으로 침투하지 않는 것으로 나타났다.

산업안전의 측면에서 볼 때 정상적인 호흡보호마스크로는 나노입자를 걸러내지 못한다는 문제가 대두하고 있다. 나노입자를 차단하면서도 산소를 충분히 통과시킬 수 있을 만큼 섬세한 필터는 아직 활용되지 못하고 있다.

곧 영국에서 나노입자의 위험성에 대한 연구가 대대적으로 이루어질 예정이다. 독일에서도 연방정부 차원의 연구가 의회의 승인을 기다리고 있다.

연꽃 효과

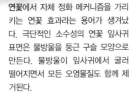

연꽃에서 자체 정화 메커니즘을 가리키는 연꽃 효과라는 용어가 생겨났다. 극단적인 소수성의 연꽃 잎사귀 표면은 물방울을 둥근 구슬 모양으로 만든다. 물방울이 잎사귀에서 굴러떨어지면서 모든 오염물질도 함께 제거된다.

나노미터(100만분의 몇 밀리미터) 수준의 크기로 볼 때 나노입자들은 분자의 세계와 포자 형태의 물질 사이의 틈새를 메워준다. 생물학적 작용, 냄새, 맛, 색깔, 반응성 등과 같은 특성은 개별 분자의 특징들과 일맥상통하는 반면에 단단함, 점액성, 유연성, 물에 대한 수용성 등과 같은 물질로서의 특성은 나노미터 영역의 분자 결합과 구조에 따라 결정된다. 나노 세계에서는 입자의 크기로 인해 완전히 새로운 물질의 특성들이 생겨난다. 과학자들이 나노입자와 그 조직을 발명해낸 것은 아니다. 그것은 이미 오래 전부터 자연에 존재해온 것이다. 한 예로 연꽃을 들 수 있다. 그 잎사귀는 늘 깨끗하다. 자체 정화 메커니즘을 활용하기 때문이다. 이것을 연꽃에서 처음으로 발견한 까닭에 '연꽃 효과'라고 한다. 이러한 현상은 다른 열대식물들에서도 나타난다. 연꽃 효과의 원인은 잎 표면이 물과 친화력이 극도로 적은, 이른바 초소수성 때문

세차에서 완전히 벗어난다? 이처럼 꿈같은 상상이 현실이 될 수도 있다. 이것이 성공하려면 연꽃의 자체 정화 효과를 모방한 자동차 도장 재료가 생산되어야 한다.

이다. 물방울은 둥근 진주 형태
가 되어 잎이 조금만 기울어도
밑으로 굴러 떨어진다. 이때 먼
지나 그을음과 같은 오염 입자
들이 함께 제거된다. 이를 통해
잎사귀는 깨끗함을 유지하며

연꽃 위의 물방울은 둥근 진주 모양
을 형성하여 오염 입자들을 받아들인
후 굴러 떨어지면서 제거한다. 물방
울은 잎사귀가 조금만 기울거나 바람
이 약간 불어도 굴러 떨어진다. 옆의
그림에서 물방울의 바깥 면에 달라붙
은 오염 입자들뿐만 아니라 잎사귀의
표면도 확인할 수 있다.

비가 내린 후 즉시 마른 상태가 된다.

그런데 연꽃 잎사귀의 비일상적인 특성들은 어떻게 생겨난 것일
까? 현미경으로 관찰해보면 연꽃 잎사귀는 여러 겹의 다양한 막을
지니고 있음을 알 수 있다. 잎사귀의 외피는 두께가 5~10마이크로
미터이며, 10~15마이크로미터(1마이크로미터는 1000분의 1밀리미터
이다) 간격으로 떨어져 있는 작은 마디를 지니고 있다. 이 마디들은
지름이 약 100나노미터인 밀랍 결정체들로 구성된 섬세한 나노 구
조로 덮여 있다. 다시 말해서 이것은 소수성의 다양한 식물 밀랍의
혼합물로 이루어져 있다. 이미 죽어서 말라버린 연꽃 잎사귀도 연꽃
효과를 보여준다. 이것은 생물학적 현상이 아니
라 물리적·화학적 현상이며 물리적·화학적 차
원에서 기술된다. 결정적인 것은 무엇보다도 잎
표면과 물방울 표면이 접촉하는 각도이다.

그 각도는 잎사귀가 물에 젖는 정도를 나타내
는 척도이다. 친수성의 표면에서 물방울은 넓게
퍼진 형태가 되며 접촉각은 매우 작다. 소수성의 표면에서는 접촉각
이 크다. 매끈한 표면은 극도의 소수성 물질로 이루어져 있을 경우
물에 대한 접촉각이 최대 120도이다. 이와 달리 마이크로 및 나노
영역에서 구조화한 물질의 접촉각은 170도에 이른다. 이때 물방울
의 접촉면을 가능한 작게 유지하는 것이 중요하다. 연꽃의 경우 실

**작은 마디들로 이루어진 마이크로 구
조**가 연꽃의 표면을 덮고 있다. 이것
은 현미경으로 관찰할 수 있다. 두께
가 5~10마이크로미터인 마디는 밀
랍 결정으로 이루어진 미세한 나노입
자들로 둘러싸여 있다. 이 결정의 지
름은 약 100나노미터에 이른다.

물방울의 표면과 고체 표면 사이의 **접촉각** θ은 물과 접촉하는 정도를 나타낸다. 물과 접촉하기 매우 힘든, 다시 말해서 소수성의 표면은 접촉각이 크다.

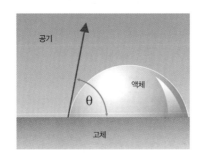

제적인 접촉면은 물방울로 덮인 면의 2~3퍼센트에 불과하다. 물방울은 마치 밀랍 막대기들로 이루어진 바늘침대의 끝에 닿아 있는 듯하다. 이를 통해 물과 밑바닥 사이의 인력이 최소화된다. 물방울은 구슬 형태를 이루어 잎이 조금만 기울어도 표면에서 떨어지면서 오염 입자들을 함께 가져간다. 소수성의 매끈한 표면에서는 물방울이 구르는 것이 아니라 미끄러질 뿐이다. 이때 물방울은 오염물질을 가져가는 것이 아니라 타고 넘어간다.

물론 우리가 창문을 더 이상 닦지 않거나 자동차를 세차하지 않아도 되려면 더 많은 연구가 이루어져야 한다. 현재의 연구 수준에서도 폴리프로필렌, 폴리에틸렌 또는 인공 밀랍처럼 소수성이 강한 중합체를 나노입자와 결합해 초소수성의 물질과 막을 만들어낼 수는 있다. 하지만 모든 어려움이 해소된 것은 아니다. 계면활성제를 함유한 수용액도 초소수성의 표면을 형성할 수 있다. 계면활성제가 물의 표면장력을 강하게 떨어뜨리기 때문이다. 또한 기름이나 지방을 함유한 오염물질도 제거하기가 어려운데, 기름은 상황에 따라 나노 구조 속으로 들어가 그 기능을 무력화시킬 수도 있기 때문이다. 나

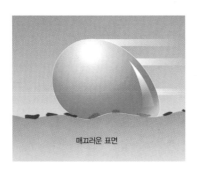

매끄러운 표면

나노 구조의 표면

표면의 성질은 자체 정화 효과와 관련이 있다. 매끄러운 표면에서 형성된 물방울은 오염물질을 **흡수하는** 대신 타고 넘는다. 이와 달리 표면이 나노미터 영역의 구조를 지니고 있으면 구슬 모양의 물방울은 굴러 떨어질 때 오염 입자들을 함께 흡수하여 제거한다.

노 구조의 메커니즘은 안정적이지 못하다. 나노 구조의 막은 쉽게 지워지거나 긁힐 수 있다. 그러나 연구자들은 자체 정화 능력을 지닌 견고한 물질의 개발에 매진하고 있다. 실험정신이 강한 한 기업은 벌써 이러한 원칙에 따른 최초의 도장 제품을 시장에 내놓았다. 연꽃 효과의 예는 나노 세계에서 물리적·화학적 맥락에 대한 이해가 더 나은 특성들을 지닌 새로운 물질의 개발에 많은 영향을 미칠 수 있음을 보여준다.

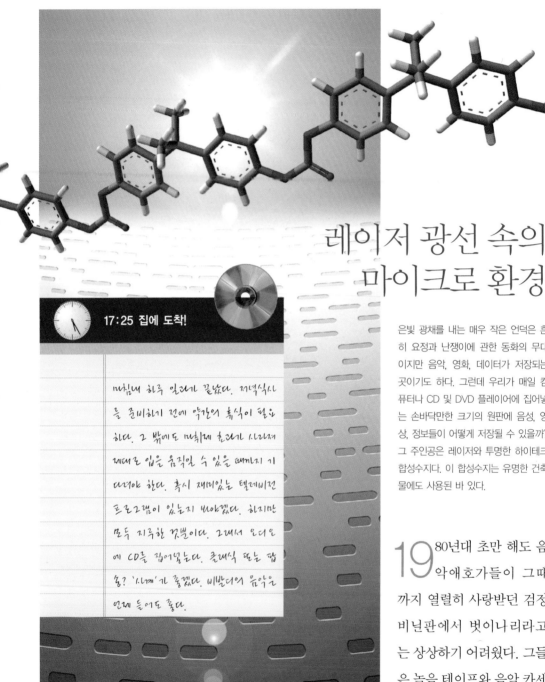

레이저 광선 속의
마이크로 환경

17:25 집에 도착!

드디어 하루 일과가 끝났다. 저녁식사를 준비하기 전에 약간의 휴식이 필요하다. 그 밖에도 따뜻제 흐르게 사라져 제대로 입을 움직일 수 있을 때까지 기다려야 한다. 혹시 재미있는 텔레비전 프로그램이 있는지 보아겠다. 하지만 모두 지루한 것뿐이다. 그래서 오디오에 CD를 집어넣는다. 클래식 또는 팝송? '시계'가 좋겠다. 비발디의 음악은 언제 들어도 좋다.

은빛 광채를 내는 매우 작은 언덕은 흔히 요정과 난쟁이에 관한 동화의 무대이지만 음악, 영화, 데이터가 저장되는 곳이기도 하다. 그런데 우리가 매일 컴퓨터나 CD 및 DVD 플레이어에 집어넣는 손바닥만한 크기의 원판에 음성, 영상, 정보들이 어떻게 저장될 수 있을까? 그 주인공은 레이저와 투명한 하이테크 합성수지다. 이 합성수지는 유명한 건축물에도 사용된 바 있다.

19 80년대 초만 해도 음악애호가들이 그때까지 열렬히 사랑받던 검정 비닐판에서 벗어나 리라고는 상상하기 어려웠다. 그들은 녹음 테이프와 음악 카세

트에 관해 특별히 많은 것을 요구하지 않았다. 이 시기에 '은빛 링'이 엄청난 성공을 거두었다. 지금 우리는—아마도 과거에 향수를 지닌 일부까지 포함해서—당시의 작은 원판에서 나오는 깨끗한 디지털사운드에도 심드렁해 하고 있다.

최초의 CD는 저장 용량이 650메가바이트였다. 이것은 레코드판 수준의 음악을 담기에 충분했다. CD의 기능은 여기에 머물지 않았다. 음성 저장뿐만 아니라 다른 종류의 정보들을 선별하여 저장하는 것도 가능해졌다. 하지만 디지털 비디오디스크(DVD)의 출현과 함께 이미 새로운 세대가 시작되었다. DVD는 음악, 영화, 게임, 데이터를 동시에 저장한다. 그것은 CD처럼 보이기는 하지만 저장 용량이 4.7기가바이트이다. 이 용량이면 A4 크기의 사진 170만 장이나 또는 상영시간 135분짜리 영화를 담을 수 있다.

음성과 영상을 비롯한 데이터를 작은 원판에 어떻게 담을 수 있을까?

데이터 저장의 원리는 CD와 DVD에 동일하게 적용된다. 디지털화한 아날로그 정보들은 합성수지의 일종인 폴리탄산에스테르로 만든 고도로 투명한 원판에 극미한 구(球) 형태로 기록된다.

디지털의 굴곡

첫 단계로 프리마스터링(premastering)을 통해 영상이나 음성과 같은 아날로그 데이터가 디지털화해 특수 데이터포맷으로 전송된다. 이 정보는 일종의 '레이저 타자기'를 이용하여 미세한 색소막을 지닌 유리판에 새겨진다. 레이저 광선은 디지털 '박자'에 따라 개폐를 반복하면서 광선에 민감한 색소막에 빛이 들어

피트와 랜드는 파인 부분과 솟아오른 부분을 가리키며, 이것을 이용하여 원하는 정보를 CD와 DVD에 저장한다. 이것은 정상적인 글말의 알파벳과 비교할 수 있으며 '레이저 광선'을 통해 읽을 수 있다.

액체 금속을 입힌 글래스마스터를 이
용한 기록

간 부분과 들어가지 않은 부분으로 이루어진 마이크로 표본을 만들어낸다. 빛이 들어간 부분은 화학적으로 변화하여 뒤이은 부식 작용 때 솟아오른다. 유리판은 전체적으로 솟아오른 부분(land)과 파인 부분(pit)으로 이루어진다. 이러한 방식으로 생성된 '글래스마스터(glassmaster)'는 물론 안정적인 상태와는 거리가 멀다. 따라서 복제 형태로 음화가 만들어진다. 대부분 액체 금속인 니켈을 글래스마스터에 입힌다. 이를 통해 원래의 복제 도구인 스탬퍼가 작동하기 전에 다시 금속 양화가 만들어진다.

그 다음 '프레스 또는 복제'라고 일컫는 사출식 각인 과정을 통해 CD를 연속 제작한다. 이때 특수한 투명 합성수지인 폴리탄산에스터가 사출 성형기에서 액체로 용해된다. 정확한 분량의 합성수지 덩어리를 스탬퍼가 달린 도구 속으로 사출한다. 스탬퍼는 미세한 굴곡을 지닌 표본을 덩어리에 복제한다.

1.2밀리미터 두께의 CD를 냉각시키면 디지털 글씨는 그대로 남는다. CD와 비교해 DVD의 '철자들'은 약간 더 작고 촘촘하게 배열되어 있다. 그 밖에도 DVD는 0.6밀리미터 두께의 폴리탄산에스터 판 두 장을 접착한 형태다. 진공 상태에서—CD와 DVD에 공통적으로 적용된다—약 40나노미터 두께의 알루미늄 막을 평판에 입히게 된다. 특수 도장을 통해 형성된 또 다른 막은 민감한 금속막을 보호하는 구

글래스마스터와 원판
글래스마스터는 CD와 DVD를 직접 만들어낼 수 있을 만큼 안정적이지 못하기 때문에 복제용 원판을 제작한다. 글래스마스터는 니켈 용액에 담근 후에 처리한다.

양극

\+ −

음극

글래스마스터

니켈 용액

양극 바구니 안의
니켈 구슬

니켈이
글래스마스터에
침전한다

글래스마스터와 원판의 분리

완성된 원판

DVD의 저장 방식

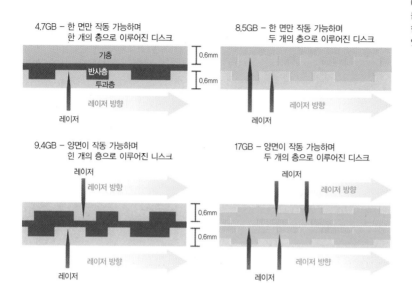

4.7GB – 한 면만 작동 가능하며
한 개의 층으로 이루어진 디스크

기층

반사층

투과층

0.6mm

0.6mm

레이저 방향

레이저

8.5GB – 한 면만 작동 가능하며
두 개의 층으로 이루어진 디스크

레이저 방향

레이저

9.4GB – 양면이 작동 가능하며
한 개의 층으로 이루어진 디스크

레이저

레이저 방향

레이저 방향

레이저

17GB – 양면이 작동 가능하며
두 개의 층으로 이루어진 디스크

레이저

레이저 방향

0.6mm

0.6mm

레이저 방향

레이저

DVD의 저장 방식
0.6밀리미터 두께의 디스크 두 개를
붙여 DVD를 만든다. 디스크 하나는
한 개 또는 두 개의 층으로 이루어져
있다.

실을 한다. 마지막 단계로 라벨을 부착하면 CD나 DVD가 완성된다.

독자로서 레이저

저장된 정보를 읽을 때 CD나 DVD 플레이어, 또는 CD롬 드라이브
의 레이저 광선이 평판 아랫면에 새겨진 굴곡 부분을 접촉하게 된
다. 이때 나선형으로 안쪽에서 바깥쪽으로 감아 도는 궤적이 생겨난
다. 레이저는 투명한 평판을 관통하여 금속막에 반사되며 '밝음'이
라는 시그널을 등록하는 동시에 디지털 '0'으로 해석되는 포토 다이
오드와 만난다. 파인 부분과 솟아오른 부분 사이의 통로인 '산허리'
는 광선을 흩뿌린다. 포토 다이
오드는 '어두움'이라는 시그널
을 등록하며 디지털 '1'로 해석
된다. CD와 비교해 더 작은 차

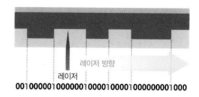

레이저 방향

레이저

00100000100000010001000010000000001000

0과 1로 이루어진 세계
현대 정보사회가 단지 두 개의 숫자
에 기초하고 있음은 믿기 어려운 사
실이다.

원의 DVD는 파장이 더 작은 레이저를 요구한다(CD용은 780나노미터인 반면 DVD용은 635나노미터이다). 더 작고 촘촘하게 배열된 숏아오른 부분과 파인 부분을 구별하기 위해서는 초점이 더 분명한 레이저 광선이 필요하다. 그래서 DVD의 구조는 이중 막으로 되어 있다. 광선을 반사하는 알루미늄 막까지의 거리가 더 짧아 초점을 세밀하게 맞추는 것이 가능하다.

최초의 DVD 포맷을 발전시킨 또 다른 형태가 이미 개발되었다. 초기에는 안정성에만 기여할 뿐이었던 평판의 절반도 활용할 수 있다. 이에 따라 8.5기가바이트의 저장 용량(A4 크기 약 300만 장의 사진이나 4시간 이상의 비디오 분량)이 가능해졌다. 이때 은으로 막을 입힌 평판은 레이저 광선이 자동으로 조절되기 때문에 뒤집을 필요가 없다. 심지어 DVD의 뒷면도 활용할 수 있다. 이러한 방식으로 17기가바이트의 저장 용량이 생겨난다.

CD롬과 DVD롬으로 일컬어지는 포맷에 사용자가 직접 데이터를 집어넣을(구울) 수 있다. 이때 필요한 원판의 막은 레이저 광선이 더 잘 반사할 수 있도록 알루미늄이 아니라 은(과거에는 금)으로 입혀져 있다. 은빛의 광채는 아조, 시아닌, 프탈로시아닌 등의 염료가 작용한 것이다. 데이터를 집어넣는 동안 강한 레이저 광선이 초록이나 파랑의 색소막에 미세한 구멍을 태운다. 빛이 반사하는 부분과 반사하지 않는 부분은 읽을 때 '밝음'과 '어두움'으로 해석된다.

질서를 위한 혼돈

재기록이 가능한 포맷이 자기 카세트테이프 및 비디오테이프를 대체하고 있다. 재기록 가능 CD 및 DVD는 1000번까지도 새롭게 활용될 수 있다. 여기에는 질서와 혼돈이 교대로 작용한다. 투명한 평판에는 이른바 위상 변화 물질로 막을 입힌다. 그것은 희토류 금속인은, 인듐, 안티모니, 텔루튬 등으로 이루어진 샌드위치 형태의 믹이다. 아직 한 번도 사용하지 않은 CD에서 그 물질은 질시 징연한 결정체 구조를 형성한다. 기록을 저장할 때 레이저는 미리 정해놓은 홈을 따라 결정체를 한 점씩 용해시킨다. 이것을 급냉시키면 유리 종류의 무질서한(비결정) 용해물이 굳게 된다. 결정체와 달리 비결정체 영역은 레이저 빛을 반사하지 않는다. 여기에서 다시 '밝은' 부분과 '어두운' 부분이 이어지는 궤적이 생겨난다. 기록을 지우는 과징에서는 레이저가 물실을 거의 용해점에 가까운 온도까지 가열한다. 냉각은 더 천천히 진행된다. 이때 물질은 다시 결정체로 돌아가 충분한 시간적 여유를 갖는다.

작은 나침반의 자침이 음악을 만든다

미니디스크와 같은 작은 포맷에 기록을 저장할 때에는 다른 원칙이 적용된다. 여기에서는 자성을 지닌 물질로 막을 입히게 된다. 주로 사용하는 것은 희토류 금속인 테르븀, 철, 산소, 코발트 등으로 이루어진 세리믹 물질이다. 기록을 저장할 때 레이저는 미리 정해진 홈을 따라 한 점씩 가열한다. 그 열로 인해 미세한 자성원소들이 활동성을 지니게 됨으로써 막은 자석의 질서를 잃는다. 기록 장치의 자석머리는 가열된 점 내부에서 자성원소들을 새롭게 배치한다. 기록을 지우고 새로 저장하는 작업도 동일한 과정을 거친다. 그 후속 작업인 냉각 때 새로운 자석의 질서가 '굳는다'. '북극'과 '남극'은 각각 '0'과 '1'로 코드화된다. 기록을 읽을 때 더 약해진 레이저 광선이 자성을 지닌 다양한 영역을 스쳐 지나가면 광파의 진폭이 변화된다.

데이터 저장 장치에 감기

폴리탄산에스터는 데이터 저장 장치와 광학 시스템의 일부로서 그

미래의 음악

질서정연한 사슬

광선을 보낼 수 있는 중합체로 막을 입힌 폴리탄산에스터 원판은 30기가바이트의 저장 용량을 지니게 된다. 편광 상태의 레이저 광신은 저장 과정에서 특수 중합체의 무질서한 측면 사슬들을 지속적으로 정렬시킨다. 이러한 정보는 나중에 더 약한 레이저 광선을 이용하여 다시 읽어낼 수 있다. 광선의 강도에 따라 심지어는 측면 사슬의 정렬 수준을 조절할 수 있다.

테라바이트의 세계

'홀로그래피' 차원의 CD는 1000기가바이트(1테라바이트)의 정보를 저장할 수 있다. 정보는 밝고 어두운 미세한 부분들로 이루어진 2차원적 데이터 면으로 저장된다. 홀로그래피 그림은 시각의 각도에 따라 모사된 대상의 다양한 원근법을 보여준다. 홀로 CD(Holo-CD)의 경우 투사된 빛의 각도가 변함에 따라 완전히 새로운 데이터 면이 만들어진다.

끈적끈적한 저장 용기

투명 접착테이프 롤이 10기가바이트의 정보를 저장한다? 말도 안 되는 생각일까? 실제로 처음에는 황당하게 보인 것이 멋진 아이디어가 될 수도 있다. 투명 접착테이프는 합성수지의 일종인 폴리프로필렌으로 이루어져 있다. 이 합성수지는 집광한 레이저 광선에 노출되면 그 굴절률을 변화시킨다. CD의 경우와 마찬가지로 데이터는 미세한 점의 형태로 물질에 전달된다. 레이저는 피사체 심도가 몇 마이크로미터 정도에 불과하기 때문에 심지어는 롤을 풀지 않고 서도 개별 층들에 기록할 수 있다. 기록을 읽을 때에는 반사의 차이가 표시된다. 물론 지금까지는 최대 20개의 층이 가능했다. 여기에는 2~3기가바이트면 충분하다. 곧 휴가 때 찍은 사진을 저장하는 데 투명 접착테이프 롤이 이용될지도 모른다. 이 시스템은 디지털 카메라의 경우처럼 저장 용량이 빠듯하거나 장비가 비쌀 때 특히 적합하다. 투명 접착테이프는 이미 상품 정보를 기록하고 위조 방지를 위한 용도로 사용되고 있다. 1제곱밀리미터의 투명 접착테이프는 1킬로바이트의 정보를 저장할 수 있다. 이것은 전통적인 바코드보다 더 복합적인 정보를 저장하는 미세한 홀로그램을 위한 용량으로 충분하다.

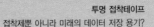

투명 접착테이프
접착제뿐 아니라 미래의 데이터 저장 용기?

수요가 많다. 이 물질은 빛이 잘 통과해야 할 뿐만 아니라 내부에 새겨 넣은 디지털 정보를 정확하게 재생해야 하며 극단적인 주변 조건 하에서도 형태를 유지해야 한다. 예를 들어 한여름에도 자동차 운전자는 음악을 듣고 싶어하기 때문이다. 자동차 계기판이 달린 부분의 온도가 섭씨 80도까지 올라가도 음악 CD는 제대로 기능해야 한다. 중합체의 특성들이 개선된다면 제품 개발에 어려움이 없다. 데이터 저장 장치의 섬세한 조율을 통해 CD 제작 시간은 초기의 20초 이상에서 3.5초 이하로 떨어뜨릴 수 있다. 저장 용량을 높이려면 무엇보다도 물질의 순도를 높여야 한다. 미세한 입자 하나가 레이지 핑선을 잘못 유도하여 하자를 일으킬 수 있기 때문이다. 따라서 제품 생산은 청정실에서 이루어진다. 외부에서 들어온 공기는 먼지 알갱이를 제거하기 위해 철저하게 걸러진다. 파인 부분들이 더 작고 그 간격이 촘촘할수록 평판 디스크에 하자가 발생할 확률이 더 높다.

놀라운 사실
CD의 나선형 궤적의 길이는 약 6.4 킬로미터에 달한다. CD의 궤적을 100배, 즉 12센티미터에서 120미터로 확대해도 궤적의 너비는 약 0.5밀리미터에 불과하다.

평판 디스크의 크기

폴리탄산에스터는 단일 물질이 아니다. 이 명칭은 화합물을 집합적으로 나타낼 뿐이다. 폴리탄산에스터는 결합 방식으로 볼 때 탄산과 지방족 또는 방향족 다이알코올(두 개의 OH기를 지닌 화합물)의 폴리에스터라고 할 수 있다. 여기에 투입된 개별 성분들은 단위체라 일컬어지며 매우 다양하다. 그 밖에도 중합 과정의 조건—성분들의 결합 반응—에 따라 생성되는 중합체 사슬의 길이가 달라질 수 있다. 폴리탄산에스터의 특성에 강한 영향을 미치는 첨가물질도 많다.

따라서 작고 둥근 평판 디스크가 폴리탄산에스터로 만들 수 있는 유일한 것은 아니다. 이 합성수지는 투명하고 가벼우며 통풍이 되는 지붕 구조물에 쓰이는 건축 자재이기도 하다. CD를 만드는 것과 동일한 유형의 합성수지는 캄포바소의 버스정류장, 베네치아의 마르

테르메 에르딩은 건강한 온천수와 이국풍의 휴가 분위기가 잘 조화되어 있다. 폴리탄산에스터로 만든 돔형 지붕은 남독일의 특징을 드러낸다. 이 지붕은 실내에 많은 햇빛이 들어오게 해주며 날씨가 좋을 때에는 열어놓을 수도 있다.

이탈리아 아브루첸 지방에서는 버스 여행객들이 캄포바소 정류장의 지붕 밑에서 기다린다. 그 누구도 버스를 기다리는 일이 즐겁지는 않지만 폴리탄산에스터로 만든, 마음대로 구부러진 부분이 많은 지붕에 감탄하게 된다.

축구팬들도 쾰른의 라인 에네르기 스타디움에서 폴리탄산에스터로 만든 지붕의 장점들을 누릴 수 있다. 이 지붕은 운동장을 보수할 때 설치되었으며 비가 내릴 때 축구팬들을 보호해준다.

코폴로 공항, 브뤼셀의 유로스타 정거장 등과 같은 유명한 건축물의 지붕을 덮는 데 이용되었다. 뮌헨 근처의 위락시설인 테르메 에르딩의 둥근 지붕 역시 폴리탄산에스터로 만든 것이다. 축구팬들도 폴리탄산에스터 덕분에 비를 피할 수 있다. 1997년 레버쿠젠에 있는 울리히 하버란트 스타디움의 남쪽 관중석에 돔형 지붕이 설치되었다.

투명 지붕

투명한 지붕 구조물을 계획할 때 먼저 유리를 염두에 두기 쉽다. 하지만 곧 특별하고 세공이 필요한 구조물에 사용하기에 유리는 한계가 있음을 인식하게 된다. 유리와 달리 합성수지는 매우 가볍고 성형이 쉬우며 건축가의 환타지를 충족시킬 수 있다. 안전유리에 비해 폴리탄산에스터의 강도가 250배 더 높다. 경쟁 관계에 있는 아크릴유리에 비해서도 훨씬 더 탄력적이어서 특히 엄청난 무게를 지닌 돔형 지붕을 만들 때 많이 찾는다. 이때 하부 구조물의 비틀림 현상에 주의한다면 시

공에는 아무런 문제가 없다. 그래서 이 물질은 심지어 지진이 자주
발생하는 지역의 지붕 구조물로도 안전하다.

막의 특별한 기능

합성수지 평판은 기발한 부착물뿐만 아니라 중합체의 특성을 살려
주는 하이테크 막으로 호평받고 있다. 자외선에 대한 안정성과 날
씨에 구애받지 않는 한결같은 상태는 자외선 흡수 기능을 갖고 있
을 뿐만 아니라 폴리탄산에스터가 누렇게 변하는 것을 막아주는 막
덕분에 가능하다. 또한 긁힘 방지 처리가 되어 있어 늘 깨끗한 외관
을 유지한다. 물로 인한 얼룩은 보기에 흉하고, 특히 축축한 날씨에
응축수가 처마에서 떨어지면 불쾌한 느낌이 들기도 하지만, 이른바
'노드롭(no-drop)' 막이 이러한 현상을 방지한다. 소수성의 합성수
지 표면과 달리 이 막은 친수성이다. 응축된 물은 물방울이 되어 구
르는 것이 아니라 표면에 해를 입히지 않는 상태에서 얇은 막이 되

폴리탄산에스터로 만들 수 있는 또 다른 것

깨지지 않는 안경알, 온실, 겨울 정원, 컴퓨터 케이스, 의료 기구 케이스, 이동전화 케이
스, 자동차 탐조등 덮개, 자동차 앞·뒤·옆면, 냉온수기용 물통, 투석막, 혈액 용기, 혈
액 성분을 분리하기 위한 원심분리기, 심장·폐용 기계의 부품, 분말 흡입기 손잡이, 바
늘 없는 주사 용기……

다양한 유리의 종류

유리

넓은 의미에서 유리는 결정이 되지 않은 상태에서 굳은 고체 용해물을 가리킨다. 좁은 의미에서는 '창유리'를 가리킨다. 이것은 산화나트륨, 산화칼슘, 산화규소 등으로 이루어져 있으며 규사, 소다, 백묵 또는 석회석 등을 함께 용해하여 만든다.

예나유리

'누란'이라고도 하는 이 유리는 산화규소, 산화알루미늄, 산화붕소, 산화나트륨, 산화바륨, 산화칼슘, 산화마그네슘 등으로 이루어져 있다. 산화붕소는 급격한 가열이나 냉각 때 유리의 민감한 반응을 감소시켜주며 산에 대한 저항력을 제공한다. 산화알루미늄은 유리가 쉽게 깨지는 것을 막아준다.

크리스털 유리

산화칼슘, 산화납, 산화규소 등으로 이루어진 유리다. 높은 굴절률 덕분에 흠이 없는 세련된 물체에 사용된다. 특히 납과 붕산을 함유한 유리는 굴절률이 다이아몬드에 버금가며 따라서 무엇보다도 장식품으로 가공된다.

석영유리

순수한 규사로 이루어져 있으며 저항력이 강한 유리로서 기계 장치에 사용된다. '정상적인' 유리와 달리 자외선을 통과시키기 때문에 프리즘과 회중시계 안쪽 뚜껑을 비롯한 광학 부품을 만드는 데 사용된다.

플렉시 유리

투명한 합성수지인 폴리메타크릴산으로 이루어진 아크릴 유리로서 유리 대용품으로 많이 이용된다.

안전유리

여러 개의 유리 층을 합성수지 박막으로 접착시켜놓은 것이다. 따라서 유리가 깨질 때 조각이 사방으로 흩어지지 않는다. 오늘날의 자동차 창문은 안전유리다.

방탄유리

최소한 세 개의 유리 층으로 이루어져 있으며 두께가 20밀리미터 이상인 안전유리로서 총알에 견딜 수 있다.

어 흩어진다. 최근에는 기후에 적응하는 막이 나와 있다. 이것은 햇빛이 뜨거운 날에 태양광선을 반사힘으로써 표면이 데워지는 것을 방지한다.

안전을 위한 활용

방탄유리 대신에 합성수지 판이 은행 창구와 야간의 주유소 계산대를 보호할 수 있을까? 오늘날에는 가능한 일이다. 폴리탄산에스터로 만든 특수 안전판은 놀라울 정도로 가벼우면서도 방탄 효과를 지니고 있다. 이것은 폴리탄산에스터 사이에 또 다른 합성수지인 폴리우레탄을 교대로 포개어놓은 덕분이다. 이러한 방식으로 자동권총에도 견딜 수 있는 견고한 제품을 만들 수 있다.

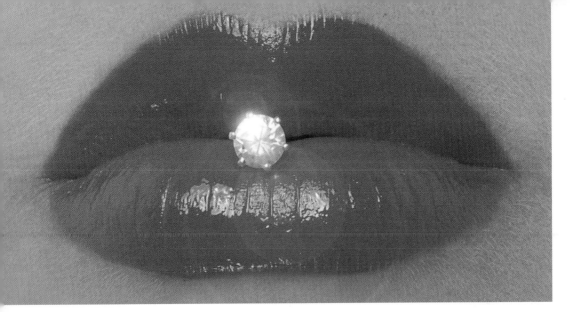

다이아몬드는 여자들이
가장 좋아하는 것 이상이다

기술자들도 높은 강도뿐만 아니라 광전자공학적 특성들로 인해 수많은 분야에서 다이아몬드를 이용하고 있다. 산업 분야에서는 일반적으로 천연 다이아몬드가 아니라 합성 다이아몬드를 사용한다.

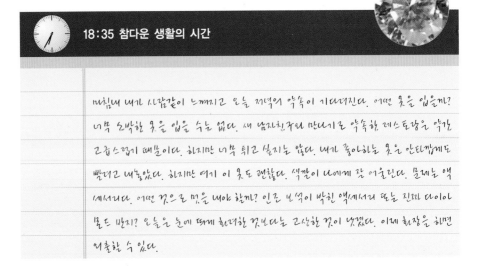

18:35 참다운 생활의 시간

마침내 내가 사람같이 느껴지고 오늘 저녁이 약속이 기다려진다. 어떤 옷을 입을까? 너무 소박한 옷을 입을 수는 없다. 새 남자친구와 만나기로 약속한 레스토랑은 약간 고급스럽기 때문이다. 하지만 너무 튀고 싶지는 않다. 내가 좋아하는 옷은 안타깝게도 빨래로 내놓았다. 하지만 여기 이 옷도 괜찮다. 색깔이 나에게 잘 어울린다. 문제는 액세서리다. 어떤 것으로 멋을 내야 할까? 인조 보석이 박힌 액세서리 또는 진짜 다이아몬드 반지? 오늘은 눈에 띄게 화려한 것보다는 고상한 것이 낫겠다. 이제 화장을 하면 외출할 수 있다.

크리스털처럼 깨끗하고 반짝이는 빛을 내는 다이아몬드는 고 귀함과 사치스러움의 대명사로서 그 어떤 보석보다도 여자들의 마음을 끌어당긴다. 그 마법의 비밀은 무엇일까?

다이아몬드가 특별한 빛을 발하는 것은 무엇보다도 빛의 굴절 때문이다. 이것은 올바른 연마를 통해 이루어진다. 표면을 다이아몬드 가루로 연마하면 빛을 반사하면서 여러 가지 색깔이 나타난다. 오늘날에는 브릴리언트 컷(brilliant cut)이 최고의 사랑을 받고 있다. 연마된 다이아몬드의 일종이기도 한 브릴리언트의 각 면에는 다양한 파장을 지닌—아울러 다양한 색을 지닌—빛이 다양하게 반사된다.

브릴리언트의 품질은 색(colour), 순도(clarity), 연마(cut), 무게(carat) 등 '네 가지 c'에 따라 결정된다. 이 보석의 색은 연한 청색에서 여러 가지 종류의 하양을 거쳐 노랑 계열에 이르기까지 다양하게 변화한다. 매우 드문 경우이지만—따라서 가장 고귀하다—순수한 하양을 내는 것도 있다. 다른 성분들을 혼합하면 다이아몬드는 노랑, 빨강, 갈색, 파랑, 자주색, 초록뿐만 아니라 심지어는 카보나도(carbonado)처럼 짙은 검정을 띠기도 한다. 순도는 함유물의 수와 크기에 따라 결정된다. '흠잡을 데 없는' 브릴리언트는 10배 줌의 확대경으로 살펴봐도 그 어떤 함유물도 나타나지 않는다. 이 보석의 크기는 캐럿으로 나타내는데, 이 명칭은 구주콩나무의 씨앗을 의미하는 아랍어 'qirat'에서 유래한 것이다. 당시 이 씨앗은 늘 똑같은 무게를 지니고 있어 보석과 금의 무게를 다는 데 이용되었다. 오늘날 1캐럿은 0.2그램으로 정해져 있다.

땅속에서 솟아나고 하늘에서 떨어지고

다이아몬드가 수십억 년 전에 생겨났는지는 아직 완전히 밝혀지지 않았다. 매장 지역에서 나온 깔때기 모양의 원석은 화산 폭발 때 굴뚝 구실을 한 것으로 추정된다. 화산 폭발 때 가스를 함유한 마그마는 지층에서 지표면까지 배수로를 형성하고 나서 굳어버린다. 냉각 과정에서 먼저 다이아몬드가 결정체가 되고 그 다음에 동반 광석인 킴벌라이트가 결정체가 된다. 높은 압력과 온도가 지배하는 이 킴벌라이트 용해물 속에서 다양한 종류의 광석이 화학 반응을 일으켜 탄소가 다이아몬드 형태로 생겨났을 것으로 추측한다. 그러나 다이아몬드는 하늘이 사자이기도 하다. 철-탄소-운석들 속에는 초신성의 폭발 때 생겨난 미세한 다이아몬드가 많이 함유되어 있을 것이다.

다이아몬드 채굴 국가들은 무엇보다도 아프리카에 위치해 있다. 하지만 브라질, 러시아, 중국, 오스트레일리아에서도 최근에 다이아몬드가 채굴되고 있다. 다이아몬드는 베네수엘라, 기아나, 브라질, 기니, 시에라리온, 라이베리아, 상아 해안, 가나, 중앙아프리카공화국, 자이르, 탄자니아, 앙골라, 남아프리카, 보츠와나, 나미비아, 레소토, 중국, 인도네시아, 오스트레일리아, 러시아, 인도 등에 매장되어 있다.

다이아몬드는 영원하다

킴벌라이트 광석 자체에는 다이아몬드 함유량이 매우 적다. 5그램 (25캐럿)의 다이아몬드를 얻기 위해서는 1톤의 광석을 제련해야 한

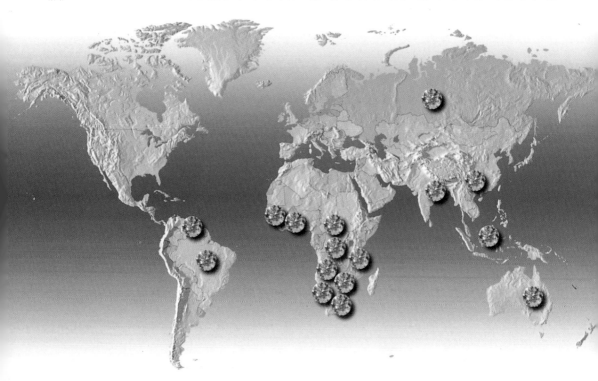

다. 5그램 중에서도 약 20퍼센트만이 보석으로 사용될 수 있다. 그러한 종류의 보석이 비싼 것도 당연하다. 이산화탄소로 가차 없이 연소되는 불 속에 집어넣지 않는 한 다이아몬드

의 아름다움은 영원하다. 주로 석영 입지로 이루어진 모래나 먼지도 다이아몬드의 광채를 없애지 못한다. 다이아몬드는 오늘날 가장 단단한 물질이다.

믿기 어렵지만 다이아몬드는 탄소로만 이루어져 있다. 탄소는 우리에게 카본블랙으로 알려져 있으며 연필심을 만드는 흑연의 성분이기도 하다. 검정 또는 회색을 지닌 이 연한 물질이 단단하고 투명하며 아름다운 보석과 동일한 원자들로 이루어져 있다? 서로 다른 특성의 원인은 이 성분의 다양한 형태 면에서 탄소원자들의 완전히 상이한 배열과 결합에 있다.

흑연은 탄소 고리들이 개별적으로 2차원적인 층을 이룬 것이다. 이 층들은 서로 미끄러져 떨어지는 경향이 있어서 연필심(과거에 심은 실제로 납으로 이루어져 있었다)을 종이 표면에 문지르면 파편이 생긴다. 흑연은 오토바이 체인에 들어가는 윤활제로도 적합하다. 카본블랙 역시 흑연처럼 6각형 고리가 층을 이루고 있지만 작은 입자로 응축하여 공 모양이 된다. 카본블랙은 무엇보다도 자동차 타이어를 비롯한 여러 가지 고무 제품의 충전물로 이용된다. 20세기 말 새로운 탄소 물질인 이른바 풀러렌(fullerene)의 발견에 대해 노벨상을 수여했다. 가장 많이 알려진 풀러렌인 C_{60}은 공 모양의 분자로서 탄소 5각형 고리 및 6각형 고리가 축구공의 5각형 및 6각형 조각과 동일한 형태로 배열되어 있다. 다이아몬드의 구조는 이와 완전히 다르

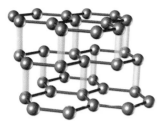

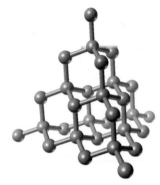

결합의 효과
맨 위의 그림은 6각형 고리가 층을 이룬 흑연을 보여준다. 탄소원자들은 세 개의 결합 파트너를 지니고 있다. 세 개의 탄소원자는 공 모양의 풀러렌 C_{60}의 6각형 고리 및 5각형 고리 속에서도 탄소원자를 지니고 있다(아래). 다이아몬드의 단단한 재질은 네 개의 결합 파트너 사이의 결속에서 생겨난다. 이 탄소들은 3차원의 격자를 형성한다. 가운데 그림은 격자의 한 단면을 보여준다.

다. 각각 세 개의 이웃을 갖는 흑연 층과 달리 다이아몬드의 탄소원자들은 네 개의 이웃과 결합한다. 네 개의 '연결 팔'은 각각 4면체의 4각형을 가리킨다. 이러한 방식으로 3차원의 결정격자가 생겨난다. 이것은 매우 안정적이며 다이아몬드를 단단하게 만든다.

단단한 재질

경도는 한 고체가 다른 고체 속으로 파고 들어갈 때의 저항력을 나타낸다. 광물질의 강도 측정에는 '모스 굳기계'가 이용된다. 이러한 정의에 따라 한 광물질이 다른 광물질에 의해 금이 가면 강도가 더 낮은 것이 된다. 다이아몬드는 강도 10으로 최고의 위치를 차지한다. 단순히 정전기적 인력에 의해 형태가 유지되는 염화나트륨(NaCl)처럼 음극과 양극으로 충전된 이온들로 이루어진 결정격자와 달리 다이아몬드의 탄소원자들 사이에는 공간과 연계된 화학적 결합이 존재한다. 그러한 의미에서 다이아몬드는 거대한 단 하나의 분자이다. 화학적 결합은 두 개의 전자에 동시에 속하는 전자쌍이다. 다이아몬드를 쪼개려면 이러한 전자쌍을 분리해야 한다. 그러기 위해서는 많은 에너지가 필요하다.

녹는점이 높은 매우 단단한 화합물은 탄소, 붕소, 질소처럼 원자 반지름이 작은 성분들이 금속격자를 형성할 때에도 생성된다. 탄화텅스텐과 코발트로 이루어진 물질은 다이아몬드만큼이나 단단하다. 하지만 그러한 물질이 다이아몬드를 완전히 대체할 수는 없다. 다이아몬드는 중요한 연마제, 구멍 뚫는 공구, 절삭제이다. 그 밖에도 광학 분야에서 고압실의 시야경(sight windows)이나 강한 자외선 광선에 대한 반도체 보호제로서 중요하다. 미래에는 다이아몬드가 빠르게 작동하면서 높은 열을 내는 전자 제품을 위한 반도체로서 중요한 몫을 담당할 수 있을 것이다.

다이아몬드의 또 다른 특성으로서 비교적 높은 열전도율도 흥미롭다. 산업 분야에는 전기 절연체인 동시에 반도체 구성 성분들을 냉각시키는 물질이 필요하다. 벌써 오늘날의 컴퓨터 칩은 1제곱센티미터당 약 20와트의 열전도율을 지니고 있다. 미래에는 100와트까지 가능하겠지만 매우 효과적으로 처리해야 한다. 그렇지 않으면 반도체는 오래 버티지 못한다. 섭씨 10도로 냉각시켜도 수명은 두 배가 된다. 다이아몬드는 레이저 다이오드의 냉각제로서 상업적인 이용이 가능해졌다. 다이아몬드 연마제에 탄소가 사용되고 동위원소 C13의 농도가 자연 상태의 1퍼센트에서 0.1퍼센트로 낮아지면 열전도율은 50퍼센트 높아진다.

비디아(Widia) 드릴은 다이아몬드로 만든 드릴의 대안이다. 비디아는 '다이아몬드처럼(wie Diamant)을 축약한 용어이다. 이 공구는 탄화텅스텐 약 94퍼센트와 코빌트 약 6퍼센트로 이루어져 있다. 때로는 탄화타이타늄, 탄화나이오븀, 탄화탄탈럼을 혼합하기도 한다.

인조 다이아몬드

산업적으로 사용되는 인조 다이아몬드의 용도에는 크게 두 가지가 있다. 시야경을 비롯하여 단단한 물질을 가공하기 위한 도구를 만드는 데 쓰이는 커다란 단결정체의 연마와 반도체 산업에서처럼 도구에 막을 입히기 위한 결정체 막 제조가 그것이다.

인조 다이아몬드의 생산은 고압 및 고온(약 1.4킬로바와 섭씨 1400도)에서 흑연을 다이아몬드로 변환시키는 것을 기초로 하고 있다. 믿기 어려운 말이지만 다이아몬드는 실내온도에서 전혀 안정적인 화합물이 아니다. 그러나 탄소의 안정적 형태인 흑연으로의 변환은 끝없이 느린 속도로 이루어지기 때문에 무시해도 좋을 정도이다. 결정체를 만드는 과정에서는 다시 정상적인 압력으로 돌아오기 전에 다이아몬드를 냉각시키는 것만으로 충분하다. 기술적인 척도로 볼 때 다이아몬드는 철 성분을 지닌 금속 용해물의 포화 용액에서 만들어진다. 이때 흑연 층과 결정핵 사이에 금속 가루 층이 생겨난다. 이것은 높은 온도에서 '촉매' 작용을 하는 활동적인 영역을 형성하며, 전체

인조 다이아몬드는 가스 상태에서 분리 과정을 거쳐 만든다. 맨 위의 그림은 합성으로 만든 수많은 다이아몬드 알갱이를 보여준다. 가운데 그림의 장비는 프라운호퍼 연구소(IAF)의 극초단파 플라스마 반응기로서 이것을 이용하여 인조 다이아몬드를 생산한다. 아래 그림에서는 다이아몬드로 이루어진 원판들을 볼 수 있다. 파랑은 일부러 붕소를 집어넣은 결과이다. 투명한 원판은 다이아몬드의 순도가 매우 높은 것이다. 검정 원판은 기계 장비를 이용해 연마한 것이며 금빛을 내는 원판은 연마하지 않은 것이다.

는 두 개의 탄화텅스텐 스탬프 사이에서 압축된다. 오늘날 일반화한 방법으로 며칠 또는 몇 주 내에 지름 9밀리미터의 7캐럿짜리 다이아몬드가 형성된다. 이것은 화학적·광학적 특성 면에서 심지어 최상품의 천연 다이아몬드보다 탁월하다.

새로운 잠재적 방법으로는 섭씨 500도로 가열하는 기술이 필요하다. 고압솥에서 탄산마그네슘($MgCO_3$)과 금속 나트륨을 가열한다. 이 온도에서 탄산마그네슘은 산화마그네슘(MgO)과 이산화탄소(CO_2)로 해체된다. 또한 고압솥에는 높은 압력이 형성된다. 뒤이어 나트륨이

보석

에메랄드 산화크롬 성분을 지녀서 짙은 초록을 띠는 녹주석이다. 가장 큰 에메랄드는 2680캐럿 으로 '향유 단지'라는 이름을 지니고 있으며 17세기에 만들어졌다. 오늘날 이것은 빈의 예술사 박물관에 전시되어 있다. (녹주석은 산화베릴륨, 산화알루미늄, 산화규소로 이부어져 있다. 그 구조는 층 을 쌓아올린 6각형 고리로 형성되어 있다. 이러한 방식으로 생성된 도랑에는 별도의 이온이 존재한다.)

에쿼머린 철 이온의 흔적으로 말미암아 바다색을 띠는 남주석이다.

루비 강옥(산화알루미늄)의 변종으로서 산화크로뮴(Ⅲ)으로 인해 검붉은색을 띤다. 루비 레이저에 이 용된다.

사파이어 짙은 파랑의 강옥으로서 그 색깔은 제2철 및 타이타늄 이온 때문이다. 제3철로 더럽혀지면 초 록을 띠며, 바나듐은 자주색, 크롬은 빨강을 띠게 만든다. 사파이어는 본질적으로 루비와 같은 종으로 여겨 진다. 2302캐럿짜리 사파이어로 에이브러햄 링컨의 얼굴 조각상을 만들었다. 원산지가 오스트레일리아인 2015캐럿짜리 사파이어는 파랑, 노랑, 주황 등 여러 색깔을 띤다.

자수정 석영(이산화규소)으로 이루어진 보석으로 자주색을 띠는 것은 철 때문이다. 자수정을 섭씨 500도 정도로 가열하면 노랑을 띠는데 황수정이라 한다. 집중적으로 자외선을 쪼이면 다시 자주색 으로 돌아온다.

단백석(오팔) 흔히 심하게 더럽혀지고 완전히 마른 상태의 실리카젤. 색깔이 없거 나 우유처럼 하얀색을 띠는가 하면 혼합을 통해 검정을 띠기도 한다. 특징적인 것 은 다채로운 색의 유희다. 투명한 색에서 불투명한 색까지 띠는 색의 유희는 미세  한 실리카젤 알갱이들과 그 사이에 놓인 공동(空洞)에서 빛의 굴절, 명도, 흩어짐, 반사 등을 통해 이루어진다. 빨강과 호박색 의 단백석을 화단백석이라고 한다.

호박 침엽수의 송진이 응고된 보석.

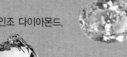

지르콘 산화지르코늄으로 만든 인조 다이아몬드.

납유리 유리로 만든 보석.

이산화탄소와 반응하여 탄산나트륨(Na_2CO_3)과 흑연 및 다이아몬드 형태의 탄소가 생성된다. 이 혼합물에서 지름 0.5밀리미터까지 다이아몬드 알갱이를 분리해낼 수 있다.

흑연을 고도의 진공 상태에서 전자와 접촉시키는 경우에도 흑연이 다이아몬드로 변환된다. 이때 처음에는 둥글고 양파 형태의 흑연 층이 형성된다. 탄소원자는 튀어나온 전자와 충돌하면서 자신의 위치에서 벗어나 이웃한 층의 원자와 결합하는 방식을 통해 다이아몬드 구슬이 만들어진다. 물론 이 방법은 실험실 차원의 다이아몬드 제조에 적합하다.

숨쉬는 다이아몬드

다이아몬드는 가스 상태에서도 추출해낼 수 있다. 이것은 요리를 할 때 수증기가 더 차가운 냄비 뚜껑에 물방울이 되어 내려앉는 것과 비슷한 이치다. 오늘날 선호하는 방법은 수소원자에 탄소를 화학적으로 접촉시키는 것을 기초로 하고 있다. 약 섭씨 2000도에서 수소분자(H_2)는 두 개의 수소원자로 쪼개진다. 이 수소원자들이 흑연을 공격하여 아직은 완전히 밝혀지지 않은 반응을 거쳐 탄화수소를 형성한다. 이 탄화수소가 약간 더 차가운 표면에 침전되면 다시 수소를 떼어내고 다이아몬드 구조를 지닌 탄소원자들로 이루어진 얇은 막을 남긴다. 이와 동시에 수소의 공격으로 흑연의 구조가 변한다. 그 층들이 확대되면서 이웃 층들과 결합한다. 이러한 방식으로 다시 다이아몬드 구조가 생성된다. 수소는 이러한 다이아몬드 구조 층을 해체할 능력이 없기 때문에 흑연은 계속 공격당한다. 그 결과 다이아몬드로 변환된 부분은 그 상태를 유지한다.

실리콘 반도체 구조에 막을 입히는 경우에는 비교적 비용을 절감할 수 있는 방법을 이용한다. 메테인처럼 탄소를 함유한 가스를 텅

응축 다이아몬드 응결 미립자의 모습 다결정질 다이아몬드 층의 표면

스텐 선으로 만든 나선형 구조물 내에서 섭씨 2000도 이상의 온도로 가열하면 수소원자 차원으로 분해된다. 이 분해물이 약간 더 차가운 표면에 침전되면 수소가 빠져나가면서 다이아몬드 막이 생성된다.

빛과 열을 통한 방법은 속도가 빠른 것이 특징이다. 컴퓨터 제어 장치를 통해 자외선 및 이리듐 레이저 광선을 조작하면 이산화탄소 분자들이 흔들려 움직이면서 서로 분리된다. 그 다음에 탄소는 섭씨 50도의 표면에 다이아몬드로 침전된다. 40초 후에는 20~40마이크 로미터 두께의 다이아몬드 막이, 예를 들어 절삭공구를 뒤덮게 된다.

기름 속의 미니 다이아몬드

그것은 비록 10^{-20}캐럿으로 여자친구에게 선물하기에 적당하지 않 다 할지라도 다이아몬드임은 틀림없다. 그것이 바로 다이아몬도이 드(diamondoid)이다. 이 물질은 특별한 탄화수소로서 격자 형태로 배 열된 탄소원자들은 다이아몬드 결정 구조의 단면에 상응한다. 이러 한 나노 다이아몬드는 최근 원유에서 발견되었다. 가장 간단한 다이 아몬도이드는 아다만테인이다. 이것은 다이아몬드 구조의 개별 '셀' 에 정확하게 상응하는 탄소원자 10개로 이루어져 있다. 가장자리에 는 수소원자들을 지닌 탄소 격자들이 포화되어 있다.

탄소원자 10개의 크기
가장 작은 다이아몬드 구조인 아다만 테인(회색: 탄소원자, 하양: 수소원자).

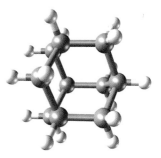

다양한 탄소의 종류

석탄

수백 년 전 식물이 퇴적하여 생긴 것으로서 연료로 사용된다. 석탄은 기화성 성분과 수분을 석세 함유하고 있어서 난방 효과가 높다. 화학석으로 몰 때 석탄은 복잡하고 분석하기 어려운 혼합물로서 탄소, 수소, 산소, 질소, 황 등을 함유한 유기 화합물과 수많은 화학 성분을 지닌 무기 화합물로 이루어져 있다.

목탄

공기를 차단한 상태에서 마른 목재를 가열하여 만든다. 이것은 쉽게 불을 붙일 수 있으며 불꽃을 내지 않고 탄다. 불꽃을 형성하는 가스가 목탄을 만들 때 이미 없어졌기 때문이다. 그릴 파티 이외에도 산업 현장에서 다양하게 이용된다. 또한 활성탄의 제조에도 사용되며 데생용의 목탄으로 활용되기도 한다.

코크스

석탄을 탄화시켜 만드는데, 공기를 차단한 상태에서 강하게 가열한다. 예전에는 가스 공장에서 도시가스를 만들면서 부산물로 코크스를 공급하여 무엇보다도 중앙난방시설과 증기보일러에서 태웠다. 오늘날은 대부분 산업용으로만 사용된다.

활성탄

매우 작은 흑연 결정과 미세한 구멍들이 뚫린 무결정 탄소로 이루어진 탄소 구조이다. 활성탄은 불쾌한 냄새와 배기가스 및 하수의 유해물질을 제거하기 위한 흡수제로 이용된다. 가끔 이것을 집어삼켜야 할 때도 있다. 이른바 석탄약은 중독이나 설사 때 위와 창자 속의 독성물질을 흡수한다. 담배 필터에도 활성탄이 들어 있다.

보석상들은 다이아몬도이드에 감탄하지 않겠지만 과학자들은 구조가 천연 다이아몬드와 동일할 뿐만 아니라 엄청난 견고함과 안정성으로 인해 나노 다이아몬드에 매료되어 있다. 이와 동시에 다양한 방식으로 구성된 분자들이 구조의 다양성을 제시한다. 다이아몬도이드는 나노기술을 위한 이상적인 성분으로 간수되고 있다. 약학 분야에서 활용하는 것도 생각해볼 만하다. 석유는 나노 다이아몬드의 원천으로서 지금까지 알려진 유일한 것이다. 그것이 거기에서 어떻게 생겨났는지는 아직 알려진 바가 없다. 하지만 그것이 형성되기까지의 화학적 반응을 알아내면 더 커다란 다이아몬도이드, 다시 말해서 마이크로 차원의 다이아몬드도 만들어낼 수 있을 것이다.

축구공, 호른, 양파에 관하여

약 20년 전만 해도 사람들은 자연 상태의 탄소가 흑연이나 다이아몬드라고 생각했다. 시간이 지나면서 탄소가 축구공 모양의 풀러렌이나 미세한 관, 또는 또 나른 영상불빛을 알게 뇌었다. 사람들은 큰 행복감에 섰어 이 기묘한 채료가 신정한 불가사의라고 믿었다. 큰 기대는 보통 큰 실망을 안겨주기 마련이다. 이 경우에도 마찬가지다. 그러나 이 신비스러운 탄소 변이들을 이용할 수 있는 방법에 관한 매우 현실적이고 실현 가능한 생각들에 주목해야 한다.

다중 벽의 탄소나노튜브

다이아몬드의 경우 탄소원자들은 3차원의 결정격자를 이루고 있다. 흑연은 6각형의 탄소 벌집이 층층이 쌓여 있는 구조로 되어 있다. 그 밖에 또 다른 사항이 있는가? 좀 오래된 화학 교과서에 따르면 없다. 이들은 기본 탄소의 유일하고 안정된 두 개의 변이이기 때문이다. 그러나 1985년 해럴드 크로토, 리처드 스몰리, 로버트 컬이 전혀 예상하지 못한 발견을 한 이후(이러한 공로를 인정받아 1996년에 공동으로 노벨상을 수상함) 교과서를 새로 써야 하는 일이 벌어졌다.

세 과학자가 발견한 것은 탄소원자 60개로 이루어진 기이한 형상
물이었다. 더욱이 이 형상물은 완선히 나른 것을 조사하는 과정에
서 발견되었다. 연구의 계기가 된 것은 천체물리학이었던 것이다.
연구자들의 원래 목표는 탄소를 함유한 별의 가스층을 복제하는 데
있었다.

카본블랙 축구공

60개의 탄소원자 덩어리는 어떤 구조를 갖고 있는가? 5각형 12개와
6각형 20개로 이루어진 공처럼 둥근 새장이다. 축구공도 이와 똑같
은 구조로 되어 있다. 기하학적인 이유로 6각형 또는 5각형만으로는
비교적 큰 공간 형상물을 구성하는 것이 불가능하다. 그러나 이들을
조합할 경우에는 가능하다. 발견자들은 이 구성 원리에서 1967년 몬
트리올 엑스포 미국관에 설치되었던, 건축가 벅민스터 풀러가 설계
한 6각형과 5각형으로 이루어진 거대한 둥근 지붕을 상기했다. 그리
하여 발견자들은 이 기이한 탄소 형상물을 '벅민스터풀러렌'이라고
명명했다.

곧이어 독일의 연구자인 볼프강 크레치머와 그의 미국 동료인 도
널드 허프먼이 하이델베르크에서 풀러렌을 생산하는 매우 간단한

명명자로서 건축물
1967년 건축가 벅민스터 풀러가 설계
한 몬트리올 엑스포 미국관은 6각형
과 5각형으로 이루어져 있다. 이 건축
원리는 새장 모양인 탄소구의 구성
원리와 같다. 따라서 이 구에 '벅민스
터풀러렌'이라는 이름이 붙여졌다.

나의 친구인 공은 동그랗다……
그런데 가죽 공도 있는가?
축구공의 5각형과 6각형의 구조는 풀
러렌의 5각형과 6각형의 고리 구조와
동일하다.

방법, 즉 약 섭씨 3000도의 아크 용광로에서 흑연을 기화시키는 방법을 발견했다. 생성된 그을음에는 약 20퍼센트의 풀러렌이 포함되어 있다. 그러나 풀러렌에는 축구공 모양의 분자만 있는 것이 아니라, 5각형과 6각형으로 구성된 또 다른 안정된 유형도 존재한다. 예를 들어 탄소원자 70개로 이루어진 럭비공 모양의 형상물도 비교적 자주 생성된다. 얼마 뒤 이 '버키볼'이라 불리는 분자들의 전 형태가 발견되었다. 공처럼 생긴 형상물의 경우에는 공동(空洞) 속에 원자나 분자를 '가두어 넣을' 수 있다. 이 작은 공들은 이중결합을 포함하고 있어서 또 다른 원자나 작용기와 비교적 간단하게 결합할 수도 있다. 사람들은 이 3차원의 '슈퍼 탄소'가 화학의 새로운 지평을 열 것이라고 기대했다. 그러나 이러한 낙관적인 기대는 오래지 않아 착각이었음이 밝혀졌다. 축구공 및 그와 유사한 대상물에 걸었던 크나큰 기대는 생각했던 것만큼 충족되지 않았다. 기대했던 슈퍼 윤활제도 아무런 성과가 없었으며 풀러렌으로 만든 획기적인 신의약품 개발도 불가능했다. 그러나 우리는 교각살우의 우를 범해서는 안 된다.

축구공 풀러렌은 예를 들어 광발전 시스템의 구성 요소로서, 합성수지를 기초로 한 태양전지를 더 효과적으로 만드는 데 사용될 수 있다. 감광성 합성수지 박편이 광자를 흡수할 경우 합성수지의 전자들은 들뜬 상태로 바뀌어 분자에서 분리될 수 있다. 그러나 생성된 전하 운반체(전자와 전자가 떠난 자리의 '구멍')가 인접한 전극에서 효과적으로 방출되기 위해서는 분리 상태가 가능한 오래 지속되어야 한다. 합성수지 박편에 둘러싸인 풀러렌은 방출된 전자들을 받아들여 안정시키기 때문에 전하 운반체의 분리를 오랫동안 지속시킬 수 있다.

풀러렌이 발견된 이후 사람들은 그때까지 알려지지 않은 탄소 유형들을 심도 있게 다루기 시작했다. 그 사이에 유사한 소재들에서 다양한 합성이 이루어졌다. 나노튜브와 나노구, 나노묶음의 유일무이한 화학적·물리적 속성과 양파 모양의 탄소 유형들에서 다수의 새롭고 흥미로운 응용 가능성들을 기대할 수 있다. 따라서 나노 연구는 이 분야에 집중될 것으로 전망된다.

반도체 기술공학에서 나노튜브를 분자 수준의 전자식 회로 소자로 사용하는 것은 매우 매력적인 시도이다. 그림은 한 개의 반도체 나노튜브로 구성된 트랜지스터를 나타낸 것이다(화살표로 표시된 머리카락처럼 매우 가는 선이 나노튜브임). 그 사이에 최초의 논리 회로 구조도 완성되었다.

나노튜브

1991년 과학자들은 풀러렌을 연구하는 과정에서 우연히 새로운 것, 즉 지름은 1나노미터 또는 100만분의 1밀리미터밖에 되지 않지만 길이는 놀랍게도 센티미터 범위까지 이르는 아주 작은 탄소관을 발견하게 되었다. 이 나노튜브는 흑연 층처럼 6각형의 벌집들로 구성되어 있으며 다이아몬드와 같은 굳기를 지니고 있고 약 섭씨 2800도에서도 변하지 않는다. 이 섬유는 압력에 견디는 성질과 항장력이 매우 강하다. 플라스틱을 현재의 복합 소재에서보다 훨씬 더 단단하고 가볍게 만드는 첨가제로서 이 경이로운 소재를 사용하는 것에 대한 논의가 한창 진행중이다. 이것으로 필터, 나노 철사, 전자 부품 등을 만들 수 있다. 또는 연료전지 시스템의 수소 저장 매체를 만들 수도 있다.

평판 화면을 개발하는 목표도 설정되어 있다. 전기가 흐르는 박막에 지름이 10나노미터이고 길이가 1000나노미터인, 수직으로 솟아오르는 수만 개의 나노튜브 '숲'이 생길 수 있다. 운반체와 맞은편에 배치된 전극 사이에 전압을 가하면 전자들이 관 끝에서 살포된다. 이를 발광물질을 덧입힌 스크린으로 유도할 경우 전래의 음극선관 시스템에서와 같이 텔레비전 화면이 생성될 수 있다. 이것은 개별 영역들이 분리된 상태로 조종되고 관의 수명이 길 경우에 가능하다. 그러나 그렇게 되기까지는 아직도 많은 시간과 노력을 투자해야

나노저울로서 탄소나노튜브
교류전압을 가하여 각 나노튜브를 진동 자극할 수 있다. 중앙에 있는 긴 관이 처음에는 정지 상태(왼쪽)에 있다가 진동 상태(오른쪽)가 된다. 이 관 위에 물체를 놓으면 교류전압의 주파수가 바뀌어 스프링에서처럼 관이 진동하게 된다. 주파수 변화에 의거하여 물체의 질량을 추론할 수 있다. 따라서 가장 작은 물체, 예를 들어 바이러스의 무게를 잴 수도 있다.

깍지 속의 콩

기술 세계는 점점 더 작아지고 있다. 앞으로 언젠가는 칩의 소형화가 크기 단위에 진입하여 개별 원자를 다루어야 하는 때가 올 수도 있다. 미래의 나노전자공학의 기반으로서 나노미터 크기의 콩깍지처럼 생긴 분자 배열, 즉 공 모양의 풀러렌 분자들로 채워져 있는 탄소나노튜브가 뜨거운 후보로 떠오르고 있다. 풀러렌은 자체 공동(空洞) 속에 금속원자를 간직하고 있다. 이렇게 해서 개별화한, 그러나 매우 질서정연하게 일렬로 분류되어 있는 금속원자들을 얻게 된다.

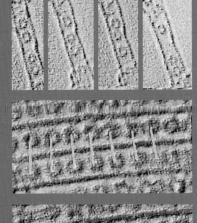

해상도가 높은 전자현미경을 사용하면 나노튜브 속의 풀러렌을 쉽게 관찰할 수 있다. 또한 그곳에서 흥미로운 것, 즉 '깍지' 속에서 '콩' 풀러렌이 껑충 뛰고 있음을 발견하게 된다. 먼저 콩들이 옆으로 움직이는 것을 확인할 수 있다. 깍지가 일부만 채워져 있으면 콩은 독자적이고 불규칙적으로 이리저리 뛰어다닌다. 하지만 완전히 채워진 경우에는 촘촘히 쪼그리고 앉아 있는 콩들의 움직임이 더 느리고 연속적이다. 전체 줄은 집단적으로 움직인다!

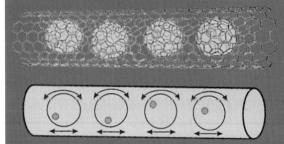

그뿐만 아니라 전자현미경으로 풀러렌에서 금속원자를 식별해낼 수도 있다. 금속원자는 풀러렌 공동의 중앙에 있는 것이 아니라 '껍질'의 한 곳에 단단히 달라붙어 있다. 따라서 회전운동도 찾아낼 수 있다. 풀러렌은 한 위치에서 다른 위치로 뛰어올라 잠시 머무른 다음 빠르고 불규칙적으로 다음 위치로 이동한다. 이 운동을 기술적으로 얼마나 이용할 수 있을지는 앞으로 연구해봐야 한다.

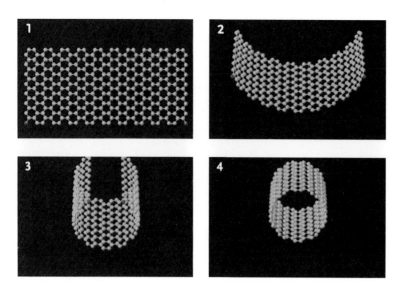

탄소나노튜브는 기본적으로 흑연이 펼쳐진 상태라고 볼 수 있다.

한다.

탄소나노튜브에 1볼트의 전압을 가하면 이 관은 최대 1퍼센트 확장된다. 액추에이터(actuator)라 일컫는 이러한 소재들은 전자 제어 명령을 기계식 동력으로 변환하는 데 필요하다. 예를 들면, 최소침습 수술용 마이크로 기계식 집게와 가위 또는 인공 근육 장치 등이다.

나노호른

백금은 촉매 전극의 형태로 연료전지의 반응을 돕는 중요한 촉매 요소이다. 백금은 비싼 소재이기 때문에 사람들은 이 소재를 절약하려고 한다. 따라서 순수 백금 전극 대신에 매우 작은 백금 미립자를 투과성의 흑연 전극에 운반체로서 덧입힌다. 그런데 이 원리는 탄소나노호른을 사용할 경우에 훨씬 더 잘 작동한다. 매우 작은 과자 봉지처럼 생긴 이 탄소 유형에서는 백금이 매우 미세하게 분산된다. 즉 '봉지'에는 투과성의 흑연 전극에서보다 훨씬 더 작은 백금 미립자들이 쌓이게 된다.

아주 작은 과자 봉지처럼 생긴 탄소나노호른은 촉매 작용을 하는 극도로 작은 백금 미립자들을 흡수할 수 있다. 미래의 연료전지 전극의 소재로 사용될 수 있을 것이다.

나노양파

'탄소 양파'가 어떤 모습일지 상상해본 적이 있는가? 지름이 수백만 분의 1밀리미터인 탄소 미립자들이 있다. 이들은 여러 겹의 탄소원 자 껍질로 구성되어 있다. 또한 실제 양파처럼 하나의 껍질은 그 다 음 껍질에 둘러싸여 있다. 각 껍질의 구조는 흑연 층의 탄소원자들 이 취하고 있는 구조와 일치한다. '양파'의 거의 완벽한 흑연 구조 는 껍질의 굴곡으로 인하여 긴장 상태에 있으므로 흥미로운 촉매 속 성을 기대할 수 있다.

예를 들어 스타이렌은 플라스틱 생산에 필요한 매우 중요한 원료 로서 에틸벤젠에서 산화탈수소 반응(화합물에서 수소 두 개를 제거함)

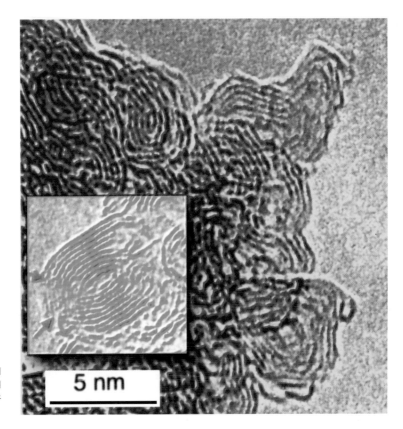

그림은 **탄소나노양파**를 나타낸 것이 다. 껍질은 간격이 0.35나노미터이며 나노 미립자를 촉매로 사용할 경우 용해된다.

을 통해 얻어진다. 이때 보통 탄소 촉매가 큰 효과를 발휘한다. 그
런데 직은 양파를 촉매로 사용하게 되면 오늘날 공업 분야에서 사
용하는 촉매 또는 나머지 다른 모든 탄소 유형들보다 훨씬 더 많은
양의 스타이렌을 추출할 수 있다. 미래에는 이 기술이 응용될 것으
로 전망된다. 그 밖에도 양파 구조는 반응 과정에서 용해된다. 그것
은 재료의 표면에 산소가 결합하기 때문이다. 이 산소 중심부는 원
래의 촉매 활성 중심부인 것으로 보이며, 이로 인해 촉매는 점차로
소비된다.

화학은
지친 병사들을
즐겁게 해준다

기원전 210년에 사망한 중국의 최초 황제인 진시황의 무덤에서 나온 테라코타 병사들은 현재까지 발굴된 고고학 유물 중에서 가장 규모가 큰 것으로 간주된다. 2200년 동안 축축한 토양 아래 있었던 실물 크기의 조각상들은 발굴 후 곧바로 다채롭던 원래의 색상을 잃어버렸다. 여러 가지 방법으로 조각상의 채색을 보존하려 시도했지만 모두 실패로 끝났다. 화학자들은 이 조각상에 맞는 새로운 방법을 개발해야 했다. 고서적 또는 고미술품의 보존과 같은 별로 주목받지 못하는 구조 활동도 현대 화학의 노하우 없이는 불가능하다.

1974년 중국 시안(西安)에서 동쪽으로 약 30킬로미터 떨어진 산시성(山西省) 린통에서 우물을 파던 농부가 테라코타 병

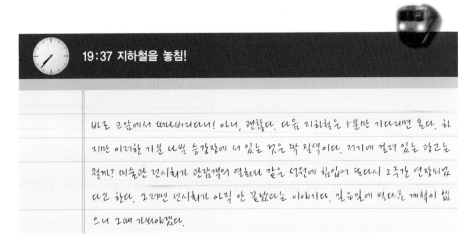

19:37 지하철을 놓침!

바로 코앞에서 떠나버리다니! 아니, 괜찮다. 다음 지하철은 6분만 기다리면 온다. 하지만 이러한 기분 나쁜 승강장에 서 있는 것은 딱 질색이다. 저기에 걸려 있는 광고는 뭘까? 미술관 전시회가 관람객의 열화와 같은 성원의 힘입어 또다시 2주간 연장되었다건 한다. 그러면 전시회가 아직 안 끝났다는 이야기다. 원래 이제 별다른 계획이 없으니 그때 가봐야겠다.

사들의 파편을 최초로 발견했다. 이 발굴지에서만 7000~8000개 정
도의 조각상이 존재할 것으로 예상되며 2002년 말에 발견된 또 다른
발굴지는 기존의 발굴지를 훨씬 능가할 것이라고 한다. 현재까지 실
물 크기의 조각상이 1500개 이상 발굴되었고, 말이 끄는 완벽한 전
차와 가축도 발굴되었다. 그러나 안타깝게도 이 고고학적 보물의 아
름다운 채색은 보존이 불가능하다. 상대습도가 84퍼센트 이하로 떨
어지면 테라코타 표면을 덮고 있던 래커 칠이 갈라져 벗겨진 뒤 둘
둘 말려 떨어져 나간다. 이와 함께 그 위에 칠한 염료 층도 사라지
고, 남는 것은 단지 가공하지 않은 작품 재료일 뿐이다. 복원기술자
들은 크나큰 도전에 직면했다. 전래의 채색 보존 방법으로는 층이
벗겨지는 것을 막을 수 없었기 때문이다.

색상이여, 안녕?

딜레마에 빠지게 된 데는 점토 병사들의 특이한 운명에도 책임이 있
음이 밝혀졌다. 즉 진시황이 사망한 후 얼마 되지 않아 폭동이 일어
났다. 이때 사람들은 점토 병사들의 무기를 약탈해갔을 뿐만 아니라
받침대가 목재인 지하 시설에 불을 질렀다. 지붕이 무너지고 조각상
들 위로 황토층이 쏟아졌다. 화재로 인한 사전 손상과 습기가 많은
황토지반에서 2000년 이상의 세월은 흔적을 남기기 마련이다. 래커
칠이 손상된 것은 어쩌면 당연한 일이다.

　래커의 주성분은 옻나무의 즙에서 나오는 이른바 천연 래커이다
(분석 결과에 따르면 그 밖에도 쌀풀과 같은 첨가물이 들어 있음). 공기중
에서 굳으면 이 성분들은 효소의 작용으로 페놀수지와 매우 유사한
매끄러운 암갈색 래커 층으로 결합된다. 복원기술자들의 불운은 천
연 래커가 물에도 유기 용매에도 녹지 않는다는 데 있다. 게다가 수
분 포화 상태인 래커의 매우 미세한 구멍 구조도 문제다. 색상을 고

정하는 데 일반적으로 사용하는 중합체가 스며들지 못하는 것이다.

점토 병사를 위한 특수 처리 방법

2002년 중국의 빙마용(兵馬俑) 박물관에 연구차 머물면서 이러한 문제에 직면하게 된 하인츠 랑할스(Heinz Langhals)는 완전히 새로운 방법을 모색해야 함을 깨달았다. 뮌헨 대학에서 그와 그의 연구진이 개발한 방법은 하이드록시에틸메타그릴레이트(HEMA)를 기초로 하고 있다. HEMA는 일부 플라스틱에 사용되는 단위체(구성 성분)이다. 수용성이기 때문에 축축한 상태의 테라코타 발굴물에 직접 바를 수 있다. 그 뒤에는 반드시 경화 과정이 있어야 한다. 즉 이 과정에서 단위체들은 래커를 안정화시키는 중합체로 결합된다.

그러나 경화 과정도 쉽지 않은 것으로 판명되었다. 재료의 높은 수분 함유로 인해 널리 사용되는 이온 중합법을 사용할 수 없기 때문이다. 래커는 빛을 통과시키지 않기 때문에 자외선을 이용한 경화도 불가능하다. 해결책으로서 전자가속 장치에서 전자빔(β선)을 조사하여 경화시키는 방법이 남았다. 전자빔은 래커 층을 쉽게 통과한 뒤 테라코타에서 멈춘다. 이때 중합체로의 결합은 접착성에 중요한 테라코타-래커 경계층에서 시작해 표면 방향으로 진행되다가 주변 공기와의 경계면에서 산소에 의해 중단된다. 이것은 결과적으로 표면의 광택을 없애주어 점토 병사의 사실적인 느낌을 그대로 보존하는 효과를 거둘 수 있다. 또한 전자들이 테라코타에서 멈추면 전자 에너지는 방사선의 형태로 자유롭게 된다. 이러한 부수 효과는 매우 반가운 일이다. 이른바 방사선 제동복사(bremsstrahlung)는 래커를 서서히 갉아먹을 수도 있는 조각상 내의 미생물과 균류를 죽이기 때문이다.

경화된 중합체는 내구성이 매우 강하고 처리 공정에 의해 염료가

손상되지 않는다. 이러한 새로운 방법은 테라코타 병사들의 채색을 지속적으로 보존할 수 있다는 희망을 갖게 한다. 매 조각상마다 조각들을 고정한 후 3차원 퍼즐처럼 맞출 수 있다. 고통스럽지만 보람 있는 일이다!

테라코타 병사들은 중국의 거대한 무덤의 일부이다. 현재 알려진 바에 따르면 이 무덤은 기원전 246년에 착공하여 약 38년 후에 완공되었으며, 공사가 한창 진행중일 때에는 약 70만 명이 동원되었다고 한다. 이 무덤은 UNESCO의 세계문화유산에 등록된 중국의 문화재다.

책 구조 활동

수천 권의 책이 방치되어 있는 도서관이나 기록 보관소도 복원기술자들의 손길을 애타게 기다리고 있기는 마찬가지다.

화재나 홍수로 책과 문서가 파손될 경우 세간의 이목이 이것에 집중된다. 그러나 전체적으로 볼 때 훨씬 더 심각한 문제는 해충이나 미생물, 산성 종이, 부식성 잉크, 좋지 않은 환경으로 인해 귀중한 고인쇄물들이 서서히 파손되어가는 것이다. 이 서적들은 누렇게 변색

파라오의 비밀

고대 이집트인은 죽은 파라오의 몸을 오랫동안 보관할 수 있는 기술을 터득했다. 그리하여 이 미라들은 오늘날까지도 그대로 보존되어 있다. 최근에는 정상적으로 작용하는 활성 효소를 미라가 된 뼈에서 유리시킬 수도 있게 되었다. 헤로도트(기원전 490~기원전 425) 또는 대 플리니우스(23/24~79)의 역사서를 토대로 이집트 고고학자들은 현재까지 노간주나무에서 추출해낸 액을 보존제로 사용했다고 가정했다. 그러나 기원전 1500년 무덤의 부장품에서 발견된 사용하지 않은 방부제의 성분을 최초로 정확하게 분석해본 결과 놀라운 사실이 밝혀졌다. 튀빙겐과 뮌헨 출신의 연구자들은 방부제를 메탄올로 처리하여 추출물을 만들어낸 다음 현대적인 가스 분리법으로 이 용액을 조사했다. 이러한 분석 방법으로 그들은 히말라야 삼나무 목재의 독특한 성분을 증명할 수 있었다. 특히 추출물에 들어 있는 구자콜(Gujacol)은 돼지 뼈를 대상으로 실시한 그들의 실험 결과가 보여주듯이 효과가 큰 방부제다. 실험은 사전에 구자콜, 모노테르펜, 파라-키멘, 리모넨, 알파-피넨, 페놀과 같은 소독제로 처리한, 또는 전혀 어떠한 처리도 하지 않은 돼지 뼈를 실내온도에서 35일 동안 보관하는 방식으로 진행되었다. 이어서 이 뼈들에서 알칼리성 포스파타제의 활동을 측정한 결과 구자콜로 처리한 뼈에서의 효소 활동이 나머지 다른 실험 대상들에서보다 최고 12배 더 높은 것으로 나타났다.

《박물지(Historia Naturalis)》에서 대 플리니우스는 고대 이집트인이 히말라야 삼나무 목재 추출액을 생산하는 방법에 대해 기술하고 있다. 고대 이집트인은 나무를 작은 조각으로 잘라 가마에 넣고 이 가마를 외부에서 높은 온도로 가열했다. 이 과정에서 히말라야 삼나무 목재에서 흘러나온 액을 받아 모은 뒤 죽은 사람을 방부 처리하는 데 사용했다.

되어 있을 뿐만 아니라 쉽게 부서지고 무엇인가가 갉아먹은 것 같은 모양을 하고 있다. 이제 이러한 파손을 막을 수 있는, 그리고 더 나아기 이것을 다시 원상 복구할 수 있는 방법을 찾아야 한다. 현대 화학은 종이나 잉크, 인쇄 색상 등 사용한 소재의 성분을 정확히 분석하는 것을 시작으로 이에 이바지하고 있다. 핵심적인 문제는 문서를 파손하는 또는 위태롭게 하는 분해 과정에서 화학적으로 어떤 현상이 일어나며, 어떻게 이 과정을 중단시킬 수 있는가 하는 것이다. 보존/복구 전략에 대한 계획이 세워졌으면 실험실에서 이를 먼저 실험해보는 것이 중요하다. 그래야만 예상치 못한 나쁜 결과를 사전에 예방할 수 있다.

세월의 흐름으로 훼손됨

도서관 사서들의 가장 큰 악몽은 산(酸)에 의한 종이 파손이다. 19세기와 20세기의 종이에는 제조 기술상 산이 포함되어 있다. 중세 시대 종이에는 뼈를 고아 굳힌 아교가 건조된 섬유에 첨가되었다. 이러한 종이는 알칼리성이다. 보관만 잘하면 거의 영구적으로 보존할 수 있다. 그 뒤 19세기 중반 나무를 종이 원료로 발견하여 송진·명반·아교를 사용하기 시작했다.

수분과 곰팡이이 때문에 심하게 파손된 가죽 장정의 책.

명반(황산알루미늄)은 약산성 반응을 하기 때문에 양성자들이 조금씩 종이 원료인 나무의 긴 셀룰로스 고리를 조각으로 쪼갠다. 산성 종이는 점차 누렇게 변색되고 쉽게 부서져서 결국에는 먼지가 된다. 이 과정은 중화 작용을 통해서만 중단시킬 수 있다. 이때 보통 탄산수소칼슘 또는 탄산수소마그네슘 수용액으로 해당 서적이나 인쇄물을 중화시킨다. 또한 그 사이에 일련의 다른 보존 방법도 개발되었다.

특히 17세기에 철몰식자산 잉크가 광범위하게 사용된 이후 서적을 조금씩 손상시키는 잉크도 나쁜 영향을 미치고 있다. 잘 알려진 예는 요한 제바스티안 바흐의 악보이다. 두꺼운 4분음표가 그려진 종이가 계속 구멍에 잠식당하고 있다. 다른 잉크도 포함해서 철몰식자산 잉크를 생산하는 데 사용된 원료는 황산철(녹반)이었다. 철 이온은 공기중에 있는 산소와 결합하여 산화된 후 잉크의 타닌산과 함께 검정의 불용성 철몰식자산 화합물을 형성한다. 그러나 모든 타닌산이 여기서 작용을 멈추는 것은 아니다. 시간이 흐름에 따라 잉크 속에 포함된 타닌산이 공기중의 물과 산소와 함께 계속해서 반응할 수도 있다. 그 밖에도 타닌산에 들어 있는 철 이온은 활성과산화물의 형성에 촉매 작용을 한다. 라디칼과 산은 종이섬유(셀룰로스와 콜라젠)의 긴 고리 분자를 짧은 고리 조각들로 쪼개어 종이의 물리적인 성질을 바꾼다. 각 문자들과 전체 단어, 또는 행이 깨질 수도 있다. 해결책은 중화 반응과 피틴산으로 처리하는 방법이다. 피틴산은 다수의 식물에 존재하는데 인산염을 저장하는 데 사용되는 화합물이다. 피틴산은 철 이온을 착물 화합물에 포함시킨다. 착물화한 철은 처리 과정에서 일부가 씻겨 나가며 남아 있는 부분은 전혀 해가 되지 않는다.

다수의 습식 처리 공정에서 문제가 되는 것은 잉크와 도장이 번질 수 있다는 점이다. 이에 대한 해결책으로는 사이클로도데칸(12개의 탄소로 구성된 원형의 탄화수소)을 사용해 정착 처리하는 방법이 있다. 방수성의 이 물질에 밀랍 같은 유약을 바른다. 이 보호층은 시간이 지나면 다시 증발한다(잔류물을 남기지 않음). 또 다른 방법으로는 착물 형성자를 사용하는 방법이 있다. 착물 형성자는 잉크를 불용성 착물과 결합시켜 잉크가 번지지 않도록 한다. 손으로 직접 그려 채색한 그림엽서를 물에 담근다고 해도 잉크가 번지지 않는다.

종이 분해

훼손 정도가 매우 심하지만 귀중한 견본들은 종이 분해 방식으로 복원하는 경우가 많다. 그러나 이 방식은 비용이 많이 들고 종이를 한

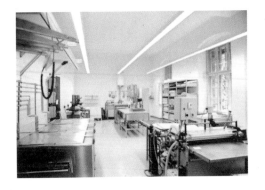

복구 작업장의 모습

장씩밖에 처리하지 못하기 때문에 실용적이라고 할 수 없다. 이 복원 공정은 문서의 손실된 부분을 새로 뜬 종이로 보완한 후 양쪽에 젤라틴을 덧칠한 받침 종이를 끼워 넣는 방식으로 진행된다. 먼저 얇은 종이를 조심스럽게 나눈다. 가장자리만 살짝 붙어 있는 상태로 앞면과 뒷면을 젖혀 떼어놓는다. 그 중간에 지탱용 받

침 종이를 끼워 넣는다. 접합 과정 후에는 젤라틴을 다시 흔적 없이 제거해야 한다. 이러한 목적으로 젤라틴 분해용 효소를 사용한다. 그러나 유감스럽게도 이 효소는 완

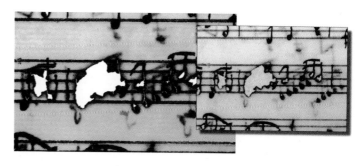

요한 제바스티안 바흐의 〈크리스마스 오라토리오〉
잉크 때문에 악보가 손상되었다.

작은 그림 수작업으로 이루어진 종이 분해를 통해 복원한 모습.

전히 씻어낼 수 없기 때문에 여러 해 동안 활동이 지속될 수도 있다. 건조 상태에서는 아무 문제가 없지만 축축한 상태에서는 종이가 분해된다. 새로 개발된 방법은 장기 보존이 가능한 폴리에스터 소재를 덧칠했을 때 화학적으로 단단히 결합하는 효소와 관계가 있다. 이 경우에는 종이에 효소가 달라붙어 있을 수 없다.

해충에서 벗어나기

감마선을 조사하거나 냉동시키거나 산화에틸렌을 살포하여 귀중한 인쇄물에 서식하는 박테리아와 사상균, 해충들을 박멸할 수 있다. 그러나 이 공정이 모든 소재에 적합한 것은 아니다. 예를 들이 가죽 장정의 책은 산화에틸렌 처리를 잘 견뎌내지 못한다. 산소를 없애는 방법도 기생충 박멸에 매우 좋은 무기다. 대상물을 질소 또는 아르곤 가스층에 장기간 보관하거나 산소 흡수제를 넣고 공기가 새지 않게 비닐로 코팅한다.

또한 밀폐된 유리 진열장에 특수 산소 흡수제를 넣고 책을 전시함으로써 곰팡이나 해충이 없는 상태에서 장기간 보관할 수도 있다. 이 흡수제는 황이 약간 함유된, 염분을 입힌 미세한 철 가루가 들어 있는 작은 자루이다. 철은 산소와 결합하여 산화철, 즉 녹이 된다. 이 현상은 염분이 함유된 축축한 공기중에서 특히 잘 일어난다. 철 가루에 염분을 입힌 것은 바로 그 때문이다. 포화 상태의 식염수를

인삼벌레(*Stegobium paniceum*)는 잡식성 곤충으로서 매우 다양한 종류의 식물성 및 동물성 제품에 해를 끼친다. 빵이나 과자류 외에도 고형 수프, 초콜릿, 동물의 사료, 말린 생선을 갉아먹는다. 이 해충 앞에서는 칠리고추도 안전하지 않다. 종이 또는 마분지와 같은 포장재도 파손하기 때문에 옛 인쇄물에도 심각한 피해를 줄 수 있다. 인삼벌레는 녹 빛깔을 띠고 있으며 몸 길이는 최대 3밀리미터이다. 1~2개월 정도 되면 성충이 된다.

프레스코 벽화를 위한 나노 미립자

미켈란젤로와 그의 동시대인들이 이를 예감했다면……. 축축한 회벽에 직접 물감을 바르는 그들의 기술은 당시에 천재적인 것으로 보였으며 색상 염료들이 매우 잘 달라붙었다. 회벽은 일반적으로 모래와 생석회(산화칼슘, CaO)로 이루어져 있다. 생석회는 물과 합쳐지면 소석회(수산화칼슘, Ca(OH)$_2$)로 변환된다. 건조 시 소석회는 공기중의 이산화탄소와 반응하여 탄산칼슘(CaCO$_3$)이 된다. 탄산칼슘은 석고와 같이 견고한 화합물로서 물감과 단단히 결합한다. 그러나 유감스럽게도 영원히 그런 것은 아니다. 현재 장엄한 프레스코 벽화들의 겉면이 부서져 벗겨지고 있다.

중세 프레스코 벽화의 복원 작업은 피렌체 출신의 연구자들이 진행하고 있다. 그들은 석회로 된 일종의 나노 접착제를 이용해 염료 층을 벽에 다시 단단히 붙인다. 그들은 16세기에 신티 디 디토(Oanti di Tito)가 그린 피렌체의 산타마리아 델 피오레 대성당의 프레스코 벽화 〈연주하는 천사들(Gli Angeli Musicanti)〉도 이런 식으로 복원할 수 있었다. 곧 또 다른 작품들의 복원도 이루어질 것이다. 복원 작업은 다음과 같다. 알코올에 용해된 수산화칼슘 결정을 벗겨지는 벽화 층에 바른다. 알코올이 증발하면 결정은 수분과 이산화탄소를 흡수하여 탄산칼슘 반응을 하며 염료 층과 모르타르의 탄산칼슘과 합쳐진다.

그러나 보통의 석회 결정으로는 이것이 불가능하다. 이 결정은 너무 커서 염료 층의 갈라진 틈에 깊숙이 침투할 수 없기 때문이다. 따라서 나노 미립자로만 가능하다. 지름이 100~250나노미터인 미립자는 매우 가벼워 용액에서 떨어져 나올 염려가 없다. 그러나 '일반' 수산화칼슘에서는 쉽게 떨어져 나온다. 그 밖에도 '나노'와 같이 작고 평평할 경우에는 수분을 효과적으로 흡수하여 탄산칼슘으로 변환하기가 더 쉬워진다.

포함하고 있는 제올라이트(규산알루미늄)가 저수(貯水) 구실을 한다. 용기가 완전히 밀폐되어 있을 경우 크기가 10×10센티미터인 자루는 공기중의 산소 10리터를 흡수하여 산소 함유량을 0.01퍼센트 이하로 줄일 수 있다. 또 다른 방법으로는 산소, 규조토, 폴리에틸렌,

회화를 정성스럽게 처리하기

귀중한 회화가 덧칠이 되어 있거나, 또는 누렇게 변하고 얼룩이 생긴 니스(겉면의 보호층을 말함)로 인해 망가졌을 수 있다. 일반 유기 세척제로 얼룩을 제거할 경우에는 항상 그 아래에 있는 염료 층이 손상될 위험이 있다. 튀빙겐 대학에서 미술품을 더 조심스럽게 다루는 방법을 개발했다. 노화한 오일니스는 화학적으로 볼 때 일종의 폴리에스터이며, 강알칼리 처리를 통해 수용성의 작은 조각으로 쪼개질 수 있다. 튀빙겐 대학의 연구진은 고분자 폴리에틸렌글라이콜에 용해되는 수산화루비듐을 염기로 사용한다. 이 긴 중합체 고리는 각각 탄소원자 두 개와 산소원자 한 개가 계속해서 반복되는 구조를 갖고 있다. 이 구조는 크라운에테르의 구조와 유사하다. 또한 크라운에테르에서와 같이 폴리에틸렌글라이콜 고리의 여러 산소원자는 루비듐 이온을 강하게 압박한다. 이 착물은 회화 층 깊숙이 침투하기에는 너무 크다. 따라서 얼룩 제거는 표면에서부터 서서히 이루어지게 된다. 그 밖에도 이 용액은 매우 끈적끈적하여 작은 조각들이 그 안에서 서서히 움직이기 때문에 복원기술자가 반응 용액의 느린 또는 빠른 움직임을 통해 층 고르기를 조절할 수 있다(예를 들어 면봉을 굴리거나 주걱을 사용하여).

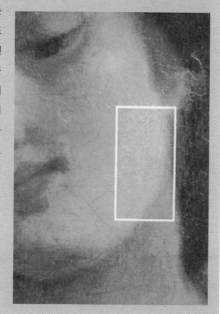

크라운에테르와 성질이 비슷한 화합물인 수산화루비듐/폴리에틸렌글라이콜을 사용하여 17세기 유화의 얼룩을 제거했다. 세척한 부분을 현미경으로 관찰해본 결과 그림 표면에는 별다른 변화가 없었다.

소석회(수산화칼슘), 활성탄 등을 결합시키는 불포화 상태의 유기 성분이 들어 있는 흡수제를 사용할 수도 있다. 이 흡수제는 산화황과 질소 같은 공기 유해물질과 습기를 동시에 흡수해 서적이나 다른 예술품을 장기간 보존할 수 있다.

중요한 것은 화학이 옳다는 사실이다

인체에서 분자들이 내화하는 방법

뇌는 눈에 보이는 책상 위의 물건을 잡도록 손에게 어떻게 명령하는가? 우리는 배가 고프고 피곤하고 기분이 좋고 나쁨을 어떻게 인지하는가? 병원체의 침입을 막는 기능을 하는 세포들은 낯선 미생물이 인체에 침입했음을 어떻게 알며, 그 미생물의 침입을 막아내는 방법을 어떻게 찾아내는가? 이러한 몇 가지 예만으로도 인간과 동물은 물론 식물에서도 체내 정보망의 필요성이 확연히 드러난다. 생물은 이러한 목적으로 화학을 사용한다. 즉 특수 전달물질이 정보 소유자의 구실을 담당하며, 안테나로서 단백질 분자, 이른바 수용체가 사용된다.

지휘본부로서 뇌

뇌의 신경세포 및 손발의 신경세포와 근육세포들 간에는 눈부시게 빠른 속도로 소식이 전달된다. 길을 걷다가 장애물을 만나면 우리는

20:03 심장박동

시간을 정확히 지킬 수 있어서 정말 다행이야. 그 사람도 와 있으면 좋겠는데. 아, 저기 저쪽 벽에 서 있는 사람이 맞지? 기가 막힐 정도로 잘생겼어. 사진 지 꽤 되었는데 도 만날 때마다 흥분된단 말이야. 무릎이 후들후들 떨려. 이런 적은 한번도 없었는데. 나를 본 그 사람이 빠르게 다가온다. 나를 보고 저렇게 계속 웃는다면 내 얼굴 또는 호르몬이 미친 듯이 분비될 텐데.

이른바 눈 깜작할 사이에 반응한다. 즉 장애물에 걸려 넘어지지 않
두록 순간적으로 발을 들어올린다. 이때 먼저 '앞에 무엇인가가 있
다'는 메시지가 눈에서 뇌로 전달되고 이 메시지는 뇌에서 '발을 들
어올린다'는 명령으로 전환된다. 이 명령은 또다시(평균 키에 해당하
는 사람의 경우 길이가 1미터가 넘는 신경섬유를 통해) 수신자인 발 근육
에 전달되어야 한다. 신호는 신경세포 내에서 작은 전기 임펄스의
형태로 신경섬유를 따라 이 섬유의 끝부분까지 이동한다. 이곳에서
신경섬유는 신호가 전달될 또 다른 신경세포와 만난다. 시냅스라고
일컬어지는 이곳에서는 두 세포가 서로 직접 맞닿아 있는 것이 아니
라 중간에 미세한 틈을 두고 있다. 이 틈을 시냅스 틈새(synaptic cleft)
라고 한다. 시냅스에서 신호를 전달할 세포의 신경 말단에는 정보
전송에 필요한 전달물질, 예를 들어 아세틸콜린이라는 신경전달물
질로 가득 찬 작은 주머니들이 들어 있다. 신경세포에서 전기신호가
시냅스에 도달하면 곧바로 이 작은 주머니들이 열리며 전달물질이
시냅스 틈새로 방출된다. 전달물질은 두 번째 세포의 바깥쪽에 있는
신호 수신자, 즉 수용체와 만나게 된다.

아세틸콜린 분자가 수용체와 결합하면 수용체는 모양이 변화한
다. 이 작은 움직임이 두 번째 세포에 등록되고 새로운 전기신호로
바뀌어 그 다음 시냅스로 전달된다. 그러나 이러한 신경 흥분 상태
가 끝까지 지속되어서는 안 된다. 신경은 가능한 빨리 휴지 상태로
복귀해야 한다. 그래야만 새로운 자극을 받아들여 처리할 수 있다.
따라서 신호를 다시 차단해야 하는데, 시냅스 틈새에는 이 일을 전
담하는 효소가 존재한다. 이 효소는 아세틸콜린에스테라아제로서
아세틸콜린을 두 부분, 즉 아세트산과 콜린으로 '나누는' 분자 가위
처럼 작용한다. 이들이 수용체에서 떨어져 나가면 수용체는 초기 상
태로 다시 이동하고 곧바로 그 다음 전달물질 분자를 받아들일 수

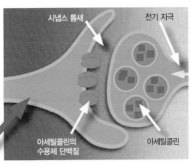

시냅스 틈새   전기 자극

아세틸콜린의
수용체 단백질   아세틸콜린

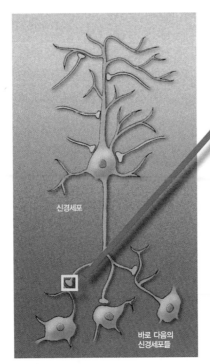

신경세포

바로 다음의
신경세포들

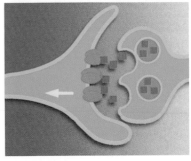

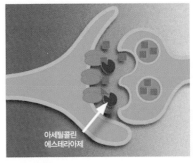

아세틸콜린
에스테라아제

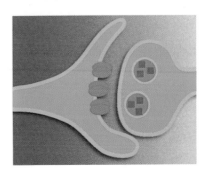

아세틸콜린은 뇌에 있는 가장 중요한 전달물질 중 하나이다. 신호를 하나의 신경세포에서 그 다음 신경세포로 또는 신경세포에서 근육세포로 전달하는 일을 맡고 있다. 화학적으로 볼 때 아세틸콜린은 아세트산(오른쪽 분자 부분)과 알코올콜린(왼쪽 분자 부분)으로 이루어진 에스터이다. 콜린의 질소원자는 보라색, 아세트산의 산소원자는 빨강, 탄소는 회색, 수소는 하양으로 표시되어 있다. 신경세포는 시냅스 틈새에 아세틸콜린을 방출함으로써 전기 자극에 반응한다. 아세틸콜린은 두 번째 세포의 수용체와 결합하여 그곳에서 새로운 신호를 생성한다. 특수 효소, 즉 아세틸콜린에스테라아제가 수용체와 결합한 아세틸콜린을 분해한다. 수용체는 다시 자유로운 상태가 되어 다음 신호를 수신할 준비를 갖춘다.

있다. 이러한 방법으로 시냅스에 도착하는 전기신호
는 매우 빠른 속도로 전달된다.

수많은 신경독소들, 특히 예전에 효험 있던 살충제(오늘날에는 사
용 금지됨) 또는 화학전용 신경가스로 생산되었던 유기인산염은 아
세틸콜린에스테라아제를 공격하여 무력화시키기 때문에 매우 위험
하다. 근육 경련과 마비를 일으키고 호흡기관으로 번지면 곧바로 사
망할 수도 있다.

아세틸콜린은 하나의 신경세포에서 그 다음 신경세포로 신호를
전달할 뿐만 아니라 신경에서 근육으로 정보를 전송하는 데에도 관
여한다. 또한 기억력과 학습 활동에서도 중요한 구실을 한다. 신경
전달물질인 아세틸콜린과 아세틸콜린을 비활성화시키는 효소인 아
세틸콜린에스테라아제, 신호 수신자로서 아세틸콜린 수용체 간의
협력에 장애가 생기면 파킨슨 또는 알츠하이머와 같은 병에 걸리게
된다. 알츠하이머병에 걸린 사람들은 심각한 기억력 장애와 인격 변
화로 고통을 받는다. 가족을 알아보지 못하고 자신의 이름도 모르며
조금 전에 음식을 먹으려 했음도 기억하지 못한다. 현재까지는 효과
적인 치료 방법이 없다. 그러나 이 병의 초기 단계에서는 갈란타민,
즉 갈란투스로 만든 알칼로이드 약물로 증세를 약화시킬 수 있다.

뇌에는 아세틸콜린 외에도 전달물질이 매우 많다. 이 전달물질들

갈란투스에 들어 있는 천연 재료인
갈란타민은 초기 단계의 알츠하이머
병을 치료하는 데 효과적인 최초의
의약품이다. 갈란타민은 질소(보라색)
와 산소(빨강)를 포함하는 탄소 고리
(회색)들이 서로 결합되어 있는 구조
이다. 수소원자는 하양으로 표시되어
있다.

작은 분자가 놀라움을 안겨준다

사람들은 보통 일산화질소(NO)를 산성비와 환경오염의 원인이 되는 자동차 배기가스의 구성 성분으로 알고 있다. 일산화질소는 무색의 유독가스이다. 이 분자는 쌍을 이루지 않은 전자 한 개를 갖고 있는 반응성이 큰 자유라디칼이다. 따라서 만나는 거의 모든 분자와 곧바로 반응하므로 보통 수명은 한순간이다. 1970년대의 발견자들조차 처음에는 우리의 몸이 일산화질소를 전달물질로 사용한다는 사실을 좀처럼 믿지 못했다. 일산화질소는 병원체와 암세포의 파괴를 돕고 기억력을 강화하며 근육의 긴장을 푸는 데 사용된다. 또한 관 모양의 근육인 혈관의 안쪽 세포에서 방출되어 이웃한 부분의 긴장을 푼다. 이렇게 해서 힐압이 내려가게 된다. 협심증 치료제인 나이트로글리세린도 이러한 작용을 활용한 것이다. 오래 전에 우연히 발견된 이 의약품은 인체에서 일산화질소를 방출한다. 그러면 혈관(좁아진 관상혈관도 포함)이 확장되어 산소를 함유한 혈액이 심장에 다시 원활하게 공급된다. 일산화질소는 유독가스이고 너무 강하게 반응하기 때문에 직접 사용할 수는 없다. 따라서 인체에서 일산화질소를 방출하는 화합물을 이용한 우회적인 방법을 선택해야 한다.

그 밖에도 일산화질소는 우리의 유기체에 원하지 않는 침입자가 들어오는 것을 막는다. 특수 혈액세포, 이른바 과립백혈구는 치사량의 일산화질소를 함유하고 침입한 박테리아나 변질된 세포를 파괴한다. 감염 시 너무 많은 일산화질소가 생성될 경우 혈압이 급격히 떨어져 생명을 위협하는 합병증, 즉 패혈증 쇼크를 초래할 수도 있다. 패혈증 쇼크가 일어났을 때에는 심장순환계가 붕괴하고 신장 기능이 멈춘다.

잘 알려진 비아그라는 일산화질소 전달물질의 영향권에 개입한다. 성적인 자극을 받으면 신경신호가 페니스 혈관 내에서 일산화질소의 생성을 촉발한다. 이 일산화질소는 긴장 완화와 혈관 확장을 유발하며 혈액이 해면체로 흘러 들어가서 발기한다. 비아그라의 작용물질인 실데나필(Sildenafil)은 포스포다이에스테라아제(phosphodiesterase, PDE)라는 이름의 효소를 억제함으로써 일산화질소의 작용을 돕는다. 일산화질소의 경쟁자인 포스포다이에스테라아제는 혈관을 다시 수축함으로써 일산화질소의 작용을 막는다. 이렇게 되면 혈액이 해면체에서 밀려나와 페니스가 작아지게 된다. 질산염이 포함된 약(나이트로링구알)이나 일산화질소를 방출하는 약(나이트로프루시드나트륨)을 복용하는, 심장장애가 있는 남성의 경우에는 비아그라를 삼가야 한다. 작용물질들의 결합이 혈압을 급격히 떨어뜨려 심장과 순환계의 기능을 멈추게 할 수 있다(사망할 수도 있음).

온 각가 특별한 임무를 수행하며, 이 임무를 위해 독자적인 수용체와 이 수용체의 작용을 다시 차단하는 독자적인 효소를 갖고 있다.

가바: 천연 진정제

아세틸콜린은 외부의 자극을 하나의 신경세포에서 그 다음 신경세포로 전달하는 구실을 한다. 그런데 무질서한 자극의 홍수 속에 가라앉지 않으려면 생물체는 긴장 완화와 신호 차단을 진담하는 길생자가 반드시 필요하다. 이러한 체내 진정제가 가바(GABA), 즉 감마아미노부티르산(Gamma Amino Butyric Acid)이다. 가바는 뇌에서 가장 중요한 억제성 신경전달물질이다. 즉 시냅스에서 신호의 전송을 차단하며 그와 동시에 스위치로서 작용한다.

제약 산업에서는 오래 전부터 가바의 진정 효과를 치료 원리로 사용하고 있다. 따라서 가바 수용체에서 일어난 일에 개입하고, 예를 들어 전달물질의 작용을 그대로 따라하는 일련의 의약품들이 존재한다. 대다수의 신경안정제와 수면제, 특히 현재 널리 알려진 발륨(Valium)이 이에 속한다. 알코올도 뇌의 가바 결합 장소를 공격한다. 이는 알코올도 진정 효과가 있음을 뜻한다. 그 밖에 가바 시스템은 대뇌의 운동 영역과도 관련이 있다. 알코올을 많이 마실수록 가바 시스템은 점점 더 억제된다. 그 결과 술을 마신 사람의 움직임은 점점 더 느려지고 조화를 이루지 못하며 결국에는 통제할 수 없는 상태에 이르게 된다.

가바(GABA), 즉 감마아미노부티르산은 신경세포의 자극을 가라앉히고 신호 전달을 중단시키는 전달물질이다. 대다수의 수면제와 진정제는 가바와 가바 수용체에서 분자적으로 일어난 일에 개입함으로써 효과를 발휘한다. 널리 알려진 발륨도 마찬가지다.

신체 자생의 분위기 메이커

세로토닌은 우리의 뇌에 들어 있는 화학 전달물질로서 기억력과 집중력, 식욕, 수면 주기, 통증 제어, 성적 쾌감에 중심적인 구실을 한다. 뇌에서 세로토닌의 양이 증가하면 기분이 고조되어 더 즐거운 느낌을 갖게 된다. 항우울제로 사용하는 플루옥세틴(Fluoxetine) 물질의 작용도 이 메커니즘에 기인한다. 플루옥세틴은 가장 애용되는 우울증 치료제인 프로작(미국)과 플루틴(독일)의 주성분으로서 한번 방출된 세로토닌이 신경세포에 의해 다시 빨리 흡수되는 것을 방지한다. 더불어 세로토닌 농도를 비교적 장시간 고농도로 유지시키며 탄소(회색)로 구성된 6각형의 고리와 질소원자(보라색)를 포함한 5각형의 고리 구조를 가진 **세로토닌**은 뇌의 전달물질로서 우리의 기분을 조절하는 구실을 한다. 세로토닌이 많이 분비되면 기분이 좋아진다.

기분 좋은 상태도 지속시켜준다. 라이프스타일 의약품인 프로작은 소비자에게 더 큰 삶의 기쁨과 활력을 가져다준다. 그러나 지나치게 높은 세로토닌 농도로 인한 '세로토닌 증후군'의 위험도 존재한다. 대표적인 증상은 공격성, 경련, 발작, 간의 신진대사장애 등이다. 그 밖에도 프로작은 성적 욕구를 감소시킨다. 따라서 추가적으로 또 다른 '라이프스타일 의약품'(예: 정력을 향상시키는 비아그라)을 복용해야 하는 결과를 초래할 수도 있다.

엔도르핀도 우리의 안녕에 영향을 미치는 신체 자생 물질이다. 강한 통증이 있거나 스트레스를 받을 때, 또는 유쾌한 경험을 할 때 분비된다. 스포츠 활동에서도 신체적인 능력의 한계에 이르면 엔도르핀이 더 많이 생성된다. 조깅을 하는 사람들 대다수가 조깅 중독이라고 할 만큼 매일 규칙적으로 조깅을 하는 이유도 바로 엔도르핀 때문이다. 뇌에는 엔도르핀을 위한 특별한 수용체가 있다. 헤로인과 모르핀과 같은 강력한 마약도 이 수용체와 결합할 수 있음이 밝혀졌다. 그러므로 이 마약들은 위험한 중독성을 갖고 있다. 가장 최근의 연구 결과에 따르면 엔도르핀은 진통제의 플라세보 효과와도 관련 있다. 약리 효과가 없는 가짜 약(플라세보)을 매우 효험 있는 진통제라고 믿고 이를 복용한 사람은 통증을 훨씬 덜 느낀다. 좋은 약일 것이라는 믿음이 더 많은 엔도르핀의 생성을 야기하고 엔도르핀이 수용체와 결합하여 통증을 감소시켰기 때문이다.

신체 곳곳에 존재하는 전달물질

뇌뿐만 아니라 나머지 다른 신체 부위에도 화학 전달물질이 존재한다. 그중에서 가장 잘 알려진 전달물질은 호르몬 그룹이다. 호르몬 중 일부는 마찬가지로 뇌의 특정 부분에서 형성되지만 갑상선, 췌장, 생식선, 부신피질과 같은 다른 조직에서도 형성된다. 호르몬은 혈액을 통해 몸 전체로 퍼져나가며 매우 상이한 장소에서 효과를 발휘할 수 있다. 자신의 목표에 도달한 호르몬은 그곳에서 특별한 호르몬 수용체와 결합하여 목표 기관 또는 목표 세포의 활동을 변화시킨다. 예를 들어 췌장에서 분비된 인슐린은 근육세포로 하여금 혈액에서 포도당을 흡수하여 저장 분자인 글리코겐으로 바꾸어 세포 내부에 저장하도록 한다. 인슐린은 이러한 방식으로 혈당의 농도를 조절한다. 호르몬은 수십 분, 또는 수 시간이 지나야만 효과를 발휘하는 반면에 세포는 한순간에 정보를 전달한다.

인체 내에서 호르몬의 임무가 매우 다양한 것처럼 호르몬의 화학 구조도 많은 차이가 난다. 호르몬은 큰 프로테인, 즉 단백질 분자일 수 있지만 적은 수의 아미노산으로 이루어진 작은 펩타이드일 수도 있다. 이른바 스테로이드 호르몬은 각각 탄소 여섯 개를 가진 세 개의 고리와 탄소 다섯 개를 가진 한 개의 고리로 이루어진 콜레스테롤(담즙의 구성 성분)에서 유래한다. 그 밖에도 갑상선 호르몬인 티록신 또는 스트레스 상황에서 부신수질에서 분비되는 호르몬인 아드

호르몬은 뇌 또는 신체의 특별한 선(腺)에서 생성되어 혈류로 방출되는 전달물질이다. 호르몬은 여러 장소에서 작용하며 혈압, 성장, 성 발달, 수면 주기와 같은 매우 상이한 신체 기능들을 조절한다. 그림은 신체의 어느 부분에서 어떤 호르몬이 생성되는지를 나타낸 것이다.

❶ 뇌하수체: 성장 호르몬, 프로락틴, 리포트로핀, 멜라닌 세포 자극 호르몬, 옥시토신
❷ 송과선: 세로토닌, 멜라토닌
❸ 갑상선: 티록신
❹ 가슴샘: 가슴샘 호르몬
❺ 췌장: 인슐린
❻ 부신피질: 아드레날린, 부신수질 호르몬, 코티솔, 코티코스테론
❼ 생식선: 여성/남성 성 호르몬

호르몬은 우리 몸에서 수많은 과정을 제어한다. 그중에는 임신의 진행, 생리 주기, 성 발달 등이 있다.

레날린처럼 티로신에서 생성되는 호르몬도 존재한다.

뇌에서 형성되는 호르몬은 거의 모두 펩타이드이거나 프로테인이다. 이들은 상급 기관으로서 다른 신체 조직에서의 호르몬 생성을 제어하는 막후 숨은 실력자이다. 호르몬은 성 발달 · 여성의 생리 주기 · 임신 진행 과정에 영향을 미치며, 신체 성장과 근육 형성을 제어한다. 혈압을 높이거나 낮추고, 신장을 통해 수분 흡수와 배설을 지원한다.

혈액 내의 호르몬 함유량은 변동이 심하다. 1년 주기로(예: 테스토스테론 남성 호르몬), 1개월 주기로(예: 에스트로겐 여성 호르몬), 매일 (예: 코티솔 호르몬), 또는 심지어 시간마다(예: 여성의 생리 주기에 중심

식물에게도 호르몬이 필요하다

식물 호르몬은 일련의 기본적인 식물 생장 과정에 영향을 미치는 화학적으로 다양한 유기 화합물 그룹과 관련이 있다. 식물 호르몬의 활동 장소도 동물 호르몬과 마찬가지로 합성 장소에서 멀리 떨어져 있다. 또한 가장 적은 양으로 작용한다. 그러나 작용 범위는 동물 호르몬보다 훨씬 더 광범위하여 여러 호르몬이 힘을 합쳐 대부분의 식물 발달 과정을 제어한다. 예를 들어 뿌리의 형성을 제어하고 세포분열과 길이 성장을 자극한다. 잎이 떨어지는 것을 억제하고 꽃을 피게 하며 열매의 성수을 촉진한다. 매우 놀랍고 신기한 사실은 에틸렌이 식물 성숙 호르몬이라는 점이다. 완전히 익은 사과는 에틸렌을 주변으로 발산한다. 아직 익지 않은 토마토 또는 바나나를 이 사과와 함께 놓아둘 경우 이를 쉽게 확인할 수 있다. 시간이 얼마 지나지 않아 토마토 또는 바나나가 완전히 익은 것을 발견할 수 있다.

적인 구실을 하는, 또한 남성의 경우에는 정자 형성에 긍정적인 영향을 미치는 난포 자극 호르몬) 호르몬 함유량이 달라질 수 있다. 호르몬은 효과가 아주 강하기 때문에 언제나 매우 낮은 농도로만 혈액 속에 존재해야 한다. 효소는 호르몬을 빠르게 분해한다. 이런 방식으로 인체는 호르몬 효과의 강도와 지속 시간을 제어한다.

순수 호르몬은 아니지만 호르몬과 유사하게 작용하는 전달물질이 바로 프로스타글란딘이다. 프로스타글란딘의 구조는 불포화지방산(프로스탄산)에서 유래한다. 프로스타글란딘은 거의 모든 신체 조직에 존재하며 그곳에서 매우 다양한 효과를 발휘한다. 특히 고열과 통증, 염증 과정에 관여하고 있다.

스트레스 호르몬

신체적·정신적으로 스트레스를 많이 받게 되면 부신수질에서 아드레날린이 대량으로 분비된다. 아드레날린은 호르몬이면서 동시에 신경전달물질이다. 부신수질의 섬유세포에서 혈류로 방출되지만 한편으로는 우리가 영향을 미칠 수 없는 자율신경계의 세포에서도 방출  된다. 그곳에서 아드레날린은 특별한 수용체와 결합하여 맥박수를 높이거나 심장박동과 혈압을 상승시키며 산소 소비량과 혈당량을 증가시킨다. 그러면 우리의 몸은 비상 준비 태세로 들어간다. 그러나 지속적인 스트레스는 우리의 몸에 여러 가지 해를 끼친다.

신체 내부의 시계

멜라토닌 호르몬은 인간의 생물학적 시계를 조절한다. 빛의 상태에 따라 뇌의 송과선에서 생성된 다음 혈액으로 방출되어 몸 전체에 현재 시각을 알려준다. 멜라토닌 생성은 주로 어두울 때 이루어진다. 낮에는 멜라토닌이 형성되지 않는다. 1년 동안 여러 가지 빛의 상태를 근거로 하루 주기 리듬 외에도 1년 주기 리듬이 생겨난다. 겨울에는 여름보다 더 오랜 기간에 걸쳐 멜라토닌이 생성된다. 추측건대 봄에 쉽게 피로를 느끼는 현상도 멜라토닌과 관련이 있다. 낮은 점점 더 길어지는데 멜라토닌 생성은 겨울에 맞추어져 있어 하루 종일 더 자주 피로를 느끼는 것이다.

멜라토닌의 생성은 나이에 따라서도 변한다. 약 3개월 이하의 어린이는 멜라토닌이 생성되지 않는다. 신생아의 수면 시간과 깨어 있는 시간이 낮밤의 리듬과 차이가 나는 것은 바로 이 때문이다(젊은 엄마 아빠들에게 큰 고통을 안겨준다). 멜라토닌의 양이 서서히 증가할 때에 비로소 정상적인 하루 주기 리듬이 발달하기 시작한다. 멜라토닌 농도는 1세에서 3세 사이에 가장 높다. 따라서 이 나이의 어린이들은 대부분 잠을 많이 잔다. 나이 든 사람은 젊은 사람처럼 밤에 멜라토닌이 그렇게 많이 생성되지 않는다. 이것은 나이 든 사람이 더 자주 수면장애를 호소하는 이유 중 하나일 수 있다. 젊은 사람의 경우 밤에 멜라토닌이 12배 상승하는 반면, 나이 든 사람의 경우에는 낮과 비교해서 약 세 배 정도 상승한다.

멜라토닌은 만성적인 수면장애의 경우에 수면제로 사용된다. 또한 장시간 비행기를 탄 후 시차로 인해 수

멜라토닌은 우리의 몸에 시각을 알려주는 '생물학적 시계'이다. 사람들은 해외여행을 한 후 시차에 더 빨리 적응하기 위해 이 호르몬을 복용한다. 아래 그림의 젊은 화학자가 그렇게 한다면…….

면장애를 겪는 사람에게도 내부 시계
를 다시 올바로 맞추는 데 도움이 될
수 있다.

청춘의 샘
데하이드로에피안드로스테론(DHEA,
dehydroepiandrosterone)은 부신의 콜
레스테롤에서 시작해서 뇌와 피부에

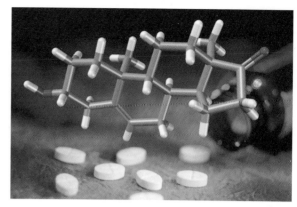

서 생성되는 스테로이드 호르몬이다. DHEA는 다른 호르몬, 특히 남

DHEA는 다른 호르몬의 초석이 되는
호르몬이다(예: 성 호르몬 생성 시).
많은 사람들이 이 호르몬에 청춘의
샘의 속성들이 담겨 있다고 믿는다.
그러나 아직 증명되지 않았다.

성 호르몬과 여성 호르몬의 생성에 초석이 되는 '중간 호르몬'이다.
약 40세부터는 신체 내에서 DHEA 분비량이 감소하여 여성의 경우
에스트로겐 생성의 점진적인 감소와 갱년기 증상이 초래된다. 남성
의 경우에도 테스토스테론 생성이 점차 줄어든다. 테스토스테론 생
성이 감소하면 또다시 DHEA도 적게 생성된다. 이러한 낮은 DHEA
는 콜레스테롤 농도를 증가시켜 위험한 결과를 초래할 수 있다.
DHEA 분비량이 줄어들면 스트레스를 견뎌내는 능력도 줄어든다.
몇몇 실험 결과에 따르면 DHEA는 콜레스테롤 농도를 낮추고 혈액
의 응고 능력에 긍정적인 영향을 미쳐 심장-순환장애를 방지할 수
도 있다. 또 다른 연구 결과는 DHEA가 기억력을 향상시키고 면역
시스템을 강화하며, 체지방 감소를 활성화하고 리비도를 증가시킴
을 보여준다. 따라서 많은 사람들이 DHEA를 청춘을 유지할 수 있는
묘약으로 간주하며, 이러한 목적으로 복용한다.

질병 예방을 위한 화학 전달물질
우리 면역 시스템의 세포들도 화학 전달물질을 사용하여 정보를 교
환한다. 이들은 필요 시 고열과 같은 염증 반응을 일으키는 단백질

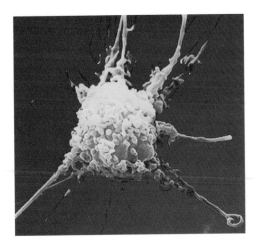

매크로파지는 신체 자생의 면역방어 세포이다. 침입한 병원체들을 포식하고 소화하여 무해하게 만들 수 있다. 따라서 대식세포라고도 한다.

화합물을 생성한다. 예를 들어 인터페론은 면역 세포의 특정한 하위 그룹의 활동과 기능을 제어하며 바이러스의 증식을 막는다. 이른바 종양괴사인자는 변질된 세포의 파괴를 조절하여 종양이 생기는 것을 막는다. 침입한 병원체를 받아들여 없애는 면역 시스템의 백혈구들을 염증 병소로 유인하기 위해 염증이 발생한 조직이 생산하는 이른바 주화성 인자도 있다. 주화성 인자의 농도는 염증이 발생한 곳에서 가장 높고 멀수록 낮다. 주변의 백혈구들이 이러한 농도 차이를 감지하여 인자량이 증가하는 방향, 즉 염증 병소로 이동하게 된다. 그곳에서 백혈구는 질병을 일으키는 침입자와 싸운다. 염증이 발생한 상처 부위에서 백혈구를 확인할 수도 있다. 즉 고름은 백혈구에 해당하는 다량의 면역세포로 이루어져 있다.

화학의 연애편지

곤충도 화학 전달물질인 페로몬을 사용하여 의사소통을 한다. 페로몬은 성적 유인물질이다. 즉 비교적 멀리 떨어진 두 파트너를 서로 만나게 하는 분자이다. 따라서 이를테면 번식할 준비가 된 암모기는 소량의 페르몬 분자만을 주변으로 발산해야 한다. 이 분자들이 근처에 있는 예비 파트너의 수용체에 의해 수용되면 그를 유혹할 뿐만 아니라 동시에 그의 번식 욕구를 자극하여 이에 필요한 행동을 취하게 하기 때문이다. 페로몬의 효과는 매우 강해서 해충 박멸 시에 이른바 페로몬 덫의 유인물질로 사용된다. 또한 다수의 페로몬 미끼를 놓아두는 경우도 있다. 여러 곳에 놓인 유인물질들은 수컷을 혼란시켜 알맞은 암컷을 찾아낼 수 없게 한다.

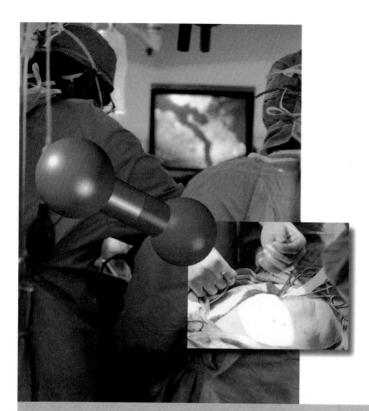

신체 자생의 방어 시스템에 따른 새로운 장기의 거부 반응은 장기이식에서 가장 우려되는 증상이다. 일산화탄소가 이러한 증상을 억제하는 데 기여할 것으로 보인다. 따라서 일산화탄소를 의약품으로 사용하는 문제와 관련해 연구가 집중적으로 이뤄지고 있다

독도 약이 될 수 있다

일산화질소처럼 유독가스인 일산화탄소도 신체 내의 신호 전송자로 작용할 수 있다. 최근의 연구 결과에 따르면 일산화탄소는 심장순환계와 연관되어 있다. 장기이식 후 거부 반응을 억제하고 장기나 조직으로 혈액 공급이 중단됨으로써 발생할 수 있는 피해를 줄이는 데 기여한다. 따라서 일산화탄소를 의약품으로 사용하려는 시도는 매우 당연하다. 그러나 이를 위해서는 일산화질소의 경우처럼 신체에서 일산화탄소를 방출하는 화합물이 필요하다. 이와 관련해서 영국의 과학자들이 최초로 실험을 실시해, 금속 카보닐 착물을 생산했다. 이때 중심 금속원자(루테늄 또는 철) 주변의 일산화탄소 분자들과 또 다른 여러 리간드들이 그룹으로 분류된다.

루테늄 착물은 미오글로빈(근육에서 산소 운반에 관여하는 단백질)이 존재하는 상태에서 매우 빠르게 일산화탄소를 방출한다. 동물 실험에서 이 착물은 심장이식 후 혈관 확장 작용과 수명의 뚜렷한 연장을 보여주었다. 일산화탄소를 미오글로빈으로 전달하지는 않지만 혈관 확장을 일으키는 철 착물도 주목할 만하다. 여기에서는 일산화탄소가 직접 세포로 방출되는 것으로 보이며, 따라서 일산화탄소를 직접 조직으로 운반할 가능성이 열릴 수 있다.

일산화질소와 일산화탄소(국부적으로 제한 작용하는 전달물질) 같은 작은 분자들의 출현은 의학 연구에서 놀라운 사건이었다. 이로부터 어떠한 가능성들이 생길지는 현재까지 예측할 수 없다.

우리는 우리의 유전자를 안다

그렇다고 우리 자신을 더 잘 아는가?

서로 가까워지기 위해서는 탐색하는 듯한 대화가 필요하다. 인간을 인
간답게 만드는 것은 무엇인가? 우리를 조종하는 것은 유전자의 화학 작
용인가? 아니면 또 다른 영향에 따른 것인가? 이 문제에 대해 많은 밤을
새워가며 철학적인 대화를 나눌 수 있다. 무엇보다도 매력적이고 결기
한 대화 파트너가 있을 경우에 말이다. 그러나 축어를 게을리 하지 말아
야 한다. 무턱대고 감동하는 것은 결코 좋은 일이 아니다.

인간의 유전형질이 완전히 해독되면서 과학은 중대한 국면으로 접어들었다. 그러나 우리는 인간의 생하학적 개별 정보를 손에 가득 쥐고 있을 뿐이며 포괄적인 큰 그림은 그릴 수 없음을 점점 더 깨닫게 된다. 유기체를 이루는 모든 화학적 토대를 안다고 하더라도 아직 이로부터 기능하는 생물을 구성하는 수준에는 이르지 못했다. 현실은 게놈 연구자의 낙관적인 희망들을 거둬들였다. 유전자 기술과 게놈 연구가 시작된 지 약 25년이 지난 지금 우리는 실제로 무엇을 알게 되었으며, 이 지식을 토대로 무엇을 할 수 있는가?

DNA 유전물질의 **이중나선 구조**는 사다리를 비틀어서 꼬아놓은 것 같은 모양을 하고 있다. 사다리의 디딤판들이 네 개의 염기쌍, 즉 아데닌, 시토신, 구아닌, 티민을 형성한다.

퍼즐 게임의 일부분처럼 인간의 게놈 전체에 관한 데이터가 나와 있다. 즉 인간의 모든 유전인자와 인간의 완전한 생물학적 체계가 알려져 있다. 이제 이 체계 설명서의 모든 '알파벳'을 올바르게 분류하여 해당 '단어', 즉 유전자에 할당할 날도 그리 머지않은 것처럼 보인다.

게놈 연구가 더 많은 성과를 거둘수록 유전자에 대한 지식을 기반으로 새로운 치료 형태 또는 의약품을 개발하리라는 큰 희망이 기대만큼 충족되지 않았음이 더 명백해지고 있다. 유전물질인 DNA(deoxyribonucleic acid)의 정확한 분석은 의약품의 새로운 목표 구조를 찾는 작업을 촉진할 수 있지만(진단에서 DNA는 필수불가결한 보조 수단이 되었다) 결정적인 문제들은 계속 미해결 상태다. 즉 각각의 개별 세포에는 전체 유기체의 완전한 유전 체계가 들어 있다. 그러나 이 세포들은 항상 이 명령들의 일부만을 변환하여 전문적인 체세포로 발달한다. 신경세포와 근육세포/피부세포가 모두 동일한 게놈을 나타냄에도 이들은 어떻게 구별이 가능한가? 해롭지 않은 간세포가 왜 갑자기 변질되어 악성 종양을 형성하는가? 에이즈 병원체와 같은 특정한 바이러스에 걸렸을 때 인체에 침입한 병원체를 막는 것이 임무인 면역세포의 기능은 왜 마비되는가? 나이가 들면 우리의 세

큰 애벌레와 섬세하고 부드러운 나비
두 생물은 다르게 보일 수 있다. 그렇지만 게놈은 동일하다. 이 동물들의 체세포에는 서로 다른 유전자가 활성화했기 때문에 다른 단백질들이 생산되어 활동을 전개한다. 따라서 애벌레와 나비의 프로테옴, 즉 단백질 전체는 상당한 차이가 있다.

포에 어떤 일이 일어나는가? 이러한 근본적인 질문들에 대한 답을 게놈 분석으로 모두 얻기는 어렵다. 유전자 정보는 세포의 가능한 모든 속성과 능력들의 모음집인 아카이브(archive)를 형성한다. 이로부터 실제로 변환되는 것이 무엇인지, 즉 어떤 유전자가 활성화해 스스로에게 해당하는 생성물을 구성하는지는 바로 이 생성물, 그러니까 단백질의 분석을 통해서 비로소 알 수 있다. 단백질은 인체 내 곳곳에서 매우 다양한 임무를 수행한다. 효소는 상이한 신진대사 반응에 촉매 작용을 한다. 콜라겐과 같은 조직 단백질은 피부와 혈관, 힘줄, 연골 등의 주요 부분을 형성한다. 운반 단백질은 물질의 운반을 담당한다. 예를 들어 헤모글로빈은 인체 내에서 산소 운반체의 구실을 한다. 항체는 병원균을 막는 데 도움이 되며 수용체는 주변에서 세포 내부로 소식을 전달한다. 이외에도 예는 열거할 수 없을 만큼 무수히 많다. 인간의 세포 한 개에 들어 있는 약 2만 5000~3만 개의 유전자에서 1000만 개 이상의 단백질이 나타날 수 있다. 따라서 세포의 프로테옴(Proteome), 즉 이 세포가 일정한 시점에 생산하는 모든 단백질 분자의 총체를 분석하는 것은 해당 유전자를 분석하는 것보다 훨씬 더 복잡한 문제다. 그러나 프로테옴의 분석은 더 많은 정보를 제공한다. 각 체세포에서 동일한 정석 게놈과 달리 프로테옴은 동적으로 변화한다. 예를 들어 신진대사 효소는 영양이 풍부한 음식을 먹고 난 후와 배가 고플 때 서로 다르게 행동한다. 또한 수면중일 때 뇌에서 활동하는 수용체와 깨어 있을 때 활동하는 수용체가 서로 다르다. 세포의 단백질 구조는 주위 환경과 상호작용하는 속에서 매

식물의 화학적 스위치

모든 정원사는 겨울 혹한기가 길면 많은 식물들이 꽃을 더 활짝 피운다는 사실을 알고 있다. 이러한 효과는 유용 식물에도 적용된다. 몇몇 곡물들은 겨울이 시작되기 전에 파종해야 한다. 혹한기가 충분히 길어야만 풍성한 수확을 거두기 때문이다. 야로비 농법이라고 하는 이 과정의 분자상 기본 원리는 유전자와 단백질 간의 화학적 상호작용과 관련이 있다. 늦여름과 가을에 식물은 개화를 억제하는 특별한 단백질을 생산한다. 겨울에 추위가 오랫동안 지속되더라도 두 개의 유전자가 활성화하며, 이 유전자의 생산물들이 개화 억제 난백실 유전자의 활동을 중단시킨다. 유전자의 생산물들은 개화 억제 단백질 유전자의 DNA를 안정시키는, 이른바 히스톤 단백질의 아미노산에 화학적인 변화를 불러일으킨다. 이러한 화학적 변화는 개화 억제 단백질 유전자를 무력화시켜 개화 억제 단백질을 더 이상 생산하지 못하게 한다. 그리하여 날씨가 따뜻해지면 식물은 곧바로 새로운 꽃을 피울 수 있다.

분마다 변화할 수 있다.

DNA 블록

네 개의 요소만 사용하는 DNA 유전물질의 매우 간단한 구성 원리와 이를 근거로 한 특별한 화학적 속성들로 인해 아주 쉽게 DNA 유전물질 실험을 할 수 있다. DNA '분자'는 뒤틀린 긴 사다리 모양을 하고 있다. 당 성분과 인산염 성분이 교대로 합성된 두 개의 사슬이 사다리의 양 줄을 형성하고 이 줄에 디딤판이 고정되어 있다. 디딤판은 각각 아데닌(A)과 시토신(C) 또는 구아닌(G)과 티민(T) 등 염기쌍으로 이루어져 있다. 각각의 염기는 양 줄의 하나와 단단히 결합되어 있으며 이웃한 염기와는 매우 특별한 화학적 결합, 즉 수소결합을 이루고 있다. 이 결합은 이웃한 염기의 원자 두 개가 한 개의 수소원자를 서로 나눔으로써 형성된다. 이 수소원자는 염기 중 하나와 강하게 결합되어 있는 반면, 이웃한 염기는 이 원자를 끌어당기는 힘이 약하다. 따라서 DNA 사다리의 디딤판을 결합하는 수소다리는 비교적 쉽게 다시 끊어질 수 있다. 시험관의 경우에는 온도를 높이는 것으로도 충분하며 세포의 생물학적 환경에서는 특정한 효소들이 이 일을 맡는다. DNA 염기에서 가장 흥미로운 사실은 구아닌과 시토신의 경우 세 개의 수소다리를 형성할 수 있지만, 아데닌과 티민은 두 개밖에 형성하지 못한다는 점이다. 따라서 항상 두 쌍, 즉 A와 T 또는 G와 C만이 생성된다.

그리하여 DNA 사다리에서 수소다리를 파괴하면 사진의 포지티브와 네거티브 같은 관계에 있는 두 개의 반쪽을 얻게 된다. 따라서 적합한 염기를 보충함으로써 각각의 반쪽 가닥에서 아주 간단하게 부족한 반쪽을 재구성할 수 있다. 바로 이러한 현상이 세포의 증식, 즉 세포분열에서 일어난다. 전문화한 효소가 DNA 이중 가닥을 감

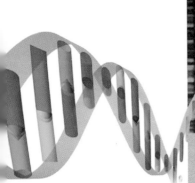

유전 암호

단세포 박테리아든 식물이든 동물이든 인간이든 모든 생물은 자신의 계통을 기록하여 다음 세대에게 전달하기 위해 동일한 화학 문자, 즉 유전 암호를 사용한다. 아네닌(A), 시토신(C), 구아닌(G), 티민(T) 염기가 유전자 알파벳의 네 '문자'를 형성한다. 이들은 서로 맞붙어 긴 '문장', 즉 DNA 분자가 된다. 이 문자 중 세 개가 그때그때 '단어'를 이룬다. 이 단어는 각각 생명에 중요한 20개의 아미노산 중 하나, 즉 세포의 기능 및 구조 인자(단백질)를 이루는 성분 중 하나를 나타낸다.

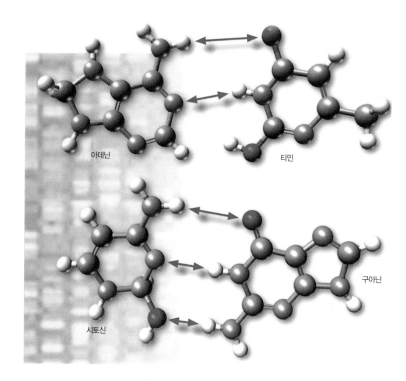

DNA 염기 **구아닌과 시토신**은 세 개의 수소결합을 형성할 수 있는 반면, 아데닌과 티민은 두 개밖에 형성하지 못한다(회색: 탄소원자, 하양: 수소원자, 빨강: 산소원자, 보라색: 질소원자).

아 올려 부족한 반쪽을 구성하기 때문에 두 딸세포는 각각 완전한 DNA 분자를 물려받게 된다. 이 분자는 원래 세포의 DNA 복사본이다. 각 DNA 분자는 이러한 수천 개의 염기쌍으로 이루어졌기 때문에 경우에 따라서는 복사 과정에서 오류가 발생한다. 그러나 자연은 이에 대해서도 미리 준비하여 적합한 복구 메커니즘을 발명했다. 이 메커니즘은 DNA 사다리를 매우 특정한 장소에서 완전히 끊을 수 있는 효소, 이른바 제한 효소와 DNA 조각을 다시 합치거나 개별 성분에서 더 긴 조각을 구성할 수 있는 다른 효소로 작동한다. 이러한 반응은 모두 세포 내에서 진행될 뿐만 아니라 적합한 상황에서는 시험관에서도 일어난다. 이와 동시에 유전자 연구자들은 DNA 분자를 기준에 따라 만들거나 복제, 또는 개별 부분으로 나누어 분석하는 데 사용할 수 있는 공구함을 입수하게 된다. DNA의 A, T, G, C 염기 서열은 우리의 유전인자와 지구상에 존재하는 다른 모든 생명체를 기록하는 데 사용되는 보편적인 '문자'이다. 효소적 방법과 화학적 방법의 결합은 결국 DNA 서열을 대량으로 자동 분석하기 위한 전제조건을 제공했으며, 이와 동시에 야심 찬 게놈 서열화 프로젝트를 가능하게 했다. 이 프로젝트는 30억 개의 인간 게놈 염기쌍을 해독함으로써 절정에 달했다.

단백질

단백질 연구는 게놈 연구보다 훨씬 더 오랜 전통을 갖고 있다. 19세기 중반에 이미 최초의 단백질이 결정체로 만들어져 연구되었지만 1953년이 되어서야 비로소 제임스 왓슨과 프랜시스 크릭이 DNA 유전물질의 구조를 해독하는 탁월한 업적을 남길 수 있었다. 그럼에도 불구하고 단백질 연구는 DNA 분석론의 대성공과 보조를 맞출 수 없었다. 그 이유는 단백질 분석이 DNA 분석보다 훨씬 더 어렵고 포괄적인 방법 목록을 필요로 하기 때문이다. 단백질의 구성 성분으로 자연에 헌신하는 20개의 아미노산과 달리 DNA의 유전 암호는 네 개의 '문자', 즉 아데닌 · 구아닌 · 시토신 · 티민 염기만을 사용한다. 이 '문자' 중 세 개만이 특정한 아미노산을 대변하는 '단어'를 형성한다. 유전자 내에서 이 '단어들'의 순서에 따라 1000개 이상의 아미노산이 서로 맞붙어 긴 사슬을 형성하며, 이 사슬들은 3차원의 거대 분자(단백질)로 배열된다. 따라서 유전자 분석을 위해서는 유전자 알파벳의 네 문자만 판독하면 되지만, 단백질 분석에서는 20개의 아미노산 성분을 구분해야 한다. 그 밖에도 단백질은 대부분 화학적으로 변화된 상태에 있다. 예를 들어 당 또는 인산염 잔류물과 결합해 있거나 금속 이온과 더 작은 다른 분자들을 연결하거나, 또는 여러 하위 단위로 존재할 수도 있다. 따라서 단백질 구조를 정의하는 것(아미노산의 배열과 공간적인 배치의 탐구 및 화학 변화의 분석)

기억력 유전자

좋지 않은 기억력은 부분적으로 선천적인 것이다. 뇌의 특정한 수용
체를 위한 유전자에서 단일 아미노산의 교체라는 돌연변이를 가진
사람들은 해당 전달물질에 잘 반응하지 못한다는 사실을 과학자들
이 밝혀냈다. 해당자들은 기억력 테스트에서 훨씬 더 낮은 성적
을 보여준 반면에 다른 지능 테스트에서는 비교적 좋은 성적
을 얻었다. 그러나 훈련을 통해 기억력을 향상시킬 수도 있다.

은 해당 유전자 연구보다 훨씬 더 어렵기는 하지만
세포 내의 생명 현상에 매우 중요한 기본적인 정보들을
제공한다.

단백질의 전체 아미노산 서열을 최초로 해독한 과학자는 노벨상
수상자인 프레더릭 생어(Frederick Sanger)였다. 1953년 그는 소의 인
슐린 구조를 해명하는 데 성공했다. 이때 단백질을 산 작용을 통해
변화시킨 다음 생겨난 조각들을 색소(생어식 시약)로 표시하여 그 안
에 포함된 아미노산들을 확인했다. 페르 에드만(Pehr Edman)은 아미
노산 사슬을 끝에서부터 단계적으로 분해하는 방법을 개발함으로써
자동서열결정 장치를 만들기 위한 발판을 마련했다. 이 방법은 비록
자동화를 가능하게 하지만 노동 집약적이며 오류가 발생하기 쉽다.
또한 반응 단계 수가 증가함에 따라 점점 더 신뢰도가 낮아져 처음
20개 정도의 단백질 구성 성분만을 확실하게 정의할 수 있다.

따라서 대다수의 과학자가 DNA 분석론의 발전 대열에 합류했다
는 사실은 전혀 놀랍지 않다. 더 간단하면서도 효율적인 방법이었
다. 결국 유전 암호의 도움으로 DNA 서열에서 단백질의 아미노산
서열을 이끌어내게 된다(매우 유감스럽게도 게놈에 단백질 분자의 화학
변화에 대한 정보만 들어 있는 것이 아니다). 단백질 분석에 질량분광측

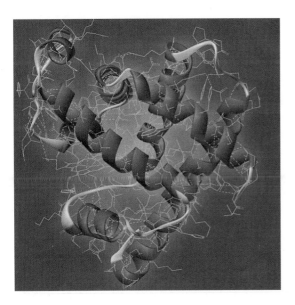

헤모글로빈은 혈액 내에서 산소를 운반하는 단백질이다.

겸상적혈구빈혈증은 헤모글로빈의 단백질 분자에서 단일 아미노산이 바뀜으로써 생기는 유전병이다. 적혈구가 낫 모양을 띤다.

정법을 도입하면서부터 상황이 서서히 바뀌기 시작해 질량분광측정법을 이용한 단백질 서열화가 단백질 연구의 확고부동한 방법으로 발전했다.

질량분광계에서는 예를 들어 레이저 광선의 작용이나 고전압으로 인해 단백질 분자에서 조각들이 생성된다. 이 조각들은 스프레이로 뿌린 향수 방울처럼 전자기마당을 날아다니며 그곳에서 전하에 비례하여 질량에 따라 분포한다. 이를 통해 각 개별 단백질 고유의 질량비 및 전하비의 분포가 생성된다. 이 값의 분포 유형은 분자 질량에 대한 명확한 정의를 가능하게 하며 단백질이 화학적으로 변화했는지 또는 메틸기, 인산염/당 잔류물과 결합했는지도 알 수 있게 한다.

긴 사슬 모양의 단백질 분자들은 무작위로 공간에 배열되는 것이 아니라 매우 일정하고 고정된 3차원의 구조를 형성한다. 이 공간 구조는 해당 단백질이 인체 내에서 자신의 임무를 올바르게 수행할 수 있는지에 중요한 구실을 한다. 단백질을 결정체로 만들 수 있음을 전제로 방사선 촬영을 통해 단백질의 공간 구조 사본을 얻을 수 있다. 1953년 맥스 퍼루츠(Max Perutz)가 저해상도에서 헤모글로빈의 구조를 최초로 정의한 후, 1968년 고해상도의 구조가 정의되었다. 헤모글로빈은 혈액의 산소를 운반하는 단백질이다. 따라서 헤모글로빈이 없으면 호흡도 불가능하나. 헤모글로빈은 적혈구 속에 있으며, 건강한 사람

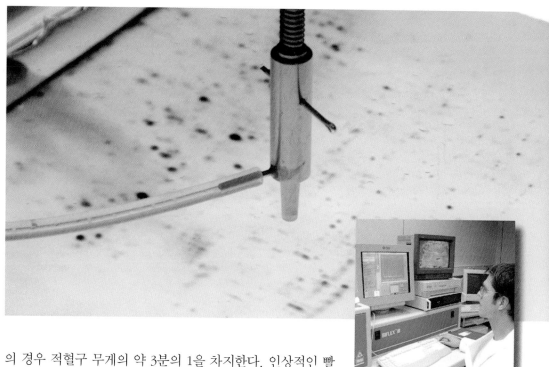

현대 프로테옴 분석론에서는 먼저 전하에 의거하여, 그 다음에는 분자량에 따라 폴리아크릴아마이드젤 내의 한 조직 또는 세포로부터 수천 개의 단백질을 분리한다. 능률적인 이 기술을 2차원적 젤전기영동법이라 한다. 단백질을 물들인 다음 각 '지점'을 잘라 질량분광계(작은 그림)로 분석한다. 가능한 짧은 시간에 가능한 많은 샘플을 분석할 수 있도록 로봇이 이를 처리한다.

의 경우 적혈구 무게의 약 3분의 1을 차지한다. 인상적인 빨강과 빈도 덕분에 쉽게 얻을 수 있어서 초기 단백질 연구에서 선호한 '실험용 토끼'였으며, 1849년에 이미 결성체로 만들 수 있었다. 또한 단백질 분자의 단일 아미노산 교체로 이어지는 유전자 돌연변이가 유전병 유발 인자일 수 있음이 헤모글로빈의 예에서 확인되었다. 헤모글로빈의 경우에는 겸상적혈구빈혈증(sickle cell anemia)이다.

유전공학으로 생산된 의약품

원시 단세포이든 공룡이든 인간이든 모든 생명체의 유전물질(DNA)은 네 개의 동일한 성분으로 이루어져 있다. 이 네 문자의 서열이 유전 암호를 형성한다. 그러나 유전자는 우리 몸을 구성하는 물질들의 구조 설명서일 뿐이다(머리카락이나 손톱을 형성하는 단백질, 침입한 병원균의 제거를 돕거나 영양 섭취를 지원하는 단백질). 유전자의 문자 서열이 바뀌면 임무를 완벽하게 또는 전혀 수행할 수 없는 불완전한 단백질이 생성된다. 그리고 여기에서 더 나아가 해당 단백질이 전혀 생산되지 않을 수도 있다. 예를 들어 혈우병 환자의 경우 VIII 인자의 유전자, 즉 혈액 응고에 중요한 구실을 하는 단백질이 부족하다. 따라서 혈우병 환자는 아주 작은 상처에도 피를 흘릴 수 있다. 유전공학이 도입되기 전에는 이 환자들에게 헌혈로 얻은 VIII 인자가 공급되었다. 이와 관련한 높은 감염 위험의 매우 비극적인 예는 1980년대에 오염된 혈액 제품으로 인한 혈우병 환자의 HIV 감염이었다. 유전공학의 도움으로 사람의 혈액 제품을 포기하고 박테리아에서 인간 최초의 단백질 중 하나인 순수 VIII 인자를 생산해내는 것이 가능해졌다. 유전공학으로 생산된 최초의 제품은 당뇨병 치료에 사용되는 인슐린이다. 그동안 유전공학으로 생성된 수많은 작용물질이 의약품으로 허용되었고, 그중에는 불임치료 호르몬과 암 또는 복합경화 치료에 사용되는 인터페론 등이 있다.

HIV에 대항하는 단백질

15년 이상 전부터 꽤 많은 환자들이 HIV 감염에도 불구하고 증상을 나타내지 않음을 알게 되었다. 이 환자들의 T세포는 바이러스의 증식을 억제하는 용해성 인자를 생산한다. 최근에 질량분광계의 도움으로 이 인자를 확인할 수 있었다. 이른바 알파-디펜신 계열에 속하는 총 세 개의 작은 단백질과 관계가 있다.

기호의 문제
페닐싸이오카바마이드(PTC)의 쓴맛을
느낄 수 있는 사람들이 있는가 하면
느끼지 못하는 사람도 있다. 이것은
수십 년 전부터 잘 알려진 사실이다.
또한 이 능력이 유전적 요소를 갖고
있다는 점도 사람들은 이미 오래 전부
터 알고 있다. 그동안에 PTC 미각 유
전자도 7번 염색체에서 발견되었다.
유전자의 세 지점에서 염기가 교체되
어 소속 단백질의 아미노산 합성에 변
화가 일어나 쓴맛을 약간 느끼거나 또
는 전혀 느끼지 못한다.

유전자 치료

단백질은 위와 장 사이에서 소화되어 효력이 없어지기 때문에 사람
들은 주사 또는 주입 형태로 이를 제공한다. 이것은 환자들에게 죽
을 때까지, 상황에 따라서는 하루에 여러 번을 뜻할 수도 있다. 주사
는 장기간 매우 부담을 준다. 따라서 유전자 치료는 매우 빠른 속도
로 발전할 것이며, 이 과정에서 부족한 난백질의 유전자를 환자의
체세포에 삽입하여 생명에 중요한 인자를 환자 스스로 생산할 수 있
게 될 것이다. 유전자 치료와 관련한 임상 실험이 이미 실시되고는
있지만 그 결과가 늘 만족스럽지는 않다. 가장 큰 장애물은 치료 유
전자에 적합한 운반 차량, 이른바 벡터를 찾아내지 못한다는 데 있
다. 현재까지는 변화가 일어나 몸에 해를 끼치지 않는 바이러스를
사용하고 있다. 그럼에도 많은 환자들에게 특정한 위험이 존재한다.
가끔 벡터의 DNA가 환자의 게놈에 삽입되는 경우도 있다. 이로 인
해 생명에 중대한 유전자가 손상될 수 있으며 이것은 환자에게 이득
보다는 더 많은 해가 된다. 이러한 장애물은 유전자 치료가 현대 의
학의 기본 수단이 되기 전에 먼저 극복해야 할 과제다.

복제

사람들이 많은 의구심을 갖는 복제는 엄밀한 의미에서 생화학적인 방법이 아니라 생물학적인 방법이다. 다른 방법으로는 아이를 가질 수 없는 사람들에게 자식을 낳을 수 있는 가능성을 제공한다. 복제 에서는 기증 난세포에서 세포핵을 제거하여 성숙한 체세포의 핵으로 치환한다. 복제된 세포를 대리모의 자궁에 이식하면 이 체세포의 유선사가 태아의 발달을 제어한다. 1997년 이러한 방식으로 태어난 아기 양 '돌리'는 이 기술이 작동하기는 하지만, 결과는 기대와 달리 매우 실망스러움을 보여주었다. '돌리'는 수백 번의 실험 끝에 겨우 얻은 하나의 행운이었다. 그 이후 실시된 송아지, 염소, 생쥐 실험에서도 유사한 결과들이 나타난다. 즉 대부분의 복제 세포들이 심하게 손상되어 생명력이 전혀 없었다. 실제로 다 자란 동물조차 자주 건강상의 문제를 드러냈다. '돌리'도 다섯 살 때 이례적으로 빠르게 나타난 류머티즘성 관절염 때문에 죽었다. 따라서 이식을 목적으로 특정한 조직 또는 기관을 만드는 것을 목표로 하는 치료법상의 복제도 인간에게 응용하기에는 기술적으로 아직 성숙하지 못한 상태다.

기술적인 난관을 극복하는 날이 오더라도 지능과 아름다움, 성격의 강인함 같은 속성들은 개별적인 유전자에 기인하지 않기 때문에 복제를 통해서는 '맞춤 인간'을 낳을 수 없다. 인간게놈프로젝트의 결과가 보여주는 것처럼, 이 속성들은 다수의 유전자와 그 생성물들이 주위 환경과 복합적으로 협력하여 생겨난 결과이다. 예를 들어 아인슈타인 클론이 성장하게 되더라도 오늘날의 세계에서는 20세기 초의 '실제' 알베르트 아인슈타인과 완전히 다르게 발달할 것이다. 인간의 신체적 · 정신적 · 영적인 발달은 유전적인 소질 외에도 주위 환경과 밀접하게 관련되어 있기 때문이다.

인간을 인간답게 만드는 것은 무엇인가

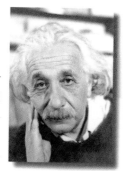

1970년대에 과학자들은 인간과 침팬지의 유전적 차이가 약 1~2퍼센트밖에 되지 않음을 밝혀냈다. 현재 전체 인간 게놈에 대한 지식을 기반으로 어떤 유전자가 우리를 '인간으로' 만드는지를 정의할 수 있다. 국제 과학자 팀이 이미 이를 향한 첫 걸음을 내디뎠다. 그들은 침팬지와 인간의 유전자 서열 비교 카드를 작성했다. 이때 여러 가지 흥미로운 항목, 특히 인간의 유전형질에만 존재하는 커다란 두 유전자 그룹을 발견했다. 이 유전자의 기능을 분석함으로써 인간의 특별한 속성들에 대한 지식을 얻을 수 있을 것이다.

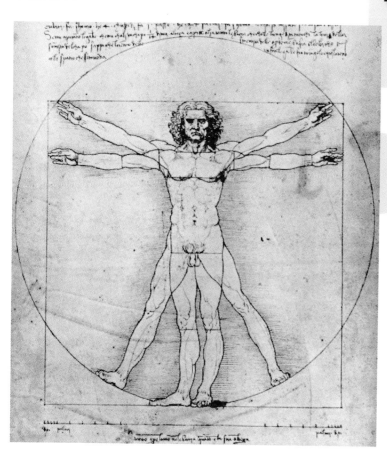

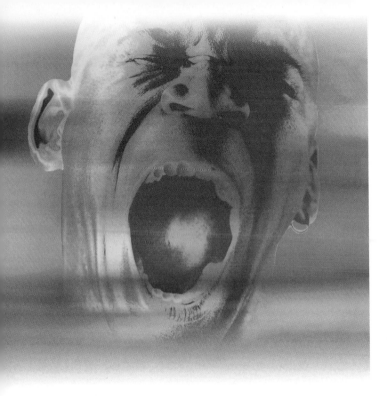

마약에서
손을 떼라

독일의 학교 운동장을 둘러보면 대마초를 쉽게 찾아볼 수 있다. 여기에서 이것은 애석하게도 종이나 섬유의 원료로 쓰이는 것이 아니다. 대마초는 환각 효과 때문에 유행하는 것이며 그 부작용이 만만치 않다. 대마초는 집중력을 떨어뜨리고 학습 능력과 인성 계발을 저해한다. 간단히 말해서 대마초는 사람을 멍청하게 만든다.

대마식물의 수지(樹脂)를 말려 얻는 대마초와 말린 잎 및 꽃의 혼합물인 마리화나의 환각 효과는 벌써 수백 년 전부터 알려져왔다. 대마초는 기분을 몽롱하게 만든다. 왜 그럴까? 모든 환각제와 마찬가지로 대마초도 신경세포들 사이의 소통에 영향을 미친다. 이때 환각제는 두 신경세포의 연접부인 시냅스를 가장 먼저 공격한

20:30 극한 상황의 경험

독한 칵테일 대신에 차라리 토마토 주스를 마시는 것이 좋을 뻔했다. 벌써 술이 오른다. 나는 말도 안 되는 이야기를 하기 시작한다. 남성보다 여성이 술에 약하다는 말이 맞는 것 같다. 정신을 차리고 쓸데없이 킥킥거리지 말아야겠다. 그렇지 않으면 그는 나를 풋수로 여길지 모른다. 다시 정신을 차릴 수 있도록 식사가 나왔으면 좋겠다.

다. 신경세포의 돌기들은 이 연접부에 닿지 않고 서로 근접하여 미세한 틈새를 만들어낸다. 이러한 시냅스 틈새에서 첫 번째 활농적인 세포가 전달물질을 내놓으면, 이것은 틈새 공간을 통해 두 번째 세포로 옮겨간다. 여기에서 전달물질은 특수한 수용 분자, 이른바 수용체와 결합하며 이러한 방식으로 두 번째 세포에 수용 신호를 보낸다. 마약은 이 과정에 개입하여 신경세포의 천연 전달물질을 몰아내거나 차단한다. 이는 마약이 화학적으로 체내 물질로 변화하기 때문에 가능한 일이다. 마약은 뇌에서 화학적 변화에 영향을 미치며 이러한 방식으로 의식을 변화시키는 작용을 한다.

대마초의 작용물질은 테트라하이드로칸나비놀(tetrahydrocannabinol, THC)이다. 인간의 뇌에는 이러한 화합물에 반응하는 특수한 수용체가 있다. 그것은 신경세포의 세포막에 자리잡고 THC와 결합한 후 이 물질의 특징적인 정신적 효과를 전달한다. 물론 우리가 대마초에 심취할 수 있도록 자연이 이러한 수용체를 고안해낸 것이 아니라 그러한 효과를 위해 수용체를 필요로 하는 체내 분자가 있다. 이 화합물의 명칭인 '아난디마이드(Anandamide)'는 산스크리트어로 행복감을 의미하는 '아난다(Ananda)'에서 유래했다. 아난다마이드는 보통 세포막에서 생성되는 성분들로 이루어져 있다. 이것은 염증을 일으키는 화합물들과 화학적으로 친족 관계에 있다. 특히 이러한 종류의 많은 수용체들은 해마에 위치해 있다. 뇌의 이 부분은 기억과 학습에 특히 중요하다.

대마초의 효과는 개인에 따라 매우 다양하게 나타난다. 투여 분량에 상관없이 그 효과는 긴장 해소에서부터 기분의 상승

테트라하이드로칸나비놀은 대마식물에 함유된 물질로서 도취 상태를 불러일으킨다. 이 물질에서 마약인 대마초와 마리화나를 얻는다. 대마초는 대마식물의 수지를 말린 것이고, 마리화나는 잎사귀와 꽃을 말려 만든 것이다. 테트라하이드로칸나비놀은 그 구조가 체내에서 특수한 안테나 구실을 하는 전달물질과 비슷하다. 테트라하이드로칸나비놀은 도취 효과를 내기 위해 이러한 안테나를 이용한다.

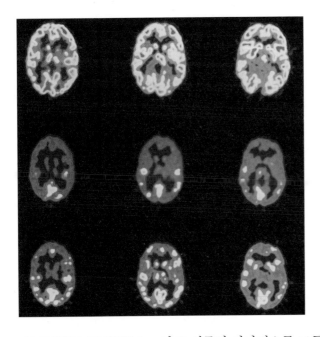

을 거쳐 강한 행복감·쾌감·환각에 이르기까지 다양한 단계로 이어진다. 감각도 평소와 달라진다. 색깔들이 더 강렬하게 빛나며 소리는 더욱 크게 울린다. 맛과 냄새도 압도적인 효과를 낸다. 두서 없는 생각들이 번득이며, 자신이 특히 지적이고 정신적으로 풍요로운 사람이라는 느낌을 갖게 된다. 이것은 물론 자기기만이다. 사실은 정대반의 경우에 해당하기 때문이다. 집중력이 떨어지고 기억력이 감퇴한다. 대마를 원료로 한 마약의 또

컴퓨터단층촬영을 통해 암페타민의 남용이 뇌에 어떠한 영향을 미치는지 알 수 있다. 뇌에는 특정한 화학적 전달물질을 위한 수용체가 있다. 이 수용체의 양은 화면에서 색깔로 구분된다. 빨강은 많은 양을, 초록과 노랑은 적은 양을 나타낸다. 암페타민을 남용하는 사람은 그렇지 않은 사람(맨 윗줄)보다 훨씬 적은 양의 수용체를 갖고 있다. 따라서 그 사람은 수용체와 결합된 체내 전달물질에 잘 반응할 수 없다.

다른 이름인 칸나비스를 조금만 투여해도 독해력에 문제가 생기면서 새로운 사실을 받아들이고 이해하는 데 장애를 보인다. 타인과 의사소통 능력 역시 매우 제한적으로 나타난다. 이 밖에도 THC는 육체에 직접적인 영향을 끼친다. 심장이 더 빨리 뛰고 기관지가 확장되며 눈동자가 초점을 잃는다. 또한 칸나비스는 특히 약효가 떨어질 때 병적인 식욕을 불러일으킨다. 마약을 정기적으로 투여하면 중독이 된다. 습관적으로 대마초를 피우는 사람은 아직 습관이 되지 않은 사람이 5밀리그램의 THC를 흡입할 때와 동일한 효과를 얻으려면 최대 500밀리그램의 THC를 필요로 한다. 습관적으로 대마초를 피우면 또 다른 안 좋은 결과들이 나타난다. 소극적인 태도와 함께 추진력이 약화되고 우울증이 생긴다. 정신적으로 혼란 상태에 빠지며, 특히 뇌가 아직 발달 상태에 있는 12~25세의 젊은 사람들의 경우에는 정신적인 발달장애와 인성 형성의 변화로 이어진다. 칸나비스는 더 나아가 육체적인 피해를 주기도 한다. 예를 들어 운동의

조율에 관계하는 중앙신경계, 허파, 생식선이 이상을 일으킨다. 남성의 경우 무엇보다도 정자 생산의 감소기 우려된다. 임산부의 경우에는 자궁 속의 태아에게도 영향을 미친다. 대마초를 많이 투여한 이후에는 구역질, 구토, 발한, 경련 등과 같은 금단 증상이 나타난다. 이 모든 것은 마약이 쉽게 사라지지 않는 중독성을 지녔음을 의미한다. THC는 매우 쉽게 지방조직에 축적된다. 지방에 저장된 THC가 방출되면 마지막으로 마약을 한 지 몇 주일이 지난 뒤에도 마약 효과가 나타날 수 있다.

독일에서는 대마초가 향정신성 물질이나 의약품으로 허용되지 않는다. 예를 들어 미국과 같은 다른 국가들에서는 사정이 다르다. 미국에서는 화학요법 치료를 받는 암 환자의 심한 구역질에 THC 알약을 처방한다. 에이즈 환자의 경우에도 몸이 수척해지는 것을 막기 위한 식용 증진제로 사용한다. 새로운 연구에 따르면 이 약은 합병증을 지닌 환자에게 통증과 경련을 완화시켜주고 염증을 막아주는 효과를 발휘한다. 이러한 이유 때문이기도 하지만 마약 관련 범죄를 막기 위해 독일에서도 대마초를 합법화하려는 움직임이 있다. 이때 흔히 논거로 삼는 것은 건강에 똑같이 해로운데도 술과 담배는 합법화되어 있다는 점이다. 특히 술은 중독성이 강하며 당사자를 파멸시킬 수도 있는 위험한 마약이다. 그런데도 모두는 아니지만 많은 성인 남녀가 술에 관대하다. 물론 청소년의 경우에는 사정이 다르다. 청소년은 자신에 대한 과대평가 내지는 과시욕으로 인해 쉽게 술의 유혹에 빠진다. 이것은 목숨이 위태로운 중독으로 이어질 수 있다. 레몬 향이 나지만 알코올을 함유한 제품으로 유명한 알코팝스는 그 효과가 흔히 과

대마초로 인한 불임
마약은 출산 장애를 일으킨다. 특히 남성들이 그 피해를 입는다. 대마초를 피우면 정자 생산이 감소하여 불임으로 이어질 수 있기 때문이다.

테트라하이드로칸나비놀은 염증을 막아주고 통증을 완화하며 경련 해소 작용을 하기 때문에 의약품으로도 활용된다. 독일에서는 허용되지 않는다.

술은 많은 사람들에게 아무런 문제가 되지 않는다. 그러나 모두에게 그러한 것은 아니다. 술도 중독성이 강한 위험한 마약이다.

소평가되어 있다. 단맛이 알코올 성분을 잊게 만들어 너무 많이, 그리고 너무 빨리 마시게 만드는 위험을 초래한다. 알코팝스가 맥주보다 알코올을 5~6퍼센트 더 많이 함유하고 있음을 누가 생각이나 하겠는가. 아이들과 청소년들은 알코올에 특히 민감하게 반응한다. 성인보다 체중이 많이 나가지 않기 때문에 혈액 속의 알코올 성분은 훨씬 더 증가한다. 알코올 분해 효소 역시 발달 단계의 몸에서는 충분하게 생산되지 않는다. 더 나아가 당분과 탄산이 혈액 속으로 알코올 흡수를 촉진한다. 그래서 더 빨리 취하는 것이다.

칸나비스는 술과는 다른 위험성을 내포하고 있다. 칸나비스는 모르핀과 헤로인 같은 더 강력한 마약으로 옮아가게 만든다. 이때에도 청소년을 비롯한 젊은 세대는 드물지 않게 집단적으로 투약하는 성향을 보이기 때문에 특히 위험하다. 오늘날 12~25세의 독일인 중 4분의 1은 이미 마리화나나 대마초를 경험한 것으로 파악되고 있다. 아이들과 청소년을 보호하기 위해서는 아편의 경우와 마찬가지로 분명한 차별화가 필요하다. 즉 THC를 의약품으로 사용하는 것은 허용하더라도 대마초를 향정신성 물질로 남용하는 것은 앞으로도 금지해야 한다.

수마의 품속에서

수면제와 환각제로 양귀비를 재배한 역사는 인류의 문화사 초기로까지 거슬러 올라간다. 스위스 호수 근처에서 발견된 4000년 전의 거주지에서 양귀비의 껍질과 씨가 출토되었다. 6000년 전 설형문자로 쓰인 기록에는 '기쁨의 식물'로 표현한 양귀비의 환각 효과가 언급되어 있다. 아마도 고대 이집트인이 최초로 양귀비를 재배한 것같다. 그 뒤 소아시아, 지중해 국가, 페르시아, 인도, 중국 등지로 퍼져나갔다. 플리니우스 시대에 소아시아와 이집트에서는 아편을 얼기 위해 양귀비를 재배했다. 기원후 50년경 그 기록이 나온다. "아편은 잠에 빠지게 만들 뿐만 아니라 많은 양을 투여할 경우 목숨을 잃을 수도 있다." 그리스인은 잠과 꿈의 신인 모르페우스(Morpheus)의 형상을 양귀비 껍질로 만들었다. 아편의 가장 중요한 작용물질인 모르핀(Morphine)은 모르페우스에서 유래한 것이다. 그리고 양귀비 껍질에서 추출한 우윳빛의 액체에 오피움〔Opium, 그 어원은 즙을 의미하는 오포스(opos)이다〕이라는 명칭을 붙였다. 담배가 확산되면서 아편을 피우는 방식도 개발되었다. 그 이전에는 대부분 아편을 먹거나 주스에 타서 마셨다. 아편을 피우게 되면 작용물질이 빨리 허파를 통해 흡수되어 바라는 효과를 즉시 얻는다. 아편을 피우는 사람은 흡입량이 과도하다고 느낄 경우 언제든지 들이마시기를 중지할 수 있다. 이와 반대로 아편을 먹는 사람은 심한 중독을 일으킨다 할지라도 일단 삼킨 마약을 다시 뱉을 수 없다. 아편은 19세기에 이미 유럽을 점령했다. 환각제로 이용되는 소량의 아편은 약국에서도 살 수 있었으며, 1840년경 파리에는 아편을 피울 수 있는 수많은 살롱이 있었다.

아편에 함유된 수많은 물질 중에는 알칼로이드 모르핀과 나르코틴이 포함되어 있다. 1805년 독일의 약학자 프리드리히 빌헬름 제르튀르너(Friedrich Wilhelm Sertürner)는 최초로 아편의 주요 작용물질인 모르핀을 순수한 형태로 분리해냈다. 얼마 후 주사기가 발명되자 더 이상 아편을 먹거나 피울 필요 없이 순수한 작용물질을 물에 용해해 직접 혈관에 주사할 수 있었다. 1870~1871년 프로이센-프랑스 전쟁 때 부상 병사들의 고통을 덜어주기 위해 모르핀을 사용함으로써 그들을 중독시켰다. 모르핀의 중독성이 알려지고 나서는 대안을 찾게 되었다. 이때 발견한 것이 헤로인이다. 헤로인은 모르핀이 화학적

양귀비 꽃

알칼로이드 모르핀은 아편의 가장 중요한 작용물질로서 강한 진통제다. 하지만 중독성 때문에, 예를 들어 말기 임 환자의 경우처럼 극단적인 통증을 완화시키는 데 제한적으로 이용된다.

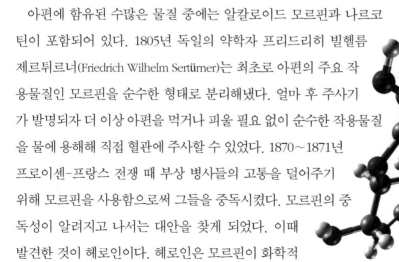

생아편은 양귀비의 씨 껍질에서 추출한 즙을 말린 것이나. 즙은 껍질에 생채기를 내서 짜낸다. 공기에 닿으면 갈색을 띠며 건조된다. 아편에는 20가지 이상의 다양한 알칼로이드가 함유되어 있으며 주성분은 모르핀이다.

으로 변화된 형태로서 모르핀과 초산이 결합된 것이다. 이로써 마침내 통증을 막아주는 더 효과적인 물질을 찾아내기는 했지만 중독성을 해결하지는 못했다. 그래서 헤로인[Heroin, 용사들(Heroen)을 위한 진통제]은 초기에 심지어 모르핀의 중독성을 해소하는 데 투여되었다. 더 나아가 심한 천식과 설사 치료에 저방되기도 했다. 그러나 곧 헤로인이 모르핀보다 더 강하게 작용한다는 사실이 밝혀졌다. 두 개의 추가적인 아세틸기가 지방분해 작용을 촉진해 뇌에 더 빨리 흡수될 수 있다. 따라서 쾌감이 즉시 나타난다. 헤로인은 체내에서 모르핀으로 변환된다.

가장 커다란 위험은 (첫 번째 주사를 맞고 나면 이미) 직접적으로 나타나는 육체적·정신적 의존성에 있다. 헤로인은 중앙신경계에 작용한다. 그 결과 두려움과 고통의 감정이 없어지고 감각 능력이 마비된다. 헤로인을 장기간 남용하면 인성 파괴, 지적 능력의 감퇴, 정신 착란, 뇌의 손상, 치명적인 쇠약증 등이 나타난다. 마약 조달과 관련한 범죄, 매춘, 부랑자로 전락 등은 헤로인 남용의 사회적 결과들이다. 헤로인은 또 다른 치명적인 위험을 안고 있다. 의식을 잃거나 호흡기가 마비되어 죽음에 이를 수도 있다. 주삿바늘을 여러 명이 사용함으로써 나타나는 간접적인 결과로 에이즈나 간염 바이러스 감염, 사지 마비, 정맥 혈전증, 피부 농양, 허파 감염 등이 발생한다. 암시장에서 불법적으로 거래되는 헤로인의 첨가물은 천차만별이다. 흔히 설탕과 카페인을 비롯하여 진통제의 일종인 파라세타몰이 첨가된다. 헤로인을 과도하게 투약하거나 독성을 지닌 첨가물을 사용하면 사망하는 경우가 흔하다. 마약 의존성에서 벗어나려면 식이요법에 따른 치료를 받아야 하지만 육체적으로나 정신적으로 큰 부담을 줄 뿐만 아

헤로인은 암시장에서 다소 순수한 형태로 유통된다. 헤로인을 단 한 번 투여해도 육체적·정신적 의존성이 생긴다.

니라 매우 오래 걸린다. 이 밖에도 중독자들은 예전의 환경으로 돌아가면 다시 마약에 손을 대기 쉽다. 그 때문에 식이요법으로 치료할 때 메타돈 같은 의약품을 병행하여 사용한다. 메타돈은

메타돈
헤로인 중독에서 벗어나는 것을 돕기 위해 흔히 메타돈을 저방한다. 메타돈 역시 중독성이 있다. 하지만 메타돈을 활용함으로써 마약 조달 관련 범죄를 방지하고 중독자의 사회적 상황을 개선할 수 있다.

모르핀처럼 강한 진통제이며 효능 면에서는 모르핀을 능가한다. 하지만 메타돈 역시 중독성이 있어서 헤로인 중독자가 메타돈 중독자로 바뀌는 경우도 흔하다. 물론 의사의 처방에 따라 메타돈을 투약하면 마약 조달과 관련한 범죄에서 벗어나는 데 도움이 된다. 이에 따라 마약 중독자들의 사회적 상황도 개선될 수 있으며 마약을 궁극적으로 끊을 수 있는 기회도 생긴다.

의료계에서 모르핀은 말기 암 환자의 통증을 완화시키는 데 사용된다. 이러한 환자에게 모르핀은 통증뿐만 아니라 죽음의 공포도 덜어준다. 그러나 과도한 양의 투약은 환자를 혼수 상태에 빠뜨릴 수 있다.

모르핀이 인간에게 특이한 효과를 발휘하는 것은 나름대로 이유가 있다. 뇌와 소장을 비롯한 몇몇 기관의 신경세포에는 마약을 받아들이는 특수한 수용체가 있다. 원래 이 수용체의 결합 파트너는 양귀비로 만든 모르핀이 아니라 모르핀과 비슷한 작용을 하는 체내 물질인 이른바 엔도르핀(체내 모르핀)이다. 엔도르핀은 서로 결합된 아미노산들의 짧은 사슬들로 이루어진 펩타이드이다. 이것은 스트레스 및 위험 상황에서 고통을 완화시켜주는 체내 시스템의 전달물질이다.

엔도르핀을 천연 진통제로 활용할 수 있으리라는 희망은 유감스럽게도 실현되지 못했다. 펩타이드는 정맥에 투여할 경우 뇌에 도달할 수 없기 때문이다. 따라서 뇌에 직접 주사해야 한다. 이 밖에도

엔도르핀은 모르핀과 비슷한 작용을 하는 체내 물질이다. 엔도르핀에는 네 가지 등급이 있다. 아래 사진은 현미경으로 포착한 알파-엔도르핀 결정체를 보여준다.

코카나무 잎사귀는 남아메리카 원주
민들이 벌써 1000년 전에 배고픔과
피곤함을 잊기 위해 씹었다.

엔도르핀은 과도하게 사용하면 중독의 위험이 있다. 그러한 효과는 때때로 운동선수들에게서 관찰된다. 강한 육체적 부담에 대한 반응으로서 신체는 많은 양의 엔도르핀을 생산하지만 분해 효소가 이것을 더 이상 빨리 분해하지 못한다. 이것은 엔도르핀을 과도하게 투여한 상태와 같다. 따라서 운동선수는 하루의 훈련이 끝난 뒤에 중독성을 띠게 된다.

마취 효과를 내는 눈

눈이나 코크스로 불리기도 하는 코카인은 마취 효과가 있으며, 이러한 효과 때문에 1884년 처음으로 환자를 수술할 때 사용되었다. 이것은 널리 알려진 바와 같이 중독을 불러일으킨다. 그래서 오늘날은 안과에서 국부마취제로 사용될 뿐이다. 또한 현재도 사용하는 국부마취제인 리도카인과 프로카인의 원료 물질이기도 하다.

코카인과 크랙은 육체적인 의존성은
아니더라도 강한 정신적 의존성을 갖
게 만든다. 크랙은 코카인을 베이킹
파우더와 물과 함께 가열할 때 생성
되며, 코카인보다 뇌에 더 빨리 흡수
되기 때문에 효과 역시 더 강하다. 또
코카인은 코로 들이마시는 반면 크랙
은 특수한 담뱃대를 이용해 피운다.

코카인은 '오래된' 마약이다. 이미 1000년 전에 남아메리카 원주민들은 배고픔과 체력 소진을 줄이기 위해 코카나무 잎사귀를 씹었다. 이것은 약간 태운 석회나 식물의 재와 엽맥(葉脈)이 제거된 코카 잎사귀를 혼합하여 만든다. 코카인을 씹으면 부분적으로 중독을 일으키지 않는 엑고닌으로 변환된다. 엑고닌은 커피와 비슷한 작용을 한다.

코카인은—어떤 이유에서인지 항상—'아름다운 사람들'이 애용하는 마약이었다. 영화배우, 팝가수, 축구감독, 탤런트 등은 이 마약과 연관을 맺고 있었다. 아마도 이들은 특히 이 마약의 한 측면에 매료된

듯이 보인다. 코카인은 자신감을 심어준다. 그래서 복용하는 사람은 자신이 강하고 능력이 있으며 지적이고 활력이 넘친다고 느끼며 세상을 마음대로 주무를 수 있다고 믿는다. 그는 피곤함도 모르고 배고픔도 느끼지 못한다. 코카인은 '단지' 정신적인 의존성으로 이어질 뿐 육체적인 습관성으로 발전하지는 않기 때문에 이 마약을 끊어도 육체적인 금단 증상은 나타나지 않는다. 물론 정신적인 의존성이 강해서 중독자는 과도한 양의 코카인을 복용하는 경향이 있다. 심한 중독의 경우 심장마비 및 기관지 마비로 인해 죽음에 이르기도 한다. 특히 위험한 것은 조금만 복용해도 정신적인 의존성으로 이어질 수 있는 '크랙(crack)'이다. 코카인은 일반적으로 코카인하이드로클로라이드 형태로 존재한다. 크랙은 코카인을 물에 용해하여 베이킹파우더와 혼합한 다음 열을 가하여 만든 염기성 물질이다. 물에 용해되지 않아 표면에 떠다니는 크랙은 건져내면

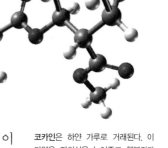

코카인은 하얀 가루로 거래된다. 이 마약은 자의식을 높여주고 행복감과 환각 상태를 불러일으킨다.

된다. 크랙은 뇌에 더 빨리 흡수되기 때문에 효과도 더 강하다. 이 밖에도 코로 흡입하지 않고 담배처럼 피울 수도 있다. 크랙을 피우면 허파의 넓은 표면에 빨리 흡수되기 때문에 코로 흡입할 때와 마찬가지로 효과를 촉진시킨다.

파티를 위한 알약

엑스터시는 무엇보다도 파티 또는 디스코텍에서 널리 유통된다. 엑스터시의 개념은 특히 세 종류의 암페타민, 즉 3,4-메틸렌다이옥시-N-메틸암페타민(MDMA), 3,4-메틸렌다이옥시-N-에틸암페타민(MDEA), 3,4-메틸렌다이옥시암페타민을 위해 사용되고 있다. 여기에서 MDMA가 주성분이다. 엑스터시는 불법적인 마약에 속하며 주로 알약 형태로 제공된다. 엑스터시 알약에는 일반적으로 효능을

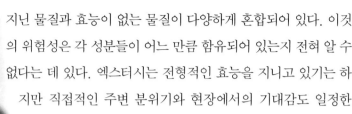

지닌 물질과 효능이 없는 물질이 다양하게 혼합되어 있다. 이것의 위험성은 각 성분들이 어느 만큼 함유되어 있는지 전혀 알 수 없다는 데 있다. 엑스터시는 전형적인 효능을 지니고 있기는 하지만 직접적인 주변 분위기와 현장에서의 기대감도 일정한 구실을 한다. 이것의 효과로는 행복감과 언어 감정의 발현, 긴장 완화, 타인에 대한 친근감, 쾌감 등이 있다. 엑스터시를 복용하면 각성된 느낌과 능동적인 태도를 갖는다. 그러나 현기증, 구역질, 심장의 두근거림, 공포감, 순환기장애, 신장 및 간장의 손상 등과 같은 불쾌하고 치명적일 정도로 위험한 증상을 불러일으키기도 한다. 이 밖에도 연구 결과에 따르면 소량의 엑스터시도 뇌의 신경세포를 손상시켜 사고력과 인지 능력이 눈에 띄게 저하될 수 있다. 모든 암페타민과 마찬가지로 엑스터시도 신경전달물질인 도파민과 아드레날린에 반응하는 신경세포를 자극한다. 이와 같은 강한 자극으로 체력이 소진하고 환각 상태에 빠지기도 한다. 이 밖에도 신경세포의 세로토닌에 작용하여 이것을 시냅스 주위로 털어내게 함으로써 신경세포 안에 저장된 세로토닌을 완전히 비우게 만든다. 이에 따라 원래는 쾌적한 느낌과 행복감에 관여하는 세로토닌 수용체가 강한 자극을 받는다. 수용체와 연결된 세로토닌이 체내 효소에 의해 천천히 분해되면서 도취 상태도 점차 사라지게 된다. 그러나 신경세포 안에 저장된 세로토닌이 완전히 비워졌기 때문에 세로토닌 수치는 정상적인 경우보다 내려간다. 그 결과 엑스터시 복용자는 이전보다 더 못한 느낌을 갖게 된다. 그는 우울해 하거나 심지어는 공격적인 성향을 보인다. 엑스터시를 새로 복용해도 별다른 도움이 되지 못한다. 세로토닌 수치가 정상치에 근접하기 위해서는 며칠이 걸리기 때문이다.

정신착란을 불러일으키는 마약

LSD는 리세르그산다이에틸아마이드(lysergic acid diethylamide)의 약자로서 가장 강력한 환각제로 알려져 있다. 100만분의 1그램의 분량이면 LSD 환각 효과를 내는 데 충분하다. 환각 효과 이외에도 모든 감각을 자극한다. 특히 색깔과 빛이 강렬해 보이는 작용을 한다. 또한 뇌의 필터 기능을 약화시켜 과도한 자극을 제어할 수 없게 만든다. 인지 능력에도 이상이 생겨, 예를 들어 그림을 음성으로 느끼는가 하면 후각과 촉각을 혼동하기도 한다. LSD를 복용한 사람은 자신이 몸과 분리되는 느낌과 함께 '자신의 옆에 서 있거나' 스스로를 관찰하는 듯한 인상을 받는다. LSD는 정상적이고 건강한 성인을 환각에 빠진 정신병자로 만들 수 있는 물질이다. 그래서 LSD는 1943년 처음 발견된 이후 먼저 정신병 연구에서 정신병 모델을 확립하는 데 이용되었다.

LSD의 환각 효과는 4시간에서 12시간까지 지속된다. 때로는 이른바 플래시백(flash back) 효과로 인해 LSD를 마지막으로 복용한 지 몇 주 또는 몇 달 뒤에 다시 환각 증상이 나타나기도 한다. 이러한 플래시백 효과는 몇 초 후에 사라질 수 있지만 몇 시간 이상 지속되기도 한다. LSD는 기분 좋은 환영을 불러일으킬 뿐만 아니라 끔찍한 공포심을 유발하여 자살에 이르게 만들기도 한다.

LSD와 비슷한 심리적 효과를 내는 것이 메스칼린(mescaline)이다. 이것은 멕시코산 페요테 선인장에서 추출한 알칼로이드이다. 메스칼린은 가장 오래 전부터 알려진 환각제의 일종으로서 멕시코 인디

LSD는 환상을 불러일으킨다. 그러나 유쾌한 환영뿐만 아니라 자살에 이르게 할 수도 있는 공포심도 유발한다.

독일의 마약 남용에 관한 통계

담배 독일의 흡연 인구는 1670만 명(남성 950만 명과 여성 720만 명)이다. 그중에서 7퍼센트는 15세 이하이다. 걱정스러운 것은 청소년과 여성의 흡연율이 증가한다는 점이다. 특히 심각하게 받아들여야 할 문제는 폐암의 증가이다. 질병 중에서 폐암은 연간 3.5퍼센트에 이르고 있다. 1998년에 여성 0000명이 주로 흡연으로 인한 폐암으로 사망했다.
청소년의 경우 4분의 1이 상시적으로 담배를 피운다. 여기에서 남녀 차이는 거의 없다. 독일에서는 매년 최소한 11만 명이 흡연과 관련한 질병으로 조기에 사망한다.

술 독일인 중 90퍼센트가 술을 마신 경험이 있으며 3분의 1은 정기적으로 마신다. 그 일부는 매일 술을 마신다. 전세계적으로 900만 명이 술로 인한 문제를 안고 있으며, 그중 160만 명은 중독 증세를 보이고 있다. 치료를 받는 사람은 일부에 지나지 않는다. 매년 4만 2000명 이상이 술로 인해 사망한다. 대부분이 치료를 너무 늦게―일반적으로 중독된 지 5년에서 10년이 지난 다음에서야―시작한다.

의약품 의약품 남용은 널리 퍼진 사회적 문제로서 흔히 중독으로 이어진다. 처방된 모든 의약품의 6~8퍼센트는 잠재적으로 의존성을 불러일으킨다. 150만 명에 이르는 의약품에 의존성을 지닌 사람의 수는 주목할 만하다. 그중 3분의 2는 여성이다. 특히 수면제, 진정제, 라이프스타일 마약(식욕조절제, 근육강장제), 진통제 등은 함부로 복용하며 남용하는 경우도 흔하다. 여성과 노인들이 의약품을 많이 사용하는 것은 특별한 주의를 요한다. 진통제나 메틸페니데이트(정서 불안정 증세를 치료하기 위한 리탈린)를 아이들과 청소년에게 처방하는 경우도 최근 몇 년 사이에 급증했다.

아편 독일에서는 15만 명이 헤로인이나 아편에 의존적인 것으로 추산된다. 2002년에 불법적인 마약으로 인한 사망자가 1513명으로 감소했다. 2000년과 2001년에는 각각 2030명과 1835명이었다. 이것은 마약 전용 공간을 많이 만들어준 덕분이기도 하다. 그곳에서는 마약 중독자들이 의사의 통제 아래 직접 마약을 투여할 수 있다. 긴급한 경우에는 즉시 의료 서비스가 제공된다. 1995년과 2001년 사이 마약 이용 횟수는 210만 건이었다. 같은 기간에 응급조치가 없었다면 사망으로 이어졌을 긴급한 경우는 5426건이었다.

칸나비스 칸나비스는 이용자가 가장 많은 불법적인 마약이다. 청소년의 4분의 1은 이 마약을 이용한 경험이 있다. 약 200만 명의 젊은이들이 정기적으로 칸나비스를 이용하며 약 20만 명은 중독 증세를 보인다.

파티 마약과 코카인 파티와 디스코텍에서 이용되는 칸나비스와 엑스터시의 빈도는 동일한 연령층을 대상으로 그 밖의 장소와 비교할 때 10배나 더 높다. 주로 젊은 세대인 50만 명이 엑스터시와 같은 이른바 '파티 마약'을 이용한다. 이것은 대부분 칸나비스나 코카인 같은 불법적인 마약뿐만 아니라 술과 같은 합법적인 마약과 혼합되어 사용된다.
30만 명이 정기적으로 코카인이나 크랙을 이용한다. 일부 대도시에서는 크랙 남용이 증가하고 있다.
특히 아이들과 청소년을 조기에 계몽하는 것이 마약 문제에 대처하는 중요한 조치다. 중독자들의 비극적인 삶을 고려할 때 마약의 위험성을 방치하는 것은 무책임한 일이다.

언들이 벌써 수백 년 전에 마법을 부리거나 종교의식을 치르는 데
활용했다. 메스칼린은 중앙신경계를 마비시키고 400밀리그램 이상
을 투여하면 혈압 강하, 심장박동장애, 호흡 곤란, 혈관 확장 등의 증
상이 나타난다. 농도가 진한 메스칼린은 또 다른 마비 증상을 불러
일으킨다. 메스칼린(100~200밀리그램의 분량)의 널리 알려진 효과로
나타나는 시각적인 환각 상태와 함께 감각, 사고력, 판단력, 감정의
변화는 의식의 분열로 이어지기도 한다. 또한 이것은 동공을 확대시
키는 작용을 한다. 일단 확대된 동공은 밝은 빛 아래에서도 수축되
지 않는다. 그 때문에 멕시코 인디언들은 밤에만 페요테를 먹었다.
메스칼린은 독성이 약한 편이다.

페요테 선인장은 알칼로이드 메스칼
린을 함유하고 있다. 이것은 멕시코
인디언들이 수백 년 전부터 종교의식
을 치를 때 사용해왔다. 메스칼린은
사제들에게 계시를 전하고 저승 세계
와 접촉을 쉽게 만드는 구실을 했다
고 한다. 그 효과는 LSD와 같다.

자욱한 연기를 내뿜는
굴뚝에 대한 열정

모든 경고에도 불구하고 흡연이 여전히 크게 유행하
고 있다. 알칼로이드 또는 담배 중독과 이별하고자
하는 사람에게는 현대적인 약물 투약 형태의 선구자
인 니코틴 반창고가 도움이 될 수 있다.

O 기호품은 인간의 몸을 일산화
탄소, 암모니아, 산화질소, 청
산, 황화수소, 탄화수소, 맹독성 알칼
로이드, 메탄올, 페놀, 질산아민, 폼알
데하이드, 벤조피렌, 중금속인 비소,
카드뮴, 크롬, 바나듐, 방사성 동위원
소인 폴로늄120과 같은 유독 화학약
품으로 오염시킨다. 또한 암과 혈관
질환을 유발하는 주범이기도 하다. 그
런데 이런 제품을 수백만 명이 매일
자발적으로 들이마시고 있단 말인가?
도대체 이런 유독한 물건의 판매를 허
용하는 이유는 무엇인가? 오늘날 새
로운 종류의 제품이 나오면 판매 승인

이 나지 않을 것이다. 그러나 우리가 여기에서 다루고자 하는 것은 신제품이 아니라 오래 전부터 있어온, 또한 사회적으로 이미 수용된 것, 즉 시가 · 담배 · 파이프용 담배이다. 연구 결과에 따르면 전 세계적으로 남성의 약 70퍼센트, 여성의 약 35퍼센트가 담배 연기에 중독되어 있다고 한다.

담배는 불에 탈 때 그 중심 온도가 약 섭씨 900도 정도이며, 이러한 고온에서 담배 성분이 열분해되어 가스 형태의 화합물이 생성된다. 고온 영역의 약간 뒤쪽에 위치한 이른바 증류 영역에서는 담배에서 방출된 수증기가 또 다른 화합물로 승화한다(특히 니코틴). 담배 연기 자체는 가스 형태의 화합물과 미세하게 분포된 액체 방울('에어로졸')의 혼합물로서 냉각 시 담배의 뒷부분에서 생성된다. 증류액의 일부가 저온 영역에 침전되어 고온 영역이 이동할 때 새로 방출된다. 담배가 타 들어갈수록 담배 연기는 더 많은 유해물질을 함유하게 된다. 담배를 피우지 않는 동안에도 담배는 계속해서 연기를 내뿜는다. 낮은 온도로 인해 이 연기에는 다른 합성물이 들어 있다. 비흡연자도 노출되는 이 연기 속에는 다수의 유독물질, 예를 들어 암을 유발하는 나이트로사민이 들어 있으며 흡연자보다 비흡연자가 흡입하는 유독물질의 농도가 훨씬 더 높다.

사랑받는 독

많은 흡연자들이 건강에 해로운 줄 알면서도 그러한 유해물질 덩어리를 자신의 몸과 간접 흡연자들에게 강요하는 이유는 무엇일까? 흡연은 담배 제품에 들어 있는 니코틴을 8초 내에 뇌로 전달한다. 그리고 얼마 지나지 않아 몸의 구석구석까지 니코틴이 퍼지게 된다. 니코틴은 중요 신경전달물질인 아세틸콜린의 작용을 모방하고 있다. 아세틸콜린처럼 신경들 간의 절점(節點, 시냅스)에서 전기신호를 전달하기 때문에 매우 적은 양으로도 흥분 작용을 일으킨다. 그러나 천연 전달물질인 아세틸콜린보다 서서히 분해되기 때문에 비교적 많은 양의 니코틴은 시냅스의 수용체와 신경의 흥분 전달을 차단하여 진정 작용을 일으킨다. 흡연의 특별한 매력은 대다수 사람들에게 니코틴이 정신적인 흥분과 정서적인 안정을 동시에 가져다준다는 데 있는 것으로 보인다. 니코틴은 기분을 즐겁게 하며 집중력을 높이고 스드레스를 감소시킨다. 잠자리에서 일어나 처음 피우는 담배는 맥박수를 1분에 20회까지 증가시킨다. 혈관이 수축되어 혈압이 올라가고 미세혈관에 피가 원활하게 공급되지 않아 피부 온도가 내려간다. 아드레날린과 노르아드레날린이 분비되어 흥분 작용을 일으킨다. 또한 혈당치가 증가하여 시장기가 완화된다.

뇌에서 니코틴이 어떻게 작용하는가

신경화학의 연구 결과에 따르면 니코틴은 복측부의 피개에서 대뇌피질과 대뇌변연계*로 나가는 도파민 반응관을 활성화하는 것으로 보인다(파랑으로 표시한 부분: 중심에서 본 뇌의 반쪽). 도파민 물질의 분비는 편안한 느낌과 결부될 수 있다. 그 다음에는 반복에 대한 희망이 존재한다. 추가적인 니코틴 작용으로는 노르아드레날린과 아드레날린의 순환 증가, 바소프레신, 베타-엔도르핀, 부신피질 자극 호르몬, 코티솔 분비 증가, 반응시간 단축, 기분 고조, 긴장 감소, 근육 긴장 감소 등이 있다.

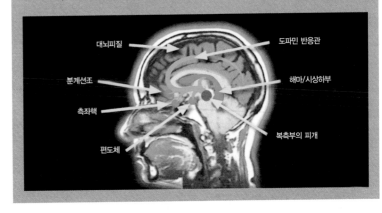

*대뇌변연계는 가장자리(라틴어: limbus)와 같이 뇌간을 둘러싸고 있는 복잡한 뇌 중심 구조의 축적물이다. 통증 섬유들도 대뇌변연계로 들어가며 그곳에서 통증 정보와 무의식적 또는 정서적인 내용이 혼합된다. 오른쪽 그림에서 색칠한 부분은 중요한 구조들이다. 해마는 기억을 담당하는 기관이고, 시상하부는 특히 뇌하수체와 인체의 호르몬 시스템을 봉제한다. 편도체(편도핵)는 기분의 안정과 공격성, 사회성을 제어한다.

이 모든 것이 기분을 편안하게 하고 경우에 따라서는 매우 유용할 수도 있지만, 니코틴을 장기간 또는 많은 양을 섭취하게 되면 건강에 치명타가 된다. 니코틴은 알칼로이드에 속하고 독이며 특히 어린아이들에게는 생명을 위협하는 중독증을 초래할 수 있다. 또한 자극의 전달을 막아 중독될 경우에는 신진대사장애와 호흡장애로 이어질 수 있다. 가벼운 중독의 첫 징후는 현기증과 메스꺼움, 구토, 담배를 처음 피웠을 때 많은 사람들이 경험하는 부작용 등이다. 그 밖에도 지방대사를 변화시키며 혈액 내의 자유지방산과 콜레스테롤의 함유량을 증가시킨다. 이러한 현상이 장기간 지속되면 동맥경화증에 걸릴 위험이 커진다. 담배를 많이 피우는 사람은 '다리 혈관 협착', 즉 다리에 혈액순환이 제대로

니코틴 분자는 평평한 6각형 고리(왼쪽 분자 부분)와 가볍게 물결 모양을 이룬 5각형 고리(오른쪽 분자 부분)로 이루어져 있다. 보라색은 질소원자, 회색은 탄소원자, 하양은 수소원자에 해당한다. 니코틴이라는 명칭은 담배를 아메리카에서 유럽으로 들여온 프랑스의 외교관 장 니코(Jean Nicot, 1530~1600)에서 유래한다.

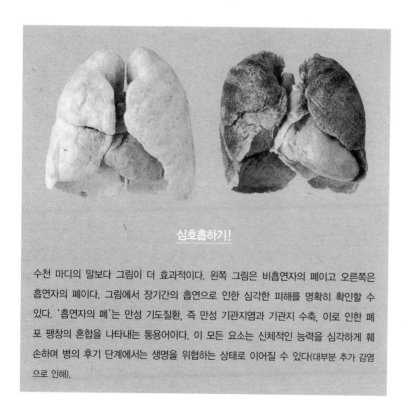

심호흡하기!

수천 마디의 말보다 그림이 더 효과적이다. 왼쪽 그림은 비흡연자의 폐이고 오른쪽은 흡연자의 폐이다. 그림에서 장기간의 흡연으로 인한 심각한 피해를 명확히 확인할 수 있다. '흡연자의 폐'는 만성 기도질환, 즉 만성 기관지염과 기관지 수축, 이로 인한 폐포 팽창의 혼합을 나타내는 통용어이다. 이 모든 요소는 신체적인 능력을 심각하게 훼손하며 병의 후기 단계에서는 생명을 위협하는 상태로 이어질 수 있다(대부분 추가 감염으로 인해).

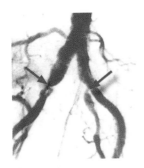

혈액의 흐름을 방해하는 혈관 협착 현상을 그림에 표시해놓은 부분에서 명확히 확인할 수 있다. 다리의 동맥 폐쇄증은 가장 자주 발생하는 혈관질환 중 하나이다. 독일에서는 혈액순환장애로 해마다 3만~3만 5000회 정도의 다리 절단 수술이 행해지고 있다. 여성보다 남성에게서 훨씬 더 자주 나타난다.

이루어지지 않아 다리를 절단해야 하는 결과를 낳을 수도 있다. 또 니코틴은 위궤양과 십이지장궤양 발병을 촉진하기도 한다. 그 밖에도 임산부의 흡연은 니코틴이 태아의 혈액순환계로 들어가기 때문에 특히 위험하다.

그러나 흡연의 부정적인 부수 현상의 책임이 니코틴에게만 있는 것은 아니다. 예를 들어 담배 연기의 약 5퍼센트는 일산화탄소이다. 따라서 담배를 많이 피울 경우 헤모글로빈이 15퍼센트 정도 마비되어 산소를 전달할 수 없게 된다. 그 결과 숨이 차고 심장이 빨리 뛰며 피로와 시력 저하가 일어날 수 있다.

특히 나쁜 영향을 미치는 성분은 담배 연기 속에 들어 있는 타르이다. 타르는 폐 속에 침전되어 점막 이상과 후두·인후·기관지의 만성적인 염증, 지속적인 기침, 폐기종을 초래할 수 있다. 그 밖에도 담배 연기에는 암을 유발하거나 촉진하는 수백 가지의 물질이 들어 있다.

중독?

니코틴은 흡연자에게 편안한 느낌을 주며 니코틴 분해 시에 이 느낌은 감소된다. 따라서 습관적으로 담배를 피우는 사람의 경우 대개 한두 시간 후에 또다시 담배를 피우고 싶은 욕구를 느낀다. 이러한 습관 효과는 니코틴과 관련한 수용체의 증가를 통해 실현되기 때문에 동일한 효과를 얻기 위해서는 점점 더 많은 양이 필요하다. 흡연이 '전형적인' 생리적 중독인지, 또는 '단지' 심리적인 의존인지에 관한 논쟁이 오래 전부터 있었다. 어쨌든 최근의 연구 결과에 따르면 니코틴도 다른 마약과 마찬가지로 두뇌의 이른바 보상 시스템에 영향을 미쳐 도파민을 더 많이 분비하게 만드는 것으로 밝혀졌다. 담배 중독자가 그리워하는 것은 바로 이와 결합된 편안한 느낌이다.

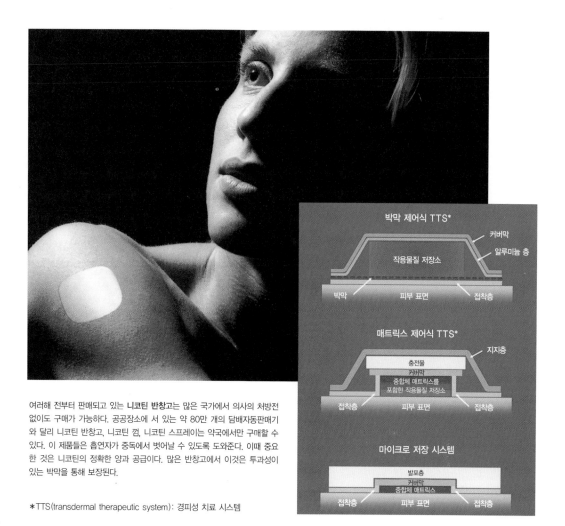

여러해 전부터 판매되고 있는 **니코틴 반창고**는 많은 국가에서 의사의 처방전 없이도 구매가 가능하다. 공공장소에 서 있는 약 80만 개의 담배자동판매기와 달리 니코틴 반창고, 니코틴 껌, 니코틴 스프레이는 약국에서만 구매할 수 있다. 이 제품들은 흡연자가 중독에서 벗어날 수 있도록 도와준다. 이때 중요한 것은 니코틴의 정확한 양과 공급이다. 많은 반창고에서 이것이 투과성이 있는 박막을 통해 보장된다.

＊TTS(transdermal therapeutic system): 경피성 치료 시스템

반창고 대 악습

금연 보조제로서 니코틴 반창고가 있다. 니코틴 반창고는 혈액의 니코틴 농도를 일정하게 유지하여 담배에 대한 욕구를 감소시킨다. 긍정적인 부수 효과는 니코틴으로 인해 바뀐 신진대사가 다시 서서히 정상화할 수 있다는 점이다. 미래의 비흡연자는 금연 시에 자주 나타나는 군것질에 대한 강한 욕구와 몸무게 증가를 경험하지 않아도

된다. 임산부의 경우에는 유해한 니코틴이 임산부와 태아에게 계속해서 공급되기 때문에 이 반창고가 적합하지 않다.

니코틴 반창고는 면밀하게 고안된 층층 구조를 이루어 피부를 통해 작용물질의 흡수를 통제할 수 있다. 반창고의 가장 바깥쪽 커버층은 합성수지(예: 폴리에스터)로 이루어져 있으며 합성수지 안쪽에 알루미늄 막이 덧입혀져 있다. 이 콤비 층은 니코틴의 증발을 막으며 목욕 시에도 니코틴이 씻겨 내려가지 않게 한다. 콤비 층 아래에는 작용물질 저장소가 있다. 저장소는 니코틴을 적신 하나의 인조견 또는 면 줄로 이루어져 있다. 작용물질과 피부는 합성수지 박막으로 분리되어 있으며 이 박막은 특수 합성수지 접착제를 통해 피부에 달라붙는다. 합성수지 박막은 작용물질이 점차로, 매우 균일하게, 원하는 양만큼만 방출될 수 있도록 한다. 얼마나 빨리 얼마나 많이 방출되는지는 저장소의 작용물질 농도와, 한편으로는 합성수지 박막, 즉 미세한 구멍의 지름·층 두께·재료의 화학적 속성들과 관계 있다.

현재 다른 약리학적 작용물질도 반창고에 사용되고 있다. 예를 들어 반창고 형태의 진통 효과가 있는 의약품, 갱년기에 특정한 통증을 예방하거나 감소시키는 호르몬 반창고 등이 있다. 또한 위에서 설명한 반창고 구조와 관련하여 세포막이 없는 대체품도 개발되었다. 세포막 반창고의 약점이 바로 이 막에 있기 때문이다. 세포막이 상하면 작용물질이 통제 불가능한 상태로 지나치게 많이 흘러나올 수 있다. 매트릭스에 기초한 반창고에는 이러한 위험이 없다. 개별 작용물질 분자들은 직접 합성수지 매트릭스에 흡수된다. 이에 적합한 재료로는 실리콘과 고무를 기초로 한 맞춤식 중합체 또는 특수 폴리아크릴레이트 등이 있다. 훨씬 더 면밀하게 고안된 것은 이른바 마이크로 저장 시스템이다. 여기에서는 작용물질이 처음에 미세한

캡슐 속에 들어 있다가 폴리매트릭스 속으로 흡수된다. 이 기술을
한 단계 더 발전시켜 탄생한 리포솜은 지방산 분자로 민든 미세한
구형 이중 막이다. 내부에는 피부에 이로운 다양한 물질이 들어 있
다. 따라서 리포솜은 화장품 분야에서 큰 사랑을 받고 있다.

더 작게,
더 빨리, 더 적게

혈액 내 특정한 물질의 농도를 규정하거나 인체 내 병원체의 유무를 증명하거나 병든 조직과 건강한 조직을 구분하거나, 또는 고도로 전문화한 유전자 진단을 실시하는 문제에는 언제나 화학이 연관되어 있다. 현대적인 방법은 진단법을 점점 더 효율적으로 만든다. 즉 실험 양이 점점 줄고 분석이 점점 빨리 이루어지며 점점 더 적은 양의 물질까지 검출된다.

의사들이 색깔과 냄새, 특히 맛에 따라 소변 검사를 실시·평가하던 시대는 다행히 지나갔다. 오늘날은 정기 검진과 특수 사례 진단과 관련하여 표준화한 방법이 존재한다. 그 결과는 세

 21:50 술 한 잔도 너무 많다?

멋진 식사였다. 그러나 이제 우리는 둘만의 오붓한 시간을 원한다. 집에서 마지막으로 포도주 한 잔을 마시고 소파에서 약간의 흥분을 맛볼 생각을 하니 기분이 좋다. 아니면 그 이상의 일이 벌어질지도 모른다. 그는 매우 점잖게 운전한다. 운전대만 잡으면 제멋대로 거칠게 차를 모는 많은 남자들과는 완전히 다르다. 저 앞의 불빛은 대체 뭘까? 경찰이 음주 측정을 하고 있다. 식사 전의 칵테일과 식사를 하면서 독한 적포도주를 마신 내가 운전을 했더라면 당패를 볼 뻔했다. 하지만 내 동행자는 물밖에 마시지 않았으므로 음주 측정을 해도 아무건 문제가 없다.

계 도처의 임상 실험실에서 비교 가능한 정확한 값을 제공한다. 혈액 검사와 소변 검사를 통해, 또는 올바른 화학적 보조 수단을 이용하여 가장 짧은 시간 내에 진단 및 질병 경과, 도입 가능한 치료법에 대한 가치 있는 정보를 얻을 수 있다.

1479년경의 의사는 질병의 원인을 찾는 과정에서 자신의 육감, 특히 미각과 후각에 의손해야 했다. 오늘날의 의료진은 과거와 완전히 다른 도구들을 활용한다.

혈액의 기능은 호흡 가스인 산소와 이산화탄소, 당과 지방 같은 영양소, 신진대사 생성물, 신체 자생의 작용물질을 운반하는 데 있다. 특정한 혈액 세포와 용해 가능한 항체 인자는 침입한 병원체와 이물질에 대한 저항 책임을 맡고 있다. 전문화한 단백질 네트워크는 작은 혈관 손상을 복구함으로써 혈액 손실을 방지하기 위해 혈액을 응고시킨다.

혈액 내 세포 성분에는 적혈구(산소와 이산화탄소를 운반함), 백혈구(면역 방어의 다양한 세포들임), 혈소판(혈액 응고를 활성화함) 등이 있다. 혈액의 액체 성분, 즉 혈장에는 트라이글리세라이드·콜레스테롤·인지질·자유지방산(혈액지방)·글루코스(혈당)와 같은 지질(脂質), 요소·크레아틴·요산·자유아미노산과 같은 질소가 함유된 신진대사 최종 생성물 및 무기 성분 등이 들어 있다. 무기 성분은 주로 염화나트륨(식염), 수소탄산염, 인산염 등이다. 비교적 적은 양의 칼륨염, 칼슘염, 마그네슘염도 존재한다. 그 밖에 혈장에는 수많은 단백질로 이루어진 복합 화합물도 들어 있다.

대부분의 경우 혈장을 분석하기 전에 혈액 응고의 핵심 단백질인 피브리노겐을 제거한다. 이는 응고 과정에서 연구가 방해받는 일이 없도록 하기 위해서이다. 피브리노겐이 없는 혈장을 혈청이라고 한다.

백혈구

혈소판

적혈구

피는 매우 특별한 액체다. 혈액 내지 혈장 속에는 단백질·지방·당분·질소를 함유한 신진대사 산물, 여러 가지 종류의 염분 이외에도 세포 형태의 성분들이 들어 있다. 산소와 이산화탄소의 공급을 책임지는 적혈구, 병원체를 막아내는 백혈구, 혈액 응고에 중요한 구실을 하는 혈소판 등이 이에 속한다.

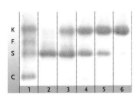

병원체

위의 그림은 다양한 병원체가 전기영동법을 통해 구별되는 것을 분명하게 보여준다. 여기에서 단백질은 붉은색으로 채색된다. 붉은 선(밴드)들은 어느 위치에 특정한 단백질이 모여 있는지를 보여준다. 다양한 단백질을 지닌 이 혈액 샘플은 탈라세미아(지중해 연안 여러 나라에서 흔히 볼 수 있는 유전성의 용혈성 빈혈―옮긴이) 환자의 것이다. 이 질병은 빨간 혈액 색소인 헤모글로빈의 형성을 방해한다. 이 혈액에는 정상적인 헤모글로빈이 아니라 질병을 지닌 변형된 헤모글로빈이 들어 있다. 헤모글로빈은 체내 단백질로서 폐에서 나온 산소를 신체의 여러 조직에 전달하는 구실을 한다.

트랙 1 네 가지 유형의 헤모글로빈을 지니고 있다. 정상적인 HbA(밴드 K)와 질병을 지닌 형태인 HbF(밴드 F), HbS(밴드 S, 겸상적혈구헤모글로빈), HbC(밴드 C) 등이다.

트랙 2 겸상적혈구빈혈증 때문에 정상적인 HbA를 지니지 못한 환자의 혈액 샘플을 보여준다.

트랙 3 베타-탈라세미아 환자의 혈액에서 나온 것이다. 이 혈액에는 정상적인 경우보다 HbA가 더 적고 HbS는 더 많이 들어 있다.

트랙 4 겸상적혈구빈혈증을 앓고 있는 환자의 것이다. 그러나 이 혈액에는 HbS와 비슷한 양의 성상적인 HbA도 들어 있다.

트랙 5 알파-탈라세미아 환자의 혈액에서 나온 것이다. 이 혈액에는 HbS와 HbA가 들어 있으며 HbA의 양이 훨씬 더 많다.

트랙 6 정상적인 혈액 샘플을 보여준다. 여기에서는 정상적인 HbA 자리의 밴드만이 뚜렷하게 나타난다.

전기를 이용한 단백질 분리

전기영동법(electrophoresis)이라고 하는 분석 방법을 이용하여 혈청에서 혈장 단백질을 분리할 수 있다. 이때 다섯 개의 주 그룹, 즉 알부민과 α_1, α_2, β, γ부류의 면역글로불린이 나타난다. 면역글로불린은 항체라고도 하며 침입한 병원체를 막는 데 매우 중요한 구실을 한다. 전기영동법에서는 먼저 가늘고 긴 종이 또는 젤 종류의 합성수지(폴리아크릴아마이드)에 현청 샘플을 바른다. 두 개의 용기에 수소탄산염 또는 인산염이 들어 있는 소금 용액을 넣고 두 용기 위에 혈청 샘플을 바른 종이를 수평으로 펼쳐놓는다. 이때 종이의 양끝이 각 용기에 잠기도록 한다. 각 용기에 전극을 설치한 다음 100~400볼트의 전압을 가한다. 수용액에서 서로 다르게 전하를 띠는 아미노산(단백질의 구성 성분) 곁사슬로 인해 단백질도 마찬가지로 전하를 띠게 된다. 전기 전압의 영향하에 단백질이 이 전기 전하에 따라 상이한 속도로 전극으로 이동한다. 잠시 후 전기 스위치를 끄면 전기 이동도 멈춘다. 이제 단백질을 적당한 색으로 물들이면 매우 특징적인

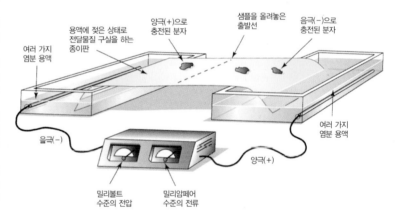

전기영동법의 원리

단백질을 함유한 샘플을 종이판 위에 올려놓는다. 양쪽의 용액에 전압을 가하면 충전된 단백질은 양쪽의 전극 방향으로 움직인다. 즉 음극으로 충전된 단백질은 +극(양극) 방향으로, 양극으로 충전된 단백질은 -극(음극) 방향으로 움직인다. 단백질이 전하를 많이 지닐수록 움직이는 속도도 더 빨라진다.

분포 샘플이 생성되며 단백질 수량을 개별 그룹으로 정확히 측정할 수 있다. 이러한 방식으로 예상되는 질병 원인에 대한 중요한 징보를 얻게 된다.

달콤한 혈액

우리의 혈액은 근육과 뇌에 필요한 에너지를 공급할 수 있도록 언제나 일정한 양의 포도당(글루코스)을 포함하고 있다. 영양이 풍부한 식사를 한 후 당 성분이 다량으로 혈관에 스며들거나 또는 정반대로 매우 굶주린 상태일지라도 신체는 이 혈당 농도를 일정한 수치에 맞추어야 한다. 이러한 목적으로 신체 자생의 특별한 전달물질, 즉 인슐린이 존재한다. 혈당 농도가 올라가면 신체는 인슐린을 분비한다. 이것은 포도당을 분해하거나 포도당을 혈액에서 간세포로 운반하여 그곳에 저장하는 데 필요한 신진대사 과정을 작동시킨다. 그 다음에 혈당 농도가 다시 내려가면 인슐린 생성도 억제된다. 당뇨병을 앓는 사람들의 경우에는 이 자동 조절 시스템이 작동하지 않는다. 그들은 너무 적은 양의 인슐린을 생성하기 때문에 혈당가 위험한 수준으로 올라간다. 따라서 부족한 양을 보충하기 위해 대부분 날마다 여러 번 인슐린 주사를 맞아야 한다. 물론 그 양은 당뇨병 환자마다 다르다. 실제로 얼마나 많은 인슐린이 필요한지를 알기 위해 의사는 정기적으로 환자의 혈당 농도를 검사해야 한다. 이때 실시하는 테스트는 화학적인 검출 반응을 실행하는 효소들을 이용한다. 혈당 측정에 사용되는 효소들은 포도당에만 반응할 뿐 혈액 검사에 포함된 다른 물질에는 전혀 반응하지 않기 때문에 테스트는 매우 민감하며 특수하다. 따라서 분석을 위해 글루코스 산화 효소, 즉 하나의 효소를 이용하여 포도당을 산화·분해한다. 이때 과산화수소가 생성된다. 이 과산화수소가 과산화 효소, 즉 과산화물 분해 효소를 이용

인슐린은 당뇨병 환자에게 부족한 호르몬이다. 당뇨병 환자의 몸에서는 인슐린이 매우 적게 만들어지기 때문에 혈당치가 위험한 수준까지 올라갈 수 있다. 따라서 당뇨병 환자는 자주—하루에도 몇 번씩—인슐린 주사를 맞아야 한다.

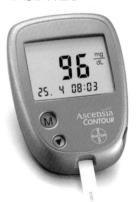

당뇨병 환자는 정기적으로 혈당치를 체크해야 한다. 아래 사진에서 보듯이 쉽게 조작할 수 있는 혈당 측정기가 시중에 나와 있다.

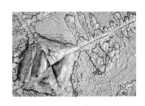

인슐린 결정체
단백질과 펩타이드도 결정화할 수 있
다. 위의 그림은 펩타이드 호르몬인 인
슐린의 결정체를 보여준다. 인슐린은
혈당치 조절에 중요한 구실을 한다.

한 두 번째 효소 반응에서 물로 변화된다. 반응하는 동안에 색을 바꾸는 화합물이 이에 필요한 수소를 제공한다. 화합물은 처음에 무색이었다가 수소 전달 후 파랑이 된다. 색의 강도는 얼마나 많은 과산화수소가 분해되었는지에 대한 척도이다. 그와 동시에, 결국에는 당에서 과산화수소가 생기기 때문에 혈액 샘플에 얼마나 많은 당이 들어 있는지도 알게 된다.

색깔에 의한 진단

높은 열과 박테리아에 감염된 명백한 징후를 보이는 환자는 대부분 박테리아를 죽이거나 최소한 박테리아의 성장에 급제동을 거는 항생제가 필요하다. 하지만 유감스럽게도 박테리아 종류는 매우 다양하여 모든 박테리아가 동일한 항생제에 반응하는 것은 아니다. 따라서 환자에게 빨리 올바른 약품을 투여할 수 있도록 환자가 어떤 미생물에 감염되었는지를 먼저 결정해야 한다. 이를 위한 방법 중 하나가 그람 염색법(Gram staining)이다. 모든 박테리아는 두 그룹으로 나누어진다. 즉 그람 염색법의 색소 칵테일에 의해 파랑으로 물드는 그람 양성균과 이러한 반응이 일어나지 않는 그람 음성균이다. 그람 음성균은 색소가 박테리아 세포에 침투하지 못하도록 막는 고분자당 화합물로 이루어진 추가 외피를 갖고 있다. 따라서 그람 염색법

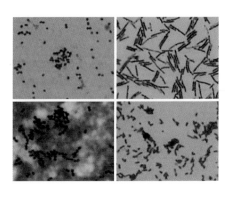

박테리아 형태
그람 염색법에 의해 그람 양성(파랑)
과 그람 음성을 보이는 구균과 간균
이 나타난다.

을 이용하여 특정한 종류의 박테리아를 처음부터 제외시킬 수 있다. 그러나 치료 대상이 어떤 박테리아인지 정확히 알려면 다른 방법을 이용해야 한다. 이와 관련하여 두 가지 가

능성이 있다. 유전자 실험을 통해 병원체의 유전물질을 알아내거나 항체를 이용하여 이 유전물질을 찾아내는 것이다. 항체는 병원체를 막기 위한 신체 자생 시스템의 전달/감식 분자이다(면역 시스템). 항체는 질병을 일으키는 침입자를 인식하여 침입자의 표면에 달라붙는다. 그와 동시에 면역 시스템의 식세포와 킬러세포에 '이곳에 없애야 하는 적이 있음'을 신호로 알려준다.

단백질 낚시

항체는 언제나 매우 특정한 구조만을 인식한다. 따라서 성홍열 병원체에 대항하는 항체는 결핵균 또는 코감기 바이러스에 달라붙지 않는다. 항체가 그렇게 까다롭다는 사실은 오늘날 의학적인 진단에 널리 보급된 테스트 방법, 즉 ELISA(Enzyme Linked Immunosorbent Assay, 효소면역분석)에 이용된다. 이 테스트는 매우 민감해서 혈액 한 방울로도 충분하다. 연구를 위해 이 방울을 마이크로타이터 판(microtiter plate) 위의 매우 작은 플라스틱 반응 용기에 채워 넣는다. 마이크로

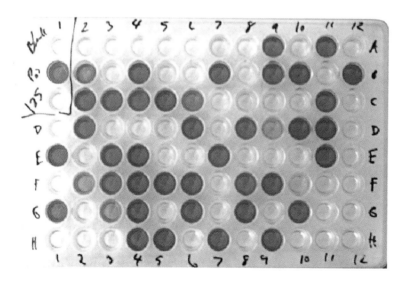

마이크로타이터 판은 우편엽서 크기의 평면에 96개의 반응 용기가 들어 있는 것으로 96가지의 테스트를 동시에 진행할 수 있다. 붉은색은 양성 반응을 보여준다. 이를테면 이것은 특정한 병원체가 다량으로 존재함을 나타내며, 붉은색이 옅은 샘플은 그 양이 적음을 뜻한다. 색상의 농도를 측정하는 광도계를 이용하면 결과를 수치로 환산할 수도 있다.

타이터 판은 우편엽서 크기의 평면에 총 96개의 작은 반응 용기가 들어 있는 소형 판으로서 96개의 샘플을 동시에 연구할 수 있다.

마이크로타이터 판의 반응 용기 하나에 혈청 샘플을 떨어뜨리기 전에 플라스틱 표면에 검출하고자 하는 병원체의 단백질을 인식하는 항체를 덧입힌다. 이 작업은 매우 간단하다. 즉 항제가 들어 있는 용액을 마이크로타이터 판의 반응 용기에 넣는다. 그러면 항체가 플라스틱 표면에 단단히 달라붙는다. 이 과정을 흡착이라고 한다. 이것은 단백질을 함유한 용액이 플라스틱과 접촉할 때 항상 일어난다. 웃물을 제거한 다음 혈액 샘플을 대신 넣는다. 항체가 인식하는 병원체의 구성 성분(대부분 병원체의 외피에 있는 단백질)이 달라붙는다. 나머지 모든 성분은 용액 내에서 계속 유동하며 용액과 함께 제거·폐기할 수 있다. 이제 두 번째 항체가 포함된 새로운 용액을 추가한다. 이 항체도 마찬가지로 병원체의 단백질에, 그러나 다른 지점에

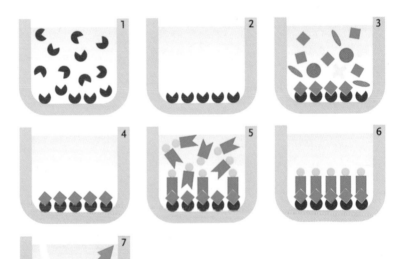

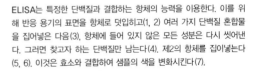

ELISA는 특정한 단백질과 결합하는 항체의 능력을 이용한다. 이를 위해 반응 용기의 표면을 항체로 덧입히고(1, 2) 여러 가지 단백질 혼합물을 집어넣은 다음(3), 항체에 들어 있지 않은 모든 성분은 다시 씻어낸다. 그러면 찾고자 하는 단백질만 남는다(4). 제2의 항체를 집어넣는다(5, 6). 이것은 효소와 결합하여 샘플의 색을 변화시킨다(7).

부착된다. 그 밖에도 이 항체는 또 다른 것을 가져온다. 즉 효소인 과산화 효소의 분자와 결합한다. 따라서 일종의 샌드위치가 생성된다. 가장 밑에 위치한 마이크로타이터 판의 플라스틱 표면에 첫 번째 항체가 달라붙는다. 플라스틱 표면에 미생물의 단백질이 달라붙으며 그곳에 과산화 효소와 함께 두 번째 항체가 달라붙는다. 이 과산화 효소를 혈당 테스트에서처럼 무색의 기질(基質)과 반응시킬 수 있다. 이때 기질은 유색의 생성물로 변화된다. 다시 색소의 양을 정확히 측정할 수 있으며, 이로부터 달라붙은 단백질의 양을 거꾸로 계산할 수 있다. 마이크로타이터 판의 반응 용기에 상이한 병원체에 맞추어 여러 항체를 넣을 경우에는 환자가 하나의 미생물에만 감염되었는지 또는 여러 미생물에 감염되었는지를 규정할 수 있다.

ELISA 테스트는 대단히 민감하다. 그 이유는 과산화 효소가 증폭기처럼 작용하기 때문이다. 항체가 하나의 단백질에 달라붙는 동안 이 단백질에 결합된 과산화 효소 분자는 수백 가지 색소 분자를 처리할 수 있다.

ELISA 테스트는 항체를 생성하는 모든 물질, 즉 거의 모든 단백질을 비롯하여 이보다 더 큰 분자를 상대로 실시할 수 있다. 그렇듯 이 테스트는 매우 융통성이 있고 빠르며 간단하게 실시할 수 있어서 의학적인 진단에서 많이 응용된다.

유전자풀에서 낚시

혈액이나 체내 액체에서 박테리아 또는 바이러스를 입증해내는 또 다른 방법은 병원체의 유전물질을 찾는 것이다. 유전물질인 DNA는 매듭과 비슷한 분자로서 이 분자는 양분되어 서로 양극과 음극처럼 행동한다. 유전자 개별 성분의 배열은 유기체마다 다른데, 그 배열은 각 유기체의 독특한 구조를 나타낸다. 최근에 이루어진 유전자

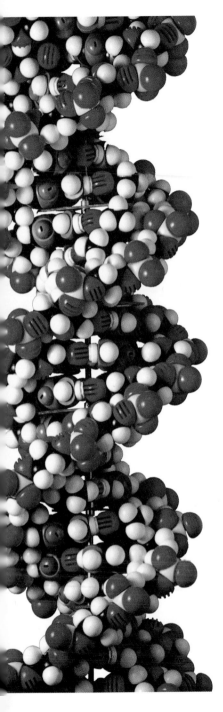

연구 덕분에 인간, 쥐, 초파리를 비롯하여 많은 미생물의 유전자 배열이 밝혀졌다. 그 밖에도 창의성이 높은 화학자들은 개별 구성 성분을 이용하여 '인공' DNA 분자를 만들어내는 방법을 개발했다. 그 방법은 이미 널리 알려져 있어서 화학자 대신 DNA 자동 합성 기구에 작업을 맡긴다. 한 미생물을 상대로 이것을 입증해 보일 경우 그 과정은 다음과 같이 이루어진다. 먼저 소수(약 20~40개)의 DNA 성분으로만 이루어진 이른바 DNA 탐침을 만든다. 이 분자의 배열은 병원체 DNA 조각의 분자 배열과 동일해야 한다. 이 탐침을 나중에 다시 찾아낼 수 있도록 소량으로도 효과를 발휘하는 형광 색소와 결합시킨다. 그 다음에는 분석할 샘플에서 DNA를 분리하여 단단한 판 위에 올려놓는다. 여기에 형광 색소가 첨가된 탐침을 적당한 용제와 함께 집어넣은 후 온도를 높인 상태에서 서로 뒤섞는다. 그러면 DNA는 양분되어 탐침 분자와도 새로운 짝을 이루게 된다. 이것은 파트너와 결합한 색소로 확인할 수 있다. 찾고자 하는 DNA 조각이 샘플에 존재하지 않으면 탐침 분자와 결합하지 않으며 착색도 일어나지 않는다. 이 테스트도 매우 민감하며 무엇보다도 아주 특수하다. DNA 탐침은 자신과 동일한 구조를 지닌 상대와 결합할 뿐이다. 이를 통해 수많은 DNA 분자 중에서 이것을 구별해낼 수 있다.

호주머니 속의 실험실

미국 하버드 대학교의 과학자들은 이동식 HIV-진단 실험실을 개발했다. 이 장비는 간단하게 작동하고 신뢰성이 높으며 비교적 저렴하다. 따라서 개발도상국에서도 조달 가능하며 의료 수준을 개선할 수 있을 것이다.

이 장비는 배터리로 작동해 별도의 전기 공급이 필요 없다. ELISA의 원리에 따른 면역 테스트를 위한 진단 칩과 간단한 탐지기로 구성되어 있다.

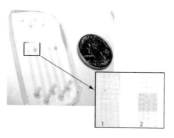

포켓(Pocket)은 HIV를 검출하는 데 사용되는 이동식 장비로서 배터리로 작동한다.
1: 기본 혈청, 2: HIV-1에 양성 반응을 보인 혈청.

면역 테스트—HIV 검사—는 2밀리미터 두께의 칩 관에서 이루어진다. 먼저 각각의 관에 혈액 샘플을 집어넣는다. 혈액은 관을 타고 흐르다가 HIV 단백질에 고착된 선에 도달하게 된다. 혈액이 HIV 항체를 지니고 있으면 이 단백질을 인식하고 결합한다. 결합된 항HIV 항체의 윤곽을 표시하기 위해 두 번째 항체를 관에 집어넣는다. 이 항체는 항HIV 항체를 인식하며 그것과 결합된 상태를 유지한다. 표식을 위해 이 항체에는 사전에 미세한 금 입자를 입혀놓는다. 그 다음 단계로 질산은과 산화제를 함유한 액체를 첨가한다. 금빛 표식이 있는 곳에서는 금이 은 이온 산화물을 금속성의 은으로 결정화한다. 은은 관의 벽에 침전된다. 온도 나름대로 은 이온의 계속적인 산화를 촉진하기 때문에 그 효과가 배가된다. 이제 탐지기의 차례다. 빨강의 작은 레이저 다이오드가 관 속에서 빛을 발한다. 칩의 반대편에서는 빛이 은을 통과하면서 얼마나 약해지는지를 광 다이오드가 기록한다. 이러한 방식으로 혈액 속에 들어 있는 HIV 항체의 양을 정확하게 측정할 수 있다. 이것은 실험실에서 이루어지는 정상적인 방법처럼 정확하면서도 훨씬 빠르다.

성냥갑 속의 실험실

유전자 진단을 위한 검사는 흔히 이른바 DNA 배열법으로 이루어진다. DNA 배열은 나일론 세포막이나 유리 표면처럼 단단한 판 위에 DNA 분자의 개별 성분들을 확정된 순서대로 나열해놓는 것을 말한

음주 측정 테스트는 어떻게 이루어질까

호흡할 때 공기 속에 담긴 알코올 양의 측정은—경찰이 혈중 알코올 수치를 알아내고자 할 때 가느다린 관에 대고 입김을 불어넣는다—산화 환원 반응에 기초하고 있다. 이것은 한 파트너가 산소를 내주고—산소가 감소한다—다른 파트너가 산소를 받아들이는—산소가 산화한다—반응을 의미한다. 알코올을 검출하기 위한 테스트 관 속에는 색을 띤 크롬 화합물이 들어 있다. 입김에서 나온 알코올이 이것과  접촉하면 산화되어 아세트알데하이드가 된다. 그와 동시에 크롬 화합물이 감소하면서 색이 변하게 된다.

다. 이것으로 샘플을 검사한다. 그 전에 샘플에 들어 있는 모든 핵산 분자를 색소로 표시해둔다. 표면 위의 배열에서 자신의 상대를 발견한 샘플 분자들은 거기에 달라붙는 반면에 다른 분자들은 다시 씻겨내려간다. 이를 통해 색소로 표시해둔 DNA가 달라붙은 부분을 확인하게 된다.

한 독일 기업이 개발한 반응판은 2×2센티미터 크기이며 표면 위의 작은 관들 속에 실험실 전체가 들어 있다. 거기에서 DNA 성분인 아데닌, 구아닌, 시토신, 티민 등은 컴퓨터로 제어되어 원하는 염기 서열을 얻게 된다. 이러한 방식으로 최대 60개의 개별 성분을 지닌 4만 8000개의 올리고뉴클레오타이드(핵산의 재료)가 만들어질 수 있다. 이것들은 앞서 말한 것처럼 색소로 표시한 DNA 조각

성냥갑 속의 실험실
우표보다 약간 큰 유리 반응판에 실질적으로 실험실 전체가 자리잡고 있다. 유리 표면 위의 미세한 관 속에서 극소량의 액체만으로도 화학적 합성을 만들어낼 수 있다.

들과 결합한다. 이러한 실험에는 오늘날 대부분 형광 색소가 이용된다. 형광 색소는 특정한 파장의 빛을 발하며 극소량으로도 효과를 발휘한다.

분자생물학은 효소화학, 마이크로테크닉, 컴퓨터 제어 자동화, 평가 등과 조합을 이루어 커다란 성과를 보이고 있다. 이 모든 분야에서 새로운 방법들이 개발되고 있어 남다른 진보를 기대할 만하다.

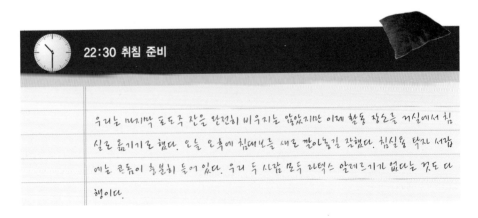

다양한 용도의 합성수지

석기 시대, 청동기 시대, 설기 시내—오늘날에는 합성수지 시대라는 명칭을 붙일 수 있을 것이다. 합성수지는 처음에는 환영받았지만 그 다음에는 저주의 대상이 되었다. 사실 합성수지는 서로 다른 평가를 받아왔다. 오늘날 합성수지는 거의 모든 것에 들어 있다. 합성수지가 없다면 서구 분명의 많은 누분이 더 이상 작동하지 않을 것이다. 복사기, 전화기, 컴퓨터, 일회용 주사기, 장난감, 운동 기구 등은 모두 긴 분자 사슬로 이루어진 합성수지를 빼놓고는 생각할 수 없다. 화학자들은 이 현대적인 중합체의 특성을 활용할 새로운 영역들을 개척하고 있다.

경제 기적의 시기인 1950년대와 1960년대에 '플라스틱'이 유행하기 시작했다. 파스텔 톤의 식탁, 칙칙한 레인코트, 플라스틱 그릇 등은 귀한 대접을 받았다. 1970년대와 1980년대에 합성수지는 환경에 해롭고 보기 흉하며 건강에도 안 좋은 것으로 비난받았다. 무엇보다도 비닐봉지는 애물단지로 취급받았다. 그 사이에 감정

22:30 취침 준비

우리는 마지막 포도주 잔을 완전히 비우지는 않았지만 이제 활동 장소를 거실에서 침실로 옮기기로 했다. 오늘 오후에 침대보를 새로 깔아놓길 잘했다. 침실용 탁자 서랍에는 콘돔이 충분히 들어 있다. 우리 두 사람 모두 라텍스 알레르기가 없다는 것도 다행이다.

적 대응을 자제하게 되면서 합성수지는 '정상적'이라는 평가와 함께 우리 문명의 일부가 되었다. 오늘날은 더 이상 값싼 대량생산품이 이니라 고도의 기술이 필요한 물질이며 현재와 미래를 위한 특수한 용도로 사용되기도 한다. 가볍고, 다채로운 색을 지닐 수 있으며, 부식되지도 않는다. 또한 화학물질에 잘 견디고 쉽게 깨지지 않으며, 곰팡이가 슬거나 녹슬지 않고 때가 잘 끼지 않으며 마모되지도 않는다.

삶의 동반자

오늘날 우리는 합성수지가 제공하는 편리함과 새로운 가능성에 익숙해 있어서 그 존재를 거의 실감하지 못한다. 합성수지는 우리의 일상 곳곳에 스며들어 있다. 잠에서 깨어나면 라디오에 달린 시계를 쳐다본다. 그 몸체는 합성수지로 이루어져 있다. 욕실에서 칫솔로 양치질하고 플라스틱 통에서 샤워용 젤을 꺼내 목욕한 뒤 헤어드라이어로 머리를 말린다. 이때 매번 합성수지를 손에 잡은 셈이다. 옷장에서 꺼낸 옷의 전체 또는 일부분은 합성섬유로 이루어져 있다. 모닝커피를 마실 때 이용하는 커피메이커 역시 합성수지로 만든 것이다. 우유팩의 안쪽 막, 콘플레이크 봉지, 신선한 요구르트가 담긴 용기 역시 합성수지 제품이다. 신발 밑창도 대부분 합성수지로 이루어져 있다.

삶의 편의성

합성수지는 예를 들어 계기판, 시트 커버, 실내장식, 개폐식 지붕, 가로등, 전동기 덮개, 진공청소기, 항온기 몸체, 충전기 몸체 등의 형태

로 우리의 삶을 윤택하게 해준다. 합성수지를 사용하면 무게를 줄일 수 있다. 그래서 자동차 산업에서는 무거운 금속이 가벼운 합성수지로 대체되고 있다. 1969년 이래로 자동차에 들어가는 강철과 스테인리스강의 비중이 76퍼센트에서 60퍼센트로 감소한 반면 합성수지의 비중은 2퍼센트에서 15퍼센트로 증가했다. 합성수시의 비중이 엄청나게 커진 것은 아니지만 자동차의 무게가 100킬로그램 정도 가벼워지면 자동차가 평균 수명에 이를 때까지 약 700리터의 기름을 절약할 수 있다.

선글라스─안경알은 당연히 합성수지 제품이다. 그렇지 않으면 무겁고 알이 깨질 때 안전하지도 않을 것이다─를 끼고 자동차를 출발시켜보자. 벌써 바퀴가 구르기 시작한다. 타이어는 오늘날 사용하는 합성수지의 원조 격인 탄성고무로 이루어져 있다. 거의 모든 일터에 마련되어 있는 컴퓨터, 출력기, 책상 등도 대부분 합성수지로 만든 것이다. 전화기와 이동전화도 예외가 아니다.

슈퍼마켓 역시 다르지 않다. 가볍고 깨지지 않는 음료수병, 식료품을 신선하게 보존하는 랩, 내용물이 젖지 않게 하는 냉동식품 포장지, 금속의 부식과 내용물의 부패를 막아주는 통조림통의 안쪽 막 등도 합성수지 없이는 생각할 수 없다. 쇼핑이 끝나면 물건들을 실용적인 비닐봉투에 담아 집으로 가져간다. 나중에 쓰레기봉투로 사용할 수 있는 이 비닐봉투 역시 합성수지로 만든 것이다.

워크맨 몸체뿐만 아니라 그 안에 들어가는 카세트테이프나 CD도 합성수지 제품이다. 운동화, 인라인스케이트, 스노보드, 스키, 스키용 신발, 체조 매트,

골프공, 카누, 경기용 보트, 자전거 안장 등에도 합성수지가 들어간
다. 정상급 운동선수로서 하이테크 물질이 들어간 운동 기구를 포기
하고도 좋은 기록을 내는 경우는 거의 없다. 장대높이뛰기선수를 예
로 들어보자. 그 장대는 엄청난 부담을 견뎌내야 한다. 부러져서도
안 되지만 매우 탄력적이어야 한다. 그러한 성능을 지닌 합성수지가
있다.

의료 분야에서도 합성수지는 중요한 도움을 준다. 위생적인 일회
용 주사기와 일회용 장갑, 굽히기 쉬운 도뇨관과 주입관, 혈액주머
니, 세척이 쉬운 의료 기구 몸체 등은 합성수지 없이는 생각할 수
없다.

합성수지, 중합체, 플라스틱(1)

합성수지 전체적으로 또는 부분적으로 합성에 의해 생성된 유기물질인 고분자 화합물로서 소재로 이용된다.

중합체 1. 합성수지의 원료.

2. 부분적으로 합성수지를 가리키는 용어.

3. 개별 단위체들로 구성된 긴 사슬 형태의 분자. 천연 중합체의 예로는 단백질과 유전자 정보 전달물질인 DNA가
   있다.

플라스틱 과거에는 천연수지와 구별되는 합성수지를 가리키는 용어였다. 오늘날 플라스틱은 일반적으로 합성수지로 만든
저렴한 소재를 의미한다. 반면에 고급 제품은 '합성수지'로 통용된다.

고강도플라스틱과 연성플라스틱 중합체 사슬들은 서로 결합할 수도 있다. 이러한 방식으로 횡적 그물망을 이룬 물질을
가열하면 더 이상 연해지지 않는다. 이 물질을 고강도플라스틱이라고 한다. 이와 반대로 그물망을 이루지 못한 사슬들은
가열하면 연한 상태가 된다. 이 물질을 연성플라스틱이라고 한다.

엘라스토머 약하게 그물망을 이룬 중합체로서 원래의 길이보다 최소한 두 배로 늘어날 수 있다. 연성고무를 가리키는 용어.

탄성중합체 실내 온도에서 비결정체가 되며 약한 그물망 형태로서 고무가 되는 고분자 소재를 총칭하는 용어. 그물망을
이루지 못한 상태에서 탄성중합체는 연성플라스틱에 속한다. 이 물질은 온도가 상승하면 연해지며 탄력성이 줄어든다.

연성고무 탄성중합체에 미량의 황을 화합한 것으로서 탄력적이며 늘어나기 쉽다.

경성고무 탄성중합체에 다량의 황을 화합한 것이다. 자유로운 상태의 분자 사슬들은 황을 매개로 촘촘한 그물망을 이룬다.
경성고무는 가죽 같은 단단함을 지니고 있다.

합성수지, 중합체, 플라스틱(2)

고무 1. 고무: 공기 속에서 딱딱해지는 특정한 식물 즙으로 만든 수지. 예를 들어 열대 아카시아나무 즙으로 만든 고무 아라비쿰은 접착제와 결합제로 사용된다.

2. 고무: 경화시킨 천연 및 합성 탄성중합체. 경하는 횡저 그물만을 통해 중합체를 3차원의 그물 구조로 만드는 방법이다. 탄성중합체는 일반적으로 개별 중합체들 사이에서 다리 구실을 하는 황 분자들로 그물망을 이룬다.

발포고무 천연 또는 합성 탄성중합체를 기초로 경화시킨 라텍스 발포 제품.

발포제 세포 구조로 이루어진 소재. 세포들은 서로 결합된 상태에서 속이 빈 구멍들을 만들어낸다. 경성 발포제와 연성 발포제가 있다.

냉동 응고법에 의한 발포고무 폴리우레탄으로 만든 연성 발포제이다. 탄력성이 매우 좋기 때문에 열 응고법에 의한 발포고무(폴리우레탄이 주성분인 것은 같지만 반응력이 다르다)와는 달리 반응력을 높이기 위해 열을 별도로 가할 필요가 없다.

라텍스 1. 원래는 우윳빛 액체의 고무를 추출해낼 수 있는 식물을 말한다.

2. 오늘날에는 액체 방울 내지는 입자 형태의 천연 및 합성 탄성중합체 유제를 총칭하는 용어이다. 라텍스는 도료 결합제로 사용되거나 잠수 기구, 고무줄, 발포고무 등을 만드는 데 이용된다.

3. 라텍스로 만든 물질을 가리키는 용어. 라텍스 제품을 만들기 위해서는 증발법이나 원심 분리법으로 즙을 농축시키고 암모니아를 섞어 안정화시킨다. 이러한 탄성중합체를 경화시키면 고무가 된다. 라텍스는 발포 형태로 매트리스와 스펀지를 만드는 데 이용된다. 또한 얇은 필름 형태로 콘돔, 장갑, 풍선 제조에 이용되기도 한다.

제3의 눈

모든 합성수지를 첫눈에 알아볼 수 있는 것은 아니다. 추운 겨울밤을 따뜻하게 지내면서도 난방비가 엄청나게 늘어나지 않는 것 역시 합성수지 덕분이다. 벽에 사용하는 합성수지 단열재는 대부분의 다른 소재들과 비교할 때 온기를 훨씬 더 잘 보존한다. 그러한 합성수지 단열재 없이는, 이른바 미래형 주택은 실현되기 어렵다. 이 집은 난방 에너지를 전혀 사용하지 않으면서도 항상 따뜻한 상태를 유지한다.

좋은 단열재는 냉장고가 많은 전기를 소모하지 않게 만들기 위해서도 필요하다. 내친김에 부엌을 둘러보자. 나무나 대리석처럼 보이는 조리대의 표면은 일반적으로 합성수지로 이루어져 있다. 그렇지 않으면 열에 녹아내리거나 긁히고 금이 갈 수 있다. 주방의 찬장에도 이와 비슷한 원리가 적용된다. 예를 들어 나무로 된 찬장의 겉면에는 합성수지 무늬 막이 부착되어 있다. 이때 사용하는 접착제는 물에서 분해 가능한 중합체 입자들로 구성되어 있는데, 물이 증발하면서 중합체 입자들이 접착 막을 형성하

게 된다. 다른 주방 가구들의 표면도 나무처럼 보이지만 실제로는 합성수지 막을 입힌 것이다. 그러한 표면은 내구성이 강하고 청소하기가 쉬울 뿐만 아니라 나무처럼 햇빛에 색이 바래지도 않는다.

과거에 벽을 장식한 회칠도 합성수지로 대체할 수 있다. 이것은—쓰레기, 먼지, 냄새의 문제를 일으키지 않고—벽에 부착할 수 있으며 그 형태 역시 마음대로 바꿀 수 있다. 그것이 마음에 들지 않거나 이사를 갈 때에는 떼어내기만 하면 된다.

단열재는 난방 과정에서 열을 주위에 빼앗기지 않도록 한다. 이것은 에너지 절약형 난방을 위한 기본적인 전제조건이다.

컴퓨터 본체의 도색도 주목을 끌기에 충분하다. 합성수지의 일종인 폴리우레탄에 입힌 다채로운 도색은 전자기기에 효과적인 금속성의 분위기를 자아낸다. 이동전화 표면의 도색은 따뜻하고 부드러운 느낌을 준다. 이러한 도색의 강도와 탄력성은 넓은 영역에서 개별적으로 활용 가능하다. 이를테면 이동전화의 문자 메시지에 답하기 위해 앉은 안락의자나 소파의 쿠션을 합성수지로 만들 수 있다. 가죽처럼 보이는 커버 역시 합성수지로 가능하다.

욕실의 풍경도 살펴보자. 합성수지 욕조는 어떤 경우에 값싼 호텔의 초라한 욕실을 연상시킬 수 있다. 그러나 최근에 이것은 질적인 면에서 최고의 위치를 차지했다. 신체 유형뿐만 아니라 피부에 맞는 합성수지 표면을 지닌 욕조가 점차 유행하고 있다.

편안한 쿠션

침대와 합성수지의 관계를 알아볼 차례다. 고가의 현대적인 매트리스는 무엇보다도 라텍스나 발포고무(합성수지의 일종인 폴리우레탄을 기초로 한 발포 제품)로 이루어져 있다. 최근에 나온 특수 발포고무 매트리스는 침대에 오래 누워 있는 노인이나 환자에게 생기기 쉬운 욕창을 막아준다. 부드러운 발포 시스템은 누워 있는 사람의 무게를 균등하게 분산시켜주고, 쉽게 변형되는 발포제는 밀리는 힘이 크지 않기 때문에 금방 원래의 형태를 되찾는다. 이 매트리스는 누운 자세를 바꿀 때마다 새로운 형태에 적응한다. 그뿐만 아니라 땀과 습기를 흡수하여 밖으로 배출한다.

사랑을 위한 라텍스

과거에는 원하지 않은 임신과 성병을 피하기 위해 양 창자로 만든 제품을 이용했다. 오늘날의 콘돔은 고무나무의 우윳빛 즙을 원료로 한 라텍스로 만든 것이다. 도자기 내지는 유리병 형태의 틀을 라텍스 액에 집어넣으면 얇은 필름이 생성된다. 여기에 황을 비롯한 여러 가지 물질을 첨가한 후 가열하면 고무 분자들은 그물망 형태의 탄력적이고 얇은 고무 막이 된다(경화). 현재 사용되는 콘돔의 두께는 0.04~0.08밀리미터다. 1995년부터 콘돔에는 유럽 규격인 EN 600이 적용되고 있다.

왜 콘돔은 기름이나 지방을 함유한 윤활제와 함께 사용해서는 안 될까? 지방 분자들이 라텍스 구조에 들어가 물질적 특성들을 완전히 변화시킬 수 있기 때문이다. 그 결과 콘돔은 5분 이내에 연성 능력을 잃고 찢어지거나 새는 바람에 더 이상 충분한 보호 기능을 발휘하지 못한다. 이와 달리 물을 기초로 한 윤활제와는 함께 사용할 수 있다.

'라텍스 알레르기'는 뻔한 거짓말에 불과한 것일까? 그렇지 않다. 그러나 내부분의 경우 라텍스 자체가 아니라 콘돔에 막을 입히는 데 사용되는 작용물질인 '노녹시놀 9'가 문제를 일으킨다. 때로는 수많은 윤활제에 함유된 실리콘이 알레르기 반응의 원인이 되기도 한다. 의사들은 그 원인을 규명할 수 있다. 어쨌든 콘돔을 사용하지 않기 위한 핑계로 라텍스 알레르기를 들먹여서는 안 된다. 최근에는 진짜 라텍스 알레르기 환자를 위한 대안, 즉 폴리우레탄이나 폴리에틸렌으로 만든 콘돔이 나와 있기 때문이다. 이 제품들은 약국에서 구입할 수 있으며 라텍스 제품과 똑같이 안전하다. 물론 최종적인 판단을 내리기 위해서는 몇 년 더 기다려봐야 한다.

라텍스 알레르기란 무엇인가

전체 인구의 약 2퍼센트는 라텍스 제품에 대한 알레르기로 고통받고 있다. 의사, 간호사, 치과 분야 종사자들처럼 매일 일회용 장갑을 껴야 하는 사람들이 특히 이러한 알레르기에 노출되어 있다. 라텍스 알레르기에는 두 가지 유형이 있다. 그중 한 유형은 경화 촉진제, 산화 방지제, 경화제, 색소, 노화 방지제 등과 같은 첨가물 때문에 생겨나며 처음에는 잠복해 있다가 접촉 후 72시간 내에 피부 염증을 일으킨다. 증세가 심한 경우에는 발진, 비염, 포진 등이 나타난다. 그러한 접촉성 질환은 만성이 될 수도 있다.

또 다른 유형은 잠복기 없이 증세가 나타난다. 이것은 라텍스 단백질 때문에 발생하며 접촉한 지 얼마 지나지 않아 피부 부스럼이 생겨난다. 처음에 국지적으로 나타나는 반응은 피부 전체로 퍼지고, 코 점막 및 눈 결막의 자극으로 이어진다. 또한 위통 및 복통과 기관지 천식이 나타날 수 있고, 심지어는 생명이 위태로운 쇼크 증상을 일으키기도 한다. 다른 알레르기와 마찬가지로 라텍스 알레르기도 대부분 평생 지속된다. 발병 원인은 천연 라텍스이며 순수한 합성에 의한 라텍스 제품은 알레르기를 일으키는 라텍스 단백질을 함유하고 있지 않다.

알레르기 환자가 라텍스 단백질을 피하기란 쉽지 않다. 천연고무, 엘라스토머, 가죽수지 등에도 천연 라텍스 성분이 들어 있기 때문이다. 기본적으로 고무 종류의 물질로 만든 모든 제품은 천연 라텍스를 함유할 수 있다. 그러나 이러한 제품은 (라텍스가 들어간 또는 들어가지 않은) 합성물질로 만들 수도 있다. 또한 탄력성이 없는 대상물에 천연 라텍스를 입힐 수도 있다. '라텍스'가 무조건적으로 '천연 라텍스'를 의미하지는 않는다. 따라서 라텍스를 칠하거나 입힌 합성물질이 반드시 천연 라텍스를 함유한 것은 아니다.

라텍스로 만든 전형적인 제품으로는 매트리스, 고무젖꼭지, 우윳병에 달린 젖꼭지, 고무 바닥재, 타일 접착제, 의료용 장갑, 공, 모발용 고무, 고무장화, 장난감, 화장용 스펀지, 잠수복, 콘돔 등이 있다. 그 밖에도 컴퓨터 마우스를 마우스 패드에 대고 움직이기만 해도 라텍스 알레르기를 일으킬 수 있다.

화학 24시

일반적인 화학 분야와 특별한 화학 생산 분야에서 하루에 어떤 일이 일어날까? 화학품의 생산뿐만 아니라 화학 연구가 24시간 진행된다. 사람들이 지구 한쪽에서 잠을 자는 동안에도 다른 쪽에서는 다양한 개발이 이루어지고 있다.

24:00 바퀴는 돈다!

이제 우리의 여축인공이 밤에 푹 쉬도록 내두고 조용히 물러나기로 하자. 하지만 그녀가 달콤한 꿈에 빠져들고 밤이 깊어지는 동안에도 화학 공장의 바퀴들은 쉬지 않고 돌아간다. 화학 공장에서는 밤에도 다양한 물질과 원료를 비롯하여 우리가 매일 사용하는 제품들이 생산된다. 우리를 둘러싼 거의 모든 것이 화학과 관련을 맺고 있다.

지금까지 우리 일상에서—대부분 인식하지 못한 상태에서—만나게 되는 물질과 재료들 동해 우리를 도와주고 삶을 편리하게 해주는 화학을 살펴보았다. 이 책이 우리의 일상생활에서 화학의 일부만을 보여준다 할지라도 그것은 흥미로운 시각이 아닐 수 없다. 혹시 독자는 이러한 관찰 방식을 때때로 직접 활용하고 적용해볼지도 모른다. 예를 들어 낡은 필름이 눈에 띄면 과거에는 어떠했으며 지금까지도 부족한 점은 무엇인지를 생각해볼 수 있다. 이러한 시각에서 오늘날 달라진 어떤 것을 발견할 수 있다. 어떤 것은 달라진 점이 없는 것처럼 보이기도 한다. 특히 늘 사용하는 제품이 그러한 인상을 준다. 그러나 그것조차도 자신 있게 말할 수는 없다. 헤어스프레이, 화장품, 향수 등은 과거와 분명히 다르다. 무엇보다도 일반인이 직접 눈으로 볼 수 없는 것, 예를 들어 제조 기술이나 필름 재료는 엄청난 변화를 겪었다.

'화학의 눈'으로 공상과학영화를 보거나 그러한 소설을 읽는 것도 흥미로운 일이다. 어떤 물질을 발명했을까? 감마선 레이저가 활용될까? 오늘날에는 전혀 알 수 없는 근본적인 자연법칙이 존재함을 상상할 수 있을까? 쥘 베른을 생각해보자. 그는 대중적으로 유명했지만 근엄한 과학자들 사이에서는—점잖게 표현해서—망상가로 통했다. 150년이 지난 지금은 그가 당시의 전문가보다 우리 시대를 훨씬 더 꿰뚫어봤음을 누구나 인정할 수밖에 없다. 물론 오늘날 우리 중에 또 다른 '쥘 베른'이 있는지 알 수 없다. 혹시 몇몇 과학소설가들이 미래에 실현 가능한 환상을 갖고 있는지도 모른다. 그러나 이것은 미래 세대가 대답할 수 있는 문제다.

쥘 베른(Jules Verne, 1828~1905)은 동시대의 급소를 건드렸다. 시민적인 환경에서 태어난 그는 모든 분야에서 기술적 진보에 매료되었다. 하지만 이러한 진보가 그의 환상을 충족시켜주지는 못했다. 그는 상상의 날개를 펴고 우리가 오늘날 과학소설이라고 일컫는 작품을 통해 독자들을 열광시켰다. 당혹스러운 것은 긴 안목에서 본 그의 예견들이 동시대 근엄한 과학자들의 진단보다 훨씬 더 맞아떨어졌다는 점이다.

우리가 살고 있는 세계를 관찰하기 위해 제3의 시각, 이른바 인공위성 시각을 선택해보자. 우주비행사의 위치에 서서—쥘 베른은 이미 우주비행의 가능성을 예견했으며 자신의 개를 인공위성이라고 불렀다—지구를 하루 동안 돌아보자. 이때 24시간 동안 지구에서 '화학적'으로 어떤 일이 벌어지는지를 관찰하는 것이 우리의 임무이다. 물론 지구에서 일어나는 가장 중요한 화학적 반응인 광합성을 금방 생각하게 된다. 햇빛의 도움으로 미생물과 식물의 엽록소는 매일 약 5억 톤의 이산화탄소를 탄수화물로 변환시킨다.

과학소설을 기초로 한 환상은 미래에 실현 가능할까? 우리는 정확한 답을 모른다. 따라서 '그것은 결코 실현될 리가 없다'고 성급한 판단을 내려서는 안 된다.

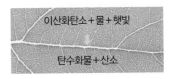

이산화탄소 + 물 + 햇빛

탄수화물 + 산소

탄수화물의 연간 생산량을 생물량으로 환산하면 약 1750억 톤에 이른다. (1일 생산량은 연간 생산량으로 추산할 수 있다. 여기에서 1일 생산량을 제시하게 되면 365를 곱해야 하는 번거로움이 있다. 일반적으로 통계는 1년 단위로 제시하기 때문이다.)

자연의 화학적 기능은 대단하다. 이제 인체 내의 화학과 인간을 위한 화학에 초점을 맞춰보자. 세계 인구는 매일 약 30만 명씩 늘어난다. 이 수는 만하임(독일 바덴뷔르템베르크 주에 있는 도시—옮긴이)의 인구와 맞먹는다. 매년 전 세계에서 9000만 명이 새로 태어나며 현재 지구에는 약 63억 명이 살고 있다. 그들 모두는 건강한 삶과 함께 좋은 옷을 입고 좋은 집에서 살기를 원한다. 또한 교육과 통신 수단에 대한 욕구가 강하며 자동차를 갖고 싶어한다. 후자와 관련해서는 전 세계의 거리에 약 7억 대의 각종 자동차가 돌아다니고 있다. 자동차 연료로 석유의 3분의 1이 소비된다. 한정된 석유 매장량 때문만이 아니라 배기가스로 인한 환경오염 때문에라도 연료 소비는 최소화해야 한다. 10킬로미터를 주행하는 데 3리터의 연료를 소비하는 자동차를 개발하려는 목표는 차체 제작에 합성수지를 사용하지 않고서는 달성할 수 없다. 이미 신차에는 평균적으로 약 150킬로그램의 합성수지가 들어가 있다.

2000년의 에너지 소비량(단위: 톤)		
	1일 소비량	연간 소비량
석유 화학에 필요한 석유	990만 74만(약 7.5퍼센트)	36억 2억 7000만
석탄	1010만	37억

석유 매장량(확정치): 1400억 톤
천연가스 매장량: 149조 4000억 세제곱미터
2000년의 천연가스 소비량: 2조 4500억 세제곱미터

후세에 부담을 주지 않기 위해 한정된 자원을 절약해야 한다는 것과 관련하여 에너지 소비를 나타내는 표가 많은 시사점을 던져준다. 화학 분야는 석유 소비의 7~8퍼센트를 차지할 뿐이다. 게다가 합성수지와 마찬가지로 화학 제품은 사용하고 난 뒤 연소시켜 에너지를 얻는 데 기여한다. 합성수지 쓰레기를 고체 석유라고 하는 것도 그만한 이유가 있다.

화학 제품 생산량을 기준으로 좀더 자세히 살펴보자. 먼저 석유나 천연가스를 이용하여 만드는 유기화학 제품이 눈에 띈다. 이러한 제

품의 주성분은 작은 분자로서 에텐이라고도 하는 에틸렌이다. 이 성분을 바탕으로 합성수지, 보조 화학물질, 세제, 미세 화학 제품 등이 생산된다. 프로필렌은 다양한 중합 가능성으로 인해 '대량생산되는 특수 제품'의 성분으로 자리잡았다. 이를테면 하얀색의 여름용 의자는 세계 시장을 석권했다. 스타이렌으로 만든 합성수지는 최근에 유행하는 물질이다. 폴리스타이

2000년의 주요 유기화학 제품 생산량(단위: 톤)		
	1일 생산량	연간 생산량
에틸렌	250,000	9000만
프로필렌	150,000	5400만
벤젠	90,000	3200만
메탄올	80,000	2900만
자일렌	77,000	2800만
스타이렌	55,000	2000만
톨루엔	42,000	1500만
뷰타다이엔	22,000	800만

이산화타이타늄은 벽을 하얗게 칠하는 데 사용된다.

렌을 바탕으로 여러 가지 물질을 혼합한 제품은 기술 분야뿐만 아니라 가정과 정원을 비롯한 도처에서 쉽게 찾아볼 수 있다.

모든 합성수지를 한꺼번에 조망해보는 일도 흥미롭다. 그 수치는 깜짝 놀랄 만하다. 전 세계에서 매일 약 55만 톤의 합성수지가 생산된다. 연간 생산량이 1억 9500만 톤인 합성수지는 우리 삶의 향상에 기여한다. 화학적 관점에서 볼 때 합성수지의 주성분이 무엇인지가 흥미를 끈다. 매일 8만 8000(연간 약 3200만)톤의 폴리프로필렌과 2만 7000(연간 약 1000만)톤의 폴리우레탄이 각종 합성수지 제품에 들어간다.

무기화학 제품의 경우 우선순위는 더 가변적인 것처럼 보인다. 여기에서는 퇴비로 사용되는 제품이 결정적인 구실을 한다. 이 분야에서 가장 많이 사용되는 물질은 황산이다. 황산은 원래 합성 과정을 통해서가 아니라 촉매로 이용되는 황의 연소를 통해 생

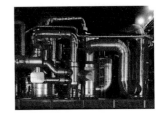

성된다. 이것이 그 의미를 반감시키지는 않는다. 매일 45만(연간 1억 6500만)톤이 생산되는 황산은 가장 많이 사용되는 화학물질이다. 암모니아 합성물질 덕분에 20~30억 명이 충분한 식량을 공급받고 있다. 이산화타이타늄은 염료, 합성수지, 종이 등을 비롯한 많은 것에 하얀색을 띠게 만드는 물질이다. 이 물질이 들어간 제품은 일일이 열거할 수도 없을 만큼 다양하다.

이제 의약품으로 눈을 돌려보자. 흔히 아스피린으로 알려진 아세틸살리실산이 변함없이 1위를 차지한다. 전 세계에서 매일 약 120(연

2000년의 주요 무기화학 제품 생산량(단위: 톤)		
	1일 생산량	연간 생산량
황산	450,000	1억 6500만
암모니아	301,000	1억 1000만
질산	145,000	5300만
수산화나트륨	124,000	4500만
염소	118,000	4300만
인산	77,000	2800만
염산	47,000	1700만
질산암모늄	44,000	1600만

간 약 4만)톤의 아스피린이 소비된다. 심근경색과 같은 부작용이 입증되었음에도 아스피린 수요는 계속 증가하고 있다. 이 물질에 내한 연구 논문도 계속 늘어나 매일 약 10편의 출판물이 나오고 있다. 100년 이상의 역사를 지닌 이 약품의 생산에는 바이엘이 일정한 구실을 하고 있다.

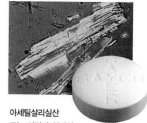

아세틸살리실산
또는 이것의 약어인 아스피린은 얼마 전 탄생 100주년(1900년 바이엘 사에서 발매—옮긴이)을 맞았다. 이것은 의약품으로 매우 효과적이며 그 결정체는 미적이다.

　내친김에 연구 분야도 살펴보자. 현재 2150만 개의 화학적 화합물이 화학초록집에 등록되어 있다. 그다지 놀라운 사실은 아니지만 이미 알려진 DNA 가닥 서열만 하더라도 2670만 개로서 화학적 화합물의 수를 넘어섰고 그 격차는 더 벌어질 것이다. 그럼에도 불구하고 매일 4400(연간 약 160만)개의 화학물질이 새로 등록되고 있다.

　물질뿐만 아니라 화학적 반응 역시 학문적 재산이다. 매일 100~200건의 반응이 새롭게 첨가되고 전체적으로는 하루에 약 660만 건의 반응이 일어난다. 이러한 연구 결과들은 전문잡지에 실려 기록으로 남는다. 2002년에는 약 9000개의 전문잡지(50개 언어)에 매일 1725(연간 63만)건의 논문이 실렸다. 이 밖에도 세계적으로 가장 많이 인용되는 잡지인 〈안게반테 케미(Angewandte Chemie)〉는 독일화학자협회에서 발행하는 것이다.

　산업계에서 일하는 연구자들에게 매우 중요한 것이 특허이다. 화학 전체 분야에서 매일 약 600(연간 약 20만)건의 특허가 나오고 있다. 이것만으로도 한 분야의 전문가가 되는 것이 얼마나 어려운지 알 수 있다. 올바른 문헌을 찾기 위한 노력들이 이어져오다가 중요한 특수 분야가 생겨났다. 이른바 '데이터 발굴'은 성공적인 지식 관리의 바탕을 이룬다.

　전 세계적으로 얼마나 많은 사람들이—연구자나 연구보조원으로서—연구 및 개발 분야에서 일하는지를 산정하기는 극히 어렵다. 다행히 독일에는 믿을 만한 통계가 있다.

독일의 화학 분야에서는 현재 약 50만 명이 일하고 있다. 그중에서 약 4만 5000명은 연구 및 개발 인력이다. 안정적 미래를 위한 투자에는 약 81억 유로가 투입되고 있나. 이것은 매출액의 약 6퍼센트에 해당한다. 독일의 화학 산업은 세계적인 경쟁력을 갖추기 위해 많은 투자를 하고 있다.

독일은 이른바 세계화의 초기 단계에 위치해 있으며 그 결과들에 눈을 감을 수 없다. 다른 국가들도 마찬가지로 화학의 성과에 깊은 관심을 갖고 있다. 독일은 화학과 관련한 연구논문과 특허 수에서 전 세계의 6~8퍼센트를 차지한다. 인공위성 시각에서 볼 때 이것은 반대로 92~94퍼센트의 논문과 특허가 독일과 무관하다는 것을 의미한다. 이러한 노하우를 이용하기 위해서는 전략적인 투자, 국제적인 협력, 상호 보완적인 파트너 관계 등이 필요하다. 편히 쉴 틈이 없으며 월계관—독일은 한때 '세계의 약국'이었다—도 세월이 지나면 시든다. 글로벌 경쟁에 뛰어들면 패배할 수도 있다. 그러나 글로벌 경쟁에 뛰어들지 않으면 반드시 패배한다.

다시 일상으로 돌아가보자. 비일상적인 시각으로 하루를 관찰한 결과는 놀랍기만 하다. 화학자는 비일상적인 시각으로 자신이 창조해낸 자연을 관찰하는 데 익숙한 사람이다. 화합물이나 원지는 실물로 직접 볼 수는 없다. 원자 세계를 보여준 다양한

우주적인 차원에서 살펴보면 우리가 사는 파란 행성의 지름은 12×10⁶미터로서 나노-나노 입자에 불과하다. 지구는 우리에게 익숙한 방식으로 생명체가 존재하는 유일한 행성이다. 우주에서 이 직디작은 행성은 가장 아름다우면서 가장 흥미롭기도 한 대상이다.

그림은 기본적으로 계산을 통해 그래픽으로 나타낸 측정치다. 인상적인 그림들은 화합물과 원자를 가상의 현실로 보여준다. 그림에도 우리는 머릿속에서 물질들을 다루고 변화시키며 건초더미에서 바늘을 찾는다. 또한 수많은 실패에도 불구하고 결국에는 성공을 거둔다. 그렇지 않다면 세상은 달리 보일 것이다. 우리의 세계상 역시 화학의 기여가 없었다면 완전하지 못했을 것이다. 물리의 힘이 우주의 질서를 밝혀내는 것이라면 화학이 발견한 92개의 천연원소는 물질의 근간을 이루고 있다(18개의 인위적인 원소가 있지만 아직은 불안정하다).

이로써 하루를 끝내고자 한다. 건강한 사람은 잠을 푹 자는 반면에 고통을 지닌 사람은 밤에 도움이 되는 분자를 통해 괴로움을 덜게 될 것이다. 그 밖에도 지구의 반대편에서는 더 나은 제품을 만들기 위한 노력이 계속된다. 내일 아침에는 여기에서 새로운 힘을 얻어 그러한 노력을 이어받을 것이다.

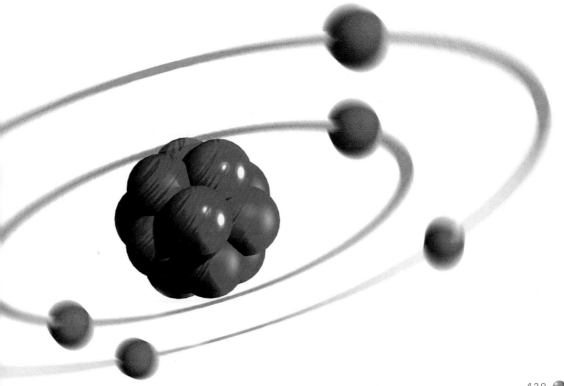

감수의 글

2006년은 우리나라 과학기술부가 정한 '화학의 해'였다. 우리와 마찬가지로 독일 연방 교육연구부는 2003년을 화학의 해로 정하고 누구나 쉽게 화학을 이해했으면 하는 바람으로 이 책을 출간했다. 과학의 대중화가 확대되고 있는 요즈음 이렇게 알찬 교양서를 만난 것은 기쁨이 아닐 수 없다. 우리 국민 누구나 읽고 과학에 대한 관심, 특히 화학에 대한 관심을 바탕으로 우리 과학 발전의 기틀이 되었으면 한다.

화학은 중·고등학교 시절에 접하는 비교적 어려운 과목에 속한다. 물질의 변화를 주로 다루는 학문으로 다른 기초 과학과 비교해 이해보다는 암기과목으로 알려져왔다. 이 책을 읽으면서 왜 그렇게 느낄 수밖에 없었는지를 생각하고, 한편 화학이 우리 생활 아주 가까이에서 거의 모든 사물과 관계 있음을 더욱 실감했다. 매일 마주하는 식품, 화장품, 의약품, 에너지, 최근 언론에 많이 보도되는 생명과학까지 그야말로 이 세상은 온통 화학으로 이루어져 있다. 이 책의 첫 번째 장의 제목인 '화학이 없는 세계'는 누구나 꿈꾸는 유토피아적인 생각이다. 하지만 그런 세상이 있을까? 그런 세상은 이 지구 어디에도 존재하지 않는다. 그런가 하면 '화학이 없는 세계'를 '공해 없는 세상'으로 오해하는 이가 있지는 않을까 하는 의구심이 들면서 그런 이에게 이 책을 꼭 읽어보라고 권하고 싶다.

이 책은 구성이 참 재미있다. 아침에 눈을 떠서부터 출근길, 병원, 시장, 카페, 저녁에 집에 도착해서 잠자리에 들기까지 하루 생활에서 접하게 되는 화학을 시간별로 정리해놓았다. 그리고 간단한 일기로 시작하고 있어, 처음 화학을 접하는 사람도 두려움 없이 읽기 시작할 수 있다. 그러면서도 첫 장부터 마지막 장까지 순차적으로 읽어야만 이해할 수 있는 것이 아니라 독자 개인이 흥미를 느끼는 어디에서부터 읽어도 전혀 지장이 없다. 이 책이 가진 가장 큰 장점이자, 미덕이다. 또 화학이라는 학문이 홀로 존재하지 않고 물리, 생물 등과 연계되어 있어 단편적인 지식이 아니라 과학 전반을 이해해야 하는 점은 어려움이면서 또 다른 장점이다. 따라서 화학뿐만이 아닌 과학 전반에 대한 관심과 흥미를 불러일으키기에 부족함이 없다.

저자들이 쉽게 쓰려고 노력했음이 분명하지만 화학을 가르치는 일을 업으로 삼고 있는 필자에게도 생소한 부분이 있어서, 일반 독자들이 이해하는 데 어려움을 겪지는 않을까 걱정이 되기도 한다. 하지만 너무 걱정할 필요는 없다. 암기가 아니고 이해라고 한다면 큰 어려움은 없을 테니까.

많은 사람들이 이 책을 읽고 과학, 특히 물리나 생물학에 비해 조금 소외되었던 화학에 대한 이해가 넓어졌으면 하는 소박한 꿈을 가져본다. 그리고 이 책을 번역하여 필자에게 처음 읽을 수 있는 기회를 준 권세훈 학형과 에코리브르 박재환 대표께 감사드린다.

2007년 2월 남산 아래에서

유국현

옮긴이의 글
우리는 화학의 세계에 살고 있다

우리는 화학의 세계에 살고 있다. 우리가 평소에 숨을 쉬고 있다는 것을 별로 의식하지 못하는 것과 마찬가지로 우리의 주변 세계는 온통 화학으로 둘러싸여 있다. 이 책은 바로 이러한 기본 인식에서부터 출발한다.

이 책의 원서 제목은 '화학 24시(Chemie rund um die Uhr)'이다. 여기에는 두 가지 의미가 담겨 있다. 우선 책의 구성 측면에서 각 장은 한 여성이 아침에 일어나 하루 일과를 마치고 잠자리에 들기까지 시간별로 맞닥뜨리게 되는 구체적이고 일상적인 사건들에 대한 장면 묘사로부터 시작된다. 이 개별 사건들은 사실은 관련 분야의 화학 이야기를 이끌어내기 위한 단초로 작용한다. 이러한 구성 방식은 자칫 딱딱하고 무미건조하다는 인상을 주기 쉬운 과학에 대한 호기심을 유발하고 마치 한 편의 소설을 읽는 듯한 재미를 가져다준다. 일반 독자를 배려한 재치가 돋보이는 대목이다. 또 다른 의미에서 '화학 24시'는 우리의 모든 일상생활이 화학과 직·간접적으로 연결되어 있다는 것을 보여준다. 실제로 우리 몸에 들어 있는 화학 성분을 비롯하여 음식, 옷, 가구, 화장품, 주방용품은 말할 것도 없고 자동차, 에너지, 알코올, 의약품 등 현대 문명의 모든 산물이 화학 없이는 생각할 수도 없다.

이 책이 지닌 특징과 장점도 한두 가지가 아니다. 첫째, 이 책은 화학 원소에서 나노입자에 이르기까지 화학의 모든 분야를 포괄함으로써 전체적인 조망을 가능케 한다. 이것은 수박 겉핥기 식의 단편적인 지식의 나열이 아니라 화학이 지금까지 걸어온 길, 인간 내지는 환경과의 관계, 향후 발전 가능성에 대해 체계적으로 접근하고 있다는 것을 의미한다. 독자는 단순히 정보를 습득하는 것에 머물지 않고 화학적 상상력을 발휘하여 또 다른 탐구의 길로 나아갈 수도 있다. 따라서 이 책은 화학을 전공하는 사람들뿐만 아니라 지적 호기심을 지닌 중고생과 일반 독자들에게도 교양서로 적극 추천할 만하다. 둘째, 이 책은 고리타분한 화학 방정식이나 실험 대신 오늘날의 실생활과 밀접한, 살아 있는 정보들을 제공해준다. 한 예로 최근에 화석연료의 고갈을 전제로 대체 에너지로 각광받고 있는 바이오 연료를 다루면서 비판적인 견해도 선보이고 있다. 왜냐하면 바이오 연료를 생산하려면 엄청난 자원과 에너지가 필요하기 때문이다. 문화재 복원이나 범죄 감식 분야에 적용되는 화학의 역할은 이 학문이 지닌 광범위한 영향력을 새롭게 인식시켜준다. 이 밖에도 담배나 마약과 같은 중독성 물질에 대한 흥미로운 분석이나 유전자를 이용한 새로운 의약품 개발 등은 유해물질에 대한 경각심과 함께 화학의 소중함을 일깨워준다. 셋째, 이 책에는 과학 서적의 일반적인 성격을 뛰어넘어 인문학적 세계관이 배경에 깔려 있다. 다시 말해서 화학이 궁극적으로 지향하는 것은 인간에게 인간다운 삶을 보장하기 위한 창조적인 역할이다. 물론 화학을 어떻게 활용하느냐는 전적으로 인간에게 달려 있음은 두말할 필요도 없다.

화학의 활용 가능성은 그야말로 무궁무진하다. 화학을 이용하여 자연분해가 가능한 물질을 만들 수도 있고 화학물질 남용으로 환경을 심각하게 파괴할 수도 있다. 독가스로 인류를 전멸시킬 수도 있는가 하면 신물질 개발로 불치병을 치료할 수도 있다. 이 책은 바로 이러한 수많은 예들을 통해 화학의 양면성을 정확히 이해하는 데 결정적인 도움을 준다.

독특한 기획과 풍성하고 알찬 내용의 이 책이 많은 독자들과 만날 수 있게 되기를 바란다. 다만 화학 전문가가 아닌 번역자의 무모함이 결정적인 오역을 낳지나 않았을까 두려운 마음이 앞선다. 그 연장선에서 독자의 질책을 기꺼이 받아들일 마음의 자세가 되어 있음을 밝혀둔다.

끝으로 이 책이 나오기까지 온갖 수고를 아끼지 않은 에코리브르 출판사에 진심에서 우러나오는 감사의 말을 전한다.

2007년 봄이 오는 길목에서

권세훈

용어 설명

감마아미노부티르산 GABA. 신경세포를 억압하는 신경전달물질.

개미산 폼산, HCOOH. 가장 단순하면서도 가장 강력한 탄산. 개미산은 개미, 유충, 갑충을 비롯한 체절동물들의 방어물질로 이용된다. 쐐기풀과 전나무잎 같은 식물에서도 개미산이 나온다.

거울상이성질체 거울에 비춘 상처럼 좌우만 뒤바뀌었을 뿐 나머지는 동일한 구조를 지닌 두 개의 화학적 혼합물.

게놈 유기체의 모든 유전자를 총칭하는 용어.

계면활성제 최소한 각각 한 개의 소수성 분자와 친수성 분자를 지닌 화합물로서 액체 속에서 표면장력을 낮추는 구실을 한다.

과산화수소 H_2O_2. 예를 들어 친환경적인 종이 표백과 하수 처리에 이용되는 화합물.

굴절률 이를테면 빛이 대기에서 물이나 유리를 통과할 때 얼마나 굴절하는지를 나타내는 수치.

글루코스 포도당.

글리세르알데하이드 가장 단순한 당으로서 탄소원자 세 개를 지니고 있다.

글리세린 글리세롤, 1,2,3-프로페인트리올. 글리세린은 동물과 식물의 지방과 기름에 함유되어 있다. 이 모든 물질은 혼합된 지방산 글리세라이드, 다시 말해서 글리세린과 지방산으로 이루어진 에스터이다.

글리코겐 글루코스(포도당) 성분들로 이루어진 다당류이다. 사람과 동물의 경우 당 저장 분자이다.

기질(基質) 화학반응을 일으키는 물질로서 특정한 제품을 만들 때 이용된다.

나프탈렌 기본 골격은 벤젠 고리 두 개가 이어져 있는 방향족 탄화수소 화합물.

녹말 식물에 들어 있는 천연 중합체로서 포도당 성분들로 이루어져 있다.

뉴클레오타이드 핵산의 기본 성분.

다이페닐아민 $(H_5C_6)_2NH$.

다이페닐에테르 $H_5C_6-O-C_6H_5$. 하나의 산소원자에 결합된 두 개의 벤젠 고리.

다중 응축 가수분해를 통해 동일한 성분들이 결합하여 긴 사슬 형태의 분자로 결합하는 상태.

다환 탄화수소 여러 개의 탄소 고리들이 융합된 분자.

단위체 중합체의 개별 성분.

도코사헥사에노산(DHA) 22개의 탄소원자를 지닌 불포화지방산.

도파민 2-(3,4-다이하이드록시페닐)-에틸아민으로서 신경전달물질로 작용한다. 혈압 상승을 위한 의약품으로 이용된다. 이 밖에도 스트레스 극복과 정력제로 사용되지만 마약 중독 증세를 일으키기도 한다.

돌연변이 유전자의 DNA 구조 변화는 우연히 또는 외부 요인(예를 들어 화학물질, 자외선, X선)에 의해 발생할 수 있다.

동위원소 그리스어로 '동일한'을 의미하는 이소스(isos)와 '장소'를 의미하는 토포스(topos)의 합성어로서 동일한 수의 양성자를 지니고 있지만 원자핵 속의 중성자 수와 질량이 다른 화학 원소를 가리킨다.

디기탈리스 양지꽃에서 추출한 강한 독성의 화합물로서 만성 심장쇠약, 심장박동장애의 치료에 이용된다. 강한 독성 때문에 정확한 처방과 관리가 필요하다. 과도한 양을 투여하면 심장마비를 일으켜 죽음에 이를 수 있다.

DDT 1,1,1-트라이클로로-2,2,-비스(4-클로로페닐)에테인. 효과적인 살충제. 먹이사슬에 잔류되어 독일에서는 사용이 금지되어 있다. 하지만 개발도상국들에서는 말라리아를 옮기는 모기를 퇴치하는 데 계속 사용하고 있다.

DNA 데옥시리보핵산. 유전자 정보를 지닌 유전물질.

DNA 배열, DNA 칩 고체 내지는 유리 표면에 서로 다른 염기 서열을 지닌 수천 개의 DNA 분자들을 2차원적으로 배열함으로써 만들어진다.

DNA 소식자(消息子) 이미 알려진 염기 서열을 지닌 DNA 단면으로서 시료의 핵산 서열을 입증하는 데 이용된다.

디엘드린 해충, 흰개미, 메뚜기, 열대병을 옮기는 곤충에 대한 접촉 살충제. 이것은 피부를 통해 쉽게 흡수되어 지방조직과 모유에 잔류한다. 디엘드린은 많은 국가들(예를 들어 독일과 미국)에서 더 이상 식물 보호제로 사용되지 않는다.

레시틴 식물성 지질 복합체.

로테논 열대 지방 식물의 뿌리와 씨에 함유된 화합물. 이 식물들은 그 지역에서 이미 수 세기 전부터 살충제, 화살독 해독제, 물고기 마취제(맨손으로 잡기 위한 조치) 등으로 이용되고 있다.

리탈린 어린이의 주의결여장애(촐랑이 증후군) 치료에 이용되는 의약품.

리포트로핀 지방 분해를 촉진하는 호르몬.

메타돈 모르핀보다 더 강한 효과를 보이며 중독성을 지닌 진통제. 특수한 마약 극복 프로그램에서는 헤로인 중독에서 벗어나게 만드는 데 이용된다.

메테인 CH_4.

멜라닌 세포 자극 호르몬 멜라닌 형성 세포에서 색소(멜라닌) 합성을 자극하는 호르몬.

모르피움 8-다이데하이드로-4,5α-에폭시-17-메틸-3,6-모르핀안디올, 모르핀. 중독성이 높은 강력한 진통제.

몰식자산 3,4,5-트라이하이드록시벤조산. 자연에서는 몰식자, 떡갈나무 껍질, 차 등에 들어 있다.

물유리 이산화규소와 알칼리를 융해해서 얻은 규산알칼리염을 진한 수용액으로 만든 것.

미오글로빈 붉은색의 근육 색소인 단백질로서 근육 속에서 산소 운반에 관여한다.

발효 효소나 미생물을 통한 생물학적 물질의 변환(예: 우유로 만든 요구르트나 유전공학적으로 변화된 박테리아로 만든 인슐린). 좁은 의미의 이 개념은 미생물을 매개로 한 가죽, 아마, 담배, 커피, 차 가공에 사용된다.

방향족 화합물 이중결합으로 이루어진 고리 형태의 탄화수소.

베테인 트라이메틸암모니오아세테이트. 이 명칭은 사탕무를 의미하는 라틴어 베타(Beta)에서 유래했다. 베테인은 예를 들어 사탕무당, 섭조개, 게 등에 함유되어 있으며 의약품으로 이용된다.

벤젠 C_6H_6. 여섯 개의 고리를 지닌 방향족 화합물로서 독성이 있으며 암을 유발한다.

벤조산 H_5C_6-COOH. 가장 단순한 방향족 카복시산. 식물과 물땅땅이가 지니고 있는 방어물질이다. 염료와 향수를 비롯하여 수많은 방향족 화합물을 제조할 때 나오는 중간 생산물이다. 더 나아가 식료품과 화장품 등에 방부제로 쓰기도 한다.

벤조피렌 벤조피렌은 6각형 고리 다섯 개가 서로 용해되어 이루어진 방향족 화합물로서 다환 방향족 탄화수소의 원형이다. 이것은 발암 작용과 관련하여 가장 많이 연구된 화학물질이다.

부틸하이드록시아니솔 tert-부틸-4-메톡시페놀. 부틸하이드록시아니솔은 지방과 기름뿐만 아니라 지방을 함유한 식료품의 산화 방지에 가장 많이 사용되는 물질이다. 더 나아가 이것은 껌, 인스턴트 식품, 녹말을 함유한 식품, 또는 화장품에 방부제로 쓰인다.

부틸하이드록시톨루엔 2,6-다이-tert-부틸-4-메틸페놀. 식료품, 밀랍, 염료, 화장품, 의약품, 지방과 기름, 지방을 함유한 과자, 껌, 인스턴트 식품의 산화 방지제로 이용된다.

비누 포화 및 불포화 지방산의 나트륨염 또는 칼륨염으로서 고체 또는 반고체 혼합물이며 물에 용해되어 주로 세탁이나 세척에 사용된다.

비스페놀 2,2-비스(4-하이드록시페닐)프로페인. 연화제의 산화 작용 및 곰팡이 방지에 이용되며 에폭사이드, 폴리탄산에스터, 페놀수지, 유피제, 염료를 제조할 때 나오는 중간 생산물이다.

비타민 고등동물의 영양분에 미량으로 함유된 유기 분자. 비타민은 모든 동물에서 동일한 기능을 수행한다.

4면체 네 개의 삼각면을 지닌 기하학적 형태로서 삼각형의 바닥면을 지닌 피라미드처럼 보인다.

사스(SARS) 중증급성호흡기증후군. 위험한 전염성 호흡기 질환.

산화규소 규소와 산소로 이루어진 화합물 SiO_2. 자연에서는 석영으로 존재한다.

산화아연   ZnO. 아연과 산소로 이루어진 화합물.

산화철   산소와 철로 이루어진 화합물로서 쇠나 강철이 부식할 때 생성된다.

산화타이타늄 TiO_2. 염료, 도료, 화장품, 식료품의 흰색 색소로 이용된다. 이 밖에도 접촉
반응과 반도체 분야에도 사용된다.

세로토닌   5-하이드록시트립타민. 뇌와 몸속의 화학적 전달물질.

세리신   단백질. 비단의 구성 성분으로서 누에고치 속의 명주실에 부착되어 있다.

세틸알코올   1-헥사데칸올, 팔미틸알코올, $C_{16}H_{34}O$.

셀룰로스   서로 결합된 500~5000개의 포도당 성분으로 이루어진 긴 사슬 분자.

소르빈산   2,4-헥사다이엔산. 식료품, 음료수, 화장품, 의약품, 사료 등의 방부제(소르빈산칼
륨 형태 포함)로 허용되어 있다.

소수성   물을 거부하는 성질.

수용체   세포막의 단백질로서 체내의 특정한 물질에 대해 '안테나' 구실을 하면서 그 물질
과 결합하여 세포 내부에서 반응을 일으킨다.

스테로이드   콜레스테롤에서 나오는 화합물로서 네 개의 탄소 고리로 이루어져 있다. 이것
은 자연에 존재하지만 합성 제조할 수도 있다.

스테아린산   옥타데칸산, $H_3C-(CH_2)_{16}-COOH$.

시냅스   이를테면 근육과 선(腺)에서처럼 신경세포들 사이, 또는 신경세포와 다른 세포 사
이의 접촉 부위.

시냅스 틈새   두 신경세포가 접촉하는 부위의 미세한 틈새.

실로란   규소를 함유한 고리 형태의 분자로서 폴리실로란의 제조를 위한 단위체로 이용된다.

실리콘   규소를 기초로 한 '합성수지'.

아닐린   페닐아민, 아미노벤젠, $H_5C_6-NH_2$. 아닐린은 생산량, 적용 범위, 후속 제품의 수
에서 가장 중요한 방향족 아민이며 방향족 화합물의 핵심 물질이다.

아데노신삼인산(ATP)   신체가 에너지를 저장하고 운반하거나 방출하는 데 이용하는 화합
물. 모든 생명체의 '에너지 대사'에 중요한 구실을 함.

아드레날린   부신수질에서 분비되는 호르몬. 아드레날린은 간과 근육 조직의 신진대사를
활성화한다. 이를 통해 글리코겐이 더 많이 분해되어 혈당치의 상승을 가져온다. 지방
조직 속에서 아드레날린은 지방 분해를 일으킨다. 그 밖에도 세포 속에서 산화력을 지
닌 신진대사를 강화하며, 작업 · 공격 · 도피를 비롯한 유기체의 모든 활동에 영향을 미
친다.

아디핀산   뷰테인다이카본산, 헥산디산, $HOOC-(CH_2)_4-COOH$.
아디핀산은 가루, 과일 주스, 디저트 과일에 첨가물로 사용된다. 그 밖에도 식염의 첨
가물과 식수 정화제로 허용되어 있다. 아디핀산은 나일론의 주원료이며 연화제, 폴리아
마이드, 폴리에스터, 폴리우레탄을 제조할 때 나오는 중간 생산물이다.

아말감   수은을 다른 금속과 합금한 것으로서 액체 또는 고체 상태. 치과용 충전재로 이용
되는 아말감은 수은 50퍼센트, 은 25퍼센트, 주석 12퍼센트, 구리 13퍼센트로 이루어

져 있다.

아미노기 $-NH_2$.

아미노산   분자 속에 한 개 또는 여러 개의 아미노기를 지닌 탄산. 좁은 의미에서 아미노산은 단백질을 구성하며 유전자의 핵산 속에 들어 있을 뿐만 아니라 자연에서도 자유롭게 방출되는 알파-아미노산을 가리킨다.

아미노안드라퀴논 염료   감광 유기 염료. 그 구조를 이루는 아미노안드라퀴논은 버섯에 함유된 천연물질로서 여러 개의 탄소 고리로 이루어져 있다.

아세트산에틸   아세트산에틸에스터.

아세틸살리실산   살리실산을 빙초산이나 아세트산무수물로 아세틸화하여 얻는 화합물로서 아스피린의 작용물질.

아세틸콜린   뇌에서 신경세포의 신호를 이웃 신경세포나 근육세포에 전달하는 중요한 전달물질.

아세틸콜린에스테라아제   아세틸콜린을 분해하여 신경 자극의 전이를 막아주는 효소.

아이소프렌   2-메틸-1,3-뷰타다이엔. 천연물질의 주요 구성 성분.

아조 색소   다른 색소에 비해서 적용 범위가 훨씬 넓다. 모든 아조 색소는 일반적인 공식 $R^1-N=N-R^2$을 따른다. 여기에서 R^1과 R^2는 같거나 다를 수 있다.

아조 염료   유기 염료. 색상의 범위는 초록에서 주황을 거쳐 자주색에 이른다. 무엇보다도 산업용 도료에 쓰이며 선명도가 높은 것은 자동차 도장용으로도 이용된다.

아크릴아마이드   화학식이 $H_2C=CH-CO-NH_2$로서 폴리아크릴아마이드의 제조에 사용되는 단위체.

아트로핀   벨라도나, 사리풀, 흰독말풀, 맨드레이크 등에 함유된 알칼로이드. 아트로핀은 강한 신경독소(사람에 대한 처방은 약 100밀리그램)이지만 신경가스와 유기인산 화합물 살충제의 해독제로도 작용한다.

아편   여물지 않은 양귀비 열매에서 추출하여 대기에서 말린 혼합액으로서 최소한 9.5퍼센트의 모르핀을 함유하고 있다.

안트라퀴논   9,10-안트라센디온. $C_{14}H_8O_2$. 다양한 염료의 원료이며 제지 산업에서 이용한다.

알칼로이드   주로 식물에 함유된 천연물질로서 분자에 한 개 또는 여러 개가 결합된 질소 원자가 들어 있다. 이 분자는 용해된 여러 개의 탄소 고리로 구성되어 있다. 알칼로이드는 흔히 약리학적 작용을 한다

알파-탄소원자   여러 개의 탄소원자로 이루어진 분자의 첫 번째 탄소원자.

암페타민   1-페닐-2-프로파나민(베타-페닐아이소프로필라민 또는 알파-메틸페네틸라민). 암페타민은 중앙신경계에 작용하며 우울증, 비만증, 피로 회복제로 이용된다. 쾌락 효과가 중독을 일으키기 때문에 독일에서는 마취제에 관한 법률의 적용을 받으며, 오늘날 마약으로 분류된다. 이것은 도핑물질로 남용되기도 한다.

에스터   각각 한 개씩의 알코올과 탄산으로 이루어진 화학적 혼합물. 자연에서는 지방과

지방유(글리세린을 지닌 지방산 에스터), 밀랍(지방알코올을 지닌 지방산 에스터), 레시틴, 과일과 꽃의 방향제로 존재한다.

에이즈 후천성 면역결핍증을 일으키는 바이러스성 질병으로서 감염된 혈액이나 정액을 통해 전염된다.

에틸렌글라이콜 1,2-에탄디올, '글라이콜', $HO-CH_2-CH_2-OH$. 에틸렌글라이콜은 주로 모터의 부동액과 폴리에스터 제조에 사용된다.

엔도르핀 'endogenous'와 'Morphine'의 합성어로서 뇌에서 형성되어 통증을 완화시키는 작용을 하는 펩타이드.

열분해 가열로 인한 화학적 결합의 파괴.

오메가3지방산 불포화지방산. 첫 번째 이중결합은 제3탄소원자에서 이루어진다.

옥시토신 자궁을 수축시켜 분만을 유도하는 호르몬.

요소 카바마이드, 탄산다이아마이드. 흰자위-신진대사와 암모니아 해독 과정에서 나온 최종 생산물.

유전자 유전인자. 현대 분자생물학에서 유전자는 단 하나의 폴리펩타이드 사슬을 지닌 DNA 분자의 한 단면이다.

이미다졸 1,3-디아졸. 5각형 고리 형태의 탄소 화합물로서 탄소원자 두 개가 질소로 대체된다.

이온 전하를 지닌 원자 또는 원자단. 물에 용해되며 전압을 가할 경우 음극으로 이동하는 이온을 양이온, 양극으로 이동하는 이온을 음이온이라고 한다. 양이온은 전자들을 내줌으로써 생성되고 음이온은 전자들을 받아들임으로써 생성된다.

이온 교환제 고체 또는 액체 물질로서 소금 용액 속에서 음이온과 양이온을 교환하는 역할을 한다. 알갱이나 입자가 가장 많이 사용된다. 이온교환수지는 응축(페놀-폼알데하이드)이나 중합 반응(스타이렌과 다이비닐벤젠, 또는 메타크릴산과 다이비닐벤젠으로 이루어진 혼성중합체)을 이용한다.

이온 통로 세포막 속에 형성된 단백질로서 칼슘, 칼륨, 나트륨과 같은 무기염의 특정 성분들이 세포막을 통과하도록 만든다.

인산에스터 인산이 알코올과 반응할 때 $C-O-P$ 결합을 통해 1차, 2차, 3차 에스터가 생성된다(유기인산염).

인산염 다양한 인산을 지닌 소금과 에스터.

인슐린 췌장에서 분비되는 호르몬으로서 혈당 수치를 제어한다.

자유라디칼 산소처럼 반응성이 좋은 활성전자를 지니고 있으며 체내의 중요한 생물학적 분자들을 공격한다.

제올라이트 결정을 지닌 규산알루미늄. 가열하면 결정 구조가 바뀌지 않은 상태에서 함수량이 증가하며 다른 화합물을 흡수한다. 또한 이온 교환제와 촉매로 활용할 수 있다.

조효소 효소 반응에 관여하는 화합물로서 필요한 성분들을 결합시켜 운반한다. 예를 들어 비타민이 조효소에 속한다.

중합체 몇 개의 다양한 성분—단위체—로 이루어진 거대한 분자로서 수백에서 수만 개의 긴 사슬들이 배열되어 있다. 단백질, 녹말, 셀룰로스는 천연 중합체이며 합성 중합체는 합성수지와 인조섬유의 제조에 이용된다.

지방 고체나 반고체, 또는 액체 형태로 점액성을 띠며 식물, 동물, 미생물에서 추출한다. 화학적으로는 지방산 비율이 높은 혼합 글리세린에스터로 이루어져 있다. 지방은 물에 용해되지 않는다.

지방산 지방성 탄산(포화, 불포화, 가지 형태)으로서 가수분해를 통해 천연 지방과 기름의 트라이글리세린에서 생성된다.

지방족 화합물 사슬 형태의 탄화수소

지질(脂質) 모든 세포에 들어 있으며 물에는 용해되지 않지만 벤젠, 에테르, 클로로폼, 클로로폼 메탄올 화합물에는 용해되는 다양한 물질들을 총칭하는 용어. 기름, 지방, 지방과 유사한 물질들이 지질에 속한다.

촉매 촉매는 화학적 반응에 관여하면서 반응을 촉진시키고 주어진 조건 속에서 스스로는 변환되지 않은 채 다른 물질들을 변환시킨다.

친수성 물에 친화적인 성질.

카로티노이드 카로틴에서 유래한 용어로서 탄화수소와 산소를 함유한 화합물이며, 기본 구조는 여덟 개의 아이소프렌 단위로 이루어져 있다. 카로티노이드는 활엽수 나뭇잎, 열매, 나뭇가지, 뿌리(당근), 침엽수 나뭇잎, 꽃가루, 씨 등에 함유되어 있다.

카바메이트 부분적으로 방충제, 제초제, 곰팡이 제거제뿐만 아니라 의약품(수면제, 신경안정제)으로 이용되는 에스터와 카밤산염.

카본 파라-멘타-6,8-디엔-2-온. 캐러웨이 기름과 딜 기름에 함유되어 있다. 주류, 화장품, 비누 산업에 이용되며 천연물질들의 비대칭적 합성을 위한 원료로 쓰인다.

카프로락탐 6-아미노헥산산락탐. 탄소 여섯 개와 질소 한 개로 이루어진 고리 형태의 분자. 질소원자와 인접한 탄소원자에 산소원자가 결합되어 있다. 나일론 제조의 주성분이다.

케라틴 머리카락, 손톱, 솜털에 함유된 단백질.

콜레스테린, 콜레스테롤 헤테로 고리 탄화수소 화합물로서 동물성 지방의 성분이며 사람의 경우 뇌, 신경세포, 부신, 피부 등 모든 기관에 들어 있다. 달걀 노른자도 많은 콜레스테롤을 함유하고 있다.

콜린 (2-하이드록시에틸)트라이메틸암모늄. 콜린은 쓸개즙 속의 인지질, 뇌, 달걀 노른자, 식용 버섯, 송이버섯, 흡 등을 비롯하여 식물의 씨, 잎, 줄기에 독자적 또는 결합된 형태로 존재한다.

쿠마린 쿠마린은 수많은 종류의 잔디와 토끼풀의 꽃과 열매, 전동싸리, 선갈퀴, 대추야자, 라벤더유, 페퍼민트유, 샐비어유, 계피 등에 함유되어 있다.

크래킹 끓는점이 높은 중질유를 가열하면 긴 탄화수소 사슬들이 더 작은 조각들로 분해된다. 이를 통해 끓는점이 낮은 경질유를 얻는다. 이처럼 열분해를 통한 생산물은 화학 산업의 중요한 원료이다.

크랙 코카인-염화수소산엄의 염기.

클로로필 고등식물의 녹색 색소로서 광합성을 가능케 한다. 클로로필은 지방, 기름, 치즈, 과지류, 스프, 음료수에 색깔을 내는 데뿐만 아니라 외약품, 화장품, 양초이 색소로 이용된다.

키틴 N-아세틸-D-글루코사민 성분들로 이루어진 천연 중합체. 절지동물의 딱딱한 표피는 키틴으로 이루어져 있다. 화초, 이끼, 효모, 버섯 등과 같은 수많은 하등식물들도 자신을 지탱하는 물질로 키틴을 이용한다. 키틴은 종이 및 염료의 보조제, 모피의 접합제, 소시지 껍질 및 투석용 세포막을 위한 접착제, 하수 정화 때의 응고제로 이용된다.

탄산기 카복시기, -COOH.

테레프탈산 서로 마주보는 두 개의 탄산기를 지닌 벤젠 고리.

테레프탈산-다이메틸에스터 서로 마주보는 두 개의 탄산기가 메탄올과 연결된 벤젠 고리.

테르펜 여러 개의 아이소프렌 분자들로 구성된 천연물질.

테트라하이드로칸나비놀 대마초의 작용물질.

테플론 폴리테트라플루오르에틸렌.

톡신 독성물질.

톨루올 메틸벤젠.

티로신 2-아미노-3-(4-하이드록시페닐)-프로피온산. 생화학적 아미노산의 일종.

티록신 갑상선에서 분비되는 것으로서 아이오딘을 함유한 호르몬.

파라핀 사슬 형태의 포화 탄화수소이며 다른 물질과의 혼합을 위한 반응성이 매우 약하다.

파라-하이드록시벤조산에스터 4-하이드록시벤조산 에스터. 자연에서 이것은 수많은 식물의 알칼로이드 및 색소 성분으로 존재한다. 식료품에 첨가하기 위해서는 합성 제조해야 한다. 식료품과 기구의 방부제로도 사용되지만 주로 의약품과 화장품 제조에 이용된다.

페놀 석탄산, 1개의 OH기를 지닌 벤젠 고리. 페놀은 박테리아처럼 작용한다. 이것은 피부에 닿으면 부식하며 쉽게 흡수된다. 페놀 증기를 들이마시면 호흡기 마비, 정신착란, 심장박동 정지를 일으킨다. 만성 중독증은 신장을 손상시킨다.

페로몬 곤충들의 세계에서 성적으로 유혹하는 물질.

폴리수지 수지 성분들에 기초한 중합체.

폴리스타이렌 폴리스타이렌은 1개의 에틸렌기를 지닌 6각형 고리 방향족 탄소인 스타이렌(페닐에틸렌)의 중합 과정에서 생성된다.

폴리싸이오펜 전도 가능한 중합체로서 탄소원자 네 개와 황원자 한 개로 이루어진 5각형 고리로 구성되어 있다. 이 중합체는 전하를 충분히 전달하기 위해서는 브로민이나 아이오딘 같은 또 다른 이질적인 원자와 결합해야 한다.

폴리아마이드 아마이드기 -CO-NH-를 통해 서로 결합된 중합체.

폴리아크릴레이트 아크릴산에스터에 기초한 탄성중합체 또는 경화 가능한 혼성중합체로서 에틸렌이나 메타아크릴산과 같은 미량의 혼성단위체를 함유하고 있다. 예를 들어 밀폐용 물질, 퍼티, 접착제처럼 지속적으로 탄력을 지녀야 하는 물질들을 위한 접합제, 틈새를 메워주는 분산 염료, 옷감 가공, 양탄자 바닥재로 이용된다.

폴리아크릴아마이드 아크릴아마이드 성분들로 이루어진 중합체.

폴리에스터 기본 성분들이 에스터 결합(-CO-O-)을 이루고 있는 중합체.

폴리에틸렌 에틸렌을 중합하여 만든 생산물.

폴리에틸렌테레프탈레이트 에틸렌글라이콜과 테레프탈염산으로 이루어진 폴리에스터.

폴리염화비닐 PVC. 에틸렌을 염소화하여 만든 중합체.

폴리우레탄 두 가지 유형의 결합을 통해 생성된다. 제1유형은 양쪽 끝에 한 개의 알코올기(-OH)를 지닌 화합물인 「다이알코올이고, 제2유형은 양쪽 끝에 한 개의 아이소사이이네이트기(-N=C=O)를 지닌 물질인 다이아이소사이아네이트이다. 반응 시스템에 물이나 산을 첨가하면 이산화탄소가 분해되면서 아이소사이아네이트기의 일부가 반응한다. 이때 중합체로부터 거품을 만들어내는 가스 기포가 생성된다.

폴리카보네이트 폴리탄산에스터라고도 하며 지방족 또는 방향족 다이알코올(두 개의 OH기를 지닌 화합물)의 폴리에스터이다.

폴리페놀 최소한 두 개의 수산기를 함유한 방향족 화합물을 총칭하는 용어. 자연에서 폴리페놀은 열매 및 꽃 색소(사이안화물)와 유피제(카테킨, 타닌)에 들어 있다.

폴리프로필렌 탄소원자 세 개 중에서 두 개가 이중결합으로 연결된 탄화수소인 프로필렌의 중합 과정에서 생성된다.

폴리하이드록시알케인산 박테리아에서 탄소와 에너지를 저장하는 역할을 하는 천연 중합체.

표준 구조 구조상의 새로움이 연구의 근거가 되는 분자 차원의 천연물질 내지는 합성물질. 목표는 의약품과 농업용 화학 제품의 작용물질 개발에 있다.

퓨란 탄소원자 네 개와 산소원자 한 개로 이루어진 고리 형태의 분자.

프로락틴 유선 자극 호르몬.

프로쿠마린 곰팡이 및 박테리아 퇴치에 이용되는 식물성 화합물.

프로테아제 단백질을 분해하는 효소.

플라보노이드 황색을 의미하는 라틴어 플라부스(flavus)에서 유래한 용어. 플라보노이드는 모든 고등식물에 들어 있다. 이것의 기본 골격은 15개의 탄소원자로 이루어져 있다. 현재 이 식물 색소는 5000개 이상의 구조가 알려져 있다.

피레트리 제충국의 꽃 씨방에 함유된 천연 살충제.

피롤 탄소원자 네 개와 질소원자 한 개로 이루어진 고리 체계.

피브로인 견사의 경단백질.

PCR 중합효소연쇄반응으로서 개별 DNA 단면들을 수백만 배로 증폭시키는 방법이다.

pH값 수소 이온 농도의 상용로그값을 구한 후 마이너스를 취한 값.

할로젠 주기율 제17족 원소 중 플루오르, 염소, 브로민, 아이오딘, 아스타틴 등의 5원소의 총칭.

헤로인 다이아세틸모르핀. 모르핀을 합성한 것으로서 동일한 효과를 지닌 동시에 더 빠르고 강력하게 작용한다.

헥사메틸렌다이아민 1,6-다이아미노헥산, $H_2N-(CH_2)_6-NH_2$. 에를 들이 니일론과 같은 폴리아바이드와 쏠리우레탄의 제조 원료.

호르몬 체내의 특화된 선(腺)에서 혈관으로 들어가 멀리 떨어진 곳에서 삭용하는 화학적 전달물질.

효소 효소는 단백질로 만들어진 촉매이다. 이것은 생화학적 반응에 관여하며 스스로는 변환되지 않는 상태에서 반응 속도를 빠르게 한다.